现代养猪前沿科技与实践应用丛书

猪群健康管理与生产实践

【澳】John Carr（约翰·卡尔）

【中】Shih-Ping Chen（陈世平）

【美】Joseph F. Connor（约瑟夫·F.康纳）　◎ 主编

【澳】Roy Kirkwood（罗伊·柯克伍德）

【西】Joaquim Segalés（若阿金·塞加尔斯）

洪浩舟　闫之春　朱连德 ◎ 主译

中国农业出版社
北京

中文版致谢

本书的翻译出版得到了下列单位的友情资助：

　　朝日可尔必思健康管理（上海）有限公司

　　广州英赛特生物技术有限公司

　　安佑生物科技集团股份有限公司

　　山东能洁动保科技有限公司

　　广西扬翔股份有限公司

在此，特别致谢！

并特别感谢农牧知行者®、福州微猪信息科技有限公司的鼎立帮助！

原 书 致 谢

　　我们非常感谢客户给我们机会治疗并管理他们的猪群，正是这些从实践中获取的大量实用知识，结合科学问题，我们才能编写出这本书。

　　我们也非常感谢我们的朋友和同事们允许在本书中使用他们的照片。特别感谢Swine和Wine成员、Hyun-Sup Kim博士、Steve McCorist博士、Stan Done博士、Brad Thacker博士、Dachrit Nilubol博士和K. J. Yoon博士。

　　同时也感谢泰勒弗朗西斯编辑团队的所有成员，特别是Peter Beynon。

献　　词

谨以此书献给我们的父母

Alan Stanley 和 Anne Carr

陈地火和陈苏说

Glen Michael 和 Elizabeth Mary Connor

May 和 Arthur Cook

Jaume Segalés 和 Maria Coma

译 者 名 单

主 译 洪浩舟 卡美农业技术咨询有限公司

  闫之春 新希望六和股份有限公司

  朱连德 北京中科基因技术股份有限公司

副主译（以姓氏笔画为序）：

  曲向阳 南京博维特健康管理有限公司

  蔚　飞 苏州本愿农业技术服务有限公司

  杨　磊 苏州本愿农业技术服务有限公司

  赵云翔 佛山科学技术学院、广西扬翔股份有限公司

  李　龙 浙江农林大学

  周晓艳 中国农业出版社

  杨　春 中国农业出版社

参　译（以姓氏笔画为序）：

  王　帅 环山集团

  王　鑫 环山集团

  王星辰 广东海大集团

  王科文 硕腾（上海）企业管理有限公司

  王尊民 礼蓝（上海）动物保健有限公司

  方　立 浙江家禾泰弘生物科技有限公司

  龙进学 苏州艾益动物药品有限公司

  权东升 沈阳优佰特生物科技有限公司

  伞治豪 吉林农业科技学院、四川德康农牧食品集团股份有限公司

  刘从敏 PIC种猪改良有限公司

  刘文峰 沈阳优佰特生物科技有限公司

  李　平 广东省农业科学院动物科学研究所

  李　鹏 爱荷华州立大学

  李超斯 礼蓝（上海）动物保健有限公司

肖　驰　广东天农食品集团股份有限公司
何晓芳　金陵科技学院动物科学与食品工程学院
张　佳　福州微猪信息科技有限公司
陆晓莉　福州市畜牧站
陈　杨　成都正大农牧食品有限公司
陈　俭　广西金陵农牧集团有限公司
周明明　天邦食品股份有限公司
周绪斌　北京普方生物科技有限公司
赵康宁　环山集团股份有限公司
钱金花　苏州本愿农业技术服务有限公司
高　地　默沙东动物保健品（上海）有限公司
唐　利　默沙东动物保健品（上海）有限公司
黄彦云　加拿大平原诊断服务公司
曹俊新　沈阳市秀博种猪繁育科技有限公司
常天明　武汉市江夏区金龙畜禽有限责任公司
梁中洋　浙江大学
梁志刚　新希望六和股份有限公司
彭　兴　广西贵港秀博基因科技股份有限公司
蒋增艳　苏州本愿农业技术服务有限公司
谭　涛　礼蓝（上海）动物保健有限公司

原作者名单

John Carr（约翰·卡尔）
兽医学学士/哲学博士/DPM/欧洲猪健康管理学院学位/英国皇家兽医学院成员
詹姆斯·库克大学英国皇家兽医学院（RCVS）认证猪医学专家（澳大利亚汤斯维尔）

Shih-Ping（陈世平）
DVM/博士
农业科技研究院首席研究员（中国台湾省）

Joseph F.Connor（约瑟夫·F.康纳）
DVM/硕士
迦太基兽医服务公司（美国伊利诺伊州迦太基）

Roy Kirkwood（罗伊·柯克伍德）
执业兽医博士/哲学博士/欧洲动物繁殖学院学位
阿德莱德大学养猪生产医学副教授（澳大利亚阿德莱德）

Joaquim Segalés（若阿金·塞加尔斯）
执业兽医博士/哲学博士/欧洲猪健康管理学院学位/欧洲兽医病理学家学院学位
欧洲猪健康管理专家
动物健康研究中心（IRTA）研究员（西班牙巴塞罗那）
巴塞罗那自治大学兽医学院副教授（西班牙巴塞罗那）

电 子 资 源

本书中的电子资源（视频和音频）可扫描书中的二维码查看或访问配套的网站，访问链接为 https://www.crcpress.com/9781498704724，该链接会跳转至一个页面，读者可点击 Downloads/Updates（下载／更新）自由获取资源，该链接还提供了临床案例供读者查看。通过视频中的案例，读者可以对猪健康情况进行评估，并了解猪在各个生产阶段的正常状态。音频文件旨在增强读者在对猪进行临床诊断时的听觉判断。

（蔚飞　译；张佳　洪浩舟　校）

译者序：推荐一本猪群健康管理的好书

每一位养猪人都希望自己管理的猪群健康地生长，为整个企业带来更高的养殖效益。近年来，非洲猪瘟疫情的肆虐给许多猪场造成重大损失，但是，中国养猪业中的许多优秀企业，却在逆境中积极开展技术创新，企业规模和综合实力变得更大更强。广大从业者深刻地认知到"知识就是力量"，从事猪群健康管理的同仁，对此更有切身的感受。

本书由多位来自亚洲、欧洲、北美洲的世界知名的专家编撰而成。在过去多年里，这些专家作者通过在中国举办的各种国际性大会、担任养殖企业顾问等，广为中国的养猪业同仁所熟知、喜爱，在中国新一代养殖从业者中有着较多的拥趸。

在现代猪场工作的兽医人员，所面临的猪只健康问题，更多的是群体的整体性问题而非个体；同时，这些问题与生产、营养、工程等环节相互关联，相互影响，形成了影响猪群健康的综合环境。一方面，这是中国传统医学中"治未病、治欲病、治已病"思想的当代新实践，另一方面也对从业者专业知识的深度和广度提出了更高的要求。

《猪群健康管理与生产实践》以临床症状的分类开篇，对各个系统的猪群疾病的诊断和防治进行讲解。此外，本书还从环境医学、健康维护的角度对猪群健康管理进行了探讨。在应对猪群的各类健康问题时，作者自始至终以系统性的思维来分析问题，所采取的措施包括使用药物、疫苗，但更侧重从生物安全、猪群流动管理、生产管理、环境管理、营养管理等方面进行考量。本书不仅包括1500多幅高质量的临床、剖检和病原体的清晰图片、课后小测验及对应答案，而且还包括丰富的现场教学视频及相关音频。这种多角度、丰富多样的内容呈现形式，打破了养猪类图书的传统模式，达到了"可读、可看、可听"的融合效果，可谓让人耳目一新。

本书既可以作为刚进入养猪行业的年轻朋友的工作指导书籍，也可作为从业多年的养猪朋友，系统性梳理猪群健康管理及生产实践知识，非常好的参考书。我深信，本书会受到那些正在探索群体医学、环境医学等方向知识的朋友的欢迎。

受非洲猪瘟和新冠肺炎疫情的双重影响，本书的翻译工作历经波折，但各位译者还是本着对行业的情怀，克服各种困难，坚持不懈、不计个人得失地为本书出版贡献了个人的智慧。例如，洪浩舟先生、张佳先生、曾容愚先生等更是牺牲了个人的大量时间，为书稿进行翻译、润色、校对等。这些无私奉献的译者让我们看到了我国养猪业的希望和未来。

在本书即将付梓之际，特别感谢朝日可尔必思健康管理（上海）有限公司上杉典子女士、广州英赛特生物技术有限公司彭险峰先生、安佑生物科技集团股份有限公司洪平先生和洪翊棻女士、上海牧冠企业发展有限公司周学彬先生，以及广东省农业科学院动物科学研究所李平博士的帮助！

本书的翻译凝聚了行业众多位知名译者的心血。由于翻译工作历时较长，参与人员众多，其间部分译者的工作单位也发生了变化。尽管在印刷前已经非常谨慎地进行确认，但亦恐有疏漏，"译"无止境，难免存在瑕疵讹误，欢迎广大读者交流、指正，如有发现，祈望告知，以便今后重印时修改或弥补。

闫之春

2022 年 10 月

前　言

我们把本书命名为《猪群健康管理与生产实践》，旨在强调兽医从业人员的关注重点在于维持猪群健康而不在于疾病管理。我们认为维持一个猪群的健康远比治疗几头病猪要困难得多。前者需要一个健全的体系和一群全能的兽医去改善猪群健康状况，而非治疗疾病。

有史以来，猪对人类的重要性可以从一个汉字"家"反映出来。"家"字上面是"宀"，即房屋，下面是"豕"，即猪。由此可见，猪在人类生活中扮演着不可或缺的角色。

全球人类所消耗的肉类有40%来自猪肉（图0-1）。也就是说，每天有30亿人口赖以生存的食物来自猪。因此，作为兽医从业人员，我们必须确保这一极为重要的肉类来源是健康的、富含营养的、无毒素残留的，并且是价格实惠的。本书的目标便是为多数养猪生产者提供如何做到"无抗猪肉"的方法。

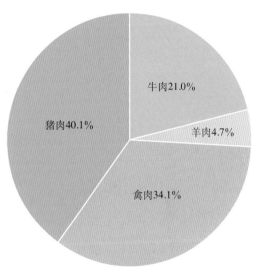

图0-1　世界肉类消费
（数据来源：美国农业部，2015）

对于孩子们来说，猪是他们未来幸福的源泉，他们的小猪存钱罐和精美的电影及漫画将猪这一奇妙的动物介绍给养猪生产者和兽医。猪也是一种重要的伴侣动物，世界上很多地方的家庭把猪作为宠物饲养，并且越来越多的猪被用作感官宠物。

对于有某些残疾的儿童和成人来说，猪是个很理想的选择。猪的被毛相对较少，因此过敏性很低。它们不会跳跃活动，因此不会惊吓到人。并且猪可以与它们的主人吃相同的食物，这使它们可以成为理想伴侣动物。

猪有发达的嗅觉，同时，也是人类医学研究和潜在异种移植的重要物种。

猪是最聪明的农场动物之一，这一事实为猪场兽医创造了很好的机会——可通过玩具和能分散注意力的事物来管理猪的心理健康。

因为猪是偶蹄动物，所以了解它们的生物学就可以为兽医研究凹齿下目动物（如河马）、胼足亚目动物（如骆驼）、齿鲸亚目（如鲸鱼和海豚）与反刍亚目动物（如长颈鹿）提供良好的基础。

从兽医的角度理解猪这一动物和养猪生产，可以帮助读者更深入理解：
- 个体和群体用药。
- 解剖学、生理学、病理学、微生物学和寄生虫学。
- 饲养管理。
- 生物安全。
- 药理学和药物管理。
- 经济学和计算机分析系统。
- 教学、培训、信息传播和网站设计。
- 营养。
- 基因组学和宏基因组学。
- 运输。
- 屠宰、肉品加工和食品健康。
- 全球化养猪生产——冷、热、干、湿气候。
- 进入全球兽医圈，本书便是集团队之力编写的。
- 最重要的是把兽医人员作为猪的代言人。

我们热爱动物，保证它们的健康和福利是我们的责任。
正如丘吉尔所说：

我喜欢猪。
犬仰视我们。
猫鄙视我们。
只有猪对我们一视同仁。
温斯顿·丘吉尔爵士
英国政治家（1874—1965 年）

John Carr
Shih-Ping Chen
Joseph F. Connor
Roy Kirkwood
Joaquim Segalés

目　录

第一章　临床检查

"所有群体都由个体组成"。

为了对猪进行检查，兽医必须了解猪的正常行为、姿势、叫声等。只有了解猪的正常表现，才能够识别出异常。

一、个体或群体检查

在养猪生产中，很少对个体进行详细的检查。但是，您必须了解基础知识。所有猪群都是由个体组成的。如果发现了新的问题，仍然需要从头到尾进行彻底检查。进行临床检查时，遵循既定程序很重要。事实证明，与1～2位同事共同培训非常有效。对当前工作进行口头描述可以训练对标准程序的理解（视频1至视频5）。

视频1

视频2　　　　视频3

视频4　　　　视频5

病史采集并开始检查：提出恰当的问题非常关键，接下来就是等待并倾听客户的回答，注意观察客户在回答难题时的面部表情。有时客户工作存在疏漏，但他们可能不想承认错误。

和客户交流猪的病史时，可以参考表1-1。进入栏舍检查猪群或个体时，可以继续病史采集工作。

- 进入猪舍前，见图1-1至图1-3。
- 安静地进入猪舍（音频1至音频6）。

音频1　　　　音频2　　　　音频3

音频4　　　　音频5　　　　音频6

表1-1　病史采集提纲	
猪的数量	群体问题还是个别现象？
客户看什么？	猪是否进食、排便、排尿、咳嗽、打喷嚏、跛足、死亡？
问题的严重性？	发病的数量（或发病率）或死亡的数量（或死亡率）？
问题出现的位置？	哪些栏或日龄阶段受到影响？
问题出现的时间？	日期和具体时间？
问题如何发展？	群体内的患病猪是否增多？
有没有其他情况？	同一群体内还有没有其他类型的情况？
流行病学方面的考量？	有没有传染到别的猪群？
有没有其他因素？	客户认为与目前情况相关的其他因素？
客户做了什么？	缓解问题的措施？结果是什么？

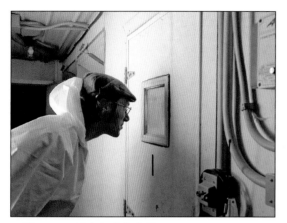

图1-1　通过窗户观察猪群

图1-2　检查猪的睡眠和排便情况

图1-3　观察所有远离猪群的猪（箭头所示），尤其是在喂料期间

- 听声音。安静地听猪发出的声音，注意声音是否存在异常变化。当然，你需要知道什么是猪的正常叫声，这只

能通过与猪长时间相处并在非应激条件下观察它们来实现。识别猪的正常声音是非常重要的临床工作。在感染胸膜肺炎放线杆菌或猪流感病毒的情况下，噪声可能会更少。在感染猪流感病毒的情况下可能会出现喷嚏增多，而感染猪肺炎支原体则可能会出现更多的咳嗽。

- 闻气味。猪舍中的气味是否有改变？如果有死猪，则通过猪舍中的气味可以马上发现。发生腹泻时可能有特别浓烈的气味，尤其是与猪瘟有关的腹泻。

- 观察猪。如出现临床症状的病猪时，栏内是否有猪死亡。注意区别病猪是公猪、母猪还是阉公猪。

二、个体检查

进行听诊和触诊，使用1～5分的评分系统进行体况评分（表1-2）。针对成年母猪可以在P2位点使用体况卡尺测量。

评估猪的体重与日龄是否相符，如240日龄的长白/大白后备猪体重应为140kg左右。根据年龄不同，母猪体重为200～250kg，公猪体重为300～400kg。

可以使用体况卡尺对猪进行体况评分，该法操作简单、易学。体况卡尺可以对猪的体况进行分级（图1-5）。猪的体况变化可以通过不同时期的体况卡尺测量结果对比进行评估。

图1-6是正常猪的预期生长速度，表1-3是商品猪不同周龄的预期生长速度，应注意猪在生长过程中体型的变化。公猪的特征是肩宽皮厚（图1-7），这是正常现象。

6月龄以上的猪犬齿会伸出嘴巴（图1-8）。由于犬齿会持续生长，因此公猪会每天花费数小时将其磨成可怕而危险的武器。由于这些獠牙会突出至面部（图1-9），因此需要使用吉利线锯（Gigli wire）将其修整到与牙龈齐平。

表1-2　评分体系（图1-4）

分数	体况	描述	体型
1	过度消瘦	臀部和脊柱明显可见（图1-4A）	骨骼（如肋骨和脊柱）结构明显
2	消瘦	臀部和脊柱明显，可摸到（图1-4B）	能摸到肋骨和脊柱
2.5	略瘦	手掌不用力也能摸到臀部和脊柱	圆桶状，但两侧稍平
3	正常	手掌用力才能摸到臀部和脊柱（图1-4C）	圆桶状
3.5	良好	很难摸到臀部和脊柱	圆桶状
4	肥胖	无法摸到臀部和脊柱（图1-4D）	逐渐隆起
5	过度肥胖	臀部和脊柱被明显覆盖（图1-4E）	浑圆

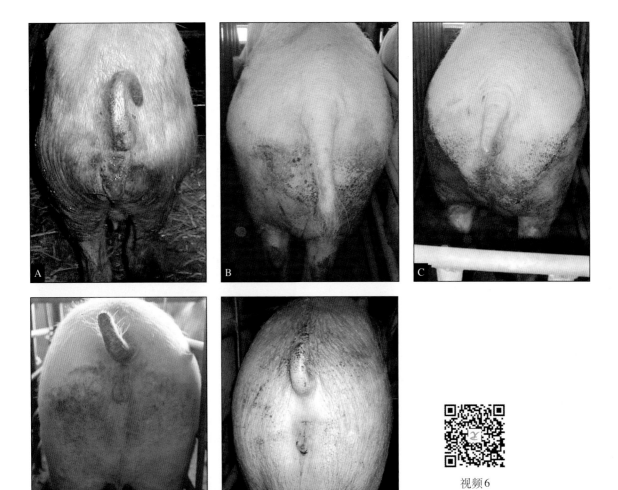

视频6

图1-4　体况（后视图）
A.1分　B.2分　C.3分
D.4分　E.5分

图1-5　用体况卡尺对母猪进行体况评估

$$y = 0.912x^{1.573}$$
$$R^2 = 1$$

$$y = 0.787\,6x^{1.573}$$
$$R^2 = 1$$

图1-6　不同周龄商品猪预期生长曲线。红色曲线和绿色曲线分别代表猪生长速度预期值的上限和下限

表1-3　商品猪不同周龄的目标生长速度			
年龄		日增重（g）	体重（kg）
周龄	日龄		
4	28	215	7.0
6	42	395	12.5
8	56	630	21.3
10	70	660	30.5
12	84	715	40.5
14	98	800	51.5
16	112	965	65.0
18	126	1 000	80.0
20	140	1 100	95.0
22	156	1 100	110.0

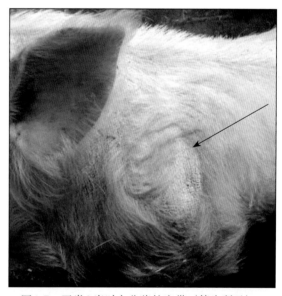

图1-7　正常3岁以上公猪的肩带（箭头所示）

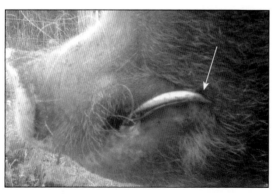

图1-8　獠牙可能会倒长回面部

图1-9　正常6岁昆昆猪（Kune Kune）的獠牙

如果你从猪的后侧靠近时，它会因感到更易受到攻击而转身面向你（图1-10）。饲养员应该站在猪的头部后方60°以内范围，饲养员往前走，猪也会往前走。

检查呼吸次数。健康的猪每分钟呼吸次数在20次以下，成年猪受到热应激时每分钟呼吸次数高于40次。检查直肠温度，正常温度为39℃（图1-11）（表1-4）。

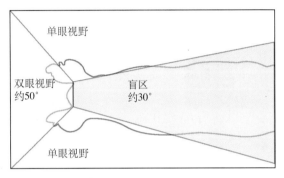

图1-10　猪的视野

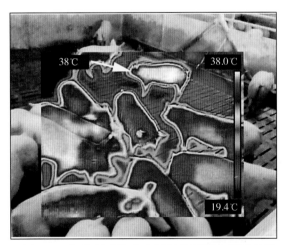

图1-11　红外线成像技术可以从猪群中找到体温较高的猪。箭头所示的猪（白色）体温比该群中其他的猪（红色）更高，需要进一步检查

测量直肠温度的同时可以检查外生殖器。有条件时，可以触诊腰部肌肉、后肢、腹部和乳房区域，手从腹部向胸部触摸。可能有些猪会接受听诊检查，但多数不配合。

表1-4　体温、呼吸和脉搏				
年龄/体重	直肠温度		呼吸速度（次/min）	脉搏（次/min）
	℃	℉		
初生仔猪	39.0	102.0	40～50	200～250
哺乳仔猪	39.2	102.5	30～40	80～110
断奶仔猪	39.3	102.7	25～40	80～100
25～45kg	39.0	102.5	30～40	80～90
45～90kg	38.8	101.8	30～40	75～85
妊娠母猪	38.6	101.6	15～20	70～80
分娩母猪	39.0～40.0	102.0～104.0	40～50	80～100
哺乳母猪	39.1	102.5	20～30	70～80
公猪	38.6	101.5	15～20	70～80

猪一般喜欢被挠痒，尤其是耳朵后侧和背侧部位。检查鼻腔、眼睛、嘴巴有无分泌物。接触猪头部时注意防止被其咬伤。

1.无物理保定的检查

某些猪，特别是小猪，可在无物理保定的情况下接受身体检查。另外，经常接触人的宠物猪，或者有些特定品种的后备母猪也可以在没有物理保定的情况下接受详细检查。

小猪被抱起来后，一般情况下会安静地接受检查。检查时要确保小猪贴紧检查人员的身体，防止小猪或人受伤（图1-12）。

检查宠物猪时，让主人自己正常抱着则猪会更容易接受检查。在需要对猪进行麻醉时，训练其使用麻醉面罩也是非常好的办法。

在猪站立时检查四肢。紧紧抓住猪的前腿，通常猪会发出反抗的叫声。让猪用后肢站立，兽医用膝盖顶住猪的后背。对猪的四肢进行触诊时，应从上向下、由腿部向蹄部进行。注意：猪不喜欢被检查四肢（图1-13）。

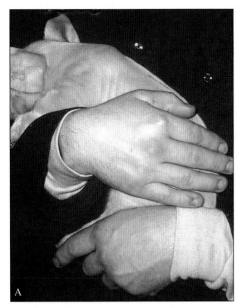
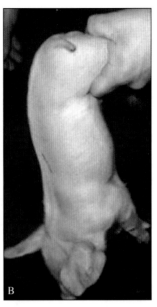

图1-12 贴紧抱住小猪（A），抓住其后腿（B）

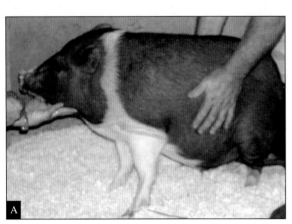

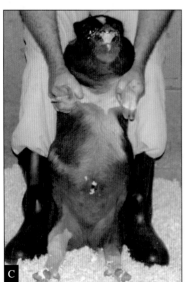
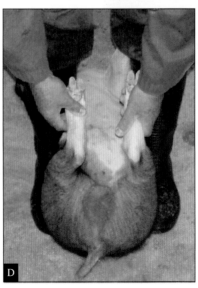

图1-13 保定猪的检查
A.与猪进行声音和身体接触，从后面接近它 B.在肘关节处用手抓住猪的两个前肢 C.举起猪，让其用后肢站立，兽医用双腿顶住猪的背部 D.让猪向后倒，兽医用双腿夹住猪

2.物理保定检查

大部分猪不习惯被控制,当被抓住时会大声嘶叫且不会轻易安静下来。猪会单独或成群地逃跑,因此,在转移猪群时要封锁可能的逃跑路线。

由于猪的视野范围可达到330°,因此它们可以不转过头就看到身后的事物。它们的注意力容易被位于前方或侧面的物体,以及地板的质地和外观的突然变化所转移。一束阳光就足以影响猪的运动。被保定的猪其行为和许多临床症状将不存在或发生改变,如其呼吸频率、心率和直肠温度都会发生剧烈的变化。

将猪关在定位栏(图1-14)和小车内(图1-15)可以方便临床兽医检查全部体表,这样不会对临床兽医造成伤害或对猪造成明显刺激。需要注意确保兽医的手不被夹在猪

和任何金属物之间。另外,虽然猪在小车中,但其跳跃能力很强。

3.血液样本采集

血液样本可以用于血液病原学、血清学、生化、血液学等检查。采血有以下两种方法。

(1)仔猪和体重小于30kg的保育猪从前腔静脉进行采血(图1-16和图1-17)。前腔静脉位于身体左侧,但是采血时针头常从右侧进入,以免破坏连接心脏和膈膜的迷走神经。

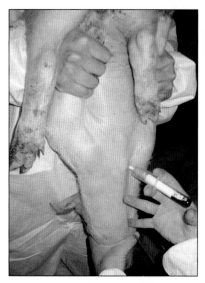

图1-16 断奶仔猪前腔静脉采血位置

图1-14 被保定在定位栏中的成年猪

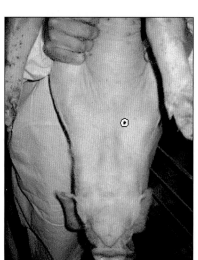

图1-17 断奶仔猪被保定后采血位置如图中圆圈所示

图1-15 被保定在小推车中的断奶仔猪

（2）生长育肥猪和成年猪　生长育肥猪和成年猪用40mm×1.1mm针头的真空采血管（图1-18和图1-19）采集颈静脉血液。保持针头与皮肤垂直，同时直立。针头刺进皮肤后不可以左右移动寻找颈静脉，以免撕裂颈部皮肤引发大出血。多数采血失败是因为针头扎得不够深及针尖从颈静脉边滑开。

由于猪的叫声很大，因此采样时需戴上耳罩。物理保定的方法是用绳索套住猪犬齿或其后侧（图1-20）。猪通常会后退拉住绳索并保持静止。嘶叫是正常现象，某些猪只受到的应激可能会严重，这会让客户感到紧张。将猪做好标记后再释放。

套猪器松开后猪会停止嘶叫并返回群中。在保定其他猪时，刚被套过的猪往往会回来咬套圈而重新被抓。

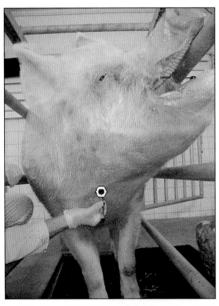

图1-18　用长柄套猪器保定大猪，使其抬头，图中圆圈所示为采血位点

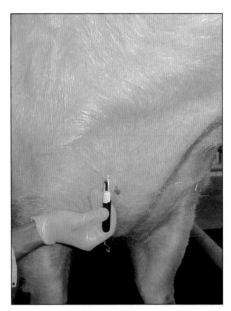

图1-19　大猪颈静脉采血

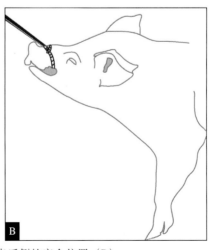

图1-20　用绳索套猪器套住猪上颌（A）和犬齿后侧的安全位置（B）

在处理公猪和哺乳母猪时要特别小心，因为它们锋利的犬齿会伤及人员。

4.化学保定检查

有些猪很难被控制，但仍需要进行检查时，兽医需要对其进行镇静甚至麻醉，但是要注意用药会影响和改变猪的部分行为表现和临床症状。有许多化学药物可以使用（表1-5和表1-6），但部分化学药物未获准在猪上使用。另外，并非在所有国家/地区都能买到相关镇静药。有的国家不允许在动物性食品中使用这些药物，因此兽医在使用这类药物前要了解相关规定。

5.兽医检查时需要关注猪的相关表现

对猪个体进行临床检查进而检查猪群的这种能力是通过学习获得的，并随着时间和实践而提高。每次对猪进行健康检查都需要按照固定的系统化流程进行，注意观察和鉴别猪的各种异常表观。图1-21至图1-105是关于猪临床病征的表现形式（见本章的临床小测验1）。

表1-5　可在猪上使用的镇静药		
乙酰丙嗪	0.5mg/kg（肌内注射）	镇静效果好，手术效果不稳定
氯胺酮	15mg/kg（肌内注射）	只有在注射乙酰丙嗪10min后才能注射氯胺酮
安定	0.5～2mg/kg（肌内注射）	仅镇静
氯胺酮	10～15mg/kg（肌内注射）	放松肌肉的效果好
甲苯噻嗪	1～2mg/kg（肌内注射）	低剂量中度镇静，高剂量深度镇静
氯胺酮	5～10mg/kg（肌内注射）	放松肌肉的效果好
	静脉注射（吸入麻醉前的诱导剂）	诱导吸入麻醉前用1/4～1/2剂量
阿扎哌隆	0.5mg/kg	混群时使用
	2～8mg/kg	镇痛
	5～10mg/kg	全麻

表1-6　可在猪上使用的麻醉药		
甲苯噻嗪	0.5～2.2mg/kg（肌内注射）	可以让猪痛觉丧失、肌肉放松的麻醉药，可用于插管，但可能发生呼吸暂停
替来他明/唑拉西泮（乐舒®）	3～6mg/kg（肌内注射）	
乐舒® 氯胺酮 甲苯噻嗪	4.4mg/kg（肌内注射） 2.2mg/kg（肌内注射） 2.2mg/kg（肌内注射）	用250mg甲苯噻嗪（2.5mL）和250mg氯胺酮（2.5mL）重新配制乐舒®粉末 每25～35kg体重使用剂量为1mL，可用于插管，但可能发生呼吸暂停，持续时间45～90min
异丙酚	静脉注射诱导2～5mg/kg 恒速注射4～8mg/（kg·h）	起效速度快，持续时间短，快速平稳恢复。但常发生呼吸暂停，建议采用插管法
戊巴比妥钠（Euthatal®）	每100kg体重使用剂量为5～10mL	缓慢给药，注意药物过量使用时会导致兴奋过度

（1）病猪在栏中的位置或状态　见图1-21至图1-26。

图1-21　离群

图1-22　其他猪站立或进食时病猪躺卧不动

图1-23　背上有标记

图1-24　毛发杂乱，皮肤上有苍蝇

图1-25　慢性感染，注意体重会减轻

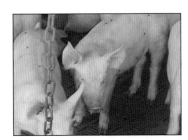

图1-26　急性感染，注意体重无明显变化

（2）病猪皮肤变化　见图1-27至图1-35。

图1-27　病猪皮肤颜色相对其他个体更苍白

图1-28　皮肤有斑块状坏死

图1-29　口腔周围皮肤坏死

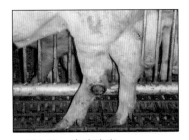

图1-30　皮肤溃疡

图1-31　磷片状皮肤

图1-32　四肢发绀

图1-33　皮肤褶皱

图1-34　皮肤油脂分泌过多

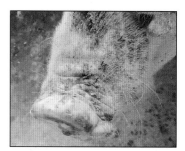
图1-35　皮肤有水疱

（3）病猪存在肿块

①肢蹄部位肿块　见图1-36至图1-38。

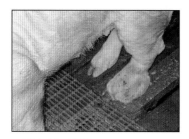
图1-36　腐蹄

图1-37　关节肿胀

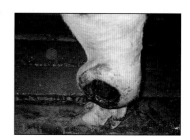
图1-38　肉牙肿

②其他部位肿块　见图1-39至图1-44。

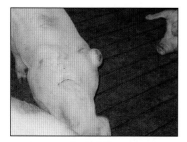
图1-39　肩膀脓肿

图1-40　耳端血肿

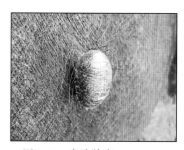
图1-41　皮肤肿瘤

图1-42　眼睑水肿

图1-43　蹄过度生长

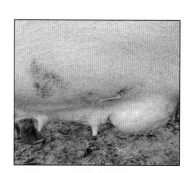
图1-44　慢性乳腺炎

（4）疝　见图1-45至图1-47。

图1-45　阴囊疝

图1-46　脐疝

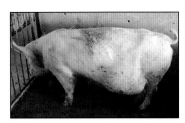

图1-47　后天性疝

（5）结构异常　见图1-48至图1-53。

图1-48　先天性畸形

图1-49　肾后位畸形

图1-50　角度偏差

图1-51　腹部肿大

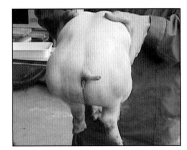

图1-52　肌肉变形

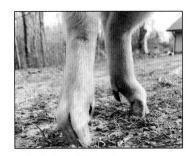

图1-53　下肢畸形

（6）外伤　见图1-54至图1-56。

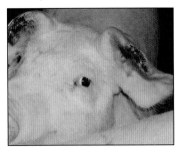

图1-54　耳朵伤痕

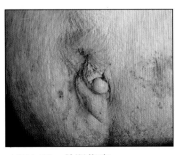

图1-55　外阴伤痕

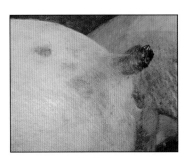

图1-56　尾巴伤痕

（7）脱垂　见图1-57至图1-59。

图1-57　子宫脱垂

图1-58　直肠或阴道脱垂

图1-59　会阴脱垂

（8）呼吸情况　见图1-60和图1-61。注意猪每分钟的呼吸次数，健康的猪每分钟呼吸20次，但呼吸次数超过40次且幅度明显时可视为异常。

图1-60　息劳沟

图1-61　呼吸沉重

（9）行为和行为改变　见图1-62至图1-70。

图1-62　脑膜炎

图1-63　神经缺陷

图1-64　瘙痒

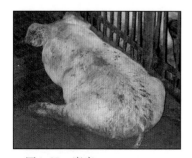

图1-65　瘫痪

图1-66　跛行：高位瘸腿，腿低垂

图1-67　跛行：低位瘸腿，腿高抬

图1-68　猪与人的互动

图1-69　猪与同伴的互动

图1-70　猪群

（10）病猪相关部位出现分泌物　见图1-71至图1-76。

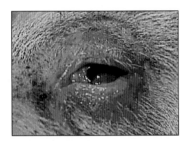

图1-71　眼睛

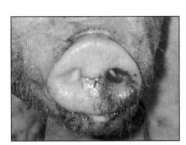

图1-72　鼻腔

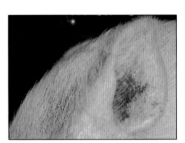

图1-73　耳

图1-74　口腔

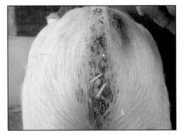

图1-75　肛门

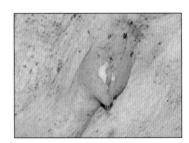

图1-76　外阴

（11）病猪其他相关变化　见图1-77至图1-79。

图1-77　食欲废绝

图1-78　呕吐

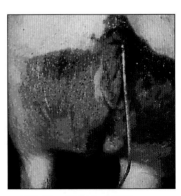

图1-79　被寄生虫感染

（12）粪便检查　沿着猪栏走一圈，观察粪便情况（图1-80至图1-88）。

图1-80　正常的粪便

图1-81　松软的粪便

图1-82　腹泻

图1-83　便秘

图1-84　出血（黑粪症）

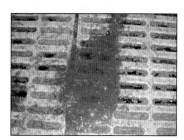

图1-85　出血（红色）

图1-86　粪便中有黏液

图1-87　注意粪便颜色，图中的为白色，有时为黄色和绿色

图1-88　墙上和周边都有粪便

（13）泌尿道检查　见图1-89至图1-91。

图1-89　正常尿液颜色

图1-90　猪患病时尿液浑浊

图1-91　血尿

（14）繁殖检查

①正常繁殖特征　见图1-92至图1-94。

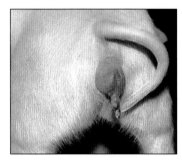

图1-92　外阴变化

图1-93　开始发情

图1-94　接受配种

②异常繁殖特征　见图1-95至图1-103。

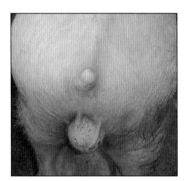

图1-95　单睾

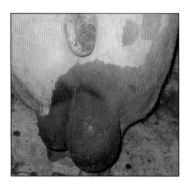

图1-96　睾丸萎缩

图1-97　睾丸炎

图1-98　坏死性外阴

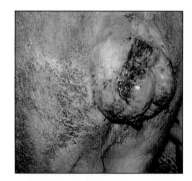

图1-99　外阴肿胀

图1-100　流产

图1-101　木乃伊胎

图1-102　晚期木乃伊胎

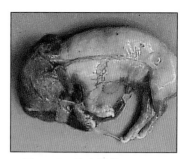

图1-103　流产胎儿

（15）淋巴结肿大　见图1-104和图1-105。

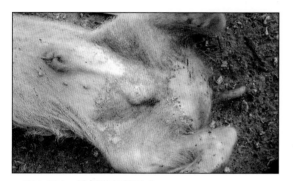

图1-104　单侧淋巴结肿大

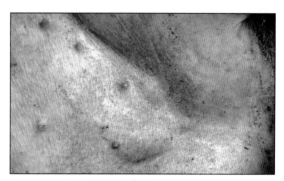

图1-105　双侧淋巴结肿大

三、临床检查

猪通常群体生活。对猪场进行系统检查，是临床兽医应具备的一项重要能力。这不仅包括对猪群进行健康检查，也包括对饲养环境和饲养员的工作能力进行评估。

兽医可以采用系统的方法访问典型的单点式猪场（从分娩到育肥）。对于多点式体系，可能需要使用改进的方法。

1.拜访猪场

见图1-106至图1-108。

图1-106　翻阅猪场记录，安排访问时间。可以在上次访问时就安排好下次的访问时间，至少要提前2周通知客户

图1-107　保证自身的生物安全，如清洗车辆，必须确保不会对猪场造成风险

图1-108　到达后检查周边区域是否有其他猪场，特别是首次拜访

2.猪场位置

选址对于猪场的潜在疾病风险有重大影响。

（1）进入猪场　见图1-109至图1-114。

图1-109　在猪场外周步行一圈，察看猪场的生物安全情况（注意有哪些地方可以改进，如饲料车是否入场？）

图1-110　检查入口设施，如警告系统是否工作正常、有没有提醒效果、禁止标识是否清晰等

图1-111　遵守猪场生物安全规定，确保生物安全告示张贴得当。

图1-112　不得穿自己的衣服进入猪场，应穿猪场提供的衣服或一次性工作服

图1-113　猪场除了提供外套外，还应提供靴子或防护鞋

图1-114　在猪场办公室与客户讨论工作目标和规划。查看猪群流转情况，特别是全进全出模式，在访客单上签名

（2）检查药物　见图1-115至图1-120。

图1-115　检查药物冷藏条件，包括最高最低温度计。冷藏柜工作温度必须在2～8℃，疫苗冰冻后会失活

图1-116　检查常温药物贮存的卫生条件和使用情况。许多抗生素的最高贮存温度为25℃，这在夏季可能很难达到

图1-117　检查针头、注射器和处理体系。医疗产品必须始终远离儿童。不能采用与普通垃圾相同的处理方式

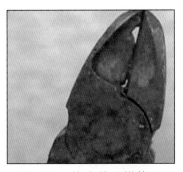

图1-118　检查剪牙钳等工具的使用情况，如是否按照操作说明使用、操作说明是否合理等

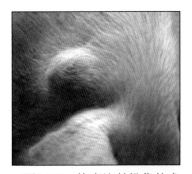

图1-119　检查注射操作技术（此图为注射技术不佳导致猪的颈部脓肿/肉芽肿）

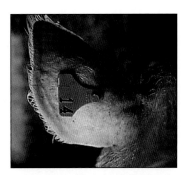

图1-120　检查标识体系，包括屠宰前（猪耳标损坏会影响检查记录）

3.检查猪场建筑物

猪场检查要按照图1-121和图1-126中描述的对每栋猪舍进行全面检查。

图1-121　检查外围生物安全情况。灭鼠是控制疾病的重要环节，确保没有鼠类入口，检查灭鼠笼中的诱饵是否还在

图1-122　检查外周通风系统。在猪场外观察通风系统的出、入口，有时能看到鸟巢等堵住出口

图1-123　饲料可以存放在不同的地方，通常散装饲料贮存在料塔内，因此应爬上料塔顶部检查料塔的卫生和清洁情况

图1-124　控制害虫，因为散落的饲料会吸引鼠类、鸟类和昆虫

图1-125　在不进入猪舍的情况下检查猪

图1-126　检查猪舍的生物安全（足浴设施必须保持清洁）

进入猪舍时，注意观察未受干扰的猪的睡眠情况。接下来，安静地进入猪舍并观察所有的生物安全措施。检查基础环境设施。临床兽医需要了解各日龄阶段猪对水、饲料、地板和良好空气质量的基本要求（图1-127至图1-130）。

尽管在其他章节详细介绍了猪的临床检查，但请注意，对猪群的预期调查要求应与环境调查的相同（图1-131和图1-132）。

图1-127　检查水质

图1-128　检查饲料品质

图1-129　检查地面情况

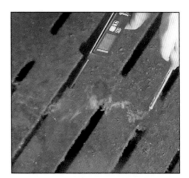

图1-130　检查空气和通风系统

图1-131　检查猪群

图1-132　观察饲养员和猪的互动情况

4.猪场巡查

猪场巡查要有固定流程。以下建议的巡查流程遵循猪从出生到出栏的猪群流转，以便最大限度地降低病原传播。顺序应该是从猪场的净区逐渐走向污区（图1-133至图1-144）。

在一个工作周内准备好并发送附有建议的猪场巡查报告。

图1-133　母猪分娩区

图1-134　母猪配种区

图1-135　后备猪配种区

图1-136　人工授精精液贮存区

图1-137　妊娠母猪区

图1-138　保育区

图1-139　生长/育肥区

图1-140　病猪栏/区

图1-141　检查装猪区和入口点

图1-142　死猪处理区

图1-143　隔离区，进入此区域可能需要进行更衣等操作

图1-144　把检查结果分享给猪场内的兽医团队

四、猪场生产

为了了解猪场生产的正常情况，有必要知道客户对猪生产成绩的期望值。有两种方式可以评价生产成绩：一种是基于母猪产量的传统方法，另一种是基于产肉量。每个客户可能有不同的期望值，了解客户对猪场生产成绩的期望值非常重要。请注意，各个猪场健康团队之间可能会有巨大的差异。猪场负责人可能对基于产肉量的经济上的回报感兴趣，而经理人可能对用于计算员工奖金的母猪产量更感兴趣。养猪场的生产性能目标值见表1-7。干涉值项目需要猪场团队讨论调查和纠正猪场管理问题。

表1-7　猪场生产目标示例

项目	目标值	干涉值
繁殖		
可配种后备母猪（头）	6（每100头母猪）	<5（每100头母猪）
首配日龄（d）	220	>250或<200
断奶至配种间隔（d）	5	>7
复配数（规律返情*，头）	8	>9
不规律返情（其他时间，头）	3	>4
母猪平均空怀天数（d）	12	>14
流产率（%）	<1	>1.5
母猪空胎率（%）	1	>2
妊娠期淘汰率（%）	1	>2
妊娠期死亡率（%）	1	>2
分娩率（%）	87	<82
配种7d以上阴道流脓率（%）	<1	>1.5
母猪年淘汰率（%）	38	>42
平均淘汰胎次	6～7	>8
母猪年死亡率（%）	<5	>5
公猪存栏数（非人工授精，头）	5（每100头母猪）	<5或>6（每100头母猪）
公猪存栏数（人工授精+自然交配，头）	3（每100头母猪）	<3或>4（每100头母猪）
公猪周配种次数	4	<2或>6
产房		
窝产总仔数（头）	15	<13
窝产活仔数（头）	14	<12.5
流产率（%）	<7	>10
木乃伊胎发生率（%）	<1.5	>2.5
窝的离散度（<7头仔猪窝的比例）（%）	<10	>15
断奶前死淘数（头）（28d）	10	>14
窝均断奶数（头）	12	<11
母猪年产窝数	2.35	<2.3
母猪年断奶数（头）	28	<25
生长育肥		
育肥率（7～110kg）（%）	>96	<94
母猪年出栏数（头）	26	<22
饲料		
母猪年均耗料（t）	1.1	>1.2
母猪存栏对应全场年均耗料（t）	8.5	<7或>9.5
饲料转化率（7～110kg）	2.2	>2.5
日增重（10～110kg）（g）	650	<600
上市天数（110kg）（d）	160	>180
屠宰率（%）	75	<72

注：*规律返情，指配种后18～24d返情。

一个100头母猪的猪场，每头母猪每年产25头仔猪，以90kg体重出栏计算。如果猪肉消费量每人每年为24.5kg，则每年生产的猪肉足以满足9 000多人的肉类需求。

五、猪的剖检

商品猪进入屠宰场后，兽医可以通过屠宰场或政府制定的重复检查方案，获得特定批次的猪病背景信息，并对其进行一定程度的空间和时间分析。

1.屠宰场检查

在移动的屠宰线上，兽医主要通过对器官进行快速的肉眼检查来判断猪病（图1-145至图1-156）。这种方法虽然粗略，但可以获得猪的大概健康状况，并对猪群的健康状况进行评分。这不能与细致剖检相混淆。我们可能永远无法获得猪的个体身份信息。屠宰现场的刺青痕迹可能很不清晰，而且屠宰线上的胴体和内脏之间可能出现分离。

图1-145 实质性病变

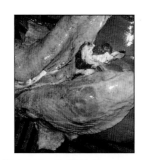

图1-146 胸膜肺炎

图1-147 完整的鼻甲骨

图1-148 胸膜炎

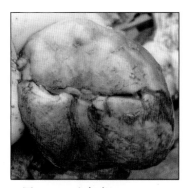

图1-149 心包炎

图1-150 乳斑肝

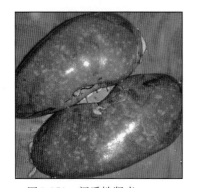

图1-151 间质性肾炎

图1-152 疥癣皮肤损伤

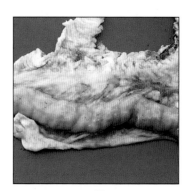

图1-153 肠道变化

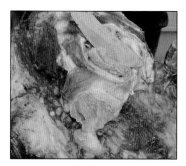

图1-154　脓肿

图1-155　关节炎/滑囊炎

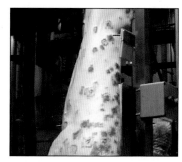

图1-156　猪丹毒/皮肤痂斑

检查的主要器官是皮肤、肺脏、心脏和肝脏。当猪被移到内脏分离区时，应检查其皮肤。可对肠道和鼻腔进行特殊检查。兽医还应仔细检查有脓肿和损伤的部位，因为这种检查可能也会暴露出其他一些问题。

在屠宰场，临床兽医能够诊断猪病状况，但不能判断病原。此外，可以对刺青标记的清晰度和猪的基本体型进行评估（图1-157至图1-158）。

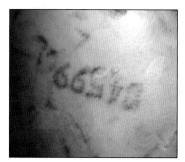

图1-157　刺青标记的清晰度，保证肉品的可追溯性

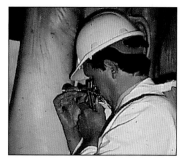

图1-158　基本体型、P2点背膘厚度等

2. 其他问题

疾病在不同时间的流行变化可以被监测。例如，通过对支原体肺炎（地方性）进行评分（图1-159）就可以得到该病的季节性变化规律，可以指导生产管理和疫苗选择。

了解由病原可能造成的经济损失就可以指导兽医制定更经济的猪病防控方案。

3. 个体剖检

临床检查包括对场内发现的所有死猪进行检查，或对表现出特定临床症状的病猪实行安乐死。

猪的安乐死：有多种方法可以对猪进行安全、有效且人道的安乐死（表1-8），但是，不同地方可能存在不同的法律规定。例如，使用致昏枪破坏脊髓后可能需要放血。

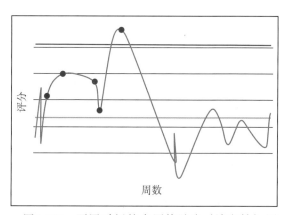

图1-159　不同时间的支原体肺炎（地方性）评分。绿线是一段时间内的平均分数，红线比平均分数高3个标准差。使用统计过程控制措施，可以对猪场的健康状况进行评估。红点表示猪场在这些时间点发生失控：3个点超过平均值，1个点超过平均值加3个标准差

表1-8　不同日龄/体重阶段猪适用的安乐死方法

方法	小于3周龄的小猪 (6kg)	小于10周龄的仔猪 (6～30kg)	生长猪 (30～75kg)	育肥猪 (75kg以上)	母猪或公猪
钝器打击	✓	×	×	×	×
枪击	×	✓	✓	✓	✓
致昏枪	×	✓	✓	✓	✓
二氧化碳麻醉	✓	✓	不实用	不实用	不实用
过量麻醉 (仅限兽医)	✓	✓	✓	✓	✓
电击	✓	✓	✓	✓	✓

①钝器打击　指用重型钝器精准重击猪大脑上方头部的一种有效方法，可以人道地处死体重在6kg（3周龄）以下的仔猪（图1-160）。打击时必须迅速、坚决、果断。如果不确定猪是否死亡，应重复捶打。如果有必要，可以切断颈动脉放血。

②枪击及穿透型撞击致昏枪　使用枪击法必须经过枪械训练，应由助手用绳索或保定器套住猪的上颌对其进行保定。这是通过对大脑的冲击和穿透来击昏或致死（图1-161和图1-162）猪的。

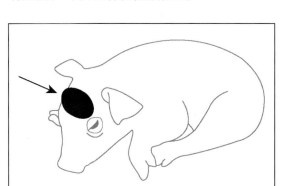

图1-160　6kg以下仔猪安乐死钝伤部位

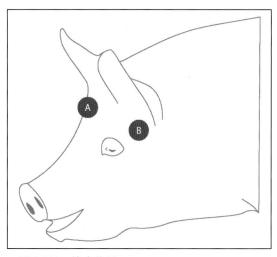

图1-161　枪击位置

A.显示临床上该方法的推荐位置——仅限枪击使用。不要把枪直接放在皮肤上，要距离皮肤10cm　B.表示从额部进行的推荐位置，斜向上20°。射击后必要时切断猪的颈动脉对于大猪（体重＞75kg），建议在猪被击昏后切断其颈动脉。致昏枪应紧靠前额（图1-162和图1-163），散弹枪必须保持距离头骨10cm处（不要压在额头上）。

对于年龄大的公猪，可能需要多次尝试才能将其击昏。

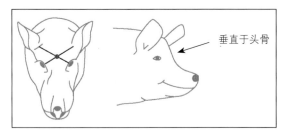

图1-162　使用致昏枪对猪实行安乐死时的位置。把枪对准耳朵后部与眼睛内眼角交叉十字的中心，使致昏枪紧贴皮肤并与头骨垂直。对于体重超过60kg的猪，在致昏枪中使用起爆管，使子弹快速穿过头骨。射击后破坏猪的脊髓，并在击昏后切断颈动脉

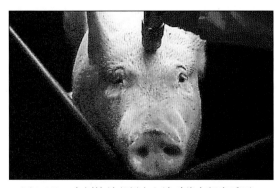

图1-163　在剖检前必须小心地对猪实行安乐死

③二氧化碳麻醉　猪可被二氧化碳快速麻醉，随后会因呼吸停止而死亡。由于二氧化碳比空气重，因此在制造猪安乐死容器时，出口阀应位于顶部，以便在允许空气逸出的情况下容器内能完全充满二氧化碳。对于小猪，可以使用一个垃圾桶，在盖子上安装进出口阀门，以及用一个塑料袋做内衬。检查完猪是否完全死后，就可以取出装猪的袋子。由于二氧化碳的气味可能会让猪感到难受，因此可以用一氧化二氮替代。

④电击　这种方法在欧洲并不常见，但在美国和亚洲则被广泛使用。电击致死首先是大脑丧失意识，随后是心力衰竭。电击猪一般有以下两个步骤（图1-164）：

步骤1，猪失去意识：将电极放在猪头部两侧，以便使电流通过大脑。

步骤2，猪安乐死：放置电极，使电流通过猪的心脏。

体重大的商品猪需要300V、至少1.25A电流并维持1s。

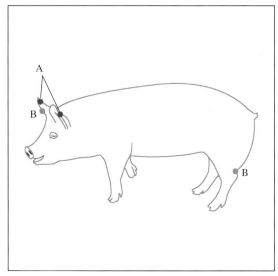

图1-164　电击法对猪实行安乐死时电极的安装部位
A.表示使猪失去知觉的正确位置　B.表示诱发心脏颤动和死亡的正确位置。电击后切断猪的颈动脉

⑤过量麻醉　只允许执业兽医使用。戊巴比妥可在腹腔内给药，使猪麻醉镇静，这可能需要10min。可以通过心内、门脉内或耳静脉进行戊巴比妥静脉注射来实现猪的安乐死。

⑥每次安乐死后需检查尸体外观　注意检查使用不同安乐死方法后猪的外观：子弹孔、致昏枪孔、放血和注射部位。通过心内注射对猪实行安乐死后，心脏周围会有巴比妥酸盐，这可能会被误认为是心包炎。

4.剖检步骤

兽医在进行系统剖检前应备齐剖检工具和采样材料。为了确保生物安全，猪场应该自备剖检器具。同时，保持剖检场所安静、专用且易清洁。

5.剖检器具

保持个人卫生很重要，应佩戴一次性防护手套（图1-165A）。在剖检前后必须洗手。所有的器具都应进行消毒，尤其是刀具。

剖检时需要使用锋利的刀具。如有可能，不持刀具的手可戴保护性手套（如金属链甲手套或耐磨防割手套）（图1-165B）。打开母猪的胸腔、头部和骨盆时，需要使用锯和砍刀类工具（图1-166）。剪刀是重要的剖检工具，但生产中却没有被得到充分利用。

图1-166 锯切工具

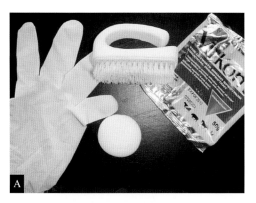

图1-165 个人卫生用品（A）和防护手套（B）

6.猪、样本和农场信息

与其他调查一样，完整的监管链（chain of custody）至关重要。在剖检中，监管链包含猪场及建筑物信息、个体耳标、DNA样本。剖检结果可能成为法律调查的组成部分。

摄像机和录像机应设置正确的日期、拍摄时间，拍下猪耳标或耳缺的照片。如果猪没有任何标识，则可在其耳朵处放置一个标签或在猪体上画一个数字（栏位/日期）（图1-167A），使用防水相机或智能手机更为方便（图1-167B）。

图1-167 耳标和记录工具（A）及防水相机（B）

通过全球定位系统（global positioning system，GPS）和其他参考地图，标记出猪场的所在位置，获取猪场分布图并标记每栋建筑物（谷歌地球是一个有效的工具）。图1-168为一个正在接受调查的猪场。制作猪场分布图时要确保猪场中的所有建筑物都要经过系统的检查（如图1-167中有23座建筑物）。在检查每栋建筑物时，需明确所饲喂猪只的日龄。

7.样本采集和检索

准备不同型号的剪刀、镊子等（图1-169A）。在处理样本之前，准备一个盛样本用的小托盘。

样本采集用的工具包括：采血管、载玻片、石蕊试纸、注射器、针头、棉拭子、器皿、塑料袋、尺子等（图1-169B和图1-169C）。

图1-168　标识猪场、建筑物和栏位

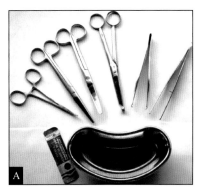
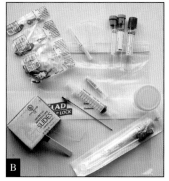

图1-169　A、B和C所示均为样本采集用的工具

8.便携式剖检工具箱

出诊时可能需要携带便携式剖检工具箱（图1-170）。应保持工具洁净且便于在剖检前后清洗和消毒，这非常重要。

所有物品都应放入塑料袋内，这样在生产现场也能保持洁净。

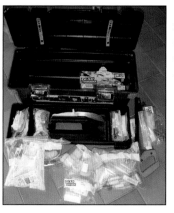

图1-170　猪场剖检工具箱，其易于清洗和保持洁净。注意：生物安全重于一切

9.剖检

通常情况下，兽医会通过剖检来诊断猪的死因。对于猪场兽医而言，调查猪的死因虽有意义但并非剖检的首要目的。兽医的责任是关注活猪，而非死猪。剖检可以搜集没有被发现的信息，判定是否存在影响猪群健康的潜在疾病/病原。例如，没有证据表明猪场存在口蹄疫这一结论非常有用且是至关重要的发现。因此，检查的内容必须完整并遵循系统方法。

只有在剖检结束后，兽医才能确定各项发现在猪死因中的重要性，但很多情况下仅是粗略地检查并无法确定死因。另外，很多情况下同一头猪又会出现多种病变。因此，只有对每种病原的重要性进行评估方可作出最终诊断。

图1-163、图1-171至图1-230列出了对猪进行系统性剖检的过程，所示剖检步骤为右手操作，括号内是临床兽医在检查每个器官时应首先考虑的猪病（有关解剖结构的详细信息，请参阅本书各相关章节）。

图1-171 选择偏僻且生物安全可控的区域进行剖检，图示的区域并不合适

图1-172 将死猪侧卧摆放。注意性别、体况并估计体重，有无皮肤出血（猪瘟）或下颌肿胀情况（炭疽），必要时清洗猪只

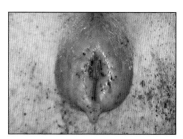

图1-173 检查肛门和外生殖器，是否有发情表现或分泌物

图1-174 检查猪只体表是否有打斗和败血症的迹象。注意有无皮肤病变（猪丹毒）或躯体扭曲（萎缩性鼻炎）

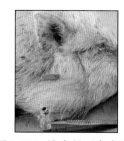

图1-175 注意是否存在耳垢。采样检查是否有疥螨

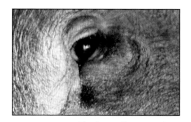

图1-176 检查眼睛是否脱水或有分泌物（水肿病）

图1-177 检查肢蹄是否有水疱（口蹄疫、猪水疱病）

图1-178 检查乳腺

图1-179　在左腿的股内侧进行深切，转至左后腿并切入腹股沟，露出股骨关节

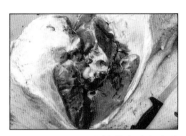

图1-180　股骨关节切割开后的细节。注意：年龄小的猪其股骨头可沿骨骺分离

图1-181　切开右后腿和右股内侧。将猪仰卧，注意腹股沟淋巴结（猪圆环病毒2型相关性系统疾病）

图1-182　在紧连着头部的颈椎处横向深切

图1-183　站到左侧，在右手胸部沿着肋软骨交界处的软骨线切开

图1-184　朝腹股沟区沿着皮下划开

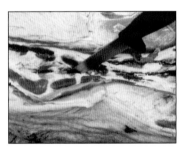

图1-185　返回胸部，切开右侧肋软骨交界线

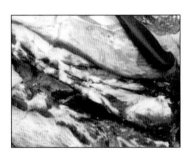

图1-186　小心分开已切开的胸腔，防止刀刺破内脏

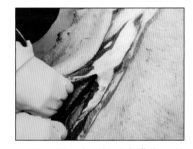

图1-187　小心切开腹膜腔，不要刺破任何腹部器官

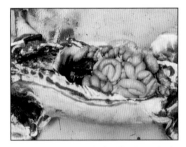

图1-188　将腹侧体壁放在左侧，以暴露体腔内容物

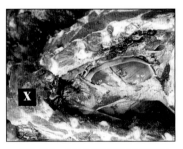

图1-189　返回胸部并切开前肋（图中X处）。用力打开胸部，折断肋骨。注意折断肋骨的难易程度

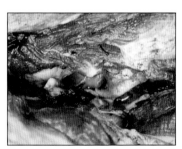

图1-190　沿颈部侧面切割到下颌尖

图1-191　继续切割开舌骨并松开舌头

图1-192　注意扁桃体的状态（猪伪狂犬病）

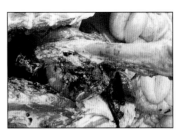

图1-193　抓住舌头向尾端拉扯，切断舌背部所有附着组织并将其从胴体分离

图1-194　将胸腔内脏器官从尾端拉到隔膜

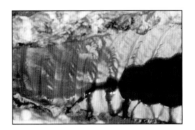

图1-195　继续切割，直至将肺脏和心脏从胸腔分离。注意是否存在胸膜粘连（胸膜肺炎放线杆菌感染）

图1-196　小心地切开隔膜、胃和肝的背部附着组织

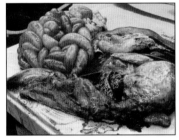

图1-197　将内脏置于一旁，以进一步检查

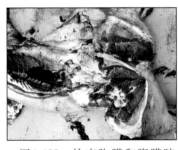

图1-198　检查胸膜和腹膜腔是否粘连

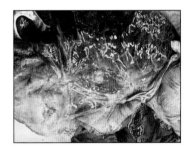

图1-199　检查食管远端。如果没有病变迹象，则将肺脏、心脏与胃、肝脏的连接切断

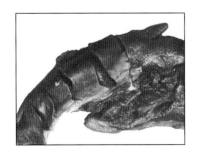

图1-200　检查舌头和口腔是否有水疱（口蹄疫、猪水疱病）

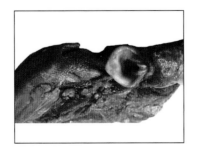

图1-201　检查喉头

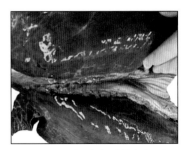

图1-202　沿着食道纵向切开

图1-203　切开气管，关注破损的气管环

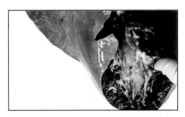

图1-204　沿支气管继续剪切至肺膈叶末端

图1-205　记得切开通向右心叶/尖叶的气管、支气管

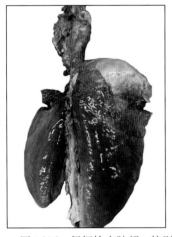

图1-206　仔细检查肺部。特别关注的疾病包括支原体肺炎（地方性）、胸膜肺炎、副猪嗜血杆菌病和［译注：副猪嗜学杆菌于2020年被重新命名为副猪格拉菌（*Glaesserella parasuis*）］肺脓肿

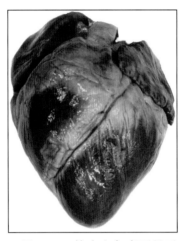

图1-207　检查心包表面是否有心包炎（副猪嗜血杆菌病）。经右房室瓣打开右心房检查内表面。沿室间隔切开右心室，找到肺动脉并切开瓣膜。将心脏翻转过来，并在心脏左侧重复相同的操作。检查心脏瓣膜（心瓣膜炎/心内膜炎）

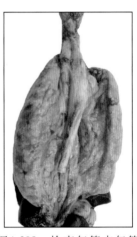

图1-208　检查气管支气管淋巴结（猪圆环病毒2型相关性系统疾病、猪繁殖和呼吸综合征）

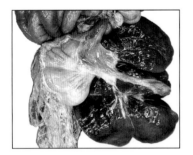

图1-209　返回到腹部内脏，检查胆囊

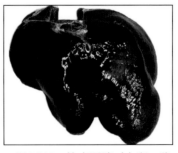

图1-210　检查肝脏（白斑，猪伪狂犬病）

图1-211　检查大网膜和脾脏（猪伪狂犬病）

图1-212 沿十二指肠端切掉胃部，切开胃大弯（胃溃疡）

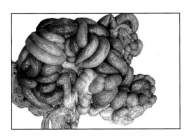

图1-213 多处剪断小肠进行检查，检查淋巴结（沙门氏菌病）

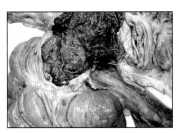

图1-214 检查回肠末端、盲肠和结肠（回肠炎、猪痢疾、结肠炎）

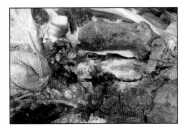

图1-215 重新检查猪体。切开骨盆，以便于切除泌尿生殖道和剩余的直肠

图1-216 从尾端到膀胱切除泌尿生殖道。从肾脏到膀胱小心切开，以保持输尿管完整

图1-217 将泌尿生殖道单独放在一边的平台上

图1-218 检查两侧肾脏，从侧缘切开肾盂

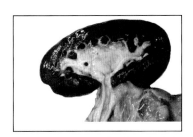

图1-219 切开肾脏，检查肾盂和输尿管（肾盂肾炎）

图1-220 从腹侧面切开并检查膀胱，注意不要切入输尿管膀胱连接处（膀胱炎）

图1-221 切除并检查直肠（直肠狭窄）

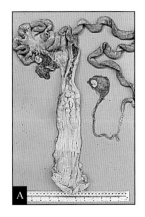

图1-222 检查生殖道，注意生殖状况
A.母猪生殖道 B.公猪生殖道（布鲁氏菌病）

图1-223　再次检查胴体。切开并检查两条前腿的肘部和腕骨关节，切开两条后腿的膝关节和踝关节（关节炎）

图1-224　检查淋巴结并切开浅表腹股沟淋巴结（猪圆环病毒2型相关性系统疾病）

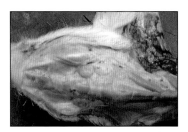

图1-225　检查下颌和腮腺淋巴结（肺结核）。注意下颌大的唾液腺

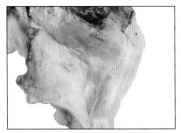

图1-226　检查腘淋巴结和任何其他有病理表现的淋巴结

图1-227　在口腔合缝处横向切开鼻部（萎缩性鼻炎）

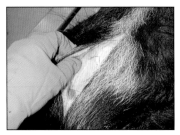

图1-228　切开额头上的皮肤，检查是否存在水肿症状（水肿病）

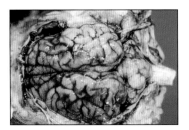

图1-229　切开或切除颅骨，检查颅腔

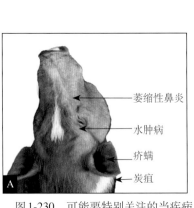

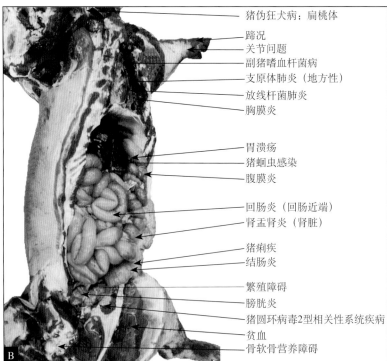

A图标注：
萎缩性鼻炎
水肿病
疥螨
炭疽

B图标注：
猪伪狂犬病：扁桃体
蹄况
关节问题
副猪嗜血杆菌病
支原体肺炎（地方性）
放线杆菌肺炎
胸膜炎
胃溃疡
猪蛔虫感染
腹膜炎
回肠炎（回肠近端）
肾盂肾炎（肾脏）
猪痢疾
结肠炎
繁殖障碍
膀胱炎
猪圆环病毒2型相关性系统疾病
贫血
骨软骨营养障碍

图1-230　可能要特别关注的当疾病/病原存在时的主要特定病变位置（A和B）

评估剖检结果，并正确标识采集的所有样本，系统描述病理情况。形态诊断法包含以下内容：严重程度、时间、分布、剖检部位和病变（如严重急性多灶性肾梗死）。

（1）严重程度 图1-231至图1-283显示在进行剖检时可能看到的情况（见本章的临床小测验2）。

图1-231 特急性型

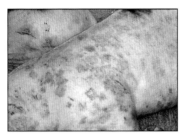

图1-232 急性型

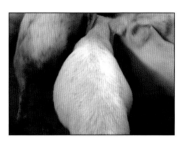

图1-233 慢性型

（2）分布 见图1-234至图1-239。

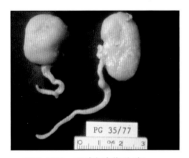

图1-234 两侧对称分布

图1-235 弥散分布

图1-236 点状分布

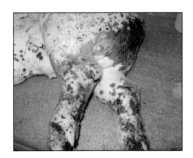

图1-237 多病灶

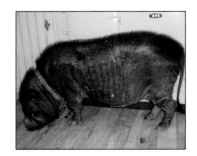

图1-238 斑块

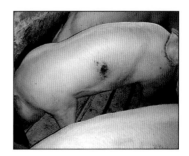

图1-239 单侧

（3）颜色　见图1-240。

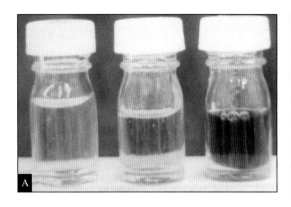

图1-240　不同颜色的尿液（A和B）

（4）形状　见图1-241至图1-249。

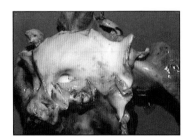

图1-241　葡萄状

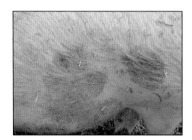

图1-242　圆形

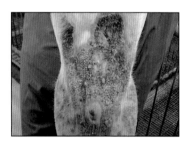

图1-243　不规则

图1-244　长条状

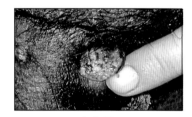

图1-245　卵形

图1-246　息肉样

图1-247　肾状

图1-248　球形

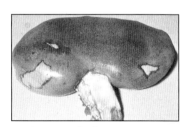

图1-249　楔形

（5）表面变化　见图1-250至图1-262。

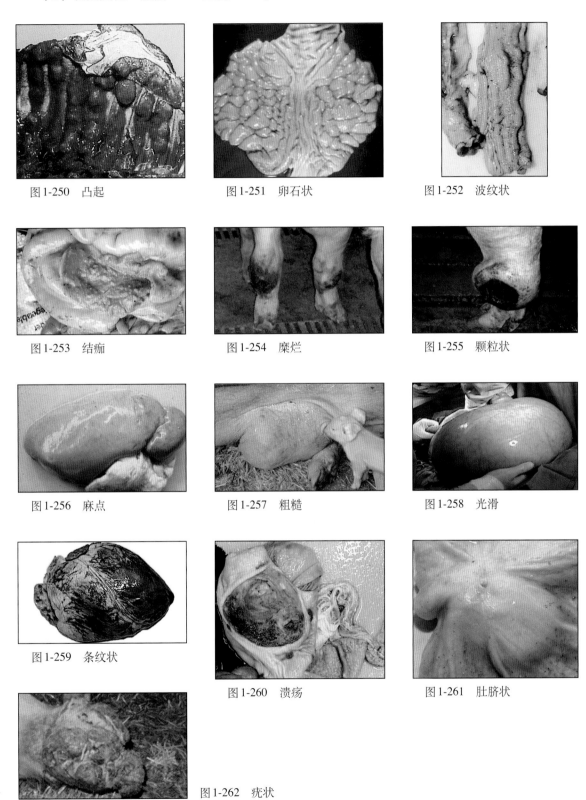

图1-250　凸起　　　　　　图1-251　卵石状　　　　　　图1-252　波纹状

图1-253　结痂　　　　　　图1-254　糜烂　　　　　　图1-255　颗粒状

图1-256　麻点　　　　　　图1-257　粗糙　　　　　　图1-258　光滑

图1-259　条纹状　　　　　图1-260　溃疡　　　　　　图1-261　肚脐状

图1-262　疣状

（6）病变边缘　见图1-263至图1-271。

图1-263　模糊

图1-264　渗透性

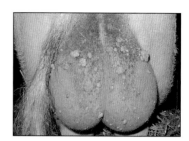

图1-265　乳头状突起

图1-266　赘状

图1-267　匐行性（波纹状）

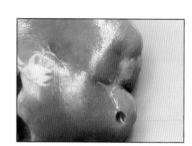

图1-268　锯齿状

图1-269　座状，广基附着物

图1-270　绒毛状

图1-271　界线分明

（7）稠度　见图1-272至图1-283。

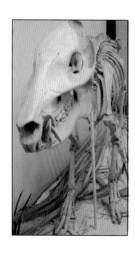

图1-272　坚硬（如骨骼）

图1-273　结石

图1-274　松软

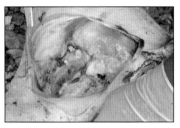
图1-275　干酪样

图1-276　流体

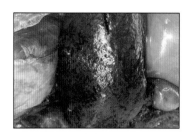
图1-277　易碎

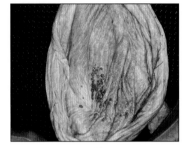
图1-278　砂砾般

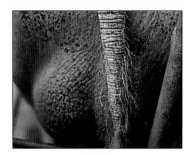
图1-279　皮革状

图1-280　弹性

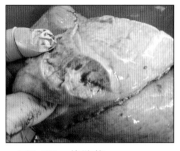
图1-281　橡胶状

图1-282　海绵状

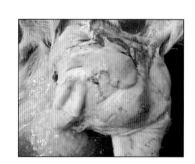
图1-283　黏性

六、采样与送样

理想情况下，用于实验室分析的病猪应未进行过抗生素治疗且处在发病早期或急性发病期，应尽量无菌采样。另外，还应附带有参考意义的发病史和基于临床评估所作出的初步诊断信息。样本选择、预处理、包装及运输都会直接影响实验室的检测结果。

1.标识组织和样本

- 栋舍或场址。
- 猪的编号。

- 液体、渗出物/抽提物、气管冲洗物、尿液。

2.样本制备和采集

（1）新鲜组织　无菌采集6～12cm²的样本，并把每一份样本放置于单独的塑料袋中（如Whirl-Pak®无菌采样袋）。将采集有明显病变的组织及与其相邻的正常组织，用双层无菌袋保存。请勿将不同组织混在一个塑料袋内。运输时放置冰袋。

小心地从肠系膜上剪下18～24cm的肠道，并系紧两端，防止肠内容物泄漏。采集多段小肠和大肠样本。清楚标记所有样本后，将其置于双层无菌袋中以防泄漏。样本在运输前应置于冷藏室中彻底冷却。

（2）拭子

- 好氧培养。推荐使用含Stuart或Amies运输培养基的商品化拭子，以防止干燥。
- 厌氧培养。样本暴露在空气中的时间超过20min时将会被破坏，应使用厌氧运输培养基（如Clare Blair试管）。
- 病毒培养。使用含柠檬酸盐的试管采集血液，因为乙二胺四乙酸（ethylene diamine tetraacetic acid，EDTA）可能会不利于对病毒进行分离。涤纶材质的拭子优于标准棉拭子，因为标准棉拭子可能含有可降低病毒活性的漂白剂。注意防止拭子干燥。

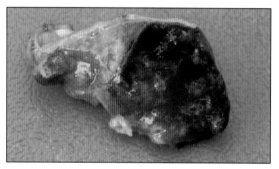

图1-284　采集的标本（肺脏左侧为正常区，右侧为病变区）

（3）组织病理学

①样本固定前的准备　应采集多个部位或不同类型的损伤组织，切片厚度不应超过2cm，因为固定液可快速、彻底地渗透小的组织样本。选择同时含有正常组织和病变组织的样本（图1-284）。

样本应使用手术刀切割，因为剪刀的挤压作用会破坏组织，同时使用0.85％ NaCl溶液冲洗掉组织上黏着的血液（血液会延缓样本的固定时间）。自溶或者冷冻的样本不适于诊断分析。将组织放在双层无菌袋中。邮寄猪的不同组织样本时应分别标记各个无菌袋。请勿使用窄口瓶送检固定的组织。

注意：所有中空器官（肠道或者子宫）在放入甲醛之前，应使用10％的甲醛轻轻冲洗，但不要破坏内黏膜。

②固定液的用量　使用10％甲醛固定所采集的样本（图1-285），使用剂量为固定组织用量的10倍。

对于漂浮在甲醛中的组织，可以在组织上方放置纸片以便溶液渗透到组织中（图1-285C）。

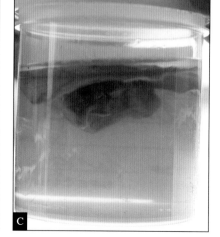

图1-285　需要的固定液
A.组织瓶选用错误　B.甲醛不足　C.甲醛和组织比例正确

③样本采集 理想情况下，应采集所有观察到的异常病变样本及引流淋巴结样本。此外，还应采集以下器官样本：肺脏、心脏、肝脏、脾脏、肾脏、小肠、大肠、扁桃体和两个淋巴结（图1-286）。

对于体重不足30kg的猪，采集脑和脑膜样本将有助于确诊。

（4）血液样本
- 血涂片。在猪场制备血涂片，待其风干后回实验室进行染色。
- 抗凝血。使用含有EDTA、肝素或者柠檬酸盐的采血管进行采集。由于猪的血凝集速度较快，因此采样后应立即轻轻地混匀血液。
- 凝集血。需要采集血清进行生化鉴定或者抗体滴度检测。

当邮寄配对血清时，在血样管和送样单上应标识清楚急性发病期血样及康复期血样。

3. 样本打包

为了避免样本在运输过程中泄漏，应对其进行双层包装，此种情况下可选用无菌包装袋。用吸水纸（如报纸）将样本袋和2～4个冰袋包裹起来，以便在样本泄漏时能吸收漏出的液体。样本包装好后放在泡沫箱里，将送样单填写好放入信封内，并将信封贴在纸盒盖的内侧。

4. 样本邮寄

以最快的方式邮寄样本（图1-287），避免其变质。优先选择次日达或隔夜达，同时与所选择的快递公司沟通清楚特殊要求。最好是可以亲自或派人将样本送到诊断实验室。尽量避免周五或者节假日送样。确保所有的样本都有完整标识，且提供了相应的历史记录。

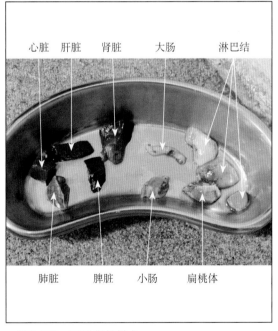

图1-286 可采集的样本

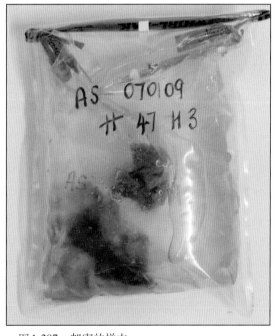

图1-287 邮寄的样本

七、猪病汇总

按周龄分类鉴别猪病见表1-9。

表1-9　见周龄分类鉴别猪病

分类	周龄													成年		
	2	4	6	8	10	12	14	16	18	20	22	24	26	后备母猪	经产母猪	公猪
皮肤损伤	■	■	■	■	■	■	■	■	■	■	■	■	■	■	■	■
脓肿		■	■	■	■	■	■	■	■	■	■	■	■	■	■	■
猪放线杆菌感染	■	■	■	■												
蛔虫病			■	■	■	■	■	■	■	■	■	■	■			■
萎缩性鼻炎：打喷嚏	■	■														
萎缩性鼻炎：扭曲		■	■	■												■
猪伪狂犬病	■	■	■	■	■	■	■	■	■	■	■	■	■	■	■	■
细菌性关节炎	■	■	■	■	■	■	■	■	■	■	■	■	■	■	■	■
疏螺旋体肉芽肿				■	■	■	■	■	■	■	■	■	■		■	
滑囊炎					■	■	■	■	■	■	■	■	■		■	■
腕关节磨损			■													
跟难梭菌感染			■	■												
产气荚膜芽孢梭菌感染	■															
球虫病	■	■														
结肠炎								■				■				
先天性震颤	■															
膀胱炎															■	
猪增生性皮肤病			■	■												
大肠埃希氏菌感染	■		■	■										■		
骨骺分离														■		
上皮细胞发育不全	■															

（续）

分类	周龄													成年		
	2	4	6	8	10	12	14	16	18	20	22	24	26	后备母猪	经产母猪	公猪
猪丹毒：关节炎																
猪丹毒：皮肤症状																
面部坏死																
鳞片皮肤																
口蹄疫																
胃溃疡																
副猪嗜血杆菌病																
猪油性皮病																
出血性肠道病																
疝气																
回肠炎																
昆虫叮咬																
关节问题																
钩端螺旋体病																
脑膜炎																
桑葚心																
猪滑液支原体感染																
猪肺炎支原体感染																
猪附红细胞体感染																
蹄过长																
角质化不全																
细小病毒病																
巴氏杆菌病																
玫瑰糠疹																
猪皮炎和肾病综合征																

分类	周龄													成年		
	2	4	6	8	10	12	14	16	18	20	22	24	26	后备母猪	经产母猪	公猪
猪圆环病毒2型：全身系统性疾病				■	■	■	■	■	■	■	■	■				
猪流行性腹泻	■	■	■	■	■	■	■	■	■	■	■	■	■	■	■	■
猪传染性胸膜肺炎			■	■	■	■	■	■	■	■	■	■	■			
猪繁殖与呼吸综合征	■	■	■	■	■	■	■	■	■	■	■	■	■	■	■	
直肠脱垂							■	■	■	■	■	■	■	■	■	■
肺部波氏杆菌感染		■	■													
肾盂肾炎															■	
癣菌病						■	■	■	■	■	■	■	■	■	■	■
轮状病毒感染	■															
沙门氏菌病			■	■	■	■	■	■	■	■	■	■	■	■	■	■
疥螨病			■	■	■	■	■	■	■	■	■	■	■	■	■	■
肩疮															■	
螺旋体性结肠炎			■	■	■	■	■	■	■	■	■	■	■	■		
"八"字腿	■															
链球菌性关节炎	■	■	■													
日晒伤			■	■	■	■	■	■	■	■	■	■	■	■	■	■
猪痢疾		■	■	■	■	■	■	■	■	■	■	■	■	■	■	■
猪瘟（非洲猪瘟和古典猪瘟）	■	■	■	■	■	■	■	■	■	■	■	■	■	■	■	■
猪流感			■	■	■	■	■	■	■	■	■	■	■	■	■	■
猪痘病		■	■	■	■	■	■	■								
咬尾（恶癖）			■	■	■	■	■	■	■	■	■	■	■	■		
传染性胃肠炎	■	■	■	■	■	■	■	■	■	■	■	■	■	■	■	■
血小板减少症	■	■														
创伤	■	■	■	■	■	■	■	■	■	■	■	■	■	■	■	■
鞭虫病			■	■	■	■	■	■	■	■	■	■	■	■		

注：□，罕见；▨，可见；■，常见。

1.常见猪病的临床症状

床兽医作基础性参考。

表1-10并未涵盖所有临床症状，仅供临

表1-10　常见猪病的临床症状及病因			
症状	病因	症状	病因
流产	猪伪狂犬病、钩端螺旋体病、猪繁殖与呼吸综合征、猪瘟	腹泻：灰色	结肠炎、大肠埃希氏菌感染、回肠炎
脓肿	胸膜肺炎放线杆菌血清3型感染、链球菌感染、化脓隐秘杆菌感染	分泌物：鼻腔鼻涕	胸膜肺炎放线杆菌感染（带血）、进行性萎缩性鼻炎（带血）、猪流感
贫血	胃溃疡、回肠炎、铁元素缺乏、猪附红细胞体、猪痢疾	排泄物：肛门	参见腹泻发生的病因
气喘，息劳沟明显	地方性流行性支原体肺炎、副猪嗜血杆菌病、巴氏杆菌感染/链球菌肺炎、猪圆环病毒2型相关性系统疾病、猪呼吸系统疾病综合征、沙门氏菌感染	分泌物：耳朵	疥螨病
呼吸沉重	由虱子导致的贫血、巴氏杆菌感染/链球菌性肺炎、猪传染性胸膜肺炎、沙门氏菌感染、猪瘟、猪流感	分泌物：口腔	胸膜肺炎放线杆菌感染（带血）、口蹄疫
呼吸频率上升	热应激、猪圆环病毒2型相关性系统疾病、猪传染性胸膜肺炎	分泌物：眼睛	水肿病、进行性萎缩性鼻炎、猪流感
腐蹄病	腐蹄病	分泌物：阴户	布鲁氏菌病、膀胱炎、配种后14～21d阴户有分泌物、布拉迪斯拉发型钩端螺旋体（*Leptospira bratislava*）
咳嗽	猪放线杆菌感染、猪伪狂犬病、胃溃疡、猪传染性胸膜肺炎、猪繁殖与呼吸综合征、猪呼吸系统疾病综合征、猪流感	肉芽肿	肉芽肿
鼻偏斜	获得性鼻偏斜、进行性萎缩性鼻炎	油腻皮肤	猪油皮病
腹泻	梭状芽孢杆菌病、球虫病、结肠炎、猪痢疾、大肠埃希氏菌感染、回肠炎——猪肠腺瘤病、猪流行性腹泻、轮状病毒感染、沙门氏菌感染、传染性胃肠炎	血肿	耳血肿
		高位瘸腿	副猪嗜血杆菌病、支原体性关节炎
腹泻：黄色	球虫病、大肠埃希氏菌感染、沙门氏菌感染	低位瘸腿	猪丹毒、口蹄疫、副猪嗜血杆菌病、猪伪狂犬病、母猪瘫痪
腹泻：红色	梭菌性肠炎、猪痢疾	四肢畸形	肢蹄结构
腹泻：黑色	回肠炎：猪肠腺瘤病、胃溃疡	粪便松散	结肠炎、回肠炎：肠腺瘤病、沙门氏菌感染
腹泻：水样	猪流行性腹泻、轮状病毒感染、传染性胃肠炎	淋巴结肿大	淋巴肉瘤、猪圆环病毒2型相关性系统疾病、猪繁殖与呼吸综合征

(续)

表1-10　常见猪病的临床症状及病因

症状	病因	症状	病因
乳腺炎	猪放线杆菌感染、大肠菌群感染、链球菌属感染	皮肤糜烂	腿伤
脑膜炎	副猪嗜血杆菌病、链球菌性脑膜炎	皮肤坏死	副猪嗜血杆菌感染、链球菌病感染
黏液样腹泻	结肠炎、猪痢疾、回肠炎；肠腺瘤病	皮肤斑块状损伤	猪丹毒、猪皮炎与肾病综合征、玫瑰糠疹、癣、猪瘟
木乃伊胎	细小病毒感染、猪繁殖与呼吸综合征、猪圆环病毒2型相关性系统疾病	鳞屑皮肤	缺乏不饱和脂肪酸、虱子感染、疥螨感染、缺锌
神经性疾病	猪伪狂犬病、先天性震颤、中耳病、中风	打喷嚏	巴氏杆菌病、进行性萎缩性鼻炎、猪流感
声音变化	水肿病、链球菌性脑膜炎	死胎	细小病毒感染、猪繁殖与呼吸综合征
水肿	水肿病、副猪嗜血杆菌病	猝死	猪伪狂犬病、梭菌性肠炎、猪痢疾、猪丹毒、副猪嗜血杆菌感染、桑葚心、巴氏杆菌感染/链球菌肺炎、猪传染性胸膜肺炎、猪瘟
睾丸炎	布鲁氏菌病、乙型脑炎病毒感染	腹部肿胀	副猪嗜血杆菌感染、直肠狭窄、沙门氏菌感染、肠扭转
截瘫	股骨骨骺分离、母猪截瘫、母猪脊髓脓肿、"八"字腿	关节肿大	猪丹毒、副猪嗜血杆菌感染、支原体性关节炎、链球菌感染
可见寄生虫	蛔虫、虱子	肿瘤	肿瘤
抽搐	盐中毒，饮水不足	尿液中带血	肾盂肾炎
胸膜炎	猪放线杆菌感染、副猪嗜血杆菌感染、猪鼻炎支原体感染、猪滑液支原体感染、猪胸膜肺炎、链球菌感染、化脓性隐秘杆菌感染（与受伤有关）、恶习和肢蹄损伤导致	尿液浑浊	膀胱炎
拒食	几乎所有情况	水疱	口蹄疫、塞内卡谷病毒感染、猪水疱病
搔痒	过敏、虱子感染、疥螨感染	呕吐	戊型肝炎病毒感染、胃溃疡、沙门氏菌感染、传染性胃肠炎
皮肤发绀	败血症	阴户坏死	霉菌毒素感染
皮肤变化（苍白）	胃溃疡、回肠炎、钩端螺旋体病	阴户红肿	霉菌毒素感染

2. 按病原划分的猪病

见表1-11。

表1-11　按病原划分的猪病

病原	临床症状	大体病变	发病率	死亡情况	诊断	防控
腺病毒	轻微咳嗽	同质性肺炎			CFT、病毒分离	无
猪放线杆菌	尿量少且频繁，呈犬坐姿势，外阴有恶露流出，受胎率下降	体况差，尿道炎症	不定，一般为10%~20%	不定	细菌培养、组织学	广谱抗生素、饮水酸化尿液
胸膜肺炎放线杆菌	急性鼻出血，死亡	坏死性肺炎，肺有实质性病变	不定	不定，在初始阶段可能超过50%	大体病变	个体和群体治疗、淘汰、疫苗免疫
非洲猪瘟病毒	潜伏期2~6d，发热，呼吸困难，结膜炎、发绀、呕吐、腹泻	败血症、紫斑、胃炎、肠炎、支气管肺炎	高达100%	80%~100%或稍轻	临床症状、大体病变、组织学、免疫荧光	净化
猪蛔虫	在与流行性感冒或混合感染支原体3~7d后，猪只呈现不同程度的肺炎，从活跃肺炎至无临床症状	肝脏：严重的嗜酸性粒细胞浸润，有白斑；肺脏：间质性肺炎，细支气管炎和水肿	不定	死亡率很低，除非同时感染支原体或患流感	大体病变上的乳斑，组织学、粪便漂浮物	适当时机添加驱虫药
猪伪狂犬病病毒	潜伏期5~7d，母猪：流产、产死胎、木乃伊胎。断奶仔猪和新生仔猪：有神经症状、腹泻、呕吐	鼻炎、肺炎、肺实质性病变、坏死性扁桃体炎、肝坏死	哺乳仔猪的发病率高，断奶仔猪和母猪的发病率不定	3周龄以内高达100%	临床症状、组织学、PCR、FA、IHC	处死、净化、免疫、疫苗免疫、生物安全
副热病毒（蓝眼病毒、眼病）	角膜浑浊，有神经症状、共济失调，发热、有繁殖障碍，伴随死胎，木乃伊胎增多	角膜浑浊	不定	表现临床症状的猪死亡率高	大体病变、PCR、组织学、ELISA	尚无具体治疗措施、清群、清洁/消毒
支气管败血波氏杆菌	频繁咳嗽和持续打喷嚏	大叶性肺炎	高	低	细菌分离培养、ELISA	抗生素和疫苗免疫

（续）

表1-11　按病原划分的猪病

病原	临床症状	大体病变	发病率	死亡情况	诊断	防控
猪痢疾短螺旋体	粪便中含有血液和（或）黏液，通常呈血丝带状	病变仅限于大肠，通内充血、斑点状炎症；先有带状的新鲜血液，然后坏死碎片中混杂着纤维蛋白	高	不定	用暗视野或结晶紫染色鉴别螺旋形微生物，用溶血性培养基对比培养	抗生素
猪瘟病毒	全身淋巴结出血，纽扣状肠溃疡，脾脏梗死，肾脏多处出血，体温升高（41～42℃），皮肤变红，厌食，有繁殖障碍，流产、木乃伊胎	猪侧卧	高		临床症状，组织学，PCR、ELISA检测抗体	净化和疫苗免疫
产气荚膜梭菌	2～7日龄仔猪腹泻	同窝中一头或多头猪排黄色的糊状粪便	死亡率为10%～100%	不定，可能较低或极高	革兰氏染色，毒素鉴定	加强卫生、口服抗霉素、杆菌肽预防治疗
猪囊尾蚴	主要发生于7～15日龄仔猪	有黄灰色的糊状腹泻，腹部肿胀，毛长	不定	不定	从粪便或肠道涂片识别幼虫	加强卫生、用妥曲珠利
大肠埃希氏菌（乳腺炎）	母猪无乳或泌乳量降低，体温升高	乳腺炎，伴有水肿和硬度增加	低	低，除非存在克雷伯氏菌或产毒素大肠埃希氏菌感染	大体病变，细菌分离培养	加强卫生、提高母猪营养、用敏感性的抗生素，采取治疗消炎措施
大肠埃希氏菌	排黄色、水样粪便	空肠内充满液体	感染的全窝猪发病率高	感染的全窝猪死亡率高	pH>8、细菌培养、组织学、毒素鉴定	加强卫生、针对存在的菌株进行产前疫苗免疫
口蹄疫病毒及感染后出现其他水疱性疾病的病毒，如塞内卡病毒、卡奇病毒	蹄、口腔、嘴唇、鼻上有水疱、体温升高	水疱	高	高	PCR、IHC	净化、针对鉴定的血清型进行疫苗免疫
巨细胞病毒（包含体鼻炎）	无，仔猪断奶后打喷嚏	鼻炎	100%	无	组织学	无有效措施

（续）

表1-11 按病原划分的猪病

病原	临床症状	大体病变	发病率	死亡情况	诊断	防控
副猪嗜血杆菌	死猪，跛行	毛长，肺炎，关节肿大，特别是附关节和肘关节肿胀	不定	不定	细菌培养，PCR	个体用抗生素治疗，群体治疗
胞内劳森氏菌	棕黑色或红色腹泻	回肠炎症和肠壁增厚	不定	不定	临床症状，大体病变，PCR，IHC	注意环境卫生或卫生状况，疫苗免疫，抗生素
钩端螺旋体	发热，黄疸，流产，皮肤和黏膜坏死	皮肤坏死，流产	不定	不定	PCR，FA，组织学	四环素类抗生素，疫苗免疫
梅那哥病毒	因胎儿死亡导致产木乃伊胎、死胎且分娩率降低	因胎儿死亡致产木乃伊胎，死胎	低	低	PCR	无有效措施
肺炎支原体	慢性，干咳	从属肺叶的大叶性肺炎	高	低，初次发病除外	大体病变，组织学，PCR，间接IHC	抗生素，疫苗免疫，淘汰
鼻炎支原体	猝死，高温，呼吸困难	广泛性胸膜炎	高	不定	广泛性胸膜炎，PCR，分离培养	抗生素
猪滑液支原体	跛腿（后肢）	滑膜炎	中等	低	血清学，PCR	泰妙菌素
尼帕病毒	通常无症状，但可能出现急性发热，呼吸道症状，肌肉震颤	共济失调，侧卧	不定	不定	PCR	无建议
细小病毒	不育，产木乃伊胎和死胎率均增加	不同长度的木乃伊胎	不定	通常后备母猪在妊娠3~6周后胎儿的死亡率高	FA，PCR	人工控制感染，免疫
多杀性巴氏杆菌	湿咳，肺炎	大叶性肺炎	不定	不定	病原分离培养	管理，疫苗免疫，敏感的抗生素
猪腺病毒	腹泻	主要是7~28日龄的猪发生腹泻	阴性猪群很高	阴性猪群很高	FA，PCR	人工控制自然感染

（续）

表1-11　按病原划分的猪病

病原	临床症状	大体病变	发病率	死亡情况	诊断	防控
猪圆环病毒2型	死胎、弱仔、不育	多系统衰竭综合征	在未免疫猪群中相当高	未免疫猪群达到10%~20%	PCR、IHC	疫苗免疫、卫生
猪德尔塔冠状病毒	腹泻和呕吐	有黄色的水样腹泻，肠绒毛萎缩或脱落	受感染猪群中仔猪的发病率为100%	受感染猪群中仔猪的死亡率为10%~100%	PCR、组织学、IHC	加强卫生、产前或全群人工控制自然感染
猪流行性腹泻病毒	腹泻和呕吐	小肠内充满液体，肠绒毛脱落	90%以上	初次感染在90%以上	PCR	人工控制自然感染、疫苗免疫
猪繁殖与呼吸综合征病毒	潜伏期数天，呼吸困难，生长不良，继发性疾病增加，初次感染；繁殖性能下降，早产	同质性肺炎	100%	单一发病时低，混合感染时高	临床症状，血清学（感染后3周检测不到），组织学，PCR (DNA)	无有效方案，良好的护理及应用抗生素可防止继发感染，淘汰，做好后备猪的引种及生物安全管理
猪呼吸道冠状病毒	无；呼吸困难	无	100%	无	组织学、血清学	无
轮状病毒	根据基因型不同，出现腹泻和呕吐	有黄色的水样腹泻，肠绒毛萎缩或脱落	受感染猪群中仔猪的发病率为100%	受感染猪群中仔猪的死亡率为100%	FA、组织学、pH<8	加强卫生、产前或全群人工控制自然感染
疥螨	极度瘙痒或摩擦	皮肤增厚/发炎，特别是在乳房上方的柔软区域；腹股沟侧翼	高	低	杀螨剂	猪群净化
硒	无	无	不定	不定	化学鉴定或组织学	去除过量的硒
金黄色葡萄球菌	广泛性表皮炎症	有黑色的油腻外观，一般出现在脸部周围，但会扩散	不定	死亡率一般较低，只有在哺乳阶段感染且有临床症状时才高	金黄色葡萄球菌培养	剪牙、用抗生素治疗、用广谱、敏感且对猪安全的消毒剂，加强卫生管理

（续）

表1-11 按病原划分的猪病

病原	临床症状	大体病变	发病率	死亡情况	诊断	防控
猪链球菌	肺炎，病猪有划水、行走笨拙等中枢神经系统症状	大叶性肺炎，眼睑水肿，脑水肿	低	低	细菌培养	个体治疗、疫苗免疫
A型流感病毒（猪流感）	潜伏期数小时至4d，厌食症、发热、咳嗽、精神沉郁、呼吸困难、传播快、繁殖问题	肺炎，肺实质性病变，纵隔淋巴结肿大	高	低	临床症状、病毒分离、组织学、血清学	无有效方案，对保育猪进行护理，用抗生素防止继发感染，做好后备猪引种，疫苗免疫
猪捷申病病毒	脑脊髓炎，繁殖性能下降，肺炎	瘫痪	不定	不定	临床症状、从CNS中分离病毒、PCR	无有效方案，控制自然感染
披膜病毒	新生仔猪虚弱，震颤和腹泻	腹泻，震颤，关节炎	不定	不定	FA	尽量消灭蚊虫
细环病毒	无		不定	不定	PCR	人工控制自然感染
传染性胃肠炎病毒	呕吐和腹泻	腹泻，小肠和大肠内充满液体，肠绒毛萎缩	阴性猪群100%	初次发病时猪群的死亡率为90%~100%	PCR、FA、组织学	人工控制自然感染，卫生、疫苗免疫
结核分枝杆菌（分枝杆菌属）	淋巴结有不同程度的肿大或不肿大	颈部和胸部淋巴结肿大	不定	低	PCR、细菌培养、抗酸染色	清除污染源，污染源通常与禽类粪便污染有关

注：CFT，complement fixation test，补体结合试验；PCR，polymerase chain reaction，聚合酶链式反应；FA，fluorescent antibody (test)，直接免疫荧光试验；ELISA，enzyme-linked immunosorbent assay，酶联免疫吸附试验；IHC，immunohistochemistry，免疫组织化学；CNS，central nervous system，中枢神经系统。

临床小测验

1.查看图1-21至1-105所示的临床症状，您能否识别出图中的哪种或者哪几种临床症状？

2.图1-231至1-283列举了剖检时可能看到的情况，您能否识别出哪些不同的临床症状可能与这些剖检表现有关？

相关答案见附录2。

（方立　李龙　常天明　洪浩舟　译；洪浩舟　张佳　权东升　校）

第二章　繁殖障碍

一、母猪生殖道的重要解剖结构

在理解猪的繁殖异常之前，首先需要了解其正常情况。对繁殖表现的识别必须具备基础解剖学和生理学知识。

1. 公猪

公猪的繁殖系统包括睾丸和附睾（图2-1），每个睾丸都是倒置的，因此附睾末端背面向上。附睾通过输精管与尿道口连接。在输精管/尿道交界处及其周围分布着副性腺：前列腺、精囊和尿道球腺，这些副性腺分别可以产生前列腺液、果糖和凝胶黏液。

公猪包皮有双叶憩室，可用来贮存尿液和包皮分泌物。挤压憩室会有恶臭液体流出。当这类液体混入精液中时，会对精液产生很大的影响，如杀死精子或至少降低精子活力。

另外，这类液体同样会污染中段尿液，导致临床上很难获得干净的尿液样本。

2. 母猪——后备母猪和经产母猪

母猪的繁殖系统包括卵巢、输卵管（连接位于子宫输卵管接合部的子宫角）、子宫角、子宫颈、阴道、阴道前庭等（图2-2和图2-3）。

正常母猪的卵巢形态，会随不同的生理状态而发生改变。性成熟前，卵巢表面的卵泡大小维持在1～2mm。当后备母猪进入性成熟前卵泡期后，卵泡会在促卵泡激素（follicle stimulating hormone，FSH）和促黄体素（luteinising hormone，LH）等促性腺激素的影响下发育到4mm大小。卵泡从4mm发育到8～10mm大小，则更多依赖于促黄体素的调控。排卵后卵泡会从红体转变为粉色黄体，大小与排卵时的直径有关（图2-4），但一般在10mm左右。

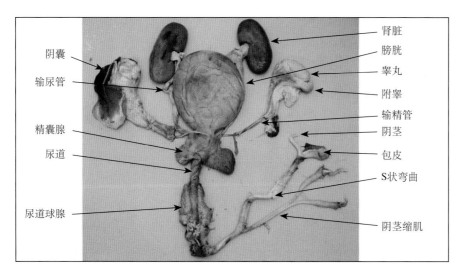

图2-1　正常成熟公猪的繁殖系统，前列腺位于精囊腺下方

肾脏
膀胱
睾丸
附睾
输精管
阴茎
包皮
S状弯曲
阴茎缩肌

阴囊
输尿管
精囊腺
尿道
尿道球腺

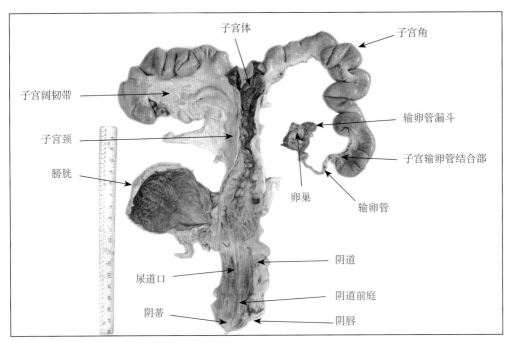

图2-2　正常状态下未妊娠母猪的繁殖系统

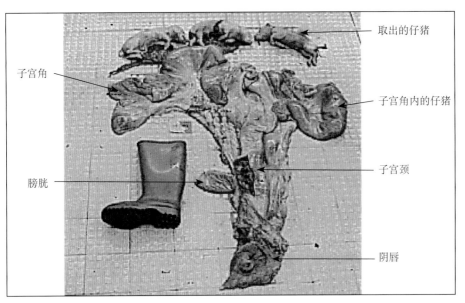

图2-3　正常状态下妊娠母猪的繁殖系统

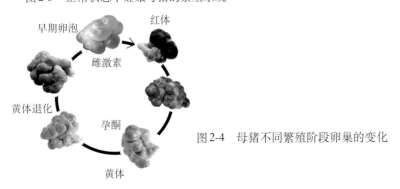

图2-4　母猪不同繁殖阶段卵巢的变化

二、母猪的发情周期及妊娠

1.发情周期（视频1和视频7）

在考虑干预繁殖之前，必须了解母猪发情周期。

视频1　　　视频7

母猪发情周期有21d（18～24d），其中包括约15d的黄体期、4d的卵泡期及2d的发情期。

母猪会在发情期大约进行到70%时进行排卵，排卵后的卵泡发生黄体化，进而转变为可分泌孕酮的黄体（即黄体期）。

在黄体期，由黄体分泌的孕酮会抑制促黄体素和促卵泡激素的分泌，继而抑制卵泡发育为中期卵泡，最终阻止母猪发情。

未妊娠母猪在黄体期的第12～14天，子宫（子宫内膜）产生的前列腺素$F_2\alpha$（prostaglandin F_2 alpha，$PGF_{2\alpha}$）会诱导黄体退化，从而终止孕酮的产生。这使垂体促性腺激素得以恢复到适当的分泌模式，尤其是促黄体素，从而刺激卵泡发育成熟（卵泡期）。

断奶第4～5天的母猪在断奶至配种间隔（在美国又叫断奶至发情间隔，wean-to-estrus interval，WEI）期间正处于卵泡期。重新启动卵泡发育时会产生雌激素，最终诱导母猪出现发情行为。几乎在开始发情时，母猪体内就会出现由雌激素介导的促黄体素分泌高峰，这会导致卵泡内出现一系列反应，包括从雌激素的分泌转化为孕酮的分泌，最终在促黄体素分泌高峰开始后40h左右出现新的排卵。

除非被淘汰或妊娠中断，否则发情周期会持续进行。

2.发情症状（视频1和视频7）

（1）发情前期
- 后备母猪外阴肿胀，但经产母猪的发情症状表现并不与之一致。
- 阴户充血或发红。
- 后备母猪乳房开始发育。
- 紧张不安、骚动，爬跨栏门和隔栏。
- 接受其他母猪的爬跨，但不会出现静立反射。
- 阴道壁变红（充血）。
- 阴蒂突出。
- 阴道中的液体黏稠，置于指间可成丝。

（2）发情期
- 外阴颜色从红色开始变浅。
- 阴户有轻微的黏液流出。
- 母猪出现爬跨行为，一旦被爬跨便开始出现静立反射。
- 发出特有的、尖锐的哼哼声。
- 主动寻找公猪。
- 食欲下降。
- 背部施压时，尤其是有公猪在场的情况下母猪会出现静立反射。
- 大白母猪双耳竖立。
- 静立时尾巴竖起并左右摆动。
- 有磨蹭的痕迹。
- 户外养殖时阴唇干净（配种后）。
- 磨蹭并且被饲养员吸引。
- 眼神呆滞。
- 接受交配。

发情期母猪的静立反射时间会持续10～15min，经过45min后才能再次出现静立反射。

3.受孕

母猪能否成功受孕与良好的配种管理息息相关。反过来说，母猪繁殖成绩表现不好可能是由较差的配种管理导致的。

全世界绝大部分商品母猪通过人工授精技术进行配种。人工授精技术的基本原理很简单，就是在正确的时间把足量的有效精子放到正确的地方，并保持洁净。使用当前的人工授精技术，需要在母猪子宫颈处有20亿～30亿个精子，一般需要70mL稀释后的精液。之所以需要大量的精子是因为会有部分精液回流，并且部分精子会在子宫颈和子宫内滞留或死亡，同时也可以弥补非最佳授精时机带来的影响。

影响母猪妊娠的并不是进入子宫颈或子宫内的精子数量，而是进入到输卵管内的精子数量。采用人工授精技术后实际进入到输卵管内的精子比例是不相同的，有不到2%的精子会在子宫颈停留。

新鲜的精子尚未获能，因此能够附着在输卵管前2cm的上皮细胞上，进入阻滞状态。未获能的精子不能附着在卵子上，而获能后的精子能附着在卵子上，但不能附着在输卵管上皮细胞上，因此不能产生有效的精子库。精子库的局部微环境中碳酸氢盐含量较低，抑制了精子获能，而正是这些精子构成了能使卵子受精的精子库。

获能状态对冻融精子的繁殖力尤其重要，因为一旦解冻，60%的精子将经历类似获能的反应，从而导致精子贮存量大减。因此，为了提高解冻精液授精的繁殖能力，精子沉积时间必须更接近排卵时间（即4～6h）。

精子库中非冷冻精子的有效繁育期约为24h。为了能到达输卵管，精子必须穿过子宫约1m，并通过子宫输卵管接合部。子宫收缩能促进精子在子宫角的输送。大多数处于发情期的母猪，子宫有一定的自发性收缩能力，这种收缩在受到公猪刺激后会加强。如果子宫的收缩能力减弱（如没有公猪刺激），则精子输送不佳，精子贮存量减少，从而导致繁殖力降低。母猪的子宫收缩无法在现场被监测到，因此要保证良好的精子输送就需要

采取已知可行的方法，增强子宫的收缩能力。保证良好的子宫收缩能力的关键，是在进行人工授精技术过程中和授精后对母猪进行刺激，如授精后要保证用公猪刺激5min。如果该公猪需要继续刺激其他母猪，则用其他公猪继续刺激。若配种时使用压背带（breeding belt）或其他类似的辅助工具，在授精后5min方可取下。这样对母猪来说，整个配种时间就达到了10～15min，这也正是与公猪自然交配的时长。精液进入母猪体内后，子宫体内大量的精子仍需被输送到输卵管。

众所周知，随着精子输送的部位越来越深入母猪生殖道（深部授精），每次所需的精液剂量和精子数量也会相应减少。目前市场上已有可穿过子宫颈把精液输送到母猪子宫体内输精管的方法，这种方法能把人工授精所需的精液剂量降低至10亿个精子。但该技术的成败，还取决于是否有足够量的精子能到达子宫输卵管接合部。

接近排卵时间的信号，能使精子从其在精子库中的阻滞状态中释放出来，并沿输卵管向受精部位（输卵管峡部-壶腹部交接处）重新分布。精子一旦离开精子库，环境中较高含量的碳酸氢盐就会引发钙离子的流入，并发起精子获能过程，这一过程平均需要6h才能完成。可用于受精的有效精子数量（将影响母猪的繁殖力）取决于最初进入精子库的精子数量（受精子输送的影响），以及精子从进入精子库到排卵时重新分布的时间间隔（受精时机相对于排卵时间的影响）。

进行人工授精后母猪的繁殖能力（即受胎率、分娩率、窝产仔数）受到与排卵相关的受精时间的影响。如果在排卵时或排卵后不久进行授精，则精子获能完成后卵子可能已经太老。排卵后约6h卵子的繁殖力就会下降。若卵子排出时间很久，则授精很可能以失败告终，即使能授精，也可能会导致胚胎死亡率升高和窝产仔数减少。授精过晚也会导致泌尿繁殖系统疾病风险增加和母猪繁殖

性能下降，因为此时雌激素水平较低。雌激素通过增加流经生殖道的血流量（引起母猪外阴肿胀和发红）、带来更多的白细胞并在必要时促进白细胞进入子宫而影响子宫的免疫功能。发情后期是子宫免疫功能减退的时期，如果母猪在此期间授精，则会对子宫健康产生负面影响（进而影响孕体）。

子宫免疫反应的功能之一是一种炎症反应，旨在消除多余的精子。这一反应在授精后2h内开始。若在第一次授精后不到6h进行第二次授精，则将导致精子被输送到不良的环境中，降低繁殖力。这对于自然交配来说并不是问题，因为精浆具有抗炎作用。

若授精时间相对于排卵时间过早，则在排卵前很多精子已死亡，其实际效果与授精的精子数过少产生的结果是相同的，会导致规律返情率增加和窝产仔数减少。

为了最大限度地提高繁殖力，应在排卵前24h内将新鲜且被稀释的精子输送到母猪体内。假设采精后第4天内精液质量良好，则只需在第一次授精后24h再进行一次授精即可。

也可以在排卵前6～12h将精子输送到母猪体内，因为虽然此时有效精子数相对较少，但还是能让母猪妊娠的。此方法可行，但需要使用激素控制（即用外源性促性腺激素释放激素处理）。母猪断奶后80～96h使用促性腺激素释放激素处理，就可以对整个批次的断奶母猪进行一次的定时授精。

从发情到排卵的时间间隔不一。通常，断奶至配种间隔较短的母猪其发情持续时间会较长；反之，断奶至配种间隔较长（如5d以上）的母猪，其发情持续时间会较短。排卵总是发生在发情期进行到70%时，与发情持续时间的长短无关。因此，断奶至配种间隔较短的母猪排卵时间会较晚，而断奶至配种间隔较长的母猪排卵时间会相对早一些。初产母猪断奶至配种间隔通常比经产母猪多1d。

在实际生产中，断奶至配种间隔在6d及

6d以上的母猪配种后，其繁殖力要比断奶至配种间隔相对短一些的母猪差。有多达5%的母猪会在哺乳期间发情，这就使断奶至配种间隔更复杂。因为通常不会在哺乳期间查情，而母猪正常的发情周期是18～24d，也就是说可能在断奶后第16天才会再次发情。哺乳期间发情多发生于窝产仔数不足8头的母猪。如果配种记录表明断奶至配种间隔为16～20d的发生率较高，则需考虑采取措施防止母猪在哺乳后期发情。

4.妊娠

在输卵管中的受精过程完成之后，孕体/发育中的胚胎在第2～3天到达子宫。发育中的胚胎在第3～14天内可自由地在两个子宫角内迁移。囊胚大约在第7天从透明带中孵化。

在第10～11天，发育中的胚胎产生雌激素。这是母体妊娠识别（maternal recognition of pregnancy，MRP）的第一个信号，并通过将溶解黄体的$PGF_{2\alpha}$从子宫静脉中重新定向到子宫腔来启动黄体支持。

在第11～16天，胚胎胎盘组织发育到1m长。胎盘的形成发生在第17～24天。在胎盘发育期间，胚胎产生更多的雌激素，从而形成MRP的第二个信号。通常认为，一个子宫角内至少需要两个胚胎，来保证能够产生充足的信号。

母体妊娠信号识别的影响：如果母猪没有接收到第一个信号（由于受精失败或在第11天前损失了整窝胚胎），则会表现出规律返情（第18～24天）。这被认为是受胎失败。

如果母猪接收到了第一个信号但未能接收到第二个信号，则会表现出不规律返情（第25～38天）。这被认为是由黄体信号启动（即妊娠）所导致的后续黄体支持失败（即妊娠失败）。

如果母猪在接收到两个信号后损失掉了整窝胚胎，则可能出现假孕的情况，并在配种后第63天左右出现发情（图2-5）。

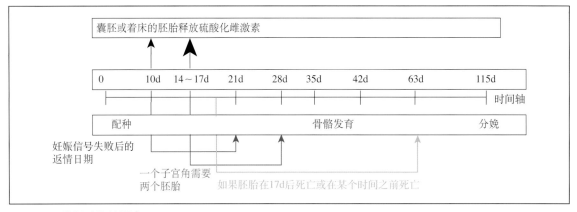

图2-5   猪胚胎信号概述。

通常认为一直到第14天，黄体都可以进行自我维持并对$PGF_{2\alpha}$溶黄体作用具有耐受性。但第14天以后，黄体尤其是促黄体素需要激素支持，并且对$PGF_{2\alpha}$溶黄体作用更加敏感。

在第24天时胚胎完成器官分化，第35天开始出现骨骼矿化。对妊娠母猪进行超声波检查时，在累积的液体中未能发现骨骼则是假孕的表现。妊娠第70天时胎儿开始具备免疫功能。胎儿的外形变化见图2-6。

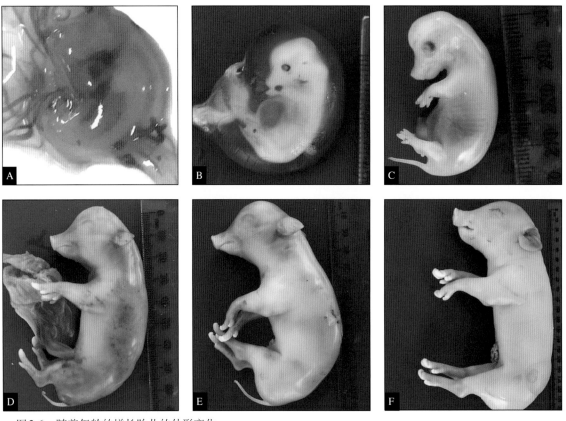

图2-6   随着年龄的增长胎儿的外形变化
A.第20天   B.第25天   C.第35天   D.第45天   E.第60天   F.第90天

仔猪发育是可以合理预测的，能通过木乃伊胎或流产胎儿的相关数据来估计胎龄（图2-7和表2-1），这对于繁殖疾病的诊断非常有帮助，可以用以下公式简单计算胎龄：

胎龄 = [头臀长（mm）/3] + 21

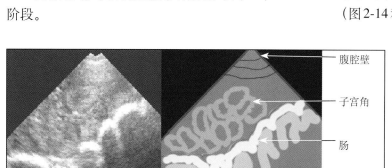

图2-7　通过测量木乃伊胎的头臀长度来判断胎儿的死亡日龄（头臀长 = 80mm，日龄大约为48d）

表2-1　通过头臀长度估计胎龄	
头臀长（mm）	母猪妊娠天数（d）
20	30
50	40
88	50
130	60
167	70
200	80
232	90
264	100
290	110

5. 妊娠诊断

商品猪场母猪的妊娠诊断应分以下4个阶段。

- 配种后第1～110天。每天进行一次公猪查情，确认母猪是否有发情征兆，如果有则未妊娠。
- 配种后第18～48天。"妊娠"母猪用成熟公猪查情时不会出现发情行为。这种方法可以用来检测规律返情和不规律返情。
- 配种后第28天左右。用超声波（图2-8至图2-13）可以有效检测母猪的妊娠状态（95%），所有妊娠状态可疑的母猪在妊娠第35天时都要进行复查。
- 妊娠第8周。母猪腹部出现可见的妊娠状态，这可作为最终的"妊娠检查"（图2-14和图2-15）。

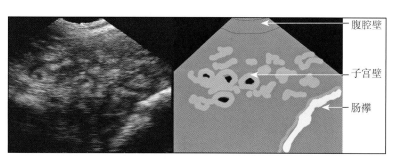

图2-8　超声波检查（未妊娠）

—— 腹腔壁

—— 子宫角

—— 肠

图2-9　超声波检查（妊娠第17天，很难看到孕囊）

—— 腹腔壁

—— 子宫壁

—— 肠襻

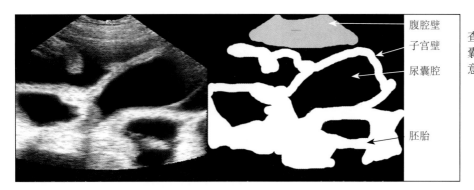

图2-10　超声波检查（妊娠第28天，孕囊清晰可见，但请注意观察胚胎）

腹腔壁
子宫壁
尿囊腔
胚胎

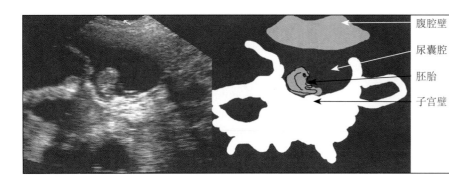

图2-11　超声波检查（妊娠第35天，孕囊清晰可见，胚胎突出）

腹腔壁
尿囊腔
胚胎
子宫壁

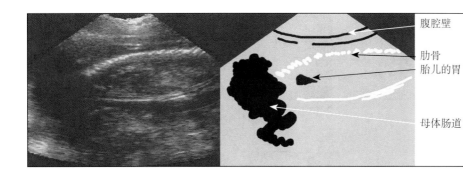

图2-12　超声波检查（妊娠第80天后，胎儿体内的骨骼更加明显，但在母体的背景下比较难观察到。请注意，母体的肠道看起来像孕囊，但没有明显的界线。随着尿囊液的明显减少，很难看到母猪腹部对面的胎儿）

腹腔壁
肋骨
胎儿的胃
母体肠道

并发症，见图2-13至图2-15。

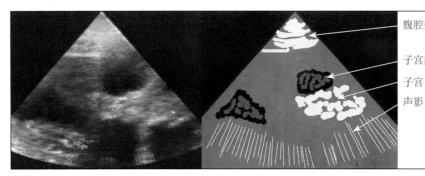

图2-13　超声波检查（妊娠第35天的假孕情况。请注意，虽然有黑洞但是没有胚胎，很多时候子宫腔中充满了"颗粒"）

腹腔壁
子宫腔
子宫
声影

图2-14　未妊娠的后备母猪体型

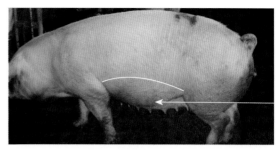

图2-15　妊娠的母猪体型（请注意母猪妊娠约8周时腹部下垂并隆起，白线所示）

6. 妊娠期

妊娠期从第一次输精开始计算，时间为112 ~ 120d。但严格意义上，妊娠是从受精那天开始，因此妊娠期应该是从最后一次输精开始计算，也就是从最接近排卵时间和随后的受精时间开始计算。功能性黄体是维持妊娠所必须的，在妊娠期（12d之后）的任意时期出现黄体溶解都将会终止妊娠。妊娠期低于112d则被定义为流产。

三、生殖激素调控

1. 发情和排卵调控

受季节的影响，如果用公猪对后备母猪进行诱情时不能刺激母猪有初情期的表现，或者需要对后备母猪进行诱导发情来完成配种目标，则可以给母猪注射外源性的促性腺激素。常见的激素有1 000IU的马绒毛膜促性腺激素（equine chorionic gonadotropin，eCG），或者400IU的马绒毛膜促性腺激素及200IU的人绒毛膜促性腺激素（human chorionic gonadotropin，hCG）的混合物，这些都可用来诱导性成熟的后备母猪发情。然而，将eCG和hCG组合用于初情期母猪时，多达30%的母猪没有发情表现，30%的母猪表现出发情但发情周期无规律。虽然在随后的自然发情时进行配种可以提高繁殖力，但发情效果难以预测，这意味着后备母猪应该在诱导发情时配种。然而，对一个猪场的历史数据研究表明，如果90%的后备母猪在注射促性腺激素之后会表现为正常的周期性发情，则可推迟到下一次自然发情时进行配种。如果性成熟延迟并且促性腺激素的诱导效果差，则很有可能是后备母猪虽然出现周期性发情，但是第一次（及第二次）的发情被错过了，处于周期性发情的后备母猪对于促性腺激素的诱导不会表现出发情行为。

断奶至配种间隔过长（5d以上）与母猪生产性能降低及淘汰率上升相关。初产母猪更容易出现发情延迟，这是季节性不育的一种表现。断奶至配种间隔过长的一个主要原因是哺乳期营养摄入不足。初产母猪的食欲比经产母猪更低，因此降低母猪食欲的环境因素也会对繁殖成绩产生不同程度的影响。

断奶后4d内，没有必要使用公猪对断奶母猪进行诱情。然而，对于出现断奶至配种间隔延长的猪场，可以进行有策略性的公猪诱情（如从断奶后第2天开始，在气温凉爽的时候进行）。如果这种方法的效果不好，就需要用外源性激素（eCG/hCG）刺激母猪发情。多项研究表明，用促性腺激素可以缩短断奶后的发情时间并达到更好的同步。促性腺激素更加经济的使用方法的是，只注射有问题的母猪，即仅治疗断奶后7d内不发情的母猪。诱导效果取决于对不发情断奶母猪检测的准确性，这是因为如果母猪处于发情周期内（但是又错过了发情期），则会导致激素诱导无效。

2.发情抑制/同步

如果后备母猪已经进入发情周期,那么控制发情的手段是给其饲喂烯丙孕素。在母猪发情后12d之前只注射$PGF_{2\alpha}$不会诱导黄体溶解,因此对同步发情没有意义。

烯丙孕素具有口服活性,通过抑制内源性促性腺激素的分泌模拟黄体酮的生物活性,从而限制卵泡发育至中等大小。在后备母猪中,由于烯丙孕素促黄体素释放产生的负反馈不会阻止正常的黄体溶解,而会在黄体溶解后继续抑制卵泡生长及雌激素的产生,因此会阻断母猪发情。理想状态下,应该单独给后备母猪饲喂烯丙孕素,剂量不低于15mg/d(建议为20mg/d),低剂量的烯丙孕素(低于13mg/d)会导致囊性卵泡。然而,由于只在黄体溶解时才需要进行抑制发情,因此如果发情周期已知,就可以尽可能减少烯丙孕素的用量,即在发情周期的第13天到计划配种前5d使用,90%~95%的后备母猪可以在停止饲喂后的第4~8天发情。

烯丙孕素的一个作用是,延长初产母猪断奶后代谢恢复的时间,从而提高繁殖效率。这导致断奶至配种间隔延长且可以预期,并可能提高下一胎的窝产仔数。第一次饲喂烯丙孕素必须在断奶当天(或之前),大部分母猪(>85%)会在最后一次饲喂之后的5~7d发情。对于特定品种的高胎次母猪来说,如果记录表明可能存在哺乳期发情或者断奶至配种间隔很短,则可以从哺乳后期开始饲喂烯丙孕素。

烯丙孕素的另一个作用是,阻止提前断奶母猪或哺乳期很短的母猪发情,这种做法对于发生冠状病毒性肠道疾病(传染性胃肠炎或猪流行性腹泻)的猪群来说可能是必需的。提前断奶的母猪或者哺乳期短的母猪很可能会面临繁殖问题,其中可能包括出现囊性卵泡、分娩率低和窝产仔数少等。为了延长妊娠后子宫的恢复时间,需要一段时间的发情抑制,这可以通过饲喂烯丙孕素来实现。但是与发情期或发情期以后配种类似,黄体酮(或者孕激素如烯丙孕素)会损害子宫的免疫力。因此,虽然这种措施可能有效,但是如果子宫中存有任何残留污染,那么在母猪围产期饲喂烯丙孕素会导致子宫疾病,表现为外阴有恶露流出,有恶露流出的母猪都应该被淘汰。

3.排卵时间控制:单次定时授精

母猪和后备母猪定时授精技术的发展,可以降低发情检查的时机错误并节省劳动力。使用eCG和联合使用eCG/hCG都可以进行有效的发情诱导,这种方式诱导发情的持续时间虽然比较长,但可以更好地控制排卵时间。85%~90%母猪会在注射hCG之后的42h,或者是注射GnRH或促黄体素之后的38h进行排卵。如果预计排卵时间发生在检测到发情之后的40h以上,这很有可能是由于断奶至配种间隔时间短,或者是与促性腺激素诱导发情有关。利用hCG或GnRH诱导发情可以预测排卵时间,如果排卵时间可知,那授精时间就会很容易把控。这反过来又允许实行单次定时授精。

假如在断奶后4d自然发情的比例很高,那另一种策略就是在断奶后80h给予注射hCG或GnRH,并在注射后24~36h对发情母猪进行配种。

4.需要的输精次数

绝大多数猪场会对发情母猪实行上午、上午的两次输精,间隔24h。多次输精并不能提高配种母猪的分娩率或窝产仔数。对于断奶后第5天发情的断奶母猪,实施单次输精对于配种分娩率或窝产仔数也不会有任何影响。

四、分娩

1.分娩控制(视频2)

诱导分娩可以简化仔猪的初乳管理和寄

养管理流程。一旦仔猪开始吮吸乳汁，初乳中的抗体水平及仔猪对于抗体的吸收能力都开始急剧下降，预计分娩后6h都会下降40%。因此，寄出和寄入母猪分娩时间差异不能超过2h。此外，仔猪在寄出前应该和亲生母猪一起超过12h，以充分获得免疫球蛋白和免疫细胞。仔猪可以从任何母猪那里获得抗体，但只能从亲生母猪那里获得免疫细胞。

视频2

人们早已知道使用$PGF_{2\alpha}$或其类似物可诱导母猪分娩。然而，注射时间和分娩时间之间的天数变化仍旧很大。经验表明，只有50%～60%的诱导母猪可能在第2天的工作日进行分娩，成为分娩监护的对象。如果母猪接受$PGF_{2\alpha}$治疗但在分娩期间没有得到监护，那么$PGF_{2\alpha}$的使用成本就由受被分娩监护的母猪承担，这显著增加了每头母猪的治疗成本。如果通过外阴边缘的皮肤注射到外阴，则分娩诱导的剂量和成本可降低50%。如果选择此注射途径，请使用12.7mm 20G针或更小的针。用于提高分娩可预测性的改进方法是分两次注射$PGF_{2\alpha}$（"分次剂量"）。在早晨给予$PGF_{2\alpha}$注射，然后在6h后给予第二次$PGF_{2\alpha}$注射，则第2天于工作时间内分娩的母猪比例较高，有利于对其进行分娩监护。分次剂量注射不会影响早产的母猪分娩，但会促进注射至分娩间隔时间长的母猪分娩。第二次注射$PGF_{2\alpha}$增加了由黄体酮浓度下降诱导末端黄体溶解的可能性，但随着孕激素的产生和妊娠状态的维持，黄体进行复苏。

用于提升注射$PGF_{2\alpha}$后分娩可预测性的其他方法包括使用催产素，其可增加子宫的收缩频率、强度及持续时间。在使用$PGF_{2\alpha}$20～24h后注射10IU催产素可使分娩更快速和更同步，但是这也会经常引发分娩中断（即很快分娩一头仔猪，随后分娩停止，可能持续1h或者更长时间，这时需要助产才能恢复正常）。可能与通过不完全扩张子宫颈的

被迫分娩所引起的疼痛有关，疼痛可引起肾上腺素释放，与受体结合后子宫停止收缩。使用催产素引起的死胎往往发生在前几头新生仔猪上，而正常情况下死胎会发生在最后分娩的仔猪上。发生这种现象的原因是催产素导致了更强烈和更长时间的子宫收缩，损伤脐带，从而引起胎儿缺氧，这从很多仔猪出生时的胎粪颜色可以得到证实。子宫长时间的强烈收缩也会减少子宫内的血流量，并伴随胎儿心动过缓及酸中毒。因此，除非个别分娩缓慢母猪需治疗外，在分娩时不应该使用催产素。如果分娩时间超过30min母猪还未顺利生产，就应该考虑注射催产素（2.5～5IU，于外阴处注射）。同样，如果分娩时间很长，尤其是过去产死胎率高的高龄母猪，可以考虑在第6头或第7头仔猪出生后使用催产素。

2.助产术

在分娩时仔猪可能处于各种胎位。多数情况下，仔猪在没有助产时仍会出生，但是以下内容可能会帮助饲养员了解如何用手指判断需要助产的时机。

3.助产程序

分娩区内有分娩困难的母猪如果处于站立状态，应通过按摩乳房使其卧下。对站立母猪进行助产非常危险，尤其是在分娩区后端有栏杆的情况下。

认真洗手（图2-16）。确保指甲已被剪短。擦干后两只手都佩戴长臂手套，最好可以尝试学习通过一只手进行助产。在手及手臂上涂抹足够的润滑剂（图2-17），同时手掌上也要涂抹润滑剂。手指并拢，从阴户小心进入，检查母猪外阴及阴道。

给母猪助产不需要太费力，要有耐心，并使用催产素。不需要助产时能摸到每一头仔猪，应尽可能地让它们自然出生（图2-18和图2-19）。

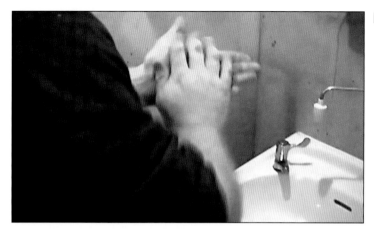

图2-16　认真洗手

图2-17　戴长臂手套并涂抹足够的润滑剂

图2-18　分娩时母猪的解剖学特征

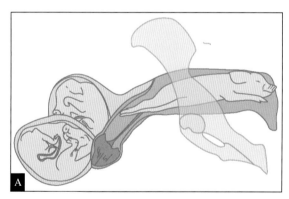

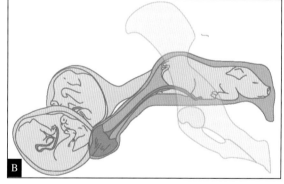

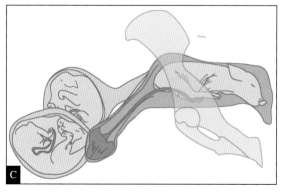

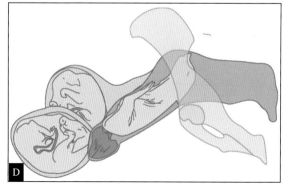

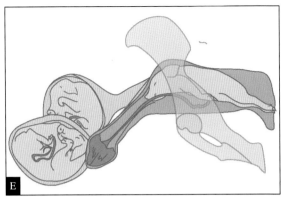
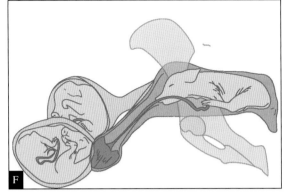
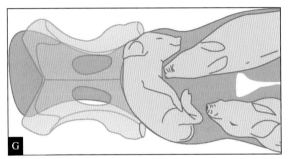
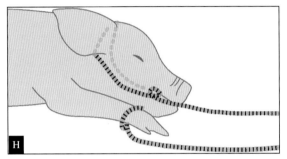

图2-19 分娩时的各种胎位及助产时进行的必要矫正

A.正常（理想）胎位。如果仔猪稍大，可在前脚套上绳索以协助母猪分娩 B.前腿后屈。取回前腿，向前拉并移出仔猪 C.头正向但前脚向后，可能后脚向前。将仔猪推回骨盆并向前拉前脚。在头和前脚套上绳索，然后取出仔猪。如果取出仍然很困难，可能需要在拉扯仔猪之前向后推其后脚 D.仔猪倒置。可以在仔猪的头和脚套上绳索，向前将其拉出。如果仍然困难，可能需要旋转仔猪 E.向后倒脚。将绳子放在仔猪的后脚周围并取出仔猪。如果难以取出，则检查仔猪肩部位置，可能需要将其前腿调整到前方位置 F.臀位。用手指钩住后部飞节并向后调整腿部，直到脚部可见。其他腿重复相同操作，将绳索套在脚上并取出仔猪 G.最困难的胎位。将仔猪推回子宫体并使其头部向前。将绳索套在仔猪上，找到腿并套上绳索，从而取出仔猪。通常其他仔猪会迅速得到分娩，其中一些可能是死胎 H.头部绳索放置。绳子在两只耳朵后面，并且环绕在嘴里，然后紧贴嘴巴。因此，通过在腿和头之间轻柔的牵引，可以通过骨盆取出仔猪

五、断奶后的刺激发情

断奶至配种间隔过长（如超过5d）可导致母猪繁殖成绩下降及被提前淘汰的可能性增加（图2-20）。断奶后6～12d发情的母猪更容易出现妊娠失败。

初产母猪更容易出现发情延迟，这是季节性不育的一种表现。导致断奶至配种间隔延长的主要原因之一是，母猪在哺乳期间营养摄入不足。初产母猪的食欲比经产母猪更低，因此降低母猪食欲的环境因素，也会对繁殖成绩产生不同程度的影响。特别是在赖

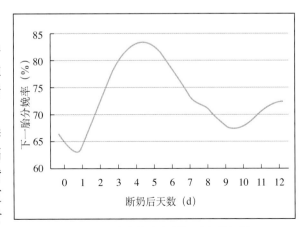

图2-20 下一胎分娩率和断奶至配种间隔

氨酸摄入量不足时，青年母猪会动员其瘦肉组织来获取所需的赖氨酸（需要量的合理估计为总赖氨酸60g/d），继而导致断奶后不育。为了摄入充足的赖氨酸，哺乳日粮中至少应含有1.1%的总赖氨酸，这对高产母猪和初产母猪尤其重要。

如果猪场存在断奶至配种间隔过长的问题，则使用激素组合eCG/hCG来刺激母猪发情是比较好的解决办法。这种处理方式可以使母猪断奶后更快、更同步地发情，并且发情持续时间更长。因此，母猪往往更推迟排卵。一个更经济的外源性激素使用方法是，只注射断奶后7d还未发情的母猪。最终效果很可能会取决于对不发情断奶母猪查情的准确度。如果错过了一个发情期，则激素治疗对母猪发情没有效果。

六、后备种猪的选择

后备母猪的选择必须强调体型，尤其是肢蹄和乳线。然而，养猪获得成功的一个关键要素是通过第1胎和第2胎来使母猪的生产力达到最大化，因为前两胎可以预测母猪终生的生产表现。猪群的目标是60%的为3～6胎母猪。表2-2为建议指标。

表2-2　不同胎次母猪的生产力建议指标

项目	1胎	2胎	3～6胎	7胎以上
总产仔数（头）	12.5	13.8	15	14.5
产活仔数（头）	11.8	12.8	14.2	12.8
死胎数（头）	0.5	0.7	0.7	1.5
木乃伊胎数（头）	0.2	0.2	0.1	0.2
断奶数（头）	12 +	12 +	12 +	12 +
分娩率（%）	80	85	87	82
胎次分布（%）	20	18	60	2

由于仔猪会寄养给其他母猪，因此断奶数可能与窝产仔数没有关系，尤其是初产母猪所产仔猪。猪场的目标是每个功能奶头都能断奶一头仔猪。每个产床每批次应断奶12头以上仔猪，27d的目标是每个产床每批次断奶100kg仔猪。

为了提高使用寿命，首先要进行后备母猪选育计划。母猪发情配种的目标日龄/体重至少出现在第二个情期，220日龄左右（190～240日龄），体重为130kg。等到第三个情期，可使猪场拥有更多可供选择的后备母猪。这可能会给实现批次配种目标带来重大贡献。

后备母猪应该在大约175日龄开始每天使用公猪（至少10月龄）诱情，应该淘汰所有在28d内未表现初次发情的后备母猪。

避免出现极端情况：不足175日龄且体重超过130kg的后备母猪，很可能会因肢蹄问题被提前淘汰；而超过240日龄且体重小于130kg的后备母猪，则因体重太小而无法正常饲养。

通过调整妊娠期的饲喂量可以使分娩时P2位置的目标背膘厚度达到18mm（最后肋骨距中线65mm处）。除非因饲喂导致肥胖，否则几乎没有证据表明妊娠期母猪高饲喂量会成为问题。

哺乳期间仔猪窝日增重每增加1kg，母猪就需要摄入26g总赖氨酸（即约60g/d）。缺乏赖氨酸会导致母猪动员瘦肉组织并降低断奶后的繁殖能力。因此，初产母猪日粮中的赖氨酸含量不应低于1.1%。

初产母猪的哺乳天数不应少于18d，并且至少应哺育12头仔猪。在初产母猪哺乳期间发挥作用的乳腺，在随后几胎的泌乳过程中会产生更多的乳汁。如果需要奶妈猪来延长在特定日龄体重未达标仔猪（不包括明显患病的仔猪）的断奶时间，则应选择初产母猪。例如，在4周断奶体系中，哺乳4周后将初产母猪所生的仔猪断奶，然后把1～2周龄有活力但体重较轻的仔猪寄养过来，继续哺乳2周。这些仔猪将在3～4周龄进行断奶，但初产母猪的哺乳时间达到了6周，预计这些初产母猪在第2胎时将多产1.5头仔猪。这些奶妈猪需要在批次分娩管理之外饲养。

七、精液分析

可在显微镜下检查精子浓度、活力及外形，以评估精液质量（图2-21至图2-29）。检查时，使用活细胞染色，如伊红-苯胺黑。

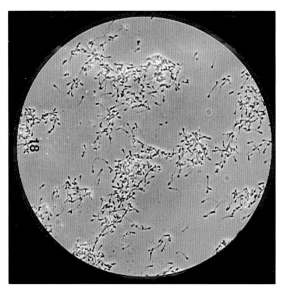

图2-21　显微镜下的精液。精子应该是有活力的并向前运动，在高质量的精液中还可观察到精子波动

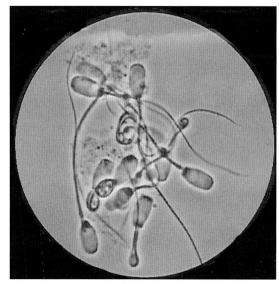

图2-22　凝集的精液。在污染的样本中可看到凝集的精子，这也可能发生在冷却过程中

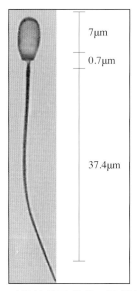

图2-23　正常的精子外观。尾部与头部中央相连，尾部直，无扭结；头部光滑，均匀

图2-24　精子近端的细胞质微滴

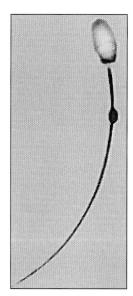

图2-25　精子远端的细胞质微滴

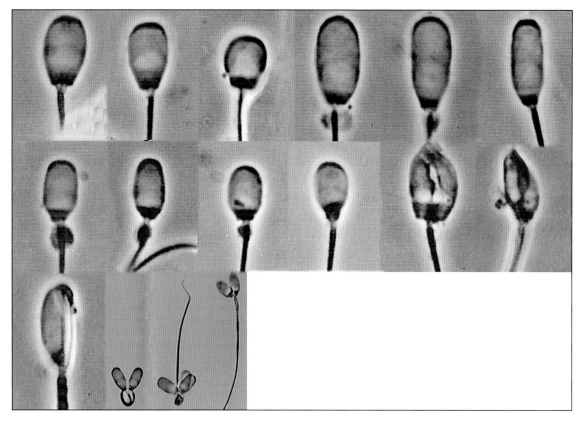

图2-26 精子头部异常。精子头部异常并不常见，这些图片列举了一系列头部异常的精子。游离的精子头部在一些公猪精液中比较常见。左上方第一张图片中的精子头部是正常的，其他图片中的均为异常情况。所有这些异常情况都会影响精子穿透透明带的能力，许多头部异常的精子可能都无法进入输卵管。对持续出现精子顶体头部缺陷超过5%的公猪应予以淘汰

应弃用活力小于50％且畸形率大于30％的精液，但是在弃用公猪之前要多次检

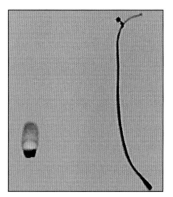

图2-27 游离的精子头部

图2-28 精子的细胞质微滴异常。最左侧图片显示正常的精子头部，其他图片则是可观测到的异常头部情况。细胞质微滴对受精能力的影响是有争议的，因为很多情况（精子头部缺陷除外）下细胞质微滴是射精后精子成熟过程中的一部分

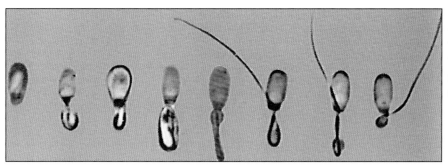

图2-29 精子尾部异常。多种精子尾部缺陷可被观察到，尾部异常可影响精子在输卵管中游动的能力及穿过透明带的能力

查精液。此外，除了无精或精子死亡外，要注意所有的表现评估都与繁殖性能没有任何关联。

八、繁殖障碍

1.流产

有很多因素可以造成母猪流产（图2-30），绝大多数是非传染性且约90%未被明确诊断的。由流产造成的妊娠失败通常占1.5%左右。由流产引起的黄体溶解可以发生在妊娠的任何阶段（12d以后），但胚胎在20d左右损失而没有黄体损失时不会导致流

图2-30 因非洲猪瘟造成的整窝流产

产，母猪会进入假孕时并且在配种后63d重新发情。

（1）非传染性流产

①环境或季节因素影响 大约70%的母猪流产可以归结到这类因素。在野外，母猪通常会在春季分娩，因此在夏季和秋季有妊娠失败趋势也是可以预料的。许多因素被认为与夏季不孕/秋季流产有关，包括光照时间、热应激、每天的温度变化和受温度影响的食欲下降。户外养殖的白猪在夏季特别容易被晒伤，这可能会导致由热应激和疼痛引起的流产。为了尽可能地避免流产，需要为户外养殖的母猪提供打滚所需的泥坑，用于降温，同时泥土也可以起到防晒的作用。

母猪在哺乳期营养摄入不足时，需要调动较多的身体储备，特别是瘦肉组织，以支持产奶。母猪断奶和配种后，较差的体况（由于哺乳期营养摄入量低）和各种环境的相互作用会影响妊娠维持。在母猪体况较差的猪场，秋季流产的发生率可能更高，而为妊娠母猪补充额外的热量可能会降低流产的发生率。秋季通常白天温暖，夜晚可能很冷。如果没有补充热量或供应额外的饲料能量，那么母猪必须将饲料能量通过分解代谢从生产转移到产热。如果体况不佳，对发育不良的黄体产生的这些额外应激可能会引发黄体溶解和流产。在调查母猪秋季流产时，要特别关注热的天气环境。限位栏里的母猪在混凝土地面上不能挤在一起取暖。因此，应悬挂最高最低温度计，并且确定该区域的潮湿

情况，以及是否有窗户破损导致贼风进入。检查通风设备是否存在气流模式中断从而导致漏风。如果母猪群养，则处于较低社会层级的母猪会出现采食困难。当受到欺凌和出现因争斗造成的应激时，可能最终导致妊娠失败（见第十章的热量控制。）

②非环境因素影响　疫苗免疫也可能会造成流产，疫苗的功能是诱导免疫介导的炎症反应，这可能导致发热和过量的前列腺素$PGF_{2\alpha}$产生，从而引发流产。

霉菌毒素一直被怀疑是导致妊娠母猪流产的因素，尽管很难被证实。特别是玉米赤霉烯酮，它是一种植物雌激素，与母体识别信号类似，可以导致胚胎丢失和母猪假孕。玉米赤霉烯酮可能降低黄体生成素，从而对黄体功能产生不利影响，所以不要给猪吃发霉的食物。发霉的稻草也是造成母猪流产的重要因素，因此应始终保持良好的料槽卫生。对料塔进行合理的管理，每年彻底清洁2～3次。在成年猪和后备母猪的饲料中添加霉菌毒素吸附剂/失活剂。

（2）传染性流产　传染性流产的原因有很多，请参阅相关章节，以了解更多详细信息。病原可通过以下任何一种主要途径导致母猪流产：

①间接通过溶解黄体，可能通过高温释放内源性前列腺素，病原包括猪流感病毒、非洲猪瘟病毒和猪红斑丹毒丝菌。

②直接通过繁殖系统疾病导致胎儿死亡和/或胎盘炎，病原包括伪狂犬病病毒、猪瘟病毒、猪繁殖和呼吸综合征病毒、猪圆环病毒2型、钩端螺旋体和布鲁氏菌。

（3）流产调查和样本送检
• 最佳样本：冷藏，而非冷冻。
• 2个或3个完整的流产胎儿和胎盘，包括最新鲜的胎儿。
• 如果有木乃伊胎，则提供3具，包括小的和大的。

• 提供5mL的母猪血清。
• 新鲜胎盘。
• 对肺部、胃内容物及肝脏和胎盘进行细菌培养。
• 对肺脏中的细小病毒和猪圆环病毒2型进行荧光抗体试验，以及组织匀浆检测钩端螺旋体。

2. 猪伪狂犬病

（1）定义/病原学　猪疱疹病毒1型是猪伪狂犬病的病原。该病毒是一种有包膜DNA疱疹病毒，宿主范围广泛，几乎能感染所有的哺乳动物（除了高等灵长类），但不会感染人。猪是自然宿主，其他潜在宿主通常是终末宿主。犬被感染后会表现出狂犬病症状，因而得名伪狂犬病。牛、羊和少量的马感染后表现为奇痒的症状。猫和鼠感染后会迅速致命，这可能是判断该疾病的一个特征。

虽然野毒株在毒力上可能有所不同，但猪伪狂犬病是一种破坏性疾病，能够感染猪的各个阶段并引起各种临床症状。猪伪狂犬病的遗传抗性已经被发现，但其机制尚不清楚。市场上有非常有效的疫苗（基因缺失疫苗）能够提供很好的免疫反应，并且可以与由自然感染引起的免疫反应区分开来。世界上的许多地方利用基因缺失疫苗的这一特点清除了猪伪狂犬病。

在一个群体中，伪狂犬病病毒通过鼻与鼻的接触及配种（自然和人工）传播，也经胎盘感染。该病毒是典型的疱疹病毒，可潜伏在猪体内。在相对湿度大于55%的环境中，病毒依然能在空气中短时间存活，最长可达7h。该病毒暴露在干燥环境中会迅速失活。被感染的野生动物，会在猪场之间造成猪伪狂犬病的传播。在合适的条件下，伪狂犬病病毒可通过空气传播2km之远。在运输中的车辆之间也会相互传播，因此，需要避免卡车头尾相连摆放。同样，在服务区也应避免与其他运猪卡车贴近停放。发病时潜伏期为2～4d。

（2）临床症状　感染伪狂犬病病毒的幼龄猪（哺乳仔猪和保育猪）可出现高热、厌食、精神沉郁、呼吸困难、多涎、呕吐、共济失调（图2-31）、划水状。感染猪临床上主要表现为神经症状，并伴随很高的死亡率（图2-32），猪场中的猫感染后会迅速死亡（图2-33）。猪的日龄越大，发生神经症状的概率就越低。

生长猪和育肥猪感染后常见的主要临床症状在呼吸系统，如呼吸急促、打喷嚏和咳嗽，同时常见呼吸道感染，并且可因严重的细菌性肺炎而出现死亡。康复的猪只表现为皮毛粗乱和生长滞缓。

繁殖猪群感染后的临床症状因生理状态和繁殖状态不同而有所差异，可能包括发热、呼吸困难、不规律返情（由于胚胎死亡和胎儿被吸收）、流产（图2-34），以及产死胎和木乃伊胎。

图2-31　患病仔猪呈现共济失调，表现头部和身体侧弯

图2-32　患病的生长猪死亡率高

图2-33　猪场中的猫感染伪狂犬病病毒后迅速死亡

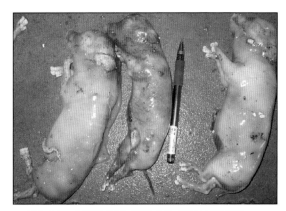

图2-34　由猪伪狂犬病造成的妊娠母猪流产

（3）鉴别诊断　猪伪狂犬病可引起多种临床症状，但若母猪出现繁殖障碍、仔猪出现神经症状，则表现与猪伪狂犬病高度一致。当主要临床症状为神经症状时，应排除猪捷申病、日本乙型脑炎、血凝性脑脊髓炎、猪脑脊髓炎、猪瘟、蓝眼病（墨西哥）、链球菌脑膜炎、水肿病、低血糖和砷汞中毒。引起繁殖障碍的疾病也比较多，包括猪瘟、猪捷申病、脑心肌炎、日本乙型脑炎、猪圆环病毒2型感染、猪巨细胞病和钩端螺旋体病。从呼吸道症状进行鉴别诊断更为困难，因为呼吸道症状通常是并发病的结果，而不仅仅只是伪狂犬病病毒感染。所有病例都需要在实验室进行最终诊断。

（4）诊断　除临床症状外，也可通过检测猪各种组织中是否存在伪狂犬病病毒来确认。剖检诊断不具有典型诊断意义，因为大多数病例中没有典型病变。在幼龄猪上可见到多灶性坏死，坏死灶大小有1～2mm（图2-35和图2-36）。

图2-35　患猪伪狂犬病仔猪的肝脏有多灶性坏死点

图2-36　鼻腔黏膜和扁桃体的坏死灶

显微镜下，可在多个脏器中看到多灶性系统性坏死，有时伴随核内和胞质内包涵体。除此之外，神经型感染猪只最典型的病变是出现非化脓性脑膜脑炎，有时伴有多发性脑坏死灶。流产母猪也可能出现子宫内膜炎、阴道炎和胎盘炎的组织病理学变化，偶尔也能在胎儿薄壁组织器官上看到多个坏死灶。在这些具有坏死和脑部炎症的区域中含有大量病毒，通过免疫组织化学或原位杂交技术很容易检测到。此外，可用PCR检测不同组织中的病毒。脑、扁桃体、肺脏，以及繁殖障碍胎盘和胎儿组织是最重要的检测对象。抗体检测（通常使用ELISA检测）非常重要，尤其是区分由疫苗产生的抗体（针对gB蛋白呈阳性，而对gE蛋白呈阴性），还是那些由野毒感染产生的抗体（对gB、gE两种蛋白的血清均呈阳性）。

（5）管理　目前预防主要是使用基因缺失疫苗。活病毒自然或人工缺失gE蛋白后保留复制能力但毒力大幅度减弱，因此被运用在疫苗产品中并被证明非常有效。这种有效的基因缺失疫苗，结合检测gE和gB蛋白的鉴别ELISA技术，成为世界大部分地区净化猪伪狂犬病实用、可行的方法。

控制：为了维持阴性群体状态，需要采取良好的生物安全措施，并且只能从猪伪狂犬病阴性猪群购买后备猪。

净化：免疫和清除野毒阳性猪可以创造无猪伪狂犬病的猪场及地区，推荐清群后维持30d无猪状态。

3.布鲁氏菌病

（1）定义/病原学　布鲁氏菌病是一种以繁殖损伤为特征的传染病。母猪配种期间发生感染可导致胚胎完全损失和不规律返情（配种后25～35d），而在妊娠后期感染则可导致流产、产死胎或弱仔猪。猪布鲁氏菌1型和3型感染猪后可在包括局部淋巴结以内的不同部位扩散，感染猪随后出现连续或间歇性菌血症。细菌会在胎盘、乳腺、睾丸和公猪附腺等各种器官中定殖并持续存在。

（2）临床症状　明显的临床症状可能包括母猪流产、不孕或严重的子宫炎。公猪则表现为睾丸炎（图2-37和图2-38）或不育症。哺乳仔猪和断奶仔猪可能出现跛脚及后肢麻痹。

（3）鉴别诊断　尽管多种疾病都会导致窝产仔数降低，同时木乃伊胎和死胎数量增加，但最相似的是注意螺旋体病（规律和不规律返情，阴户流脓，后期流产，产木乃伊胎、死胎和弱仔）和本病（如果猪只接触过野猪）的鉴别诊断。

（4）诊断　可通过临床症状和血清学检测确诊。

（5）管理　如果只有少量母猪被感染，则可以尝试清理。尽管通过检测扑杀的方式容易失败，但还可以尝试。因此，如果布鲁氏菌感染了猪群，最恰当和最安全的方式是彻底清群后进行严格的清洗消毒，并在下次引种前全场空置2～3个月。

4.先天畸形

先天畸形发生在猪身上，其出现的症状是一种预警（表2-3）。器官发育在妊娠24d后完成，这为畸形的发生提供了机会。晚冬时节畸形率会上升，可能与采食了来自秋季新收割原料中含有的霉菌毒素相关。表2-3中所列的一些先天畸形情况见图2-39至图2-54。

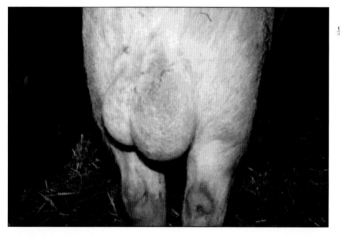

图2-37　被布鲁氏菌感染时患睾丸炎（右侧睾丸）的公猪

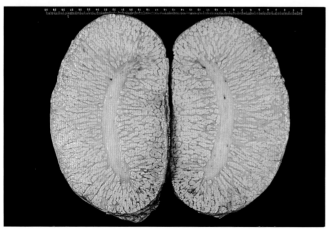

图2-38　被布鲁氏菌感染时患睾丸炎的睾丸横切面

表2-3　猪可能出现的先天畸形

缺陷	发生率[*]	可能的原因	备注
关节弯曲	0.2	遗传	对仔猪实行安乐死
肛门闭锁	0.4	遗传	遗传力低 环境影响
弯腿		未知	在妊娠中期可能接触了有毒物质
		遗传	常染色体隐性基因
		中毒	毒堇，黑樱桃
		维生素A	过量摄入或注射
腭裂	0.2	遗传	处死仔猪
先天性震颤		猪瘟病毒	A I 型
		先天性震颤病毒 （猪非典型瘟病毒）	A II 型
		长白公猪的性连锁基因	A III 型
		白肩猪（Saddleback）的隐性 基因	A IV 型
		敌百虫中毒	A V 型
		伪狂犬病病毒	存在病毒
		有机磷中毒	过量用药
侏儒		遗传	罕见
上皮生成不全		遗传	仔猪如果较大则应将其处死
雌雄同体		遗传	发生率低
腹股沟疝	1.5	遗传	机理未知/环境影响
乳头内翻	20	遗传	确保公、母猪乳头选择良好
尾巴弯曲	1.5	遗传	常见
淋巴肉瘤		遗传	在幼龄仔猪中可见
恶性低温		遗传	与瘦肉基因相关
脑（脊）膜突出		遗传	发病率低
脐出血		未知	与碎屑相关
皮特兰爬行综合征（Pietrain creeper syndrome）		遗传	不常见
玫瑰糠疹	1	遗传（长白猪）	常见，无需治疗即可解决
猪应激综合征		遗传	DNA检测并剔除
血小板减少性紫癜	1	抗体-抗原反应	不常见
"八"字腿	1.8	遗传	常见于长白猪
		镰刀菌毒素	霉变饲料
		光滑的地板	地面湿滑，仔猪受冻
脐疝	1.5	遗传	环境影响/肚脐撕裂

注：*指在一个群体中发生的概率。

图2-39　关节弯曲。由软组织缺陷引起的关节收缩

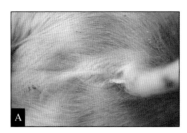

图2-40　肛门闭锁（A）和没有肛门（B）堵塞导致腹部异常肿胀（母猪可以通过制造泄殖腔来生存，公猪只有死亡）

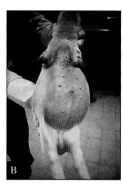

图2-41　弯腿。出现在骨骼异常中，导致腿变形

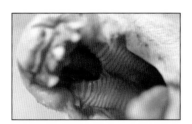

图2-42　腭裂。一系列缺失软硬腭的情况，仔猪因不能正常饮食而死亡

图2-43　上皮生成不全。仔猪出生时全层性皮肤损伤，在有些情况下虽然能存活但会留下瘢痕

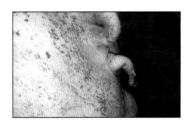

图2-44　雌雄同体。有公猪和母猪的繁殖器官，一系列异常情况，阴蒂明显增大（视频8）

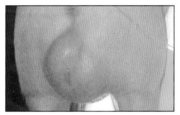

图2-45　腹股沟疝。腹股沟环缺陷和腹股沟区域出现肠内容物，阉割时要小心

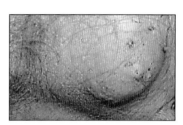

图2-46　乳头内翻。乳头可以从乳腺中挤出，但会再次内翻，导致小猪无法吮吸

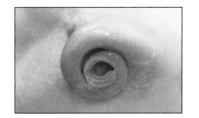

图2-47　尾巴弯曲

图2-48　淋巴肉瘤。图为肾脏中的淋巴肉瘤，一般见于青年猪到16个月龄的猪

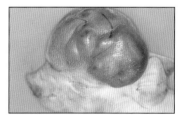

图2-49　脑（脊）膜突出。缺陷头盖骨导致皮肤下脑膜下垂，通常是致命的

视频8

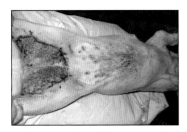

图2-50　玫瑰糠疹。30～60kg体重的猪出现皮肤疾病，虽然症状非常明显，但对猪没有其他影响，而且病猪可以自行恢复

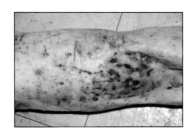

图2-51　血小板减少性紫癜，自身免疫性疾病。初乳抗体攻击仔猪自身，导致广泛出血

图2-52　"八"字腿，腰部肌肉发育不良。提高管理手段有助于改善，如提升地板基础质量

图2-53　脐疝。脐带区域体壁缺损。如果周长大于30cm则应处死猪

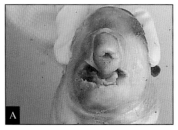

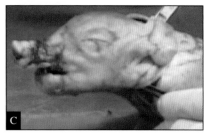

图2-54　3种面部异常
　A.上颌和下颌发育不全及管状鼻　B.上颌和下颌发育不全，小耳畸形和微丘脑　C.下颌短

　　内脏器官翻转和特定器官缺陷等其他异常情况均已确认（图2-55至图2-63），但是否为遗传因素或特定原因尚未确定。

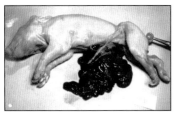

图2-55　一般多发性畸形，如脐膨出、后腿缺陷、脊椎骨闭合不全和尾巴扭结

图2-56　肾脏缺陷，马蹄肾（箭头所示）

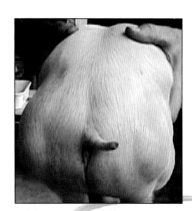

图2-57　肌肉缺陷

图2-58 肢体缺陷

图2-59 畸形腿

图2-60 胫骨缺失

图2-61 四肢缺失

图2-62 左侧先天性卟啉病，右侧正常

图2-63 脚趾缺陷

5.猪钩端螺旋体病

（1）定义/病原学 钩端螺旋体病是由一种或多种血清型钩端螺旋体感染引起的。病原能穿透黏膜或皮肤损伤处，在血液中循环，并在不同部位（尤其是肾脏）定殖（图2-64和图2-65），导致通过尿液排菌。此外，慢性病例中，钩端螺旋体在公猪和母猪生殖道内定殖（图2-66和图2-67）。繁殖障碍性疾病可由各种血清型钩端螺旋体引起，但最有可能是波摩那型（pomona）或者布拉迪斯拉发型（bratislava）致病性钩端螺旋体（L. interrogans）。当钩端螺旋体在妊娠期后期感染子宫时，可造成发育中的胎儿死亡，其相关机制尚不清楚。此外，布拉迪斯拉法型钩端螺旋体也会定殖在非妊娠母猪的输卵管和子宫中。

图2-64 患有黄疸出血型钩端螺旋体病（L. icterohae morrhagica）的生长猪（右），表现出典型黄疸

图2-65 波摩那型钩端螺旋体间质性肾炎

图2-66　与钩端螺旋体病有关的仔猪流产（具体菌种尚未确定）

图2-67　可能与钩端螺旋体病有关的母猪不孕和返情（这些母猪正通过栅栏和公猪"交流"）

（2）临床症状　被波摩那型钩端螺旋体或者布拉迪斯拉法型钩端螺旋体感染造成的繁殖症状包括妊娠后期流产。布拉迪斯拉法型钩端螺旋体感染也会导致早产，死胎和木乃伊胎增多，以及出生时弱仔和死仔的混合情况。在子宫内被感染的胎儿虽然有机会幸存，但出生后会成为被感染仔猪，长大后成为带毒猪，导致猪钩端螺旋体病长期存在或者被出售给其他猪场时造成疾病传播。

布拉迪斯拉法型钩端螺旋体，通过定殖在非妊娠母猪的生殖道内而导致母猪早期妊娠失败，通常伴随大量外阴分泌物流出。这在重复配种母猪中较为常见，尤其是后备母猪和初产母猪。

（3）鉴别诊断　钩端螺旋体病的临床症状可能会与其他不孕混淆，因此，先排除如猪繁殖与呼吸综合征或14～21d的子宫内膜炎/外阴分泌物流出等其他感染性因素。临床兽医还需要排除如季节性不育或管理缺失，尤其是排除因配种管理不当等导致不育的非传染性因素。

（4）诊断　通过分析经产母猪和后备母猪流产、返情及产死胎和弱仔的发生时间、日龄进行诊断。青年母猪（1～2胎）更有可能出现繁殖症状。另外，还要寻找其他因素，如接触野生动物或饮用未经处理的地表水。

对疑似感染猪进行血清学检测，2～3周后再次检查抗体滴度是否升高。在慢性病例中，抗体滴度很低，其差异性难以评估。检测流产胎儿、尿液或肾脏及屠宰的小母猪输卵管。

（5）管理　控制钩端螺旋体病需将猪圈养。尽管使用含有相应血清型的细菌疫苗进行免疫，结合抗菌药物（如磷酸泰乐菌素或盐酸土霉素）治疗，并供应清洁饮水，以最大程度地减少疾病的影响，但不可能消除所有感染猪。由于啮齿类动物可以传播疾病，因此猪场需要有良好的啮齿类动物控制方案。

6.由霉菌毒素中毒导致的流产和产木乃伊胎

产木乃伊胎和出现流产、繁殖障碍常被归咎于霉菌毒素中毒，但难以证实。妊娠母猪发生霉菌毒素中毒时，通常会是同一时间点的事件，所有受影响的胎儿将同时死亡，因此它们的长度一致（图2-68）。这与病毒因素感染不同，病毒感染能造成胎儿随着时间的推移而死亡，因此其长度不一致。

图2-68　可能与霉菌毒素中毒有关的木乃伊胎（长度大致相同，因此日龄相同）

7.猪圆环病毒2型感染

猪圆环病毒2型感染可导致各种临床症状，其中包括繁殖障碍。胎儿感染后会出现非化脓性心肌炎（图2-69）、死亡、木乃伊化和流产。当猪圆环病毒2型与繁殖疾病相关时，称为猪圆环病毒2型相关性系统疾病（见第八章）。

母猪感染猪圆环病毒2型的临床症状取决于感染时间，并将导致死胎-木乃伊胎-胚胎死亡-不孕综合征（stillborn，mummified，embryonic death and infertility，SMEDI）的病毒效应。病毒可在妊娠所有阶段的孵化胚泡和胚胎中复制。后期感染会导致胎儿木乃伊化，并导致病毒在胎儿之间传染，从而产生不同胎龄的木乃伊胎。有一项研究表明，妊娠75d感染的胎儿会死亡，而在妊娠92d感染的胎儿毫发无损。在群体水平，规律和/或不规律返情可能会突然增加，更典型的是木乃伊胎所占比例上升，并且是不同妊娠阶段死亡的木乃伊胎。在群体水平，尽管没有记录，但早期感染呈现与细小病毒感染相似的特点，规律和/或不规律返情增加。如果胎儿死亡率足够高，也可能发生流产。

8.猪细小病毒感染（另见SMEDI因素）

（1）定义/病原学　猪细小病毒能引起繁殖障碍，最明显的是产木乃伊胎的数量急剧增加，特别是未接种疫苗的后备母猪和经产母猪。细小病毒的跨胎盘感染可导致胚胎或胎儿死亡。被感染猪的粪便和其他分泌物中的病毒可污染环境。病毒也可以通过食物或啮齿动物传播。猪细小病毒很顽强，能在环境中存活数月。

（2）临床症状　临床症状取决于母猪感染的时间（图2-70）。

- 囊胚孵化到10d将导致规律返情升高。
- 10d胚胎到着床（17～20d）将导致不规律返情增加。
- 着床到35d将导致假孕增加。
- 35～70d会导致胎儿木乃伊化，胚胎死后将在任何妊娠阶段形成木乃伊胎。
- 胎儿70d后能够产生免疫反应，出现死胎或低活力新生仔猪或有正常活力的新生仔猪。

流产通常与细小病毒无关。

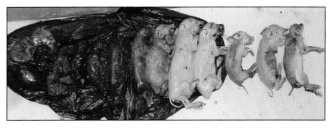

图2-70　感染细小病毒的头胎母猪，分娩出9头不同大小的木乃伊胎，2头死胎和3例死亡的新生仔猪，加上4头新生活仔，总产仔数为18头。对于头胎母猪来说，这是很高的产仔数

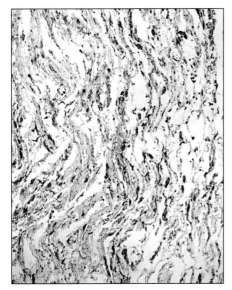

图2-69　免疫组织化学显示与繁殖障碍型PCV2相关的胎儿心肌炎

（3）鉴别诊断　尽管多种疾病都可以导致木乃伊胎或死胎增多，并伴随窝产仔数减少，但最相似的鉴别病因包括猪圆环病毒2型相关疾病（与猪细小病毒病类似，但更可能涉及流产）、钩端螺旋体病（母猪规律和不规律返情，同时可能有外阴分泌物、后期流产及产木乃伊胎、死胎和弱仔）、猪捷申病（肠道病毒）和布鲁氏菌病（如果猪接触野猪）。

（4）诊断　临床表现出的返情增加，同时有正常仔猪出生和不同妊娠阶段的木乃伊胎是较为明显的表现。如果在不到70日胎龄的木乃伊胎中检测到病毒抗原则可以确诊。血清抗体滴度参考价值有限，因为即使免疫，野毒仍然可以感染和复制，造成高滴度，通常伴随疾病，但可能没有临床反应。

（5）管理　对后备母猪免疫是控制细小病毒感染可选择的方法。母源抗体会干扰后备母猪疫苗免疫反应，并且这些抗体可能持续6个月。因此，新进入的后备母猪需要在这个日龄之后和配种前2周完成免疫。没有要求免疫公猪。

执行良好的返饲程序有助于猪群免疫力的稳定。

9.生殖道脱垂

（1）临床症状

- 阴道脱垂（图2-71）。阴道脱垂是肥胖老龄母猪分娩期间的一种常见现象，可能与窝产仔数多有关。这种情况难以对单个母猪进行预测，其原因与骨盆韧带的伸展和松弛有关。因此，这种情况在窝产仔数多的母猪中更常见。另外，母猪所在的饲养栏位地面坡度过大也会导致风险增加；如果采食量较多，尤其是可发酵饲料采食较多，也会导致风险上升。这些因素都会导致腹压升高。

- 子宫脱垂（图2-72）。子宫脱垂是一个罕见的问题，偶尔会在母猪分娩后发生。患病母猪呈现整个子宫脱垂，大多数母猪会死于休克。可以进行子宫复位，但这种情况通常是致命的。一旦子宫被复位，受损组织中高浓度的钾可能会导致母猪心脏衰竭。如果子宫复原或被切除后母猪存活下来，则应及时淘汰。

- 膀胱脱垂（图2-73）。这种情况极为罕见，但在母猪分娩过程中会急性出现，在外阴唇可见巨大的袋状物，并且会干扰分娩过程。应对母猪紧急实行安乐死和剖宫产来挽救仔猪。偶尔可以通过排空膀胱，并通过尿道进行膀胱复位。膀胱脱垂发生时，母猪通常会死亡。

（2）阴道脱垂治疗　将脱垂的阴道复位，可用荷包法进行缝合。复位直肠或阴道脱垂所需的工具和物品有大弧形针（5cm）、剪刀、生长猪用缝合带或尼龙缝合材料、温水、杀菌剂、产科润滑剂。

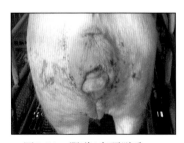

图2-71　阴道/宫颈脱垂

图2-72　子宫脱垂

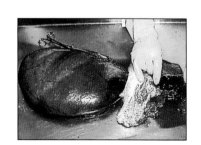

图2-73　膀胱脱垂（剖检）

方法：

- 清洁脱垂物周围区域。
- 小心地将脱垂物送回阴道。这可能需要一些时间，要耐心地轻轻推。发生阴道脱垂时，阴道壁会水肿得严重（像果冻一样），此时手指很容易插入外壁。但发生一两次不用太担心。
- 可以在肛门或阴道环周围使用局部麻醉进行浸润。
- 用糖覆盖脱垂物有助于减少水肿和脱垂物的大小。
- 脱垂复原后开始使用荷包法缝合（图2-74）。脱垂可能会再次被推出，但不要担心，继续缝合，直到恢复正常。

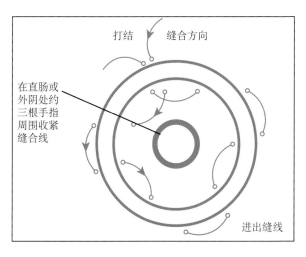

图2-74　荷包法缝合

- 在尾下采用荷包法进行缝合，并用针进行合理的咬合，这将需要6～8个进进出出的动作才能完成。
- 在末端多缝几针，这样打结的区域将更加牢固。
- 再次将脱垂物推回并固定住。
- 拉开缝合线两端，将三根手指（取决于动物的大小）放入阴道，将缝合线围绕在手指周围并收紧。但猪必须有足够的排便空间。
- 给猪注射合适的抗生素（如青霉素/链霉素，同时记录休药期）。
- 将一些液体石蜡（每头成年母猪0.75L）经口灌服或放入饲料中，以帮助软化粪便，从而减少压力和可能的再次脱垂。

10.育肥猪群的"爬跨"行为

随着成熟，育肥猪会进入繁殖活跃状态（图2-75）。当栏内全是公猪时，会导致相关

图2-75　公猪性成熟后的爬跨行为

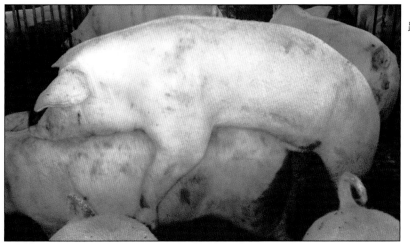

打斗和侵略行为。如果性活动增加，则猪可能会受伤甚至死亡，饲料转化率和生长速度也都会受到明显影响。公猪对打斗会比采食更感兴趣。外伤可能会导致胴体损伤和报废，种公猪的阴茎将来会出现损坏及永久创伤。将公猪和母猪分开饲养可能有助于减少这种攻击，但公猪群体内部仍将存在打斗。使用化学阉割（促性腺激素释放激素激动剂）可被视为控制这类行为的方案之一。

11.死胎-木乃伊胎-胚胎死亡-不孕综合征（SMEDI）

有许多因素会导致胎儿损失，主要是病毒性因素，这些被广泛称为SMEDI因素。临床兽医在推荐合适的控制方案之前，需要对出现问题的原因做出准确诊断。很多因素只会影响邻近的仔猪，其他因素则迅速影响整个子宫环境（图2-76和表2-4）。这对于确定病因很重要，但通常情况下这种问题无法准确判定。通过返饲程序实现猪群的稳定免疫力，通常是移除这些SMEDI因素批次不稳定特性的唯一方法。

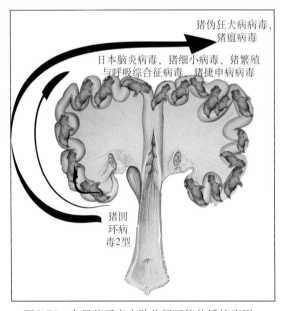

图2-76　在母猪子宫内胎儿间可能传播的病原

表2-4　死胎-木乃伊胎-胚胎死亡-不孕综合征（SMEDI）病原感染母猪子宫的情况	
病原	感染相邻胎儿的数目
猪圆环病毒2型	相邻的1个胎儿
日本脑炎病毒	相邻的2～5个胎儿
猪细小病毒	
猪捷申病病毒	
猪繁殖与呼吸综合征病毒	
猪伪狂犬病病毒	快速感染子宫内的所有胎儿
猪瘟病毒	

12.死胎和胎儿木乃伊化

（1）定义/病原学　造成死胎和胎儿木乃伊化的非传染性因素，包括环境温度高和一氧化碳中毒。窝产仔数多可能会由于子宫过度拥挤而导致木乃伊胎的数量上升。分娩时间过长，因持续使用缩宫素刺激母猪分娩可能会增加死胎的数量。木乃伊胎和死胎的传染性病原包括猪细小病毒、猪圆环病毒2型、猪钩端螺旋体和布鲁氏菌。其他病原也会造成繁殖问题，包括猪伪狂犬病病毒和猪繁殖与呼吸综合征病毒。但这些病原感染猪时会伴随其他临床症状，并且在其他方面出现影响。

（2）诊断　正确区分死胎和在出生后极短时间内死亡的仔猪很重要，后者要纳入仔猪断奶前死亡率的计算中（图2-77和图2-78）。

很多出生后不久死亡的仔猪，可能会被错误地认为是死胎（图2-79和图2-80）。仔猪蹄上透明胶质的覆盖情况能作为鉴别诊断依据，通常仔猪出生15min内蹄上的透明胶质被磨损（图2-81和图2-82）。查看是否存在脐带过长和有无胎粪（仔猪粪便粘在皮肤上）（图2-83至图2-85）。

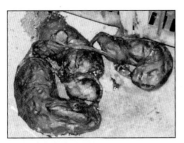

图2-77　木乃伊胎

图2-78　如图所示，如果胎猪会存在部分自溶那么很容易与分娩前形成的死胎区分。繁殖与呼吸综合征病毒感染是主要原因

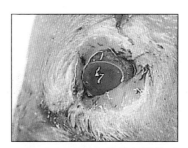

图2-79　查看仔猪眼角膜的透明度。死亡不久的仔猪（24h以内），其眼角膜依然明亮

图2-80　死胎通常身体潮湿，脐带水肿且较长

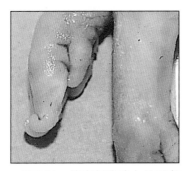

图2-81　检查仔猪蹄上是否存在透明胶质。透明胶质保护子宫不被仔猪锋利的趾甲损伤

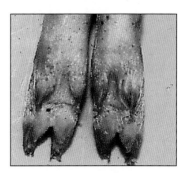

图2-82　出生后成活的仔猪会在约15min内磨掉蹄上的透明胶质

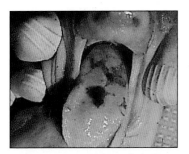

图2-83　胎粪会粘在皮肤表面，被吸入嘴、气管和胃中。当仔猪缺氧时，未出生仔猪大肠中的粪便排到羊水中可形成胎粪

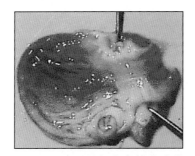

图2-84　胃里仅含有部分胎粪的液体，没有乳汁或初乳

图2-85　死胎的肺脏会沉入水中。而如果仔猪曾经呼吸，则肺脏会漂浮在水面上

（3）管理

①监护　为减少死胎数量，在生产管理中应每隔30min对分娩母猪进行一次巡查。如果没有仔猪出生，可能就需要进行人工助产，帮助母猪分娩，也可采取在母猪外阴部注射缩宫素（2.5～5IU）的方式助产。工作人员可通过一些因素判断哪些母猪更容易产死胎。

接产过程中需关注以下因素：

• 母猪年龄。7胎以上的母猪产死胎的可能性会明显增加。

• 窝产仔猪数增加。总产仔数超过12头

的母猪产死胎的概率会上升。

- 发现问题母猪。根据以往的窝产仔猪情况和胎龄等分析。

- 分娩慢、产程长。母猪正常产程在5h以内，如果过长，则应考虑母猪血液中铁和钙的含量是否偏低（在血液中的正常浓度：Fe > 9μmol/L；Ca > 1.9mmol/L）。

- 母猪饲喂量和体况。体况偏肥的母猪产程更长。缺乏运动也会延长分娩时间。高寄生虫水平和疾病因素会导致母猪分娩时间延长及子宫肌肉收缩节律减弱。

- 饮水和营养。饮水时的流量需大于每分钟2L。产前增加饲料中的粗纤维含量，有助于减少母猪便秘。但母猪分娩前不宜过度饲喂，容易造成水肿。

- 产房空间设计。应有足够的产房空间，方便工作人员照看正在分娩的母猪。母猪躺卧空间宽松，则应激少。监控关门程序，避免出现贼风。降低灯光亮度和播放音乐有利于母猪保持安静。经产母猪和初产母猪混合饲养在产房中。

- 产房温度。产房温度保持在22℃以下。在分娩母猪尾部悬挂保温灯，以减少应激。

- 仔猪任务管理。尽量不要在正在分娩的母猪旁边对仔猪做剪牙和打刺青等工作，以减少对母猪的应激。

②产死胎和木乃伊胎的控制　如果死胎或木乃伊胎数量太多，并且临床兽医认为可能与相关病原有关时，则应特别关注对细小病毒和猪繁殖与呼吸综合征病毒的控制。还有许多其他病原（如SMEDI病毒中的猪捷申病病毒或圆环病毒2型）与死胎有关，用返饲材料返饲后备母猪可让后备猪群获得稳定的免疫力，从而控制这些病原感染。

13. 季节性不育

母猪季节性不育通常表现为卵巢活性降低和分娩率下降（图2-86）。尽管偶尔会见到窝产仔数量降低的情况，但并非每年都与季节有关。母猪卵巢活性降低出现在后备母猪（如初情期延迟）和断奶母猪（如断奶至配种时间间隔延长）中。由季节性因素引起的断奶至配种平均时间间隔延长在初产母猪上的表现尤为明显。

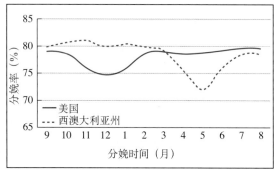

图2-86　北半球（美国数据）和南半球（西澳大利亚州数据）母猪的分娩率

母猪季节性不育很可能是环境温度高而导致哺乳期采食量下降。在营养摄入不足的情况下，激素影响包括哺乳期的促黄体素基础循环浓度限制了断奶前卵泡的恢复，母猪断奶后发情时排卵激发更少，从而引起更多的应激敏感黄体，最终导致母猪妊娠失败的概率上升。妊娠母猪饲料供应减少，会加剧哺乳期因营养摄入不足造成的黄体生成素浓度和繁殖力的副反应。建议对哺乳期采食量不足的母猪在妊娠早期增加饲喂量。

有趣的是，对处在长光周期（如夏季）的母猪进行限饲（为自由采食量的60%），会使外周血液中的褪黑激素浓度显著升高，但对在短光周期条件下的母猪褪黑激素浓度没有影响。表明光周期在母猪季节性不育方面可能起到一定作用。

由季节性因素导致母猪乏情期延长和发情推迟的问题首先可通过以下方法进行处理：

- 在一年中母猪出现季节性不育时增加配种数量。
- 增加哺乳期的营养摄入，可考虑产房降温、增加饲喂频率、供给冷水、提高饲料中的赖氨酸含量（不低于1.1%）。
- 如果其他改善措施无效，可在母猪断奶后于每天较凉爽时段（清晨）用公猪进行诱情。
- 注射促性腺激素，以缩短断奶至发情时间间隔并延长发情持续时间，但要注意可能会要求改变配种管理方式。

关于季节性因素对分娩率造成的影响有多种处理方法。其中一种是在发情开始或输精后12d注射GnRH或hCG。发情开始时注射可改善精子沉积和同步排卵和/或黄体质量。前者能增加母猪的着床率，而后者能提高妊娠前期黄体酮的生成。实际上，两种方法中的任何一种受到限制都会明显影响母猪的繁殖力。在给母猪输精后第12天注射会促进卵泡发育、分泌雌激素和增加子宫内前列腺素E_2的浓度，从而增加额外的促黄体功能。

14.生殖道肿瘤

宠物猪随着年龄的增加，就会发现影响其生殖道和乳腺的一系列肿瘤。这些肿瘤都可通过适用于所有宠物的一般临床技能来处理。

（1）卵巢肿瘤 剖检中偶有发现较大的卵巢肿瘤，通常为单侧，偶尔是双侧的（图2-87）。

（2）子宫平滑肌瘤（视频9） 高胎龄母猪生殖道肿瘤，尤其是与子宫阔韧带和子宫

视频9

相关的肿瘤报道越来越多（图2-88），这与宠物猪年龄的增加有关。

（3）睾丸肿瘤 公猪的睾丸肿瘤可在阉割时发现并切除（图2-89）。

（4）阴囊血管瘤 阴囊血管瘤很常见，但是对公猪繁殖力很少或几乎没有影响（图2-90）。

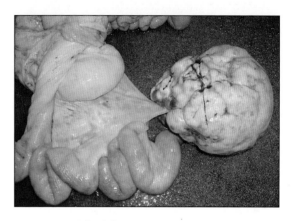

图2-87 卵巢肿瘤

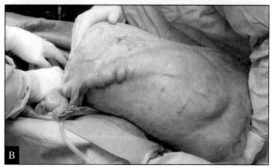

图2-88 手术前较大的平滑肌瘤（A）和手术中肌瘤外露（B）

图2-89　睾丸支持细胞瘤横切面

图2-90　采精公猪多发性阴囊血管瘤

15.外阴有分泌物（视频10）

视频10

母猪分娩后3～4d流出的带血恶露和配种7d内阴户流脓均可归为正常现象。随尿排出少量的脓性分泌物的表明存在泌尿道感染。母猪任何妊娠阶段都可能见到从阴户流出少量的脓性分泌物，但不一定有明显病变。

大量的脓性分泌物具有恶臭味，可能是感染了阴道（阴道炎）或子宫（子宫内膜炎）。阴道炎可能出现在发情期以外的阶段，最初对母猪的影响可能不大。但如果不及时治疗，可能会发展为子宫内膜炎。如果分泌物出现在发情前和发情期间，很可能来自子宫，尤其是在准备接受配种时更加明显。

如果发现超过2%的母猪阴户流脓，说明猪群存在异常；假如观察到4%的母猪流脓，极有可能有更多的母猪流脓，只是没有被观察到。母猪配种后14～21d，阴户流脓或外阴有黏性黏膜则暗示存在子宫内膜炎（图2-91），并伴随分娩率的明显下降。由上泌尿繁殖系统感染引起的流脓很有可能是母猪所处饲养环境卫生差造成的，尤其是霉菌毒素中毒造成的免疫力低下。虽然环境因素非常重要，但也要仔细评估母猪的饲养管理情况。

如果母猪在断奶后发情时阴户流脓明显，则很难受胎成功，很可能出现规律返情。假如母猪从断奶至配种期间有明显的流脓，则需要重点评估分娩管理情况。尤其是一些接产人员倾向于过度人工助产，但助产过程中卫生又不好。然而，即使在助产过程中做好所有卫生工作，依然存在子宫被感染的风险。助产次数越多，被感染的风险就越大。需要对接产人员进行培训，同时制定一套合理的人工助产标准操作程序，明确何时助产是恰

图2-91　母猪配种后14～21d阴户流脓

当的（比如母猪有难产迹象），以及在必要助产后如何通过治疗来降低母猪感染风险（如在分娩结束时注射10IU缩宫素，在24h后注射溶解黄体剂量的前列腺素F$_2$α）。使用抗生素效果不理想。

配种后16d开始母猪阴户可能频繁流脓，此时正是经产母猪和后备母猪开始返情的时候。在这段时间母猪阴户流脓，通常很快发生规律返情。但如果是由子宫内膜炎引起的流脓，也可能是发生不规则返情、流产增加和妊娠失败的母猪增加。即使顺利分娩，胎盘损伤也会增加低活力仔猪数量和新生仔猪的死亡率。这些脓性分泌物可能来自断奶后未被及时发现的流脓母猪，也可能是配种时出现的问题。人工授精时机不当也会导致子宫在免疫力相对低下时被污染，此时需要重点评估查情管理和人工授精技术情况。自然交配时更有可能导致配种后14～21d阴户流脓。

流脓母猪几乎不可能被彻底治愈。如果需要优先考虑利用率，则流脓母猪不要配种直至发情正常。在到下一个发情前期之间，雌激素的免疫效应使得机体能够自愈。假如母猪在下一个发情期没有流脓，可能会成功配种，但其生产表现可能就像一头

返情的母猪。因为不是所有流脓母猪都能被发现，所以猪场更需要制定严格的淘汰标准并执行到位。母猪出现流脓并且没有妊娠时都应被淘汰，就像母猪无一例外只允许两次返情。

16.玉米赤霉烯酮中毒（视频11）

玉米赤霉烯酮是具有雌激素作用的霉菌毒素，会干扰动物的繁殖方式和生长动物繁殖性状的表现，如乳头和阴户肿大。动物摄入玉

视频11

米赤霉烯酮超过1mg/kg时就会出现中毒症状，饲料中玉米赤霉烯酮含量低于0.31mg/kg可以将出现临床症状的风险降到最低。玉米赤霉烯酮主要是由田间潮湿和受损玉米产生的。

注：分泌雌激素作为母猪成熟过程中的一部分，会引起新生小母猪阴户肿大（图2-92），小公猪和小母猪都出现乳头肿大（图2-93），会导致乳头坏死。这种情况在3～5d内消失。

在饲料中添加其他吸附剂和黏土可以在一定程度上控制霉菌毒素中毒带来的问题（对其他霉菌毒素的详细介绍参见第八章）。

图2-92 阴户异常肿大的断奶后备母猪

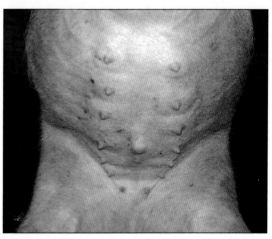

图2-93 玉米赤霉烯酮对育肥猪群的影响，如乳头肿大

九、乳腺健康与疾病

1. 解剖学

猪有沿着腹线走向排列的乳腺。商品猪建议最低有8对乳头，合计有16个功能性乳腺（图2-94和图2-95）。

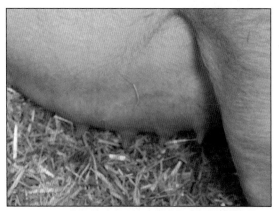

图2-94　非哺乳期乳腺。此图为临产前1周的母猪，乳头已变大。后备母猪最低需要8对乳头

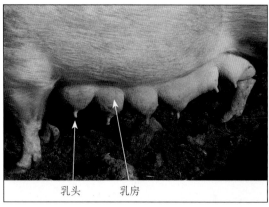

图2-95　哺乳期乳腺侧面图。经常会看到母猪存在无效乳腺。充满乳汁的乳腺对仔猪成活至关重要。选育母猪时要关注乳头数量，乳头多意味着哺乳仔猪的数量多

猪每个乳头连接2～3个独立的功能性乳腺（图2-96和图2-97）。由于没有真正的乳头池腔（teat cistern），因此乳汁贮存在乳房中。乳汁分泌受多种激素控制，包括催乳素（增加泌乳量）和5-羟色胺（通过负反馈抑制泌乳）之间的相互作用，缩宫素会诱导母猪放乳。

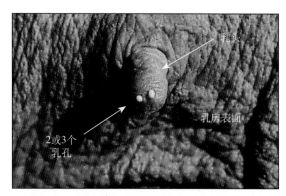

图2-96　母猪乳头和乳腺详图，图中乳汁所在位置也是乳头开口位置

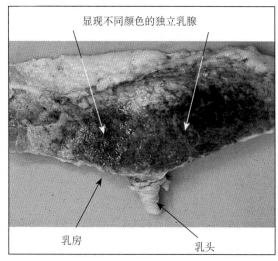

图2-97　猪乳腺横截面。解剖后注入墨水表明2个独立的乳腺分别连接同一个乳头并为其提供乳汁，猪前部分的乳房可能有3个乳腺给1个乳头提供乳汁

2. 周期性哺乳（视频2）

理解并领会母猪和仔猪正常哺乳模式非常重要（表2-5），仔猪哺乳约1h发生1次。

视频2

表2-5　正常哺乳模式（视频2）	
母猪	仔猪
缓慢地发出"哼哼"声音	在乳房处集聚
"哼哼"声音增加	拱揉乳房并确定乳头位置
"哼哼"声音快速增加	缓慢吮奶
乳汁流出（15s）	快速吮奶
"哼哼"声音降低	缓慢吮奶并拱揉乳房
睡觉或改变躺卧姿势	睡觉

3.麦角中毒

麦角菌容易在小粒谷类作物，如小麦（图2-98）上产生。麦角菌中毒会导致母猪分娩时出现发育不良的乳腺（类似临产前约5d的状态）。这是因为麦角胺干扰了催乳素的生成，母猪呈现乳腺松弛、乳汁稀薄且对催产素无反应的状况。母猪无法泌乳，所产仔猪可能会被饿死。如果育肥猪采食了被污染的饲料，则会产生血液循环问题和动脉内血栓，引起肢蹄、尾巴和耳朵坏疽。

图2-98　被麦角菌污染的小麦

4.急性乳腺炎

（1）定义/病原学　急性乳腺炎主要与肠杆菌有关（如肺炎克雷伯菌和大肠埃希氏菌），但是葡萄球菌、链球菌和梭状芽孢杆菌可能也参与其中。由于很难取得合适的检测样本，而每个乳头与2～3个乳腺连接，可能只有其中的1个乳腺发病，因此该病的确诊病原很复杂。

（2）临床症状　乳腺炎发生时可能是乳房充血和乳汁自由流动同时出现。母猪明显患病，很可能中毒。耳朵可能出现变色。乳房硬结发红，尤其是感染区域（图2-99和图2-100）。母猪会持续发热，直肠温度达到

图2-99　发生急性乳腺炎时硬的乳房

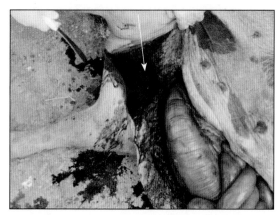

图2-100　被产气荚膜梭菌感染的母猪出现出血性乳腺炎（箭头所示）

40～42℃，所产仔猪出现饥饿和不安。母猪可能会表现极度沉郁，如果乳汁带血且乳房冰冷，则可能患有梭菌性乳腺炎。

（3）鉴别诊断　乳房水肿时可能出现乳腺肿痛，常见一种被称为乳腺炎-子宫炎-无乳综合征（mastitis, metritis and agalatia, MMA）的情况。但是，应避免应用此术语作为诊断结论，而应该独立诊断并采取适当治疗措施。

（4）诊断　确诊比较困难，临床症状和仔猪饥饿都是很好的提示。从患病乳腺中获取乳汁可能很困难，因为相邻的正常乳腺也会向该乳头分泌乳汁。如果乳汁中带血，则母猪可能患有梭菌中毒性乳腺炎。如果母猪死亡，则可以通过剖检来诊断其是否患有乳腺炎。

（5）管理

- 给母猪注射10IU催产素。
- 注射对革兰氏阴性菌有效的抗生素。
- 缓解疼痛。
- 确保腹部、乳房保持良好的卫生。
- 为仔猪提供代乳品。但最初应把仔猪留在母猪身边，以帮助清除受到感染的乳汁。
- 为母猪提供优质的饮水和一些新鲜的食物。

（6）控制

- 检查母猪妊娠后期的喂养管理情况。从妊娠第110天开始减少料量，从妊娠第115天开始添加麸皮，以缓解便秘。
- 严格检查产房的卫生状况，尤其是饮水供应情况。
- 确保有可靠的灭蝇措施。
- 如果猪群存在问题，则应淘汰已感染的母猪。

5.慢性乳腺炎（视频12）

慢性乳腺炎的发生与很多细菌（葡萄球菌、链球菌、放线杆菌等）有关。母猪乳腺中常出现多个大的肿块（图2-101），通常在哺乳后期或刚断奶母猪身上首次看到乳房肿胀，但一般不会出现其他临床症状。被感染的乳腺在母猪下一个哺乳期会变成无效乳头，一旦出现这种情况则没有有效的治疗方法。检查剩余有效乳头数量，将这些母猪转入淘汰计划。

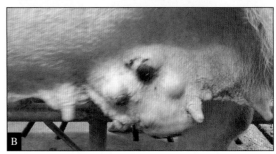

图2-101　乳腺肥大（A和B）与慢性乳腺炎有关

6.乳头疾病

（1）副乳头　母猪可能偶尔会有副乳头（图2-102），在更新种猪群时要避免。

（2）乳头损伤　仔猪牙齿可能会损伤母猪乳头（图2-103），但并不需要用剪牙来阻止其对母猪乳腺的损害。确保母猪能提供充足的乳汁可以减少或消除这种损伤。后肢脚趾过长（图2-104）和漏缝地板会损伤排列靠后的乳头。

视频12

图2-102　副乳头

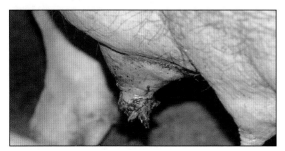

图2-103　乳汁不足时仔猪会损伤母猪乳头

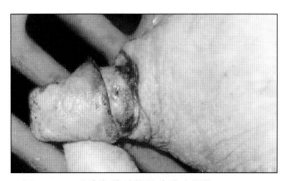

图2-104　后肢脚趾过长导致乳头损伤

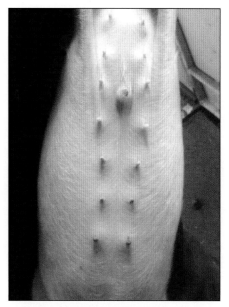

图2-105　乳头坏死的10日龄仔猪

图2-106　格洛斯特郡花猪（Gloucester Old Spot）仔猪外阴肿大

（3）乳头坏死　所有新生仔猪出生时伴有肿大或坏死的乳头（图2-105）和肿大的外阴（图2-106），都与母猪妊娠后期体内雌激素的产生有关。如果仔猪在粗糙的漏缝地板上摩擦乳头，则乳头就会发生坏死。

这种损伤会导致乳腺发育不良，在未来种猪群引种筛选和生产上尤为明显。后备种猪群发生玉米赤霉烯酮中毒时会导致生长期乳头增大及随后的乳头坏死。

7.乳房水肿

（1）定义/病因　乳房水肿为乳腺内液体滞留，尤其是干奶期和产前20d（妊娠95d）的妊娠母猪更为明显。

（2）临床症状　乳腺组织存在积液时很少或没有乳汁分泌（图2-107）。母猪感到不适，乳腺过大而可能导致活动受到影响。仔猪试图吮吸患病乳头时会导致生长不良，因此需要进行寄养。当用拇指压入母猪乳房时其会出现下陷，下陷需要很长时间才能消失。大多数乳房水肿病例与母猪妊娠期采食量过高导致的体况过肥有关。这种由高饲喂料量带来的情况到妊娠110d后仍在持续。

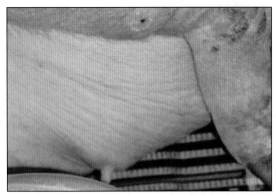

图2-107　乳房水肿，漏缝地板纹路印在乳房上

（3）管理

①个体治疗　治疗困难且效果不好。可尝试通过肌内注射催产素（每隔4～6h注射5IU）来促使乳汁流动，但需要缓解母猪疼痛。为难以饲喂的仔猪提供代乳品，仔猪也可能出现初乳摄入量过少的情况。用整窝健壮仔猪替代弱仔，可以"促进"乳汁流动。当然分批哺乳也有一定的效果。

母猪便秘可造成内毒素进入血液循环，从而导致半乳糖症。为了消除便秘，母猪产后应立即运动，以促进排便，同时给正常体况的母猪口服10g氧化镁。

②群体防控　检查妊娠后期母猪群的饲喂管理情况并进行体况评分，确保充足的饮水供应（水流量至少2L/min），在分娩前提供更多的粗纤维以防便秘。

十、繁殖外科手术

宠物猪已经成为流行的宠物，它们通常比犬更聪明，也容易被训练。在一个有爱心的家庭环境中，宠物猪几乎没有行为方面的问题。然而，在初情期及由于其随后的繁殖需求，宠物猪可能表现出令人不快的、具有潜在危险的行为特征。宠物猪有4颗非常锋利的牙齿，强有力的脖子和咬力。有的体重能达100kg，当被激怒时跑起来的速度可能比大多数人都要快。微型猪通常是采食量严重不足的正常猪群产生的。

以下描述的任何药物都只是建议，检查所有产品使用的合法性很重要，所有猪只都是作为食用动物。

1.术前

如果手术是选择性的，则在将猪移到手术室之前，可能需要获得移动许可证。猪应在术前空腹12h，并在术前6h不能喝水。猪很容易出现胃溃疡，这可能会在停食24h内发生。

2.术前用药

根据猪的情况，可以在家中用药。以1～2mg/kg的量在小苹果或巧克力棒中加入马来酸乙酰丙嗪口服片，或者给猪肌内注射0.1mg/kg马来酸乙酰丙嗪。肌内注射氯胺酮（20mg/kg）和甲苯噻嗪（2mg/kg）已被证实能使猪昏迷。

阿扎哌隆是一种商业上用于猪的镇静药。虽然在母猪混群和分娩时有助于保持母猪镇静，但不宜作为麻醉前用药。因为母猪在处理过程中会进入兴奋阶段，从而使静脉注射比较困难，甚至可能是危险的。使用许多镇静药后，母猪可能会发生阴茎脱垂（嵌顿包茎），且这种情况可能是永久性的。

使猪镇静的简便方法是肌内注射乐舒（Telazol）或舒泰（Zoletil）（250mg替来它明＋250mg唑拉西泮）/氯胺酮-甲苯噻嗪混合物（TKX）。用250mg氯胺酮（2.5mL）和250mg甲苯噻嗪（2.5mL）（TKX）重新配制乐舒®粉末，剂量为25～35mL/kg。

3.麻醉

通过耳静脉注射硫喷妥钠（约为10mg/kg）可实现麻醉。猪一直处于保定状态，虽然可能会尖叫，但对于猪和手术操作者来说，最简单和压力最小的方法是限制猪的口、鼻。

当猪出于麻醉状态时，按压其耳根部，以使耳静脉突起，使用手术棉签擦拭可以看见静脉。插入一根针（蝴蝶形导管），但由于耳静脉通常会塌陷，因此无法拉回。可以注射少量麻醉剂来确认针是否正确进入。

注：向血管周围组织注入大量巴比妥酸盐时，可能导致一定程度的坏死，并可能对耳朵造成永久性损伤。

一旦猪被麻醉，就使用气态异氟醚，以维持其处于麻醉状态。猪的插管非常复杂，剖检上很难观察到喉部。由于会厌较大（见第三章），遮蔽了口腔，因此可能造成密封不良的风险。

可以利用鼻内插管技术（图2-108）。90kg的猪需要使用一根9mm长的气管插管，而60kg和30kg的猪分别需要7mm及5mm长的气管插管。一旦通过鼻孔插入气管，开口

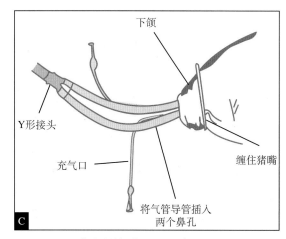

图2-108　鼻内插管（A、B、C）

处就可以充气，用胶带封住猪的嘴巴，猪就会通过鼻子正常呼吸。使用这种技术可以很容易地使猪维持麻醉状态。由于大会厌会遮蔽口腔，因此这项技术可使手术时间超过4h而不出问题。

十一、公猪

所有不用于配种的宠物猪公猪都要被阉割。宠物猪公猪一般在2岁之前都表现良好，但在2岁之后则变成"雄性"动物，处于主宰地位，其獠牙迅速发育。因此，阉割是唯一的解决办法，可采用化学阉割方法。阉割的最佳时间是出生后5～7日龄，此时操作对公猪的损伤最小。止痛治疗是必要的，阉割成年猪需要手术和全身麻醉。3周龄以上的猪阉割时必须由兽医操作。对于这个日龄以下的猪进行阉割，接受过技能培训的主人就可以进行。但只有兽医才能阉割有阴囊疝的仔猪。

1.仔猪阉割

根据当地法律政策，一般来说，如果仔猪在出生的7d前阉割则不需要对其麻醉（图2-109至图2-114）。仔猪一旦被阉割，则应立即交还给母猪，同时提供止痛治疗。

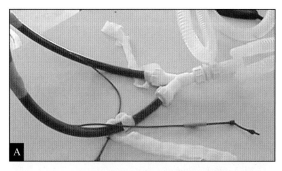

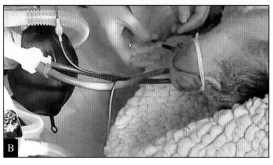

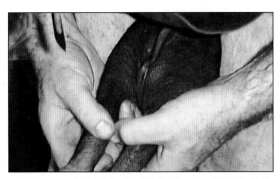

图2-109　把仔猪放在两腿之间，用两腿托住其胸部，则仔猪会很快停止挣扎

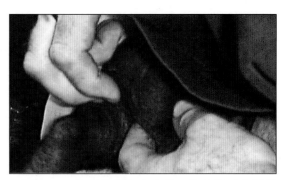

图2-110　将仔猪睾丸向上推，检查是否有阴囊疝。如果怀疑有阴囊疝，则不能进行开放性阉割

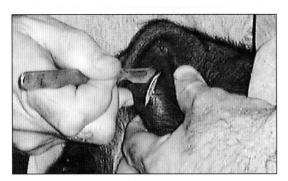

图2-111　手术刀片沿着阴囊中线切开

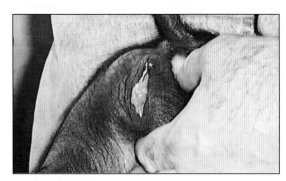

图2-112　睾丸从切口处脱出

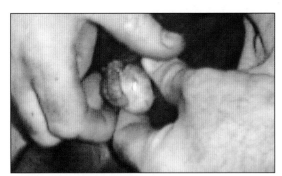

图2-113　抓住睾丸，将其从切口处挤出，然后通过拉扯和扭转的方式将其从仔猪身上摘除

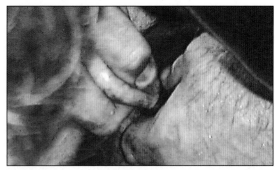

图2-114　确保仔猪体外没有残留的睾丸精索鞘膜。摘除其余的睾丸，然后把仔猪放回母猪身边

2. 成年公猪阉割

成年公猪阉割的方法如图2-115至图2-120所示。

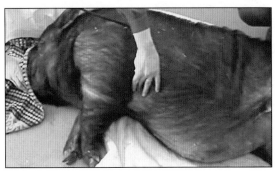

图2-115　检查公猪，此为进行正常麻醉手术的一部分

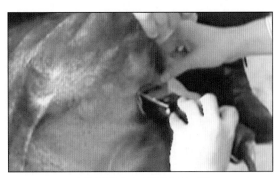

图2-116　夹住阴囊和内侧腹股沟区域

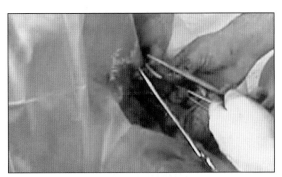

图2-117　在阴囊正前方中线处切开，将睾丸从切口处推出

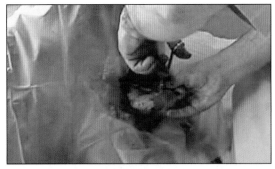

图2-118　扭转睾丸精索，夹紧并结扎鞘膜，拉动以分离结扎上方的鞘膜，将其余睾丸从中线切口挤出并摘除

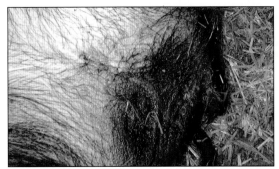

图2-119　先缝合两个鞘膜，再缝合皮下组织，最后缝合皮肤

图2-120　使公猪从麻醉状态中恢复，并为其提供适当的止痛护理

3.公猪和母猪的化学阉割

给所有要阉割的公猪和母猪注射抗促性腺激素释放激素（GnRH）疫苗。由于阉割技术是针对猪自身产生的促性腺激素释放激素（GnRH）而进行疫苗接种，因此需进行2～3次注射，每次间隔2～4周。疫苗免疫的保护期为1年，建议每年接种1次。这对减少在育肥猪群中的公猪爬跨行为非常有帮助，也可以作为宠物猪母猪卵巢子宫切除术的一种替代方法。

4.阴囊疝修复手术

阴囊疝修复手术如图1-121至图2-126所示，但要使用适当的方法麻醉（如全身麻醉）猪。

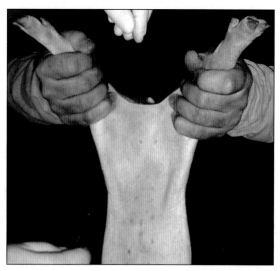

图2-121　识别有阴囊疝的猪，需要另外一人保定猪

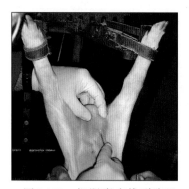

图2-122　把阴囊疝推到腹股沟里

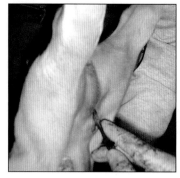

图2-123　切开阴囊疝上方的皮肤，不要刺破鞘膜（阉割愈合处）

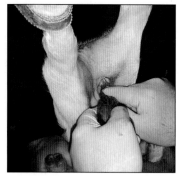

图2-124　抓住睾丸，用钝性分离将其取出

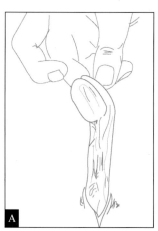

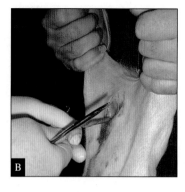

图2-125　扭转睾丸和鞘膜，将全部肠道内容物推回到腹腔（A和B）

图2-126　用0号可吸收缝线Vicryl®在扭转的跟部系紧、打结，在扭曲的鞘膜底部穿入针线，可以将扭曲的鞘膜打个结。不要使用电线打结，这在屠宰时会被发现。在Vicryl®可以收缝线结扎处或鞘膜结上方剪断精索。用褥式缝合法（译者：平针正面竖向缝合法）缝合皮肤切口。让断奶的仔猪在保温箱中恢复，同时为其提供适当的止痛治疗

5.成年猪的附睾切除术

对7日龄以下的仔猪进行类似手术时无需麻醉，但需要止痛治疗（图2-127至图2-135），这可能是部分去势手术。在3日龄时进行该手术效果比较理想。假设附睾切除成功，那么另一侧的附睾也要被切除。让猪从麻醉中恢复，同时为其提供恰当的止痛治疗。后期使用公猪时，先检查是否已经没有精液。

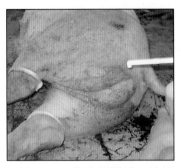

图2-127 猪右侧躺卧，清洁阴囊区域

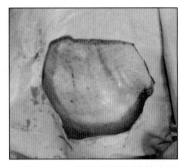

图2-128 将手术洞巾披盖在两个睾丸上

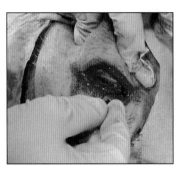

图2-129 在睾丸的右上方切开（即在附睾的尾部上方）

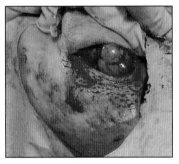

图2-130 从切口处可以看到附睾尾部

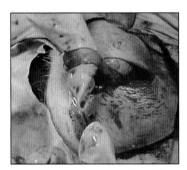

图2-131 通过钝性剥离，拉动附睾尾部，手指穿过睾丸和附睾之间的系膜

图2-132 通过切断睾丸韧带将附睾从睾丸中拉出，然后拉动附睾直到鞘膜断裂

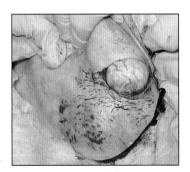

图2-133 睾丸会暴露出来

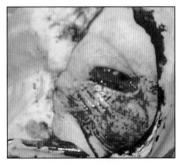

图2-134 缝合伤口

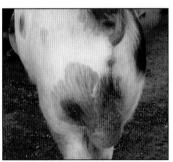

图2-135 恢复后注意单睾丸，另一睾丸已被切除

6.成年猪的输精管切除术

操作程序如图2-136至图2-144所示。术后让猪从麻醉中恢复过来，并为其提供适当的止痛治疗。

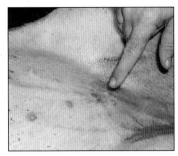

图2-136　将猪背部朝下保定，消毒腹股沟

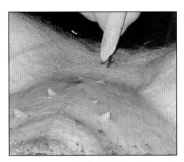

图2-137　沿中线划一个切口或在腹股沟凹槽区域划两个切口。注意不要碰到腹股沟大血管

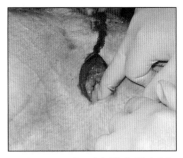

图2-138　切开皮肤和肌肉层。用手指感触里面的鞘膜，其就像一根移动的管子

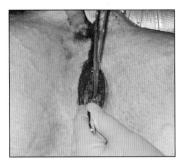

图2-139　上推睾丸有助于发现输精管

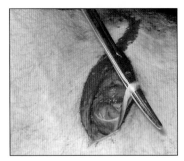

图2-140　小心地切开鞘膜，能看到白色管子，此即为输精管。推动动脉钳，穿过间质组织，以分离输精管。拉出分离的输精管就可拔出睾丸

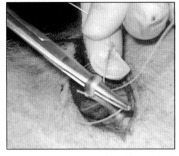

图2-141　一旦确定输精管被分离，则放置缝合线并在近端结扎输精管，使用0号可吸收缝线Vicryl®。尼龙线可能在屠宰时会被发现，因此应避免使用

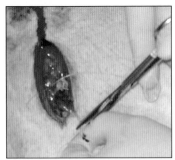

图2-142　输精管远端重复结扎，大约在输精管下方9cm处

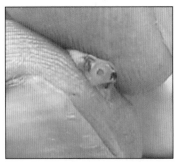

图2-143　捻动移除的管状物，看到中心孔以此确认输精管，将去除的输精管放入10%甲醛溶液中

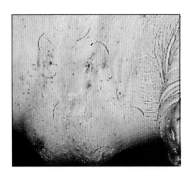

图2-144　在另一侧重复该步骤。缝合伤口：睾丸鞘膜、肌肉、黏膜下层和皮肤层

十二、母猪卵巢切除术和剖宫产手术

当与繁殖周期联系起来时，母猪/后备母猪可以表现出各种行为问题，母猪平均每21d（18～24d）出现一次发情周期，发情迹象可能非常奇怪。经常见到其不食、体温轻度升高、外阴有分泌物、摩擦及到处搜寻、爬跨物品等，同时变得具有攻击性或驯养特征丧失。上述这些问题可以通过切除母猪/后备母猪的卵巢（卵巢切除术）很快得到解决。

1.卵巢切除术

母猪卵巢切除术如图2-145至图2-153所示。术后要为其提供适当的止痛治疗。术后2周检查切口处瘢痕的恢复情况。

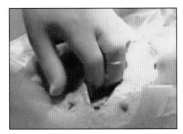

图2-145　将猪背部朝下仰卧保定，沿腹中切开皮肤和皮下组织，可见到腹白线。在肚脐后端切开腹白线，切口长约6cm

图2-146　通常很容易找到子宫。沿着子宫角向前，确定卵巢位置。结扎卵巢动脉并将其切断

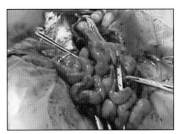

图2-147　结扎并切断阔韧带及血管。这些血管可能非常庞大。分段结扎子宫体

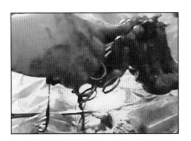

图2-148　切除子宫角

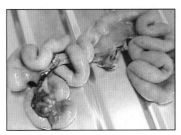

图2-149　切除子宫和卵巢

图2-150　缝合腹部切口。用Vicryl®或PDS®Ⅲ缝合腹白线，用肠线、Vicryl®、PDS®或Dexon™缝合肌肉和皮下层

图2-151　缝合皮肤切口（皮下可用吸收缝线缝合）

图2-152　皮下缝合后的皮肤切口

图2-153　对母猪进行术后护理，确保其能得到良好恢复

2. 剖宫产手术

剖宫产手术如图2-154至图2-166所示。

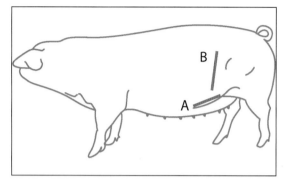

图2-154　进入腹腔切口所在的2个位置。在商品猪种（长白猪或大白猪）中，优先选择A位置。切口位于腹线上方约12cm处（单手宽）。这种途径可以尽量减少皮下脂肪的量。此外，3个腹部肌层合并成1层。在随后的哺乳过程中，伤口要远离仔猪

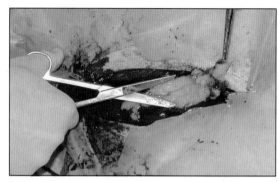

图2-155　切开皮肤和肌肉层到腹膜，用手术刀刺穿腹膜层，用剪刀延长切口

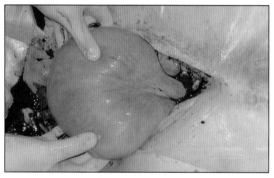

图2-156　通常腹部内的子宫非常明显。取出含有仔猪的子宫角的一部分

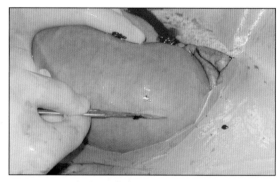

图2-157　沿仔猪背部切开子宫。小心不要切到仔猪

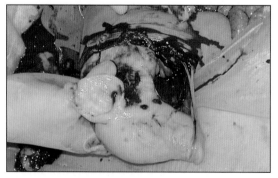

图2-158　取出仔猪，清理其呼吸道，必要时使用呼吸兴奋剂帮助仔猪呼吸

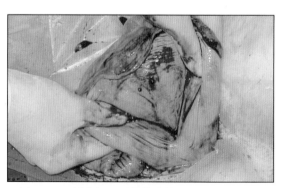

图2-159　抓住切口子宫的边缘

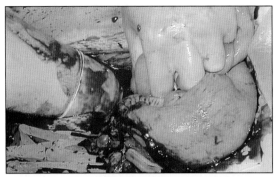

图2-160　取出切口上下相邻的仔猪。不要试图从一个切口处取出所有的仔猪，每个子宫切口最多取出3头仔猪。重复取出另一头仔猪

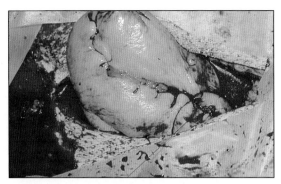

图2-161　用间断垂直褥式内翻缝合和可吸收缝线（如PDS® Ⅱ或肠线）缝合子宫切口

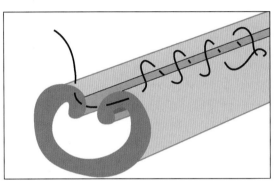

图2-162　间断垂直褥式内翻缝合法

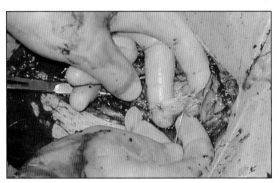

图2-163　用Vicryl®或PDS® Ⅱ缝合腹膜

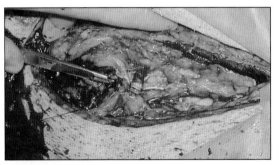

图2-164　将肌肉层缝合为一层，缝合皮下层

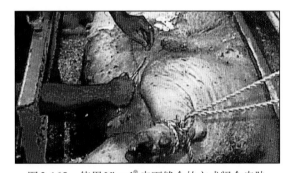

图2-165　使用Vicryl®皮下缝合的方式闭合皮肤

图2-166　剖宫产后2d皮肤切口愈合

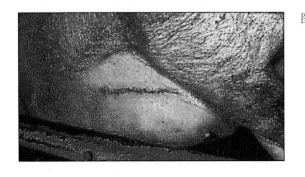

对母猪进行合理的止痛治疗。在母猪基本恢复之前，不要让仔猪吮乳。给仔猪保暖，用注射器给其喂少量温水。不要给仔猪饲喂任何乳制品，因为这可能会干扰从肠道转移的初乳抗体。在摄入初乳6h后，肠道转移抗体迅速降低，此时为仔猪提供其他母猪的初乳可能会有帮助。

临床小测验

1.在发情中，母猪用多长时间可以出现配种所需要的静立反应？

    A.3d   C.6h   E.15min

    B.1d   D.1h   F.1min

2.在发情中，母猪出现静立反应后，平均需要多长时间才能对公猪再次出现静立反应？

    A.立即   C.25min   E.1h

    B.10min   D.45min   F.1d

3.有些繁殖障碍病毒被归类为SMEDI病毒，这个缩写词是什么意思？举两个可能产生这些临床症状的猪病毒的例子。

4.哪种霉菌毒素是植物雌激素？

相关答案见附录2。

（闫之春　朱连德　陈俭　译；洪浩舟　张佳　校）

第三章 呼吸系统疾病

呼吸系统疾病是全世界养猪生产中最常见的疾病。当猪群在高密度和封闭环境中饲养时，呼吸系统疾病的发生率更高。因为在这种环境下，空气中的病原更容易在猪群之间进行传播。呼吸系统疾病通常以群体暴发的形式表现出来，但每次暴发时猪的发病率和死亡率都不一样。临床上可能是采食量轻微降低，也可能是发生严重的呼吸道和/或全身性症状，甚至造成猪群的高死亡率。死亡率升高、增重降低、屠宰场压价、药物和疫苗费用增加、人工成本上升都会造成严重的经济损失。

上呼吸道和下呼吸道疾病大都由传染性病原引起（单一病原或多种病原的混合感染），但环境因素、生产管理情况及猪群免疫状态也是发病原因。一些传染性病原（主要为病毒）和环境因素破坏了呼吸道黏膜的纤毛屏障，或者影响了肺泡巨噬细胞的吞噬能力，从而加重了其他微生物对呼吸道的入侵。这些入侵的微生物可以亚临床感染的形式定殖于呼吸道内，也可以引起局部呼吸系统疾病，甚至还可以造成全身性的发病。尽管对猪呼吸道环境基因组学（呼吸道内所有微生物基因物质的集合体）的研究还不算深入，但很可能是这些微生物对免疫系统的影响导致猪出现呼吸系统疾病的临床表现。

原发性病原可以单独引起疾病和损伤，但通常情况下都是几种病原共同引发呼吸系统疾病。此外，通过临床症状或大体病变很难区分引起呼吸系统疾病的传染性病原，因此称这种情况为猪呼吸系统疾病综合征或支

原体肺炎。猪呼吸系统疾病综合征出现在生长育肥猪群中，是多种诱发因素造成的呼吸系统疾病，是一种临床诊断结果，而不是由单一传染性病原引起的发病。引起猪呼吸系统疾病综合征最常见的病原包括猪肺炎支原体、猪繁殖与呼吸综合征病毒、猪流感病毒和猪圆环病毒2型。以上病原感染猪后可进一步诱发继发性细菌性肺炎或全身性细菌感染。猪呼吸系统疾病主要的传染性和非传染性因素及对应的临床症状见表3-1。支原体肺炎主要由肺炎支原体感染引起，同时伴随其他呼吸道细菌性感染。

表3-1 猪呼吸系统疾病常见传染性和非传染性致病因素及对应的临床症状

致病因素（疾病）	临床症状
胸膜肺炎放线杆菌	湿咳，呼吸困难，发热，死亡率高低不一，有血样鼻分泌物，生长迟缓
猪放线杆菌	忽然死亡，呼吸困难，皮肤出现病变
氨气或粉尘过量	打喷嚏，咳嗽，生长迟缓
猪蛔虫	呼吸困难（与幼虫移行相关），咳嗽
支气管败血性波氏杆菌（非进行性萎缩性鼻炎）	歪鼻，打喷嚏，鼻和眼均有分泌物

（续）

表3-1　猪呼吸系统疾病常见传染性和非传染性致病因素及对应的临床症状

致病因素（疾病）	临床症状
衣原体属	结膜炎，呼吸困难，发热，常表现为亚临床型
副猪嗜血杆菌 链球菌属 猪鼻支原体 猪放线杆菌	多发性浆膜炎，呼吸困难，生长迟缓，死亡
猪后圆线虫属	咳嗽
肺炎支原体（支原体肺炎）	干咳，采食量降低，生长迟缓
多杀性巴氏杆菌（猪肺疫）	湿咳，发热
猪圆环病毒2型（猪圆环病毒2型相关性系统疾病）	干咳，呼吸困难，生长迟缓，皮下淋巴结病变
猪巨细胞病毒（包涵体鼻炎）	仔猪群亚临床型或轻度鼻炎，普遍存在，打喷嚏
猪繁殖与呼吸综合征病毒	干咳，呼吸困难，生长迟缓，皮下淋巴结病变
猪呼吸道冠状病毒	亚临床型，普遍存在
猪流感病毒	干咳，发热，常表现为亚临床型
产毒素型多杀性巴氏杆菌（进行性萎缩性鼻炎）	歪鼻，生长迟缓，打喷嚏，鼻和眼均有分泌物，有血样鼻分泌物
水供应不足	咳嗽，生长迟缓

不以呼吸道为主要靶目标而引起系统性疾病的病原也会引起呼吸系统疾病的临床症状，如伪狂犬病病毒（详见第二章）、猪瘟病毒和非洲猪瘟病毒（详见第八章）、霍乱沙门氏菌（详见第四章）、红斑丹毒丝菌（又称猪红斑丹毒丝菌，详见第九章）、猪附红细胞体和多种毒素（如有机磷酸盐、一氧化碳、氨基甲酸盐）、一些机械性损伤（胃溃疡，详见第四章）。引起呼吸系统疾病的机理因病原不同而存在差异，但通常包括病原在全身上皮细胞及内皮细胞中复制、贫血、血液中氧分压改变、心脏功能不全，以及神经肌肉疾病和中枢神经系统疾病影响脑干的呼吸中枢。

猪群内部因素显著影响呼吸系统疾病的发生状况，评估猪呼吸系统疾病时可参考表3-2。

表3-2　引发呼吸系统疾病的猪群内部因素

因素	加重呼吸系统疾病的具体因素
生产体系	高密度养殖，存栏密度差异较大，连续生产，不同来源引种或从卫生条件较差的猪场引种
猪舍条件	保温条件或通风条件差，猪栏间没有分区，猪舍面积较大，漏缝地板
营养	能量摄入不足，营养（微量元素和主要营养元素）摄入不足
管理	对疾病的监控不及时，免疫程序和其他预防措施不正确，对病猪照顾不足，卫生条件差，生物安全差，寄养过多，水供应不足，猪舍清洗不够，没有实行全进全出制度

一、猪发生呼吸系统疾病的临床症状

临床症状包括打喷嚏、鼻和眼分泌物增多、干咳或湿咳、呼吸急促和困难（图3-1至图3-3）。部分急性病例表现为发热、食欲不振、发绀和突然死亡。一些传染性病原会引起亚临床和/或轻微表现，减缓猪群生长速度并降低饲料转化率。一些病原除引起严重的呼吸障碍（呼吸困难和/或呼吸急促）外，

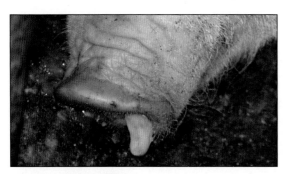

图3-1　鼻有分泌物

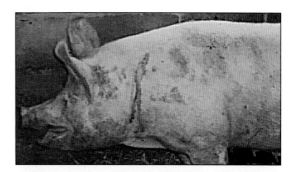

图3-2　咳嗽，注射部位过于靠向尾侧（靠后）（视频13）

视频13

图3-3　呼吸困难

A.注意沿着横膈膜的哮喘沟　B.黑色实线标记出哮喘沟

还会造成全身系统性疾病，病猪表现出多种多样的临床症状。

一些传染性病原或与其他病原/非传染性因素共同作用可导致猪死亡。对于呼吸系统疾病病原的确诊，需要正确的临床症状观察、流行病学调查、临床病理学检测（剖检）。对于一些需要更加精确诊断的病例，进行实验室诊断是十分必要的。

猪呼吸系统疾病综合征可能涉及多种致病原及非传染性因素，因此有必要进行实验室检测。同时还要注意，大部分猪感染病原后并不表现出相应的临床症状。

二、呼吸系统疾病的诊断

对呼吸系统疾病需要进行全面而系统的诊断，包括准确的发病过程、临床症状观察、猪群流行病学评估及发病猪的病理学检查。具备良好的猪剖检方面的知识有助于准确识别病变部位。由于心血管系统负责运送氧气并带走体内的二氧化碳，所以评估呼吸系统疾病时也要检查心血管系统。心血管系统或肺脏发病，会导致血压异常和心血管系统障碍。因此，要同时考虑它们在疾病中的相互作用。

三、临床解剖学：呼吸系统和心血管系统

1.鼻

见图3-4和图3-5。

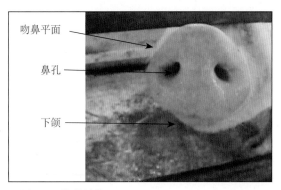

图3-4　猪鼻结构

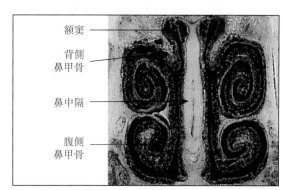

图3-5　前臼齿处鼻横断面

2.喉、气管和支气管

见图3-6至图3-8。

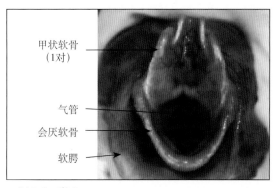

图3-6　喉入口

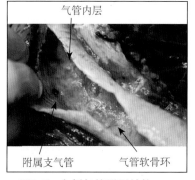

图3-7　右侧气管附属结构

图3-8　黏液纤毛活动梯扫描电镜图

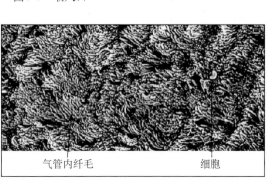

3.肺脏

一个正常的右肺分为4个肺叶（尖叶、心叶、膈叶和中间叶），右肺尖叶主要通过附属的支气管进行换气（图3-9和图3-10）。此解剖学的特点导致右肺尖叶易发细菌性肺炎。

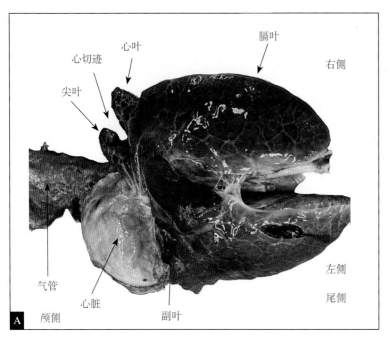

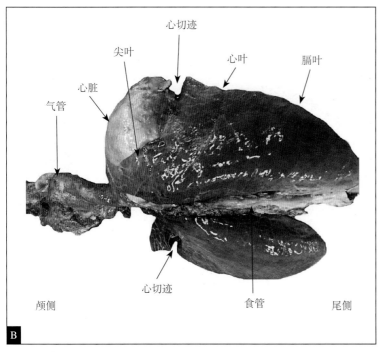

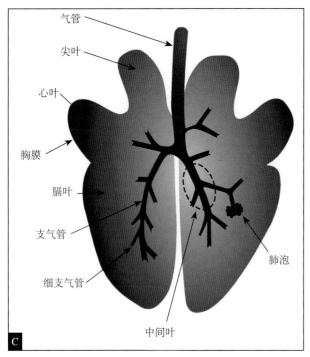

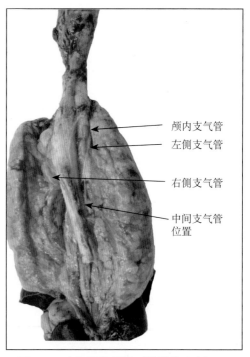

图 3-9　肺脏（有助于指示病理位置）
A.背侧　B.腹侧　C.肺脏基本图

图 3-10　支气管淋巴结（详见第八章）

4.心血管系统

见图 3-11 至图 3-13。

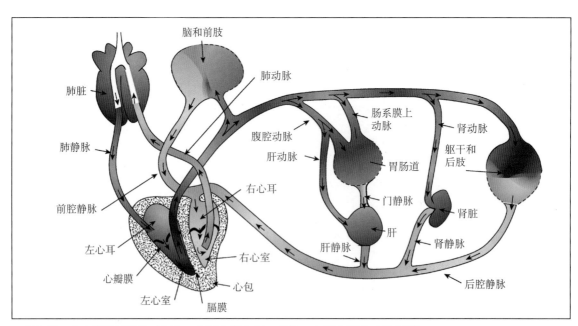

图 3-11　心血管系统结构（红色，血液中富含氧；蓝色，血液中富含二氧化碳）

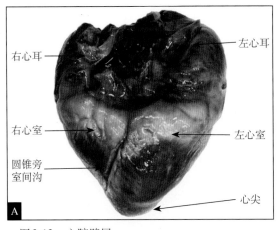
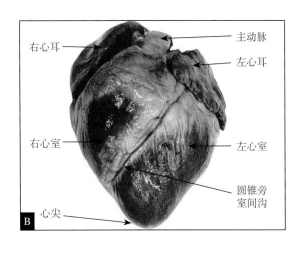

图 3-12　心脏壁层
A.背侧面　B.腹侧面

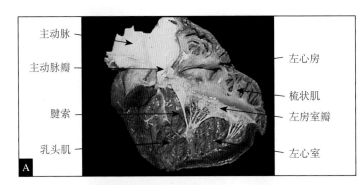

图 3-13　心脏解剖图
A.左侧面　B.右侧面

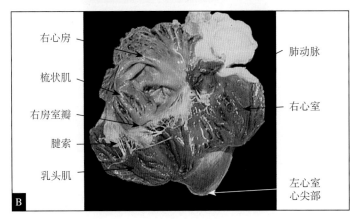

四、呼吸系统疾病的大体病理学

上呼吸道病变主要发生在鼻腔和喉头，炎症为大多数病例的表现形式（鼻炎和喉炎），其他病理学变化包括鼻甲骨萎缩和鼻腔及喉头出血。

于第一和第二臼齿间（唇联合处）横向截断猪鼻，对鼻甲骨萎缩情况进行评估。感染过程中结膜也会发生炎症（结膜炎）。

病猪通常不会发生气管炎、支气管炎和

出血。

下呼吸道大多数病变会影响肺组织。应该记住，在任何器官中可能发生的病变种类都是有限的，大体病理学评估仅提供对病变的描述，而不可依此诊断病原是否存在。

对于不同种肺炎类型和胸膜炎的描述见表3-3及相应的图3-14至图3-19。标准的肺炎模式图如图3-20所示。

表3-3　猪不同肺炎和胸膜炎：病变表现形式和对应的病原

肺炎类型和胸膜炎	大体病变	病原	图片
卡他-脓性或化脓性支气管肺炎	部分或整个肺脏尖叶、心叶前端有实质性病变，胸膜表面无病变。图3-14展示的是典型的地方流行性支原体肺炎	大多为细菌	 图3-14
纤维蛋白性-出血性-坏死性胸膜肺炎	胸膜纤维蛋白渗出，肺脏由于炎症和/或坏死而发生实质性病变，坏死区域伴有出血（图3-15）	不同毒力的细菌（胸膜肺炎放线杆菌、猪放线杆菌、多种多杀性巴氏杆菌）	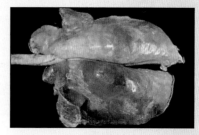 图3-15
间质性肺炎	肺部无塌陷，质地坚韧似橡胶，多病灶到弥漫性褐色斑点，有潜在间质性水肿（图3-16）	病毒、霍乱沙门氏菌	图3-16
支气管间质性肺炎	肺脏尖叶和心叶前端腹侧出现多病灶性实质性病变，膈叶实质性病变较少（图3-17）	猪流感病毒、肺炎支原体	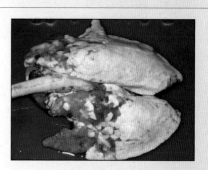 图3-17

（续）

肺炎类型和胸膜炎	大体病变	病原	图片
栓塞性肺炎	脓肿或坏死性病灶随机分布于整个肺脏实质（图3-18）	条件性致病菌通过血液散布	图3-18
胸膜炎	胸膜纤维蛋白渗出，肺实质没有病变（图3-19）	胸膜肺炎放线杆菌、副猪嗜血杆菌、链球菌属、猪鼻支原体、大肠埃希氏菌	图3-19

表3-3　猪不同肺炎和胸膜炎：病变表现形式和对应的病原

注：* 肺膈叶前端可能会发生病变。

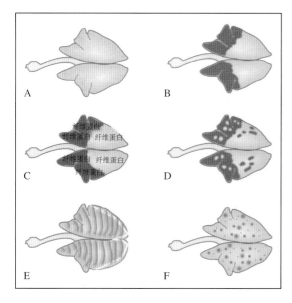

图3-20　肺炎模式图
A.正常肺脏　B.化脓性支气管肺炎　C.纤维蛋白性-坏死性胸膜肺炎　D.支气管间质性肺炎　E.间质性肺炎　F.栓塞性肺炎

五、呼吸系统疾病的实验室检测

评估呼吸系统疾病发生的病因需要借助实验室检测，主要目的是确定或排除可能引起呼吸系统疾病的传染性病原或毒素。

几种常见的实验室诊断技术：

- 确定特异性的病变（组织病理学）。
- 检测病灶上的病原（免疫组化、免疫荧光标记、原位杂交）。
- 传染性病原的分离（细菌或病毒分离）。
- 细菌性病原的抗生素敏感性（抗菌谱）。
- 病原的基因组检测（PCR、RT-PCR、real-time PCR）。
- 传染性病原的特异性抗体（酶联免疫吸附试验，ELISA）。

以上实验室检测方法中，所需样本类型见表3-4。

表3-4　实验室诊断技术需要的样本类型

诊断技术	样本类型	目的
组织病理学	病灶和非病灶区域肺脏组织，避免只采肺叶尖部，用福尔马林溶液固定	观察显微病变，对病变的性质具有指向性
免疫组化、原位杂交	病灶和非病灶区域肺脏组织，避免只采肺叶尖部，用福尔马林溶液固定	检测病变部位的病原，检测病原（免疫组化）或病原基因（原位杂交）
细菌学、病毒学	鼻部、喉部、气管和支气管拭子，通过咬绳获得口腔液；肺脏（最好是整个肺脏）；冷冻*	细菌或病毒分离，用于疾病监测
抗菌谱	与细菌学相同	对分离到的细菌进行抗生素敏感性试验
PCR、RT-PCR	呼吸道及口腔液拭子；肺脏组织；血清**，冷藏或冷冻	检测致病原基因，用于疾病监测
抗体检测（ELISA）	血清和口腔液	检测病原特异性抗体，用于疾病监测

注：*冷冻样本不会影响病毒学检测结果；**检测既可造成多系统疾病，又可引起呼吸系统疾病的病原。

六、从呼吸道内分离的主要细菌

1.猪放线杆菌

见图3-21至图3-24。

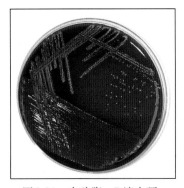

图3-21　血琼脂，B溶血环

图3-22　麦康凯培养基，不生长，有时菌落很小

图3-24　革兰氏阴性棒状菌

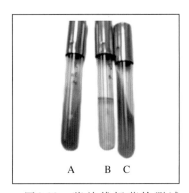

图3-23　猪放线杆菌检测试验。在麦康凯培养基上不生长，此为与大肠埃希氏菌重要的不同点

A.克氏双糖铁琼脂培养基，乳糖阳性，葡萄糖阳性，红色　B.西蒙氏培养基，生长困难，没有反应　C.脲酶阳性，红色

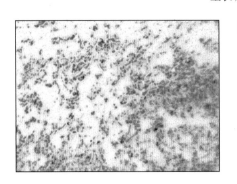

2.胸膜肺炎放线杆菌

见图3-25和图3-26。

微生物通常需要烟酰胺腺嘌呤二核苷酸（NAD）才能生长，这也被称为V因子，由葡萄球菌划线后合成并分泌。

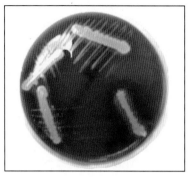

图3-25 血琼脂。菌落生长需要葡萄球菌提供V因子，称为"溶血性卫星现象"。

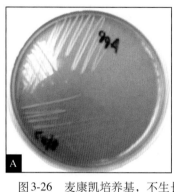

图3-26 麦康凯培养基，不生长（A）及革兰氏阴性棒状和球杆状菌（B）

3.支气管败血性波氏杆菌

见图3-27至图3-30。

图3-27 在血平板上至少培养48h

图3-28 麦康凯培养基（无乳糖发酵）

图3-30 革兰氏阴性球杆状菌

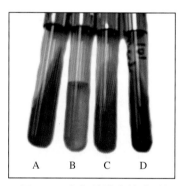

图3-29 支气管败血性波氏杆菌检测试验

A.克氏双糖铁培养基，阴性，红色 B.西蒙氏培养基，几乎不生长 C.脲酶强阳性，粉色斜面 D.西蒙氏柠檬酸盐培养基，阳性，蓝色

4.副猪嗜血杆菌

见图3-31至图3-34。

最适应的生长环境为CO_2巧克力琼脂培养基。副猪嗜血杆菌脲酶阴性，黄色，这有助于与胸膜肺炎放线杆菌（阳性，蓝色）进行区分。

图3-31　血琼脂。小菌落围绕葡萄球菌划线区域生长，称为"溶血性卫星现象"

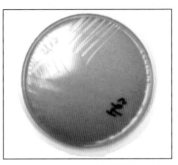

图3-32　麦康凯培养基，不生长

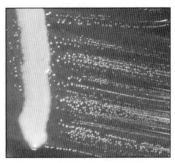

图3-33　生长需要辅酶NAD，培养困难

图3-34　革兰氏阴性球杆状菌。

6.肺炎支原体

支原体需要特定的培养介质才能生长。肺炎支原体的分离需要较长的培养周期和专业的实验室，而且容易引起其他支原体属杂菌的生长。对肺炎支原体的分离不是以常规诊断为目的，检测支原体DNA可用于由该病原引起的疾病的诊断。

5.多杀性巴氏杆菌

见图3-35至图3-38。

图3-35　黏液状菌落，菌落之间相互连接

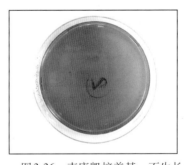

图3-36　麦康凯培养基，不生长

图3-38　小革兰氏阴性棒状或球杆状菌

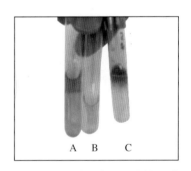

图3-37　副猪嗜血杆菌检测试验，注意气味不同——麝香味
A.葡萄糖肉汤，阳性，红色，无气体产生　B.乳糖，阴性，黄色　C.吲哚，阳性，红色。脲酶阴性

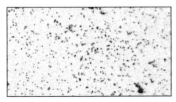

7.猪链球菌

见图3-39至图3-41。

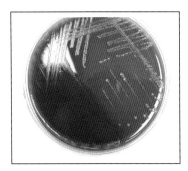
图3-39 血琼脂培养基

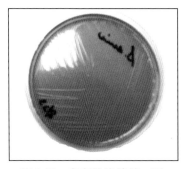
图3-40 麦康凯培养基，不生长

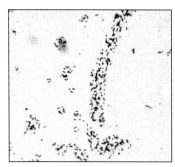
图3-41 菌落

8.化脓隐秘杆菌

见图3-42至图3-44，猪呼吸系统疾病细菌学特性见表3-5。

图3-42 血琼脂。过氧化氢酶阴性

图3-43 麦康凯培养基，不生长

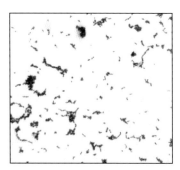
图3-44 革兰氏阳性多形性棒状菌——"书法作品"

表3-5 猪呼吸系统疾病细菌学特性

微生物	革兰氏染色	严格厌氧	溶血性血琼脂	麦康凯培养基	表面活性剂	过氧化氢酶反应	氧化酶反应	葡萄糖肉汤	克氏培养基	克氏双糖铁培养基	乳糖	赖氨酸	西蒙氏培养基	西蒙氏柠檬酸盐	脲酶
胸膜肺炎放线杆菌	−CB		Y	−	−	V	V								+
猪放线杆菌	−B		β	−	−	+	V	+			+				P	+
支气管败血性波氏杆菌	−CB		N	+NL	+NL	+							P		+
副猪嗜血杆菌	−CB		N	−		+									
多杀性巴氏杆菌	−CB		N	−		+	+	+			−			+	

（续）

微生物	革兰氏染色	生长条件				糖利用和生化反应									
		严格厌氧	溶血性血琼脂	麦康凯培养基	表面活性剂	过氧化氢酶反应	氧化酶反应	葡萄糖肉汤	克氏培养基	克氏双糖铁培养基	乳糖	赖氨酸	西蒙氏培养基	西蒙氏柠檬酸盐	脲酶
链球菌	+C	α/β	一	一	一	一									
化脓隐秘杆菌	+B	N	一	一	一	一									

注："＋"和绿色，阳性；"—"和红色，阴性。
革兰氏染色：B，杆菌或球杆菌；C，球菌；CB，球杆菌。
糖利用和生化反应：V，有差异；P，缺乏。
溶血性：Y，溶血，有α或β溶血；N，不溶血。

七、呼吸系统疾病的检测

1.样本提交

　　至少选取有早期临床症状的猪2头，对其实行安乐死，如有刚死亡的猪也可一起提交。

2.个体检测

　　对于宠物猪可能需要进一步检查。
（1）胸部X射线图　见图3-45。
（2）胸部CT扫描图　见图3-46。

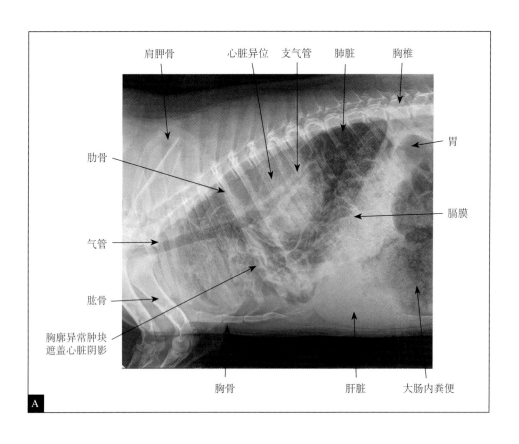

肩胛骨　心脏异位　支气管　肺脏　胸椎　胃　膈膜
肋骨　气管　肱骨　胸廓异常肿块遮盖心脏阴影
胸骨　肝脏　大肠内粪便

A

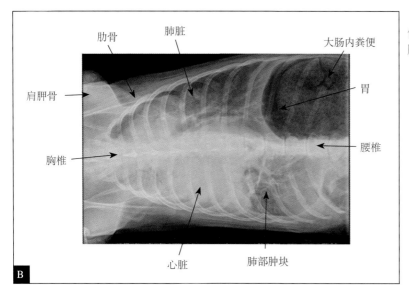

图3-45　胸部侧（A）和腹背侧（B）X射线图，图中可见胸腔内肿块，导致心脏与膈膜分离

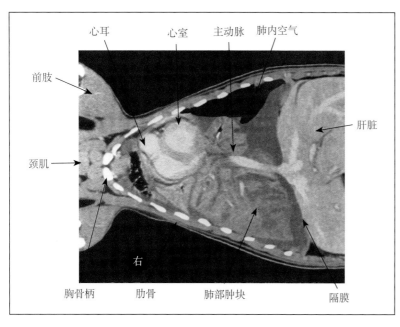

图3-46　对1周岁的猪进行胸部计算机断层扫描（CT扫描），图片显示该猪肺部有较大的慢性肿块且肿块极有可能是消退性的化脓，病猪临床症状为呼吸极度困难

八、呼吸系统疾病的常规处理方法

对处于暴发时期的呼吸系统疾病的处理，首先要确定具体原因。因此，在对呼吸系统疾病进行治疗之前，至关重要的是诊断。正确诊断后具体采取哪些干预措施也因情况而异，一般采取以下措施：

1.紧急措施

- 如因细菌导致呼吸系统感染则使用抗生素进行治疗，同时使用消炎药。
- 如存在某些病毒（如伪狂犬病病毒等）感染，则紧急接种疫苗。
- 如果出现中毒，则停止喂料或饮水。
- 向相关部门报告疫情（如非洲猪瘟等）。

2.短期措施

- 根据实验室结果，对采取的紧急措施调整而来。
- 修订免疫程序和用药程序。
- 改善猪场内影响呼吸系统疾病最重要的因素（不包括猪舍结构或建筑问题）。
- 检查猪的生长环境并进行改善。

3.中长期措施

- 实行批次化管理，猪群流动实现全进全出。
- 对影响猪群的猪舍结构或建筑进行改进。
- 部分或全部清群。

通常情况下，当呼吸系统疾病明显处于暴发期时，采取的主要措施是使用抗生素和非甾体抗炎药（non-steroidal anti-inflammatory drugs，NSAIDs）。另外，非甾体抗炎药还具有解热镇痛作用。

临床兽医的通常做法是在饲料或饮水中添加抗生素，但这种做法不一定有效，因为当猪表现出临床症状时其采食量和饮水量都会较少。因此，建议对病猪和与其直接接触的猪进行肠胃外抗菌药物治疗。

九、呼吸系统疾病具体介绍

1.胸膜肺炎放线杆菌感染（视频14）

（1）定义/病原学　胸膜肺炎放线杆菌是猪传染性胸膜肺炎的病原，分布于世界各地，可导致猪严重的呼吸系统疾病。胸膜肺炎放线杆菌是一种革兰氏阴性球杆菌，体外培养时通常需要烟酰胺腺嘌呤二核苷酸（这也被称为V因子），该物质通过血琼脂板上的葡萄球

视频14

菌保姆菌划线培养提供。目前总共确认了15种血清型，毒力表现各不相同，其中部分血清型被认为是无毒力的（导致亚临床感染），而另外一些血清型可导致新生仔猪在24h内死亡。同一种血清型在世界不同地区表现出的毒力不同。在北美洲，血清型1和5菌株流行最为严重；而在欧洲，血清型2、9和11菌株流行最为严重。

胸膜肺炎放线杆菌有以下3种重要的毒素：

- 毒素Ⅰ，具有很强的溶血性和细胞毒性。
- 毒素Ⅱ，具有弱的溶血性和轻度细胞毒性。
- 毒素Ⅲ，具有很强的细胞毒性。

虽然胸膜肺炎放线杆菌被视为能够独自引起疾病的病原，但并发感染时可能会加剧病情。

感染胸膜肺炎放线杆菌对经济效益的影响取决于猪的死亡率、整体性能损失和治疗（抗生素和疫苗）成本。

此外，胸膜肺炎放线杆菌也是引起猪呼吸系统疾病综合征的重要病原，可通过空气传播，但传播距离非常短，为典型的鼻对鼻传播。除非该病原有黏液物质保护，否则在环境中的存活时间非常短。

（2）临床症状　该疾病可表现为4种临床表现形式（最急性型、急性型、慢性型和亚临床型）中的任意一种，甚至在同一批次猪中大暴发时，也能同时观察到以上所有临床表现形式（图3-47至图3-51）。

- 最急性型：病猪通常表现为短时间内死亡，但在实际生产中猪场往往忽视这种情况（猪场认为猪是突然死亡的）。死前从猪鼻腔或口腔流出带血的泡沫样分泌物，同时其他猪也可能处于急性感染期。猪群表现为精神萎靡，不愿运动，则该批次猪群的发病率在80%以上。
- 急性型：对于处于急性型的保育后期/

图3-47　呼吸和行动困难

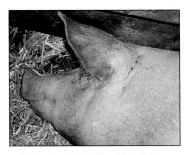

图3-48　急性型，耳朵发绀

图3-49　暴发期，从鼻中流出鲜血

图3-50　急性型，育肥猪死亡

图3-51　死亡猪腹侧发绀是猪传染性胸膜肺炎的典型症状

生长育肥猪，可观察到主要的临床症状有发热（41.5℃）、呕吐、厌食、呼吸急促、呼吸困难、咳嗽、打喷嚏。

- 慢性型：急性型耐过猪可逐步转变成慢性型，其临床表现很少或没有发热、轻微咳嗽、食欲不振甚至可能有不愿走动的情况。

临床症状的严重程度与感染猪的年龄、胸膜肺炎放线杆菌的血清型和菌株、环境条件、易感性、免疫状态、与病原的接触程度相关。如果猪场本身存在顽固的呼吸系统问题（如猪呼吸系统疾病综合征），再加上胸膜肺炎放线杆菌的感染，那么猪群往往会表现出更严重的临床症状。

- 亚临床型（通常无临床症状）：胸膜肺炎放线杆菌为呼吸道常在细菌，定殖于猪鼻咽部的扁桃体。大多数猪场都有这种细菌，一般情况下猪场内约25%的猪都带菌，猪感染后没有任何临床症状。处于亚临床状态的猪是病原的携带者，也是胸膜肺炎放线杆菌阴性或某些血清型阴性猪场的主要传染源。

（3）鉴别诊断　对于突然死亡的生长育肥猪，需要进行鉴别诊断的疾病有非洲猪瘟、猪瘟、猪丹毒、沙门氏菌病、败血型链球菌病、急性副猪嗜血杆菌病、由地沟散发的硫化氢中毒。

如遇到有严重纤维素性坏死的胸膜肺炎病例，则需要对猪放线杆菌与可导致胸膜炎的多杀性巴氏杆菌进行鉴别诊断。

由慢性胸膜肺炎放线杆菌感染导致的临床症状和其他几种同样能感染肺部的细菌性病变常常难以区分。多数情况下，在进行大体病理检查时（剖检或屠宰检查），很大程度上凭可观察到的不同程度的胸膜肺炎损伤，推测猪是否感染胸膜肺炎放线杆菌。而在进行大体病理检查时，如果只看到胸膜炎而未见到肺脏发生实质病变，则胸膜肺炎放线杆菌感染的可能性大大降低，应考虑其他病原感染，如副猪嗜血杆菌（*H. parasuis*）、猪链球菌（*S. suis*）、猪鼻支原体（*M. hyorhinis*）。

（4）诊断　猪感染胸膜肺炎放线杆菌表现为出血性坏死性肺炎和纤维素性胸膜炎，该种病变通常发生在肺部背侧下端（很少出现在腹侧上端）（图3-52至图3-55）。

胸膜肺炎放线杆菌的诊断难点在于同一批次的猪群存在几种不同的疾病。处于最急性期和急性期的病猪所表现出的相应临床症状和/或病变通常足以对该病进行确诊（特异性的病理变化包括出血性坏死性肺炎和纤维素性胸膜炎）。从病变的肺脏分离出病原可以作为进一步确诊的依据。

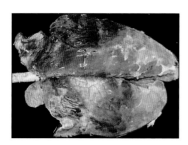

图3-52　实验室条件下感染胸膜肺炎放线杆菌，猪发生纤维蛋白性-出血性-坏死性肺炎。注意靠近坏死区域有明显间质性肺水肿

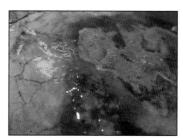

图3-53　病猪胸膜肺炎病灶和正常肺脏的交接面。注意出血区域和前面的小出血点，坏死区域在出血点的后面

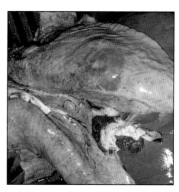

图3-54　病猪膈叶胸膜炎的离散性病变

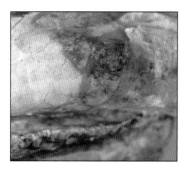

图3-55　胸膜炎病变覆盖在胸膜肺炎病变上面

血清或唾液可用于ELISA抗体检测。对于感染慢性型和亚临床型的病猪，可使用PCR或细菌分离（肺脏、扁桃体、鼻腔或扁桃体拭子）来进行检测。分离胸膜肺炎放线杆菌可以对其进行血清学分型，甚至可以制作自家疫苗（表3-6）。

表3-6　通过毒素分析对胸膜肺炎放线杆菌进行血清学分型

血清型	胸膜肺炎放线杆菌毒素Ⅰ	胸膜肺炎放线杆菌毒素Ⅱ	胸膜肺炎放线杆菌毒素Ⅲ	胸膜肺炎放线杆菌毒素Ⅳ
1	■	■		■
2	■	■	■	■
3	■	▨	■	■
4	■		■	■
5	■	■	■	■
6		■	■	■
7	■	■		■
8	■	■	■	■
9	■	■		■
10			■	■
11	■	■	■	■

（续）

表3-6　通过毒素分析对胸膜肺炎放线杆菌进行血清学分型

血清型	胸膜肺炎放线杆菌毒素Ⅰ	胸膜肺炎放线杆菌毒素Ⅱ	胸膜肺炎放线杆菌毒素Ⅲ	胸膜肺炎放线杆菌毒素Ⅳ
12		●		●
13		●	●	
14	●	●		●
15		●		●
猪扁桃体放线杆菌			●	
猪放线杆菌	●	●	●	

注：红色代表有毒素，橙色代表毒素不确定。

（5）管理

①暴发期的治疗　在传染性胸膜肺炎暴发期间，重点是对感染猪进行抗生素治疗，以减少猪的死亡。虽然胸膜肺炎放线杆菌对β-内酰胺类和四环素产生耐药性，但却对其他大多数抗生素都敏感，泰拉霉素、氟苯尼考、阿莫西林可作为首选抗生素。对急性感染的猪进行抗生素治疗十分有效，对症治疗后病猪的死亡率会明显下降。事实上，成功治疗后会影响猪的免疫反应，治疗的成功率越高猪的抗体反应越低，那么再次感染的可能性就越大。此外，对病猪进行治疗是否成功还取决于对临床症状的及早发现和干预。由于病猪处于疾病的急性期，表现厌食且其饮水量明显减少，因此肌内注射抗生素是首选给药途径。

传染性胸膜肺炎会造成病猪的剧烈疼痛，因此有效缓解疼痛是治疗方案中重要的一部分。

②防控　良好的环境管理（如温度、通风、存栏密度和良好的饮水供应）对减少由于该病暴发造成的影响至关重要。

随着特异血清型疫苗（有一些血清型之间存在交叉反应）和亚单位疫苗（包括3种毒素，即ApxⅠ、ApxⅡ和ApxⅢ）的出现，通过疫苗免疫接种可预防猪的传染性胸膜肺炎。但是，免疫接种的效果可能不尽如人意，因此把握疫苗免疫（接种2次，第1次于5～6周龄接种，间隔3～4周后再次接种）时机十分重要。

③净化　虽然清群/建群是最有效的净化方法，但把猪群按日龄分开饲养并进行药物治疗，也可以在猪群中净化该病（见第十一章）。但是净化并非易事，一旦细菌定殖于扁桃体隐窝，那么通过抗生素治疗将变得十分困难。

猪传染性胸膜肺炎暴发的辅助检查清单见表3-7。

表3-7　猪传染性胸膜肺炎暴发的辅助检查清单		
场名	日期	
		检查
未受干扰的猪群	检查并记录未受到干扰的猪群的躺卧姿势（照片/视频）	
	饮水器周边猪的行为状态（照片/视频）	
	料槽周边猪的行为状态（照片/视频）	
存栏猪	有临床症状的猪对泰拉霉素、头孢噻呋、青霉素治疗后的反应	
	饲料和饮水中是否使用替米考星	

（续）

表3-7 猪传染性胸膜肺炎暴发的辅助检查清单		
场名：	检查日期：	
		检查
存栏猪	回顾断奶后抗生素的使用情况	
	是否使用过猪胸膜肺炎疫苗	
猪繁殖与呼吸综合征病毒的检查	血液检测结果，注意猪繁殖与呼吸综合征病毒抗体在感染后的21d才到达高峰	
猪圆环病毒相关性系统疾病	断奶时是否免疫圆环病毒2型疫苗	
	检查购买疫苗的数量是否与断奶仔猪的数量相符	
	检查疫苗是否在2～8℃中贮存	
剖检报告	确保诊断正确（照片/视频）	
	确实分离到胸膜肺炎放线杆菌（分离到血清型）	
	屠宰场报告	
病猪	病猪治疗	
	康复猪转运	
	搜集真实的死亡率和发病率数据	
检查断奶日龄和体重	断奶日龄	
	断奶体重	
免疫	免疫程序	
猪的流动	搜集每批次真实的断奶数、分娩数、配种数和后备母猪数	
全进全出	猪、饮水、饲料、地板、空气和药物均遵守全进全出制度	
药物	确保针头和注射器没有在不同批次间使用	
饮水	流速至少700mL/min	
	高度是否合适	
	饮水器数量是否充足	
	不同批次间的清洗计划	
地板	存栏密度	
	不同批次间的清洗计划	
空气	温度变化	
	相对湿度（50%～75%）	
	高粉尘和内毒素问题	
	注意漏粪地板下粪水的高度（是否有空气从漏粪地板下面流出）	

（续）

表3-7 猪传染性胸膜肺炎暴发的辅助检查清单

场名	日期	
		检查
空气	睡眠区是否有贼风	
	检查猪群的排便情况	
	猪舍内烟雾情况，记录空气运动模式（照片/视频）	
	不同批次间的清洁计划	
饲料	饲喂空间和料槽下料速度调节	
	饲料类型、饲料颗粒大小有无改变	
	不同批次间的清洗计划	
其他问题	猪繁殖与呼吸综合征、圆环病毒相关疾病、管理等	
	消除任何不必要的应激（称重、标记、采血等）	

2.猪放线杆菌感染

（1）定义/病原学 猪放线杆菌是一种常见的条件性致病菌，常在猪上呼吸道定殖，在不明确的特殊条件下可导致败血症。该种情况常见于仔猪，但成年猪也有发生，多数病例发生在健康的猪场。该种疾病在全球范围内散发，在多发性浆膜炎病例中可分离到病原。猪放线杆菌为革兰氏阴性菌。

（2）临床症状 猪放线杆菌感染与各种临床症状相关，包括猝死、呼吸困难、咳嗽、跛行、发热、消瘦、脓肿（图3-56）、神经症状和流产。

主要临床症状有以下3个

第一种是仔猪（小于5周龄）由于败血症突然死亡，身体多处出血，体腔内有浆液性纤维蛋白渗出。病理组织学检查可见细菌性血栓栓塞（图3-57）。

第二种是严重的呼吸道症状（咳嗽、发热、呼吸困难），并伴随纤维素性-出血性-坏死性胸膜肺炎。这可能与多发性浆膜炎有关（副猪嗜血杆菌病）。

图3-56 猪放线杆菌引起宠物猪脓肿

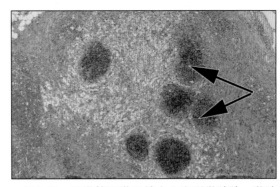

图3-57 显微镜下淋巴结中心出现微脓肿，微脓肿内含有猪放线杆菌菌落血栓栓塞（箭头所示），HE染色

第三种是成年猪急性败血症，皮肤表现出类似于猪丹毒的病变，并且有可能导致流产。

（3）鉴别诊断　临床上容易与很多疾病相混淆，要根据主要临床症状加以区分。在呼吸系统疾病方面，需要进行排除的最主要疾病有猪胸膜肺炎，以及由猪多杀性巴氏杆菌引起的胸膜炎/肺炎。如果仅有胸膜炎和其他浆膜炎，而肺脏未受到实质性损伤，那么应考虑全身性感染的细菌性病原（副猪嗜血杆菌、链球菌、猪鼻支原体）。

（4）诊断　根据临床症状、细菌分离和鉴定来进行诊断，选择最合适的组织。但由于细菌会引起败血症，因此建议采集肺脏组织及其他实质器官（脾脏、肝脏、淋巴结）。

（5）管理　建议在临床症状刚开始出现时进行抗生素治疗，缓解疼痛是治疗方案的重要组成部分。虽然自家疫苗已经得到零星使用，但使用效果不一。

3.贫血

体表苍白的猪可能是贫血的表现，可通过观察母猪阴户来判断（详见第九章），血液检查将最终确认猪是否存在贫血（详见第七章）。皮肤颜色的其他变化主要是发绀，尤其是在运动后。患有严重贫血的猪容易咳嗽——心源性咳嗽，猪死亡后可见肺水肿。断奶仔猪发生贫血常与铁缺和猪附红细胞体有关（详见第九章），同时慢性胃溃疡也可导致贫血（详见第四章）。

4.蛔虫病（另见第四章）（视频13）

蛔虫（*Ascaris suum*）是感染猪体内最常见的线虫，主要通过幼虫移行引起肝脏损害。在严重感染病例中，由于幼虫在肺脏中移行（图3-58），因此猪可能出现呼吸系统的临床症状。小肠内可发现成虫，粪便中可看到死去的成虫。

视频13

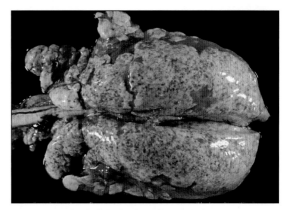

图3-58　蛔虫移行穿过肺脏导致出血

5.萎缩性鼻炎（视频15）

多种情况可导致猪的鼻甲骨萎缩，临床上通常有两种类型：进行性萎缩性鼻炎和非进行性萎缩性鼻炎。

视频15

（1）进行性萎缩性鼻炎

①定义/病原学　进行性萎缩性鼻炎是一种严重且不可逆的鼻甲骨萎缩，其发生与多杀性巴氏杆菌的毒力相关，单独感染可以致病，或者与支气管败血波氏杆菌共同感染可造成进行性萎缩性鼻炎的发生。按照细菌荚膜进行区分，引起猪进行性萎缩性鼻炎最常见的病原是D型多杀性巴氏杆菌。

虽然通过疫苗接种可以很好地控制进行性萎缩性鼻炎的发生率，但当该病在新场发生或已经失控时，对猪的生长和饲料转化率会造成巨大的影响。

母猪可将自身携带的多杀性巴氏杆菌传染给出生后1周龄以内的仔猪。如果仔猪在9周龄以后感染，由于鼻已经发育，因此并不表现临床症状。

②临床症状　一般情况下，如果猪场暴发进行性萎缩性鼻炎，仔猪首先表现临床症状，如打喷嚏或鼻腔出血（图3-59和图3-60）。几乎任何日龄的猪都有可能持续打喷嚏、鼻塞和哼鼻子，同时伴有鼻腔和眼部出

现脓性分泌物。

通常在早期感染阶段会有带血的鼻腔分泌物，最具特征性的病变为鼻部变形（上短颌畸形），若同时发生鼻中隔扭曲，则表现为鼻子弯曲（图3-61至图3-63）。这种畸形的流行程度因猪群而异，对生长速度和饲料转化率降低的程度也不同。

几乎所有的病例都会出现由鼻泪管堵塞所导致的泪斑。然而，这不是多杀性巴氏杆菌感染后特有的病变，因为猪在其他应激条

件下泪腺也会过度分泌液体（图3-64）。泪斑可以作为猪应激的一种指标。

当猪群受到猪繁殖与呼吸综合征病毒、圆环病毒2型或流感病毒等的严重应激感染时，可能会导致萎缩性鼻炎的复发和疫苗接种失败，甚至原本正常的猪群也可能出现严重的临床症状。

③鉴别诊断　猪巨细胞病毒（包涵体鼻炎）和支气管败血波氏杆菌都可以导致猪打喷嚏。上短颌畸形同样也是某些种猪的遗传特征，不应与进行性萎缩性鼻炎相混淆。应排除环境中诸如氨气、粉尘、花粉和其他刺激物等的影响。不同品系的猪或处于不同的环境（如料槽或饮水器的设计），也可能导致猪的生理发育产生变化。

很多因素都会导致泪斑/结膜炎的发生，如猪繁殖与呼吸综合征。猪本身先天性面部畸形也可以导致鼻泪管堵塞。

图3-59　断奶仔猪流鼻血

图3-60　栏位上的血迹提示猪场人员注意由进行性萎缩性鼻炎带来的猪的健康问题

图3-61　进行性萎缩性鼻炎导致猪鼻严重的水平偏移，有泪斑

图3-62　最常见的是上颌变短（上短颌）

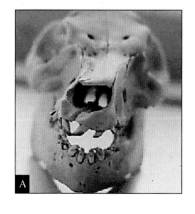

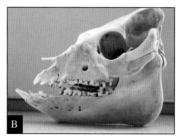

图3-63　鼻子发生变形是整个颅骨变形的一部分（A和B）

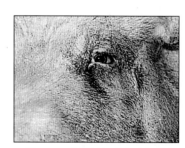

图3-64　泪斑并不总是与进行性萎缩性鼻炎相关

④诊断　确诊需要临床症状观察、病理学诊断及从鼻腔中（鼻拭子）检出产毒素多杀性巴氏杆菌。无论有无鼻中隔弯曲，都可将病变进行0～5分的评分。

图3-65的猪鼻评分方案展示了鼻甲骨的进行性退化。

可对猪群进行鼻拭子和/或喉拭子采样，通过是否检测出产毒素多杀性巴氏杆菌来确定猪群状况，检测周龄分别为4周龄、8周龄和12周龄。如果没有进行疫苗免疫可使用ELISA方法，检测血清中的皮肤坏死毒素，同时从鼻腔拭子中分离细菌，再使用PCR的方法鉴定其毒力基因，这些都是常用的实验室诊断技术。

⑤管理

A.个体治疗

- 对母猪群进行疫苗接种或在饲料中添加药物（四环素或氟苯尼考），从而减少多杀性巴氏杆菌从母猪传染给仔猪的机会，降低该菌在仔猪群中的流行情况和数量。同时，使用抗生素（泰拉霉素）对仔猪进行注射治疗。

- 对有临床症状的生长猪进行治疗。但要注意的是，受到病变损伤后猪并不会恢复，这种情况下治疗的主要目的是降低继发感染。

- 通过修葺猪舍、改善通风和饲养管理措施来优化猪的生长环境。使用液体饲料进行饲喂可有效缓解由进行性萎缩性鼻炎所导致的临床症状。

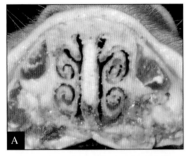
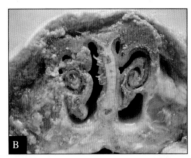
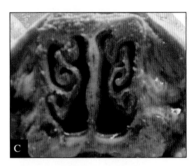
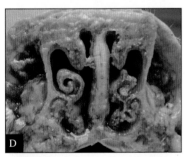
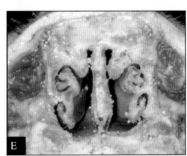
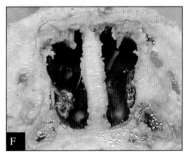

图3-65　前白齿鼻道横断面大体病变

A.0分　B.1分　C.2分　D.3分　E.4分　F.5分　G.猪鼻甲骨萎缩（1分）和鼻中隔受进行性萎缩性鼻炎的影响而弯曲

B.防控

- 对母猪进行疫苗免疫（尤其是头胎母猪），获得免疫的母猪可通过初乳对仔猪提供保护力。
- 确保仔猪最大限度地摄取初乳，确保猪群流转遵守全进全出制度（all-in/all-out，AIAO）。

C.净化

- 清群并从已知进行性萎缩性鼻炎为阴性的猪场引进种猪，这是净化该病唯一的方法。清洗、消毒并对猪舍进行熏蒸，空栏8周。灭鼠。
- 病原很少能传播到1 000m以上，这可能是通过污染物进行传播。
- 可以通过早期隔离断奶来建设新场以保存遗传资源，然后对旧场进行清群并重新引种。

⑥人兽共患病的影响 人类有可能感染产毒素多杀性巴氏杆菌，这可能导致多种上呼吸系统疾病，包括扁桃体炎和鼻炎。

（2）非进行性萎缩性鼻炎

①定义/病原学 支气管败血波氏杆菌是非进行性萎缩性鼻炎（鼻甲骨轻度萎缩且可逆）和化脓性支气管炎的主要病原。其中的一种叫皮肤坏死性毒素（与多杀性巴氏杆菌不同）最为重要，它能导致鼻腔和肺脏病变。支气管败血波氏杆菌在鼻腔中定殖也会促进产毒素多杀性巴氏杆菌增殖，从而导致进行性萎缩性鼻炎。一般认为发生非进行性萎缩性鼻炎时不会显著影响经济效益。非进行性萎缩性鼻炎的发生也有可能是遗传和生理方面的原因。猪头部和鼻子的形状发生变化，也有可能是料槽和饮水器位置不当导致的（图3-66）。

②临床症状 非进行性萎缩性鼻炎和化脓性支气管炎的主要临床症状有打喷嚏，鼻子和眼睛有分泌物，无痰干咳且伴随呼吸困难。更严重的是支气管败血波氏杆菌可导致哺乳仔猪肺炎。病毒感染造成的呼吸系统/全

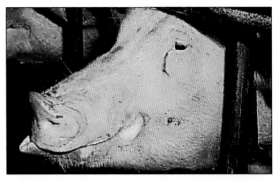

图3-66 由乳头式饮水器错位所导致的萎缩性鼻炎和鼻腔偏移

身感染可以继发支气管败血波氏杆菌感染，造成肺炎。在大多数病例中，猪呈亚临床感染状态。由鼻泪管堵塞所导致的泪斑十分常见。

③鉴别诊断 进行性萎缩性鼻炎、包涵体鼻炎和环境污染都可以引起猪打喷嚏及鼻和眼出现分泌物。化脓性支气管炎的发生需要对很多细菌进行鉴别诊断，如多杀性巴氏杆菌、副猪嗜血杆菌、链球菌。

④诊断 生产中可结合临床资料和鼻腔（鼻拭子）或肺脏（组织或支气管拭子）细菌分离/鉴定的结果，对与支气管败血波氏杆菌相关的临床感染进行诊断。然而，很多时候即使在鼻腔中检测到了该菌也不能作为确诊依据，因为支气管败血波氏杆菌无处不在，并定殖于鼻甲骨上。

⑤管理 支气管败血波氏杆菌通常对四环素和恩诺沙星较为敏感，对头孢噻呋不敏感。使用抗生素可使肺炎的严重程度得以缓解，但从鼻腔中清除该菌几乎是不可能的。因此，当发现非进行性萎缩性鼻炎时，主要是控制该病而不是避免支气管败血波氏杆菌定殖。支气管败血波氏杆菌普遍存在于自然界中，所有的猪场中都有。

⑥人兽共患病的风险 支气管败血波氏杆菌也可以感染人。

6.巴比妥使用过量

对猪实行安乐死时有时需要心内注射巴

比妥。心肌表面无血管的部位会有巴比妥酸盐相关晶体（图3-67），这些晶体会在制作病例组织学切片过程中溶解。

7. 心力衰竭

临床兽医经常面对无明显大体病变而死亡的猪。这些死亡的猪可能是从死亡到剖检的时间过久，或者从经济上不值得进行组织学检测以辅助临床诊断。如果猪没有很明显的大体病变而死亡，则需要上报。如果心脏内部无血液，那么就很有可能是发生了心力衰竭（图3-68）。这常与猪打斗和应激过大相关。对很多动物来说，青春期是最易应激的时期，猪也不例外。

8. 衣原体病

衣原体属中有几种病原可以感染猪，分别是流产衣原体、家畜衣原体、鹦鹉热衣原体、猪衣原体。前3种衣原体能感染多种动物，而猪是最后一种衣原体的自然宿主。引起猪呼吸系统疾病的最重要的衣原体是鹦鹉热衣原体和猪衣原体。然而，因为它们普遍存在，因此当病猪出现临床症状时衣原体在其中起到的作用就变得十分复杂。

由猪衣原体导致的呼吸系统疾病主要表现为结膜炎和呼吸困难。由于其能引起全身感染，常见发热和食欲不振，偶尔会观察到腹泻和神经系统的临床症状，因此剖检时可见与支气管间质性肺炎一致的病灶。临床病例中有发生胸膜炎的报道。

衣原体对许多抗生素均敏感，其中最常用的是四环素。

9. 结膜炎

（1）定义/病原学　在许多猪场，生长猪和育肥猪发生结膜炎的情况十分常见。结膜炎的出现并不意味着某种特定的感染性病原存在。支气管败血波氏杆菌和鹦鹉热衣原体共感染，加上环境因素（如氨气浓度大于15mg/L）等相互作用也可以导致结膜炎。

（2）临床症状　哺乳后期仔猪和保育猪感染后的临床症状是打喷嚏及流眼泪，进一步发展成中度至重度的结膜炎，甚至影响视力，双眼结膜炎充血并红肿（图3-69和图3-70）。严重病例可见第三眼睑脱出（图3-71），一旦脱出发生，将持续脱出，可能很难恢复，也可能会持续到成年。

临床兽医巡栏时可能会看到病猪，而其他猪似乎没有患病。但在一些猪场，同栏中的所有猪都会患病。

（3）鉴别诊断　需要进行鉴别诊断的主要疾病为萎缩性鼻炎和猪流感。在保育猪中，由猪繁殖与呼吸综合征病毒导致结膜炎的病例很常见。

（4）诊断　该病具有特征性的临床症状。当结膜肿大且暴露时，可怀疑有衣原体

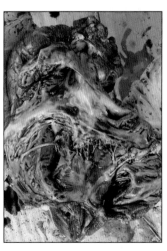

图3-68　心脏内部为空，可能与心力衰竭有关

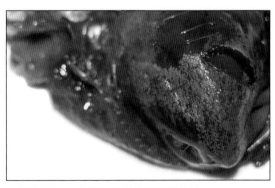

图3-67　心脏部位的巴比妥酸盐晶体

图3-69　生长猪结膜炎

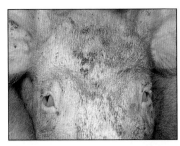

图3-70　双眼都受到结膜炎的影响

图3-71　第三眼睑脱出

参与的继发性感染。

猪死后病变主要有严重的结膜炎，同时第三眼睑脱出，但是巩膜和角膜正常。随着病情的发展，病猪面部可能出现泪斑，仔猪可出现轻度至重度化脓性/纤维素性鼻炎。

（5）管理

①治疗　所有进行性萎缩性鼻炎为阳性的猪场，都需要重新评估疫苗免疫程序。在阴性猪场，要将检测和清除产毒素多杀性巴氏杆菌提到重要日程上来。尽量减少猪繁殖与呼吸综合征病毒对生产造成的影响，如果该种情况发生在猪繁殖与呼吸综合征病毒阴性猪场，则一定要引起重视。

抗生素对该病治疗的效果甚微。事实上，过度使用抗菌药物可能是导致衣原体感染的原因之一，可以使用止痛药。

②防控　检查猪场的环境管理情况，例如：

• 避免着凉和贼风。
• 降低空气中的氨气浓度。
• 降低生长/育肥猪场中的粉尘浓度，如料槽加盖、考虑使用湿料饲喂等。

10.心内膜炎

（1）定义/病原学　瓣膜增生性心内膜炎病变发生在心内瓣膜尤其是二尖瓣上，会导致心脏功能受损，并成为细菌从受损瓣膜进一步向其他部位扩散的孳生地。许多病原都可能引起心内膜炎，最常见的是猪链球菌、猪红斑丹毒丝菌和葡萄球菌。可见于从保育后期到育肥阶段的猪，经常是呼吸道问题和多发性浆膜炎的晚期表现。

（2）临床症状　病猪呼吸困难并常伴有耳、尾部发绀（图3-72）。肢蹄可能因血液循环不良而发冷。剖检时会发现心力衰竭的迹象，可能有腹水、心包炎和肺水肿。检查心脏时可以发现心内膜炎病变（图3-73至图3-75）。

（3）管理　可供选择的治疗方法很少，可以考虑对病猪采取安乐死措施。

控制：

• 产房内仔猪的处理必须干净卫生。
• 需要控制保育猪的呼吸系统疾病和多发性浆膜炎。
• 避免地板损坏，否则会使肢蹄受伤并导致细菌通过蹄冠伤口进入猪体。
• 确保生长猪接种过猪丹毒疫苗。

11.支原体肺炎 （视频13、音频7）

（1）定义/病原学　单纯感染猪肺炎支原体的疾病称为猪的支原体病，其特征是发生支气管间质性肺炎。然而在实际情况下，并发感染时将最终导致化脓性支气管肺炎，在欧洲被称为地方流行性肺炎，在北美洲被称为支气管肺炎。而且这一病原还被认为是另一种临床综合征——猪呼吸系统疾病综合征的主要病原之一。上述对16～24周龄育肥猪肺炎的这

视频13

音频7

图3-72　耳朵发绀

图3-73　瓣膜增生性心内膜炎

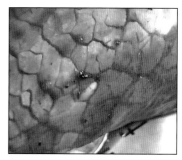

图3-74　心内膜炎病猪肺水肿

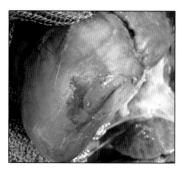

图3-75　由心内膜炎病灶引起的心外膜梗死

些各种定义仅仅是字面上不同而已。

　　猪肺炎支原体在全球广泛传播，被认为是造成猪呼吸系统疾病和生长不良导致经济损失的主要原因。支原体可以在中等距离传播，猪场如果想要长期保持支原体阴性，需要距离阳性猪场3km以上。病原气溶胶的传播可能会受到许多其他因素的影响：猪群规模、风向和天气条件。但需要注意的是，大多数支原体不通过气溶胶传播，猪肺炎支原体也不通过精液传播。

　　支原体没有细胞壁。由于个体非常小且无细胞壁结构，因此所有的支原体对β-内酰胺类抗生素都有抗性。

　　支原体对生长条件的要求较高，在培养基上难以生长。猪肺炎支原体分离培养的另一个难点是鼻咽和纤毛处还自然存在其他种类的支原体，包括猪鼻支原体、絮状支原体和猪喉支原体，以及许多尚未被鉴定的其他支原体。

　　（2）病理学　猪肺炎支原体主要通过鼻接触途径传播，一般是母猪传给其所生的14日龄左右的仔猪。这些被感染的仔猪之后会缓慢传染给大群保育猪。断奶时感染的仔猪数量能很好地指示未来生长猪群的问题。要注意感染仔猪并没有临床症状或宏观病理变化。

　　猪肺炎支原体随后黏附并定殖在鼻、气管、支气管、细支气管上皮细胞的纤毛上。其在纤毛上的黏附和定殖降低了黏膜纤毛运载系统的清除效率，导致鼻咽部微生物区系中的"病原"下行感染。肺感染的病理学模式是由下行感染决定的。猪肺和右心尖叶支气管的解剖非常重要。右心尖叶最靠近鼻咽部，通常是肺不张总体病理变化的第一个肺叶。猪肺炎支原体的作用也降低了被用来帮助控制感染的巨噬细胞的控制效果。

　　（3）临床症状　支原体肺炎的临床症状是发病率高、死亡率低。所有年龄的猪对猪肺炎支原体都易感，但是由于受母源抗体保护，因此在6周龄以下的猪（25kg）中通常观察不到支原体肺炎。支原体肺炎主要流行于育肥中期至上市日龄的猪，通常在18周龄（60～80kg），感染期间会有明显的临床症状。

　　临床症状的严重程度取决于继发感染病原（细菌、病毒和寄生虫）、感染压力、环境条件及可能导致疾病暴发的菌株（图3-76和图3-77）。当感染猪肺炎支原体后没有继发感染时（支原体病模式），就会成为亚临床感染。轻微的临床症状包括慢性干咳、平均日增重及饲料转化率降低。病变与细支气管周围淋巴组织增生有关,最常见于户外饲养的猪群。

当存在其他病原共感染时,可能观察到病猪出现湿咳、呼吸困难、发热等临床症状,甚至死亡。并发病毒感染与猪肺炎支原体时,这些临床症状会变得更明显。

猪肺炎支原体阳性和阴性猪的死亡率曲线见图3-78和图3-79。

图3-76　评估支原体肺炎活跃猪场的通风情况

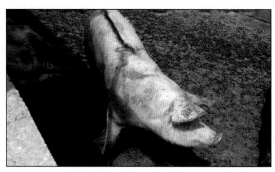

图3-77　引进的后备母猪刚刚感染支原体肺炎,正在咳嗽

图3-78　猪肺炎支原体阴性育肥猪群的死亡率

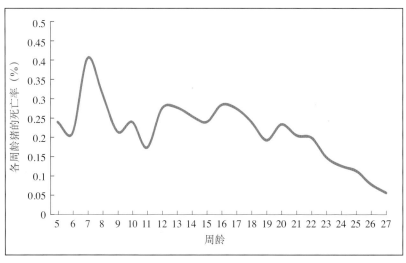

图3-79　使用疫苗后猪肺炎支原体阳性育肥猪群的死亡率。注意"18周龄墙"(18-week wall)

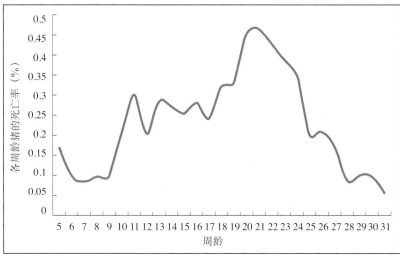

没有免疫力的猪群如果暴发支原体肺炎，包括成年猪在内的所有日龄的猪都会表现出临床症状。妊娠母猪可能出现流产甚至死亡，公猪可能在发热后短时间（6周）内不育。

（4）鉴别诊断　临床上支原体肺炎可能和猪流感混淆。重要的是，许多细菌（支气管败血波氏杆菌、多杀性巴氏杆菌、副猪嗜血杆菌、猪放线杆菌和猪链球菌）都可能引起肺前腹侧的实质性病变，从而导致呼吸困难。这在支原体肺炎并不多发的保育阶段尤为重要。在没有猪肺炎支原体存在的情况下，也可能发生育肥猪的肺炎（猪呼吸系统疾病综合征），但重要的是诊断时能排除支原体的存在。

环境因素，如缺水和氨气浓度高（>15mg/L）也可能出现类似猪肺炎支原体的症状。

吸入性肺炎在大体病理上与支原体肺炎相似，即使在产房也可能导致误诊。

很多因素（如粉料）可以引起个别病猪咳嗽。

（5）诊断　当生长/育肥猪出现持续干咳时，要怀疑其是否受猪肺炎支原体的感染，可通过检测猪肺炎支原体（通常使用ELISA，并使用PCR确诊）来最终诊断。由于支原体是对生长条件要求很高的微生物，因此很难通过培养进行鉴定。

在猪肺炎支原体阴性猪场，应通过ELISA

检测来监测猪的感染情况，要检测猪肺炎支原体血清抗体。剖检可以发现典型的肺脏前腹侧实质性病变。屠宰时肺脏病变的严重程度与断奶时猪肺炎支原体定殖的普遍性有关。肺脏的实质性病变降低了其换气能力，受影响的肺脏组织不能在水中漂浮（图3-80至图3-84）。

在屠宰场进行肺脏评分是一种有用的辅助诊断手段，它可以将猪群中存在咳嗽与肺脏前腹侧实质性病变的比例和程度联系起来（图3-85）。然而，急性病例可伴有非常严重的实质性病变。在屠宰场发现的病变只能说明感染阶段接近屠宰日期，并且可能只存在很短的时间。要确保检查的肺脏确实来自客户的猪。

（6）肺脏评分系统　有很多评分体系可以使用。

可以方便地在屠宰场使用的简易评分系统是一种基于肉眼观察实质性病变程度的评分系统，实质性病变的最高得分是55分。评分时，要估计实质性病变区域的比例并给出得分。因此，如果右尖叶的50%发生了实质性病变，则得分为5。尖叶和心叶病变程度最高评分为10分，膈叶顶部最高为5分，中间叶最高为5分（图3-86）。请注意，许多不同评分系统都具有相似的思路。

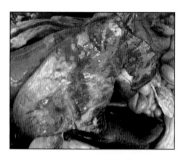

图3-80　发生支原体肺炎的肺脏前腹侧实质性病变，尖叶和心叶有多个病灶，注意并发胸膜炎

图3-81　育肥猪肺脏前腹侧部分的支原体肺炎

图3-82　充气的肺组织浮于水面，而有实质性病变（肝变）的肺组织下沉

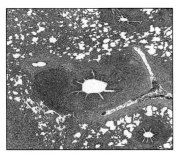

图3-83 组织学检查显示患支气管肺炎时支气管周围白细胞聚集成套状

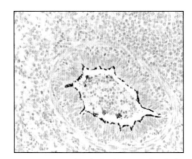

图3-84 免疫组化显示细支气管表面存在猪肺炎支原体（棕色斑点）

图3-85 屠宰检查可以揭示猪群受支原体肺炎的感染程度

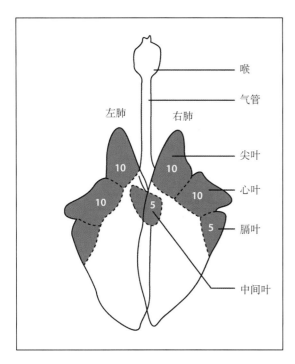

图3-86 比较猪支原体肺炎严重程度的剖检评分系统

100kg猪屠宰时肺脏病变/评分系统与日增重和饲料转化率之间的近似关系见表3-8。

表3-8 体重为100kg的猪屠宰时肺脏病变/评分系统与日增重和饲料转化率之间的近似关系				
肺脏病变	日增重减少		饲料转化率提升	
	％	g（近似值）	％	值
0/55 阴性	0	0	0	0
2/55 轻微	4	25	0	0
10/55 轻微	7	50	5	0.15
15/55 中等	11	75	8	0.25

（续）

表3-8	体重为100kg的猪屠宰时肺脏病变/评分系统与日增重和饲料转化率之间的近似关系			
肺脏病变	日增重减少		饲料转化率提升	
	%	g（近似值）	%	值
20/55 中等	15	100	11	0.35
30/55 严重	20	125	14	0.40
55/55 严重	22	550	17	0.50

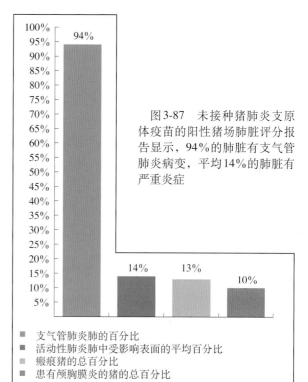

图3-87　未接种猪肺炎支原体疫苗的阳性猪场肺脏评分报告显示，94%的肺脏有支气管肺炎病变，平均14%的肺脏有严重炎症

- 支气管肺炎肺的百分比
- 活动性肺炎肺中受影响表面的平均百分比
- 瘢痕猪的总百分比
- 患有颅胸膜炎的猪的总百分比

（7）治疗　在猪有明显呼吸系统疾病风险时，使用对猪肺炎支原体和其他并发细菌敏感的抗生素可能会有效果。要注意的是，任何细菌学检查及后续的药敏试验都是针对继发感染（如多杀性巴氏杆菌或猪链球菌）的，而不是针对原发病原（猪肺炎支原体）的。缓解疼痛也是治疗方案的重要组成部分。

（8）控制

疫苗免疫：接种疫苗的主要作用包括减少临床症状、肺部病变和药物使用，以及改善平均日增重和饲料转化率等。但是疫苗只能提供不完全的保护，并不能阻止病原定殖。猪肺炎支原体疫苗控制支原体肺炎的效果很好（图3-87和图3-88）。使用上述疫苗免疫可将评分从25分降低到5分。

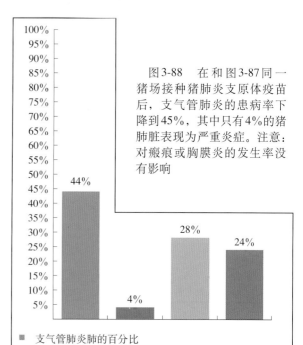

图3-88　在和图3-87同一猪场接种猪肺炎支原体疫苗后，支气管肺炎的患病率下降到45%，其中只有4%的猪肺脏表现为严重炎症。注意：对瘢痕或胸膜炎的发生率没有影响

- 支气管肺炎肺的百分比
- 活动性肺炎肺中受影响表面的平均百分比
- 瘢痕猪的总百分比
- 患有颅胸膜炎的猪的总百分比

实施的免疫程序（免疫时机、母猪免疫、疫苗配合抗生素使用）取决于猪群类型、生产体系、管理措施、感染模式以及生产者的选择。总而言之，应当在仔猪断奶前后接种疫苗。

建议给引种的后备母猪接种疫苗，特别是来自支原体阴性扩繁场的后备母猪。

（9）管理　应当优化猪群管理措施和饲养条件，包括批次生产和全进全出：

- 避免因胎龄结构突然改变（如引进大量后备母猪）而破坏猪群的免疫力。
- 为猪提供合理的饲养密度，避免过于拥挤。
- 预防其他呼吸系统疾病的发生。
- 提供理想的饲养和环境条件。

净化：净化猪支原体肺炎的方法有很多，包括对种猪进行免疫、分年龄饲养和用药。但是再次感染的风险仍相对较高，所以必须采取生物安全措施。清群并用阴性后备母猪重新建群是该病较常用的净化方法。

猪场只有离潜在的传染源3km以上，才有可能保持阴性（18个月或更久）。

12.副猪嗜血杆菌病（常见多发性浆膜炎）（视频16至视频18）

（1）定义/病原学　纤维素性多发性浆膜炎是一种常见于保育猪的疾病，但也可影响任何年龄阶段的猪。当观察到多发性浆膜炎发生时，首先应怀疑副猪嗜血杆菌病，但也有例外。如果进行了实验室分析并分离到了副猪嗜血杆菌，那么就可以确诊。然而，如果分离出另外的病原，则可以诊断由猪链球菌、猪鼻支原体或其他病原引起的多发性浆膜炎。

视频16

视频17

副猪嗜血杆菌至少有15种血清型，其中的许多是无毒力的，血清型之间的免疫学相似度很小。然而，毒力相关的三聚体自主转运蛋白被认为可能是一种所有血清型共有的毒力因子。

视频18

临床症状受到其他并发病原的影响，尤其是生长/育肥猪群中的猪繁殖与呼吸综合征病毒、猪圆环病毒2型和猪流感病毒。环境管理不当也会增加猪群中临床症状的发生率。

（2）临床症状　几乎所有猪群中都存在副猪嗜血杆菌的某些菌株。

①首次感染——特急性型　从未感染过的猪群极为少见。但是，同一群或同一批猪（通常是新引进的后备母猪或公猪）可能带有不同的副猪嗜血杆菌菌株并对本地菌株无免疫力。

感染后48h内，成年猪就会表现出严重的肺炎、精神沉郁、采食量下降和42℃的高热，最终表现出共济失调、虚脱、脑膜炎并死亡。在没有任何先兆性临床症状的情况下，新引进的猪到达后可能很快死亡。

②一般猪群

- 亚临床型。大多数猪感染后不表现临床症状。
- 特急性型。感染猪通常只表现为突然死亡，最终可能有肾脏点状出血。
- 急性型。感染猪可能表现精神沉郁、采食量下降，直肠温度上升到40.5℃。临床症状复杂，并取决于何种浆膜受到感染，可能表现出行走疼痛。如果变为显著的心包炎，那么可能出现四肢发绀，被其他猪咬耳，最终可能出现明显的脑膜炎。
- 慢性型。如果感染猪幸存下来，则会变得消瘦（图3-89）和被毛粗乱（图3-90）。部分耳组织坏死，与耳部血液循环不良有关（图3-91）。

在生长猪群中，原本正常的猪可能突然死亡。剖检发现，猪表现出规则的多发性浆

图3-89   感染的保育猪消瘦

图3-90   感染的断奶仔猪被毛粗乱

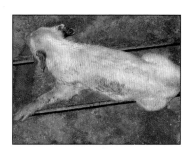

图3-91   副猪嗜血杆菌病的败血性心包炎造成耳缘坏疽

膜炎。这最常见于猪场同时受到其他因素影响的情况，如猪流感。当临床检查集中于更严重的多发性浆膜炎病变时，猪流感的影响往往被忽略或低估。

（3）鉴别诊断   传染性胸膜肺炎会导致胸膜炎，有时也会并发心包炎，这与副猪嗜血杆菌病相似，但受影响的猪通常日龄更大；另外，副猪嗜血杆菌会引起严重的胸膜肺炎，这不是副猪嗜血杆菌病的特征。缺乏维生素E（桑葚心）时突然死亡的猪也会出现相似的临床症状。其他，如猪链球菌和猪鼻支原体也可引起多发性浆膜炎。

（4）诊断   最急性病例可能没有肉眼可见的病理变化，但组织学检查可见急性脑膜炎。如果病猪至少存活一段时间，则会出现严重的纤维素性胸膜炎。对于有临床症状的病猪，可以通过临床和剖检症状作出诊断。与其他细菌相比，副猪嗜血杆菌的培养较为困难，尤其是猪链球菌比其生长快得多，因此需要特殊的培养基进行分离培养。另外，猪体内抗生素的存在使副猪嗜血杆菌的分离也变得更加困难。但应当鼓励培养猪鼻支原体。

PCR可以用于副猪嗜血杆菌的检测，但不能鉴别致病菌株。另外，由于几乎所有的感染猪都呈阳性，因此阳性结果没有实际意义。

剖检病变：病原可能感染所有浆膜并引发多发性浆膜炎。临床症状取决于何种浆膜受到感染，如图3-92至图3-101所示：

- 心脏。该病引起心包炎，有附生物和液体包围着心脏（图3-92和图3-93）。
- 肺脏。该病引起大面积的胸膜炎。由于病猪患胸膜炎后需要6个月或更长时间恢复，因此在屠宰场仍然可以发现胸膜炎的痕迹（图3-94和图3-95）。
- 肠。细菌感染腹腔后引起腹膜炎。慢性腹膜炎导致肠袢和腹膜之间发生粘连（图3-96至图3-99）。
- 关节。当关节受到感染时，可以看到滑膜炎（图3-100）和关节炎，并伴随关节肿胀。
- 脑。脑膜可能受到感染，导致脑膜炎（图3-101）。

图3-92   急性心包炎。注意胸腔打开后有心包积液

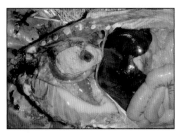

图3-93   慢性心包炎

图3-94   肺炎和胸膜炎

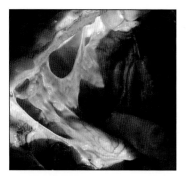

图3-95　胸膜炎

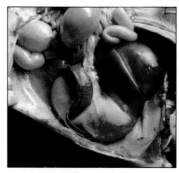

图3-96　腹水

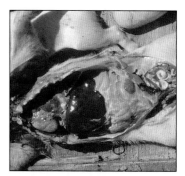

图3-97　纤维素性腹膜炎

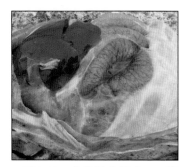

图3-98　多发性浆膜炎——腹膜炎

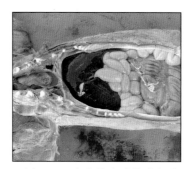

图3-99　患有猪流感的生长猪发生多发性浆膜炎

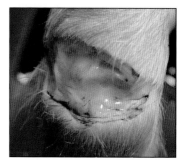

图3-100　多发性浆膜炎——滑膜炎

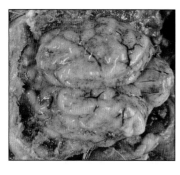

图3-101　多发性浆膜炎——脑膜炎

（5）管理

①个体治疗　使用抗菌药物，特别是青霉素或阿莫西林，先通过饮水给药。然而，病猪可能会很快死亡，甚至来不及治疗。对个体治疗时要采取镇痛措施。注意，在与猪鼻支原体相关的多发性浆膜炎病例中，氟苯尼考和泰拉霉素可能对混合感染有效。

②控制　由于存在猪繁殖与呼吸综合征病毒，因此副猪嗜血杆菌病变得更加普遍，临床症状也很严重。维生素E缺乏通常与临床症状的表现有关，贼风、寒冷和潮湿等的环境应激也起到重要作用。特别是在刚断奶时，保育舍环境不佳、日温差较大或者降温曲线与实际情况不相符等，都会对刚断奶仔猪造成很大的应激。在新引入的猪到达猪场之前，保证所有猪舍的环境适宜非常重要。这是兽医审查的重要内容。监控每个配种批次的后备母猪数量，每批控制在20%以下比较理想。应通过良好的后备母猪引种程序，来保证猪场免疫水平稳定。

虽然控制该病可能困难，但兽医必须考虑到以下所有这些因素：

• 确保对猪繁殖与呼吸综合征的控制。

• 确保对猪圆环病毒2型感染的控制。

• 推荐保育料中维生素E的含量为125～200mg/kg。

• 确保猪场进行批次生产和全进全出，批次之间保证猪舍清洗、干燥、维护良好。

- 使用良好的后备母猪引种程序，以降低猪繁殖与呼吸综合征病毒和猪流感病毒的活跃程度。

③疫苗免疫　使用疫苗是可行的。由于副猪嗜血杆菌血清型众多且不同血清型之间的交叉保护力较弱，因此使用自家疫苗是目前更为有效的选择。要注意一个猪场可能有感染多个血清型的菌株。如果是在保育早期发病，那么对母猪进行产前免疫，用以提高母源抗体的保护能力可能有效。对于保育后期或育肥阶段的病猪，免疫断奶仔猪可能会有所帮助。

13. 包涵体鼻炎

猪巨细胞病毒（porcine cytomegalovirus，PCMV）是一种主要引起猪亚临床感染的疱疹病毒，是一种有囊膜的DNA病毒。然而在一部分病例中，这种病毒会导致繁殖障碍（不育及胚胎、胎儿、新生仔猪死亡）及呼吸系统疾病。临床呼吸道型猪巨细胞病毒感染被称为包涵体鼻炎。该名称来源于不同组织的特征性组织学病变，但主要是鼻腔。猪巨细胞病毒被认为在全世界广泛流行。

猪巨细胞病毒是一种全身性感染病毒，可以在不同组织中被发现。但是由于其对上皮细胞有趋向性，因此推荐用鼻甲骨、肺脏、肾脏作为剖检后供病理组织学分析的样本（图3-102）。当在显微镜下观察到典型的嗜碱性核内包涵体、巨细胞和核肿大时，就可以确诊猪巨细胞病毒感染。

14. 肺线虫感染

（1）定义/病原学　后圆线虫属的几种线虫可以感染猪，其中，长刺后圆线虫最为常见，但复阴后圆线虫和萨氏后圆线虫也在一定程度上存在。肺线虫感染常见于户外放养的猪和野猪，在集约化饲养的猪上很少见。

（2）临床症状　大多数情况下呈亚临床感染，只有在严重感染时才出现临床症状，如呼吸困难和咳嗽。

（3）鉴别诊断　临床症状通常是非特异性的，因此需要考虑多种可能性。从病变上看，猪圆线虫引起支气管间质性肺炎，但在肺内的分布倾向于背侧，这与引起该种肺炎的其他病原不同。

（4）诊断　在主要位于膈叶的支气管腔内发现3～5cm长的成虫就可以确诊。显微镜下可见支气管平滑肌肥大，上皮增生和结节性淋巴样增生。由于存在虫卵，因此肺泡周围可见肉芽肿性炎症（图3-103）。可以使用粪便集卵技术来确诊，虽然敏感度不高。

（5）管理　许多基于苯并咪唑、左旋咪唑和内酯类商品化驱虫药对成虫有很好的效

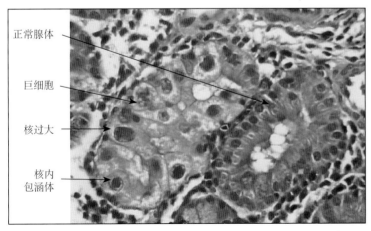

正常腺体

巨细胞

核过大

核内
包涵体

图3-102　患包涵体鼻炎病猪的鼻甲黏膜下腺。左边腺体显示由猪巨细胞病毒感染引起的细胞肥大（巨细胞）和细胞核肿大（核肿大），以及嗜碱性核内包涵体（箭头所示），HE染色

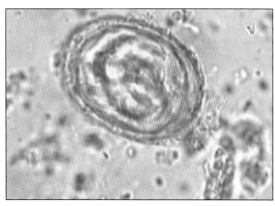

图3-103　猪圆线虫虫卵，注意胚胎阶段的幼虫

果。这类药物对移行的幼虫也是有效的。目前还没有针对后圆线虫的疫苗。

15.桑葚心病

（1）定义/病原学　保育猪突然死亡，经常是同群中年龄最大的先死。此与维生素E/硒缺乏导致的心力衰竭有关，在生长速度非常快的新组建猪群中更为常见。

（2）临床症状　病猪死前没有或很少表现临床症状，猪群中看起来长势最好的猪突然死亡，常发生在体重为15～30kg的猪上。

（3）鉴别诊断　导致保育猪猝死的其他原因有猪胸膜肺炎、水肿病和链球菌性败血症等。

（4）诊断　诊断比较困难，要基于临床症状进行。

剖检显示心脏和肺脏周围有大量液体，腹腔有纤维蛋白丝状积液。检查心外膜可见心肌出血和苍白区域。肝脏可能肿大，颜色斑驳，有出血区，并可能破裂（图3-104），称为营养性肝病。肝脏破裂时，血液流入腹腔。腿部和背部肌肉可能出现肌肉苍白的区域。

肝脏、心脏或受损肌肉的组织学检查具有很重要的提示意义。如果缺乏维生素E，则仔猪有可能在4日龄补铁后死于氧化应激。

（5）管理

①受影响猪群的治疗　注射70IU的维生素E。虽然维生素E是脂溶性的，但水溶性制剂也是可用的。可能还需要补硒，但要注意硒的毒性可能较大。

②控制　检查饲料中的维生素E含量，如果偏低，则增加到250mg/kg。检查保育舍环境并降低应激因素。检查副猪嗜血杆菌病。检查饲料的贮存条件，因为维生素E可被高湿和霉菌毒素破坏，这可能导致临时性的急性维生素E缺乏。

审查种源基因情况。一些品系的猪对维生素E的需求量更大，尤其是生长速度较快的猪。请注意，新组建猪群对维生素E的需求可能特别高。通常情况下，猪群的健康度高、猪舍干净，为猪做好了充分的生长准备时，猪可能会达到非常惊人的生长速度。

16.巴氏杆菌病（视频18、音频7）

（1）定义/病原学　多杀性巴氏杆菌被认为是主要继发病原，常引起支原体肺炎。多杀性巴氏杆菌是一种革兰氏阴性球杆菌。引起肺炎和/或胸膜炎的多杀性巴氏杆菌最常见的荚膜亚型是A亚型，偶尔与致命的急性败血症的暴发有关。产D型毒素的多杀性巴氏杆菌与进行性萎缩性鼻炎有关。

视频18

音频7

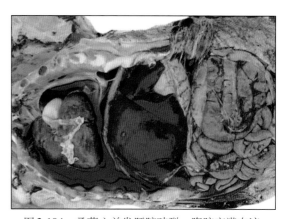

图3-104　桑葚心并发肝脏破裂，腹腔充满血液

（2）临床症状　临床症状取决于涉及的包括多杀性巴氏杆菌在内的多种病原。咳嗽、间歇热、采食量下降和粗重的呼吸是化脓性支气管肺炎最常见的症状（图3-105）。严重病例可见发绀，与能够产生脓肿和胸膜炎的菌株有关。

（3）鉴别诊断　巴氏杆菌通常作为继发性病原引起地方流行性肺炎，因此，在鉴别诊断中应考虑到与地方流行性肺炎有关的其他病原（支气管败血波氏杆菌、副猪嗜血杆菌、猪链球菌）。

在胸膜炎巴氏杆菌病的病例中，需要排除的主要病原是胸膜肺炎放线杆菌。然而，猪感染多杀性巴氏杆菌后很少发生猝死，病变分布以前腹侧为主。化脓隐秘杆菌感染也可造成与胸膜炎巴氏杆菌病相似的病变。

（4）诊断　由多杀性巴氏杆菌引起的肺部病变没有特异性，因此必须通过临床症状、化脓性支气管肺炎及相应的细菌分离（肺组织）来确诊（图3-106和图3-107）。鼻拭子可检出多杀性巴氏杆菌，但作为一种共生病原，其诊断意义极小。

（5）管理　由于难以确保抗生素进入实质性病变的肺组织，因此清除已存在于肺炎病灶中的多杀性巴氏杆菌是很难的。对某些病例的治疗可能需要药敏试验。缓解疼痛是非常必要的治疗措施之一。

控制地方流行性肺炎综合征中的原发病原是控制巴氏杆菌病的最有效手段，不对巴氏杆菌病进行疫苗免疫。

17.胸膜炎

胸膜炎是病原/外来物质进入胸膜浆膜的常见后果。作为呼吸系统防御机制的一部分，微生物被转移到胸腔。

由于病变是愈合瘢痕组织并且通常是无菌的，所以不能通过剖检后的肉眼观察来鉴别胸膜炎的发病原因。胸膜炎可能数月内才会消退。因此，在屠宰场所看到的胸膜炎可能在前5个月内（即猪的整个生命周期）就已经发生。

（1）屠宰场检查　见图3-108和图3-109。

胸膜炎也可能与因恶习而引入的其他病原（如大肠埃希氏菌）有关。

（2）剖检发现的多种与胸膜炎相关的病原　感染症状见图3-110至图3-117。

（3）病因　见图3-118至图3-122。

（4）治疗和控制　检查造成恶习的原因及地板情况。检查仔猪断奶后的饲养条件和应激因素，尤其是空气质量和饮水供应情况（图3-123至图3-128）。控制副猪嗜血杆菌病及胸膜肺炎。为降低胸膜炎的发生率，猪舍内应避免出现贼风（图3-123）、争抢饲料（图3-124）、争抢饮水（图3-125）等情况。

图3-105　患巴氏杆菌病的生长猪，注意前腿开立姿势

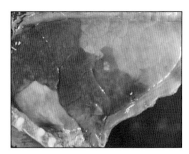

图3-106　由多杀性巴氏杆菌引起的肺脏前腹侧大面积实质性病变（化脓性支气管肺炎）。该病猪同时患有支原体肺炎

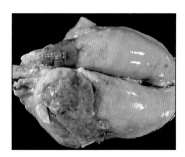

图3-107　多杀性巴氏杆菌感染幼龄仔猪引起的肺脏前腹侧实质性病变（化脓性支气管肺炎），伴发纤维素性胸膜炎

大多数猪场至少有1种胸膜肺炎放线杆菌血清型呈阳性，但没有严重的胸膜炎问题。缓解疼痛是治疗方案的重要组成部分。

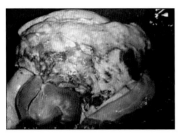

图3-108 胸膜炎（肺表面）

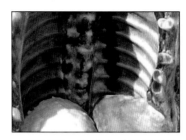

图3-109 胸膜炎（黏附到肋骨上）

图3-110 胸膜肺炎

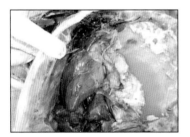

图3-111 猪链球菌病

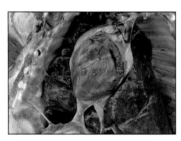

图3-112 副猪嗜血杆菌病

图3-113 猪鼻支原体感染

图3-114 猪放线杆菌病

图3-115 化脓隐秘杆菌感染

图3-117 地方流行性肺炎，并发感染多杀性巴氏杆菌

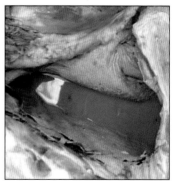

图3-116 由贯穿伤引起的败血性胸膜炎（假单胞菌）

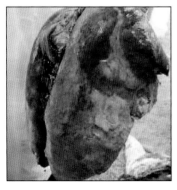

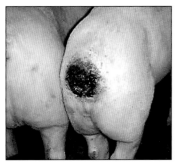

图3-118　恶习——咬尾

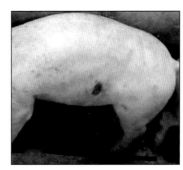

图3-119　恶习——咬腹

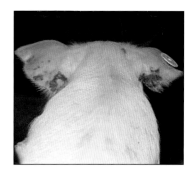

图3-120　恶习——咬耳

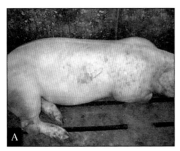

图3-121　蹄伤
A.跛行的猪　B.蹄部严重溃烂的猪

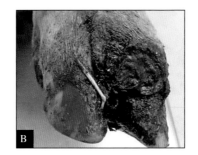

图3-122　呼吸道感染

图3-123　贼风

图3-124　争抢饲料

图3-125　争抢饮水

图3-126　地板粗糙。注意：新地板可能会有其他问题

图3-127　猪群流转不佳

图3-128　移除与猪相同高度的所有尖锐物体

18. 断奶后打喷嚏（音频8）

（1）定义/病原学　仔猪在断奶后10d内打喷嚏的情况并不少见。尽管出现打喷嚏，但通常临床表现良好，无发热。打喷嚏表明随着母源抗体水平的下降和不同窝仔猪体内不同微生物区系的混合，鼻咽部正常微生物区系被建立起来了。

音频8

由于涉及不同的母猪，因此从不同母猪身上分离到的微生物区系可能很复杂。典型的微生物区系包括一系列细菌，如多杀性巴氏杆菌、支气管败血波氏杆菌、副猪嗜血杆菌、胸膜肺炎放线杆菌、猪放线杆菌、猪链球菌、假单胞菌、变形杆菌和其他环境源性细菌。还可以分离出多种支原体，衣原体可能与任何相关的结膜炎有关。病毒包括猪巨细胞病毒（包涵体鼻炎）、猪繁殖与呼吸综合征病毒、猪圆环病毒2型和一系列尚未被鉴定的病毒。

（2）临床症状　断奶仔猪群出现轻度至重度喷嚏（图3-129和图3-130）。很多猪出现结膜炎，但症状会在2～3周内逐渐减轻。个别猪打喷嚏后可能发展为中耳疾病（头部歪斜），发病率高但死亡率低。

（3）鉴别诊断　如果产房发生打喷嚏现象，要检查萎缩性鼻炎的控制情况。在已建立免疫的猪群中，由于初乳中有母源抗体，因此小于6周龄的仔猪很少发生猪流感。但是，新引进猪群的猪流感病毒血清型可能会造成断奶仔猪的急性发病。

（4）诊断　伴有结膜炎的非进行性鼻炎，病猪鼻腔可能充满脓性物质，且有时会很严重。

（5）管理　由于这是一种混合感染，因此治疗仅可维持且通常价值不大，但客户可能对此非常关注。尽管仔猪断奶后打喷嚏可能在多数猪场都被认为是"正常现象"，但还是必须要严格检查猪舍的管理情况，特别要避免寒冷和贼风。

如果是猪繁殖与呼吸综合征病毒阳性猪场，则需要检查猪繁殖与呼吸综合征病毒的驯化程序。

在哺乳后期，将仔猪混群可以减少这种问题，因为这样做仔猪的微生物区系就可以在断奶前建立起来。

19. 猪繁殖与呼吸综合征（视频19）

（1）定义/病原学　猪繁殖与呼吸综合征被认为是全世界养猪生产中最显著的传染病。它是由猪动脉炎病毒引起，可进一步细分为2种基因型：欧洲1型（也称为莱利斯塔德，Lelystad）和美洲2型。猪繁殖与呼吸综合征

视频19

图3-129　断奶后打喷嚏的保育猪

图3-130　病猪鼻腔内存在大量纤维脓性渗出物（纤维脓性鼻炎）

病毒是一种有囊膜的RNA病毒，非常容易发生基因转移和突变。毒株间的交叉保护力很差，现有的疫苗也许不能对野外所有毒株提供保护。同一个猪场可能有多种毒株，从而使该病防控更加困难。

　　猪一旦感染就会进入一个短暂的带毒阶段，并且能从自身分泌物中排毒。排毒时间通常只持续35d，但在某些情况下可持续200d，这又大大增加了净化和控制该病的复杂性。

　　与猪繁殖与呼吸综合征病毒感染相关的两种主要临床症状是种猪的繁殖障碍和所有日龄猪的呼吸系统疾病。对断奶仔猪的最大影响不仅仅是病毒感染的直接后果，病毒的免疫调节作用也促进了其他病原的感染，可继发呼吸系统或全身性疾病。

　　（2）猪繁殖与呼吸综合征病毒详情　了解病毒细节对于生物安全设计、流行病学跟踪和疫苗选择非常重要（图3-131和图3-132）。

　　猪繁殖与呼吸综合征病毒的正向RNA基因组有7个结构域（表3-9）。GP$_5$蛋白是最易变化的结构蛋白，在北美洲和欧洲分离

株之间只有51%～55%的氨基酸同源；而M蛋白是最保守的蛋白，其氨基酸同源性为78%～80%。

表3-9　猪繁殖与呼吸综合征病毒的开放性阅读框（open reading frame，ORF）

ORF 1	RNA复制酶ORF1a和ORF1b	非结构蛋白
ORF 2	次要膜糖蛋白GP$_{2a}$ GP$_{2b}$	结构蛋白
ORF 2～7	核衣壳蛋白N，核仁定位	
ORF 3	膜糖蛋白GP$_3$	
ORF 4	膜糖蛋白GP$_4$	
ORF 5	主要膜糖蛋白GP$_5$	
ORF 6	膜相关蛋白M	
ORF 7	核衣壳蛋白N	

　　（3）临床症状　猪繁殖与呼吸综合征的繁殖型临床症状是母猪采食量下降、发热（40℃）、返情、流产、早产和偶尔发生死亡（当有并发感染时）（图3-133至图3-137）。注意流产常常发生在妊娠60d之后。

　　猪繁殖与呼吸综合征的呼吸道型临床症状因猪群而异，从亚临床感染到毁灭性疾病（devastating disease）都可能发生。这种差异受到毒株、宿主免疫状态、宿主易感性、并发感染、环境和管理的影响。在疫情暴发期间，猪的所有生产阶段都可能受到呼吸系统疾病的影响。通常，压力最大的生产阶段受到的影响最大（如保育饲养密度过大）。

　　在哺乳仔猪，除断奶前死亡率增加外，还可观察到消瘦、"八"字腿及急促和粗重的呼吸等症状。其他常见临床症状，如神经

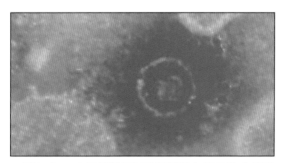

图3-131　电子显微镜下的猪繁殖与呼吸综合征病毒外观

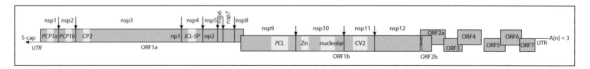

图3-132　15kb的猪繁殖与呼吸综合征病毒基因组总图，展示了2个长的开放阅读框（ORF1和ORF2）和较小的其他片段。注意开放性阅读框之间的重叠

素乱和腹泻（通常与大肠埃希氏菌有关）主要是由并发感染引起的。另外，仔猪可能通过吮吸携带病毒颗粒的乳汁而受到感染。在不同猪场，产房内的这种临床症状可以持续 1～4个月。

保育猪和育肥猪主要由并发感染而造成采食量下降、无咳嗽的呼吸困难、平均日增重降低、死亡率增加等（图3-138至图3-140）。

图3-133 母猪皮肤苍白

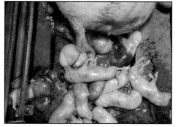

图3-134 母猪流产

图3-135 出生前的死胎

图3-136 额头隆起的早产仔猪

图3-137 产房内患有猪繁殖与呼吸综合征的仔猪打堆

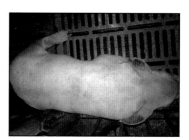

图3-138 "蓝耳朵"保育猪

图3-139 保育猪结膜炎

图3-140 "蓝耳朵"母猪

猪繁殖与呼吸综合征的地方性流行形式可能是低烈度重复发病，主要是因为不恰当地向猪场引进后备母猪或驯化失败。由于并发细菌/病毒感染，这种地方性流行情况主要表现为保育猪和育肥猪的平均日增重降低，死亡率增加。

高致病性蓝耳病（病毒的ORF5 NPS2区域有2个缺失）在北美洲和欧洲已零星造成了一些严重的临床症状和较高的死亡率。由于未能有效控制圆环病毒2型全身性疾病、猪瘟和伪狂犬病的并发感染而使诊断变得复杂，因此在亚洲"高致病性"蓝耳病还是一个非常大的问题。

（4）猪繁殖与呼吸综合征病毒状态分类 为了给兽医和猪场管理团队提供清晰的信息，对每一种病原进行分类是很有帮助的。

例如，对于猪繁殖与呼吸综合征病毒，可以使用表3-10中的分类方案。可以使用类似的分类方案来区分其他的客户猪场及其病原。

表3-10	猪繁殖与呼吸综合征病毒分类方案
1	阳性不稳定
2fv	阳性稳定，持续暴露于野毒（field virus，fv）
2vx	阳性稳定，免疫活疫苗（vaccinated，vx）
2	阳性稳定
3	暂时阴性
4	抗体阴性

（5）鉴别诊断 由于猪繁殖与呼吸综合征与大多数可引起呼吸困难的疾病相关（表3-1），这意味着分离到病毒的机会很多。猪繁殖与呼吸综合征病毒可以和其他呼吸系统疾病相关病原并发感染，使情况更加复杂，仅从临床症状很难确认或排除猪繁殖与呼吸综合征。然而广泛的鉴别诊断应当包括由猪圆环病毒2型导致的全身性疾病、猪流感和地方流行性肺炎。

（6）诊断 剖检发现间质性肺炎，提示呼吸系统疾病发生中存在病毒感染（图3-141和图3-142）。由于这种病变不是猪繁殖与呼吸综合征特有的，因此需要实验室确诊。有很多种方法可实现这一目的，包括组织病理学评估（配合免疫组化或原位杂交检测病毒）和对组织或血清中的病毒进行检测（通常使用RT-PCR）。

无论如何，常规的诊断方法意味着对群体进行监测，这可以在活体样本（如血清或口腔液）中通过ELISA检测抗体（血清转阳的证据）或病毒来实现。注意，抗体需要2～3周的时间才能上升到足以产生阳性检测结果的水平。另外还要注意，抗体可能在接触病原后6个月消失，尽管这不是检测的主要问题。

对所有病例中的病原，包括猪繁殖与呼吸综合征病毒和其他病原在内，全局性诊断是处理临床病例的最佳策略，因为这些病例通常是由多种病原和多种因素造成的。

可以对病毒进行测序来调查流行病学，对不同来源进行比较，可能有助于疫苗选择。但由于疫苗基因序列通常与当地毒株不匹配，因此选择仍然困难。

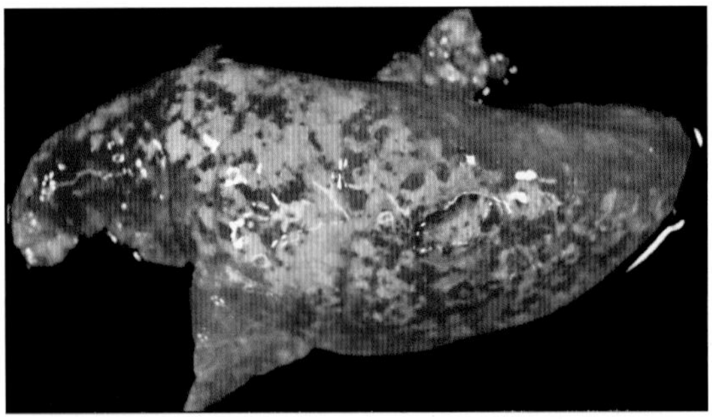

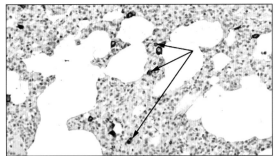

图3-141 感染猪出现严重的间质性肺炎，其特征是肺部塌陷，小叶上有广泛性暗区（部分区域融合）

图3-142 中度间质性肺炎，以肺泡壁增厚为特征。中度存在含猪繁殖与呼吸综合征病毒抗原的巨噬细胞内（深棕色染色细胞，箭头所示）。免疫组织化学法检测猪繁殖与呼吸综合征病毒

注：① AASV 2021年发布了最新版的分类方法 [Holtkamp D，Torremorell M，Corzo CA，et al，2021. Proposed modifications to porcine reproductive and respiratory syndrome virus herd classification [J] . J Swine Health Prod，29(5)：261-270.] ——译者注。

（7）管理

①治疗　猪繁殖与呼吸综合征是一种病毒感染，因此在经济受限下通常没有可行的具体治疗方法。然而不同的是，猪繁殖与呼吸综合征病毒会感染巨噬细胞，泰妙菌素等大环内酯类抗生素能通过调节巨噬细胞功能来干扰该病毒复制和肺泡巨噬细胞感染。因此在发病时，可以考虑使用泰妙菌素治疗。

猪繁殖与呼吸综合征病暴发后会导致发热，也是造成流产的重要因素。因此，使用水杨酸等非甾体抗炎药控制发热可以缓解临床症状。

②控制　目前还没有有效的控制手段，因此倾向于净化并保持猪群处于阴性状态。预防猪繁殖与呼吸综合征的基础是防止病毒进入。需要考虑的问题很多，更详细的检查清单请参阅第十一章。

③选址　猪场必须离其他猪场或主要道路1km以上，这样才可能保持阴性状态。

④种猪　这些措施通常包括新引进阴性种猪的隔离驯化设施和检测程序。当进行人工授精时，采取上述措施非常困难，因为病毒可以通过精液传播。在人工授精方面，基因转移应该通过冷冻精液进行，这样有时间检测采精公猪质量，或者猪场可以采取场内采精。

⑤车辆控制　运输车辆的清洁、干燥和移动路线控制也是十分必要的。

⑥通用生物安全措施　人员进场前必须换鞋。通用生物安全措施还包括防控害虫和鸟类。生产中已经有空气病毒过滤系统投入使用，但是维护困难。

⑦血清学阳性猪场　对猪进行管理是改善或防止该病进一步暴发的关键，目的在于减少病毒在场内传播。控制原则是要从产房提供阴性断奶仔猪，但只有稳定的种猪群才能达到这一目的。后备母猪的驯化可能是最重要的因素。最可能把猪繁殖与呼吸综合征病毒引入种猪群的途径是，引进的阴性后备母猪转阳后在引种时仍然带毒并排毒。如果阴性后备母猪在60kg左右体重进入猪场，接种疫苗并接触本场病毒，则可以防止这种情况发生。这需要后备母猪进入种猪群之前至少有6周的时间来停止排毒。

管理措施应当包括：

- 确保采取后备母猪能以猪繁殖与呼吸综合征病毒阳性但不排毒的状态进入种猪群的驯化程序。
- 注意生物安全，这仍然是十分必要的，因为猪场不希望引入与目前母猪免疫状态不匹配的猪繁殖与呼吸综合征病毒新毒株。另外，新毒株可能与本场已有毒株发生重组，出现无法及时获得保护力的新毒株。
- 批次生产和全进全出程序。
- 出生24h内的仔猪限制寄养。
- 控制并发症，尽早隔离/清除受感染的病猪。

⑧疫苗免疫　接种疫苗是广泛使用的方法，包括分别或同时免疫母猪和仔猪。最常用的疫苗是弱毒疫苗（modified live vaccines, MLVs）。对阴性猪接种灭活疫苗不能提供任何保护，但可以在接种弱毒疫苗后再接种灭活疫苗，以缩短带毒和排毒期。

⑨净化　可以通过全部或部分清群、检测、淘汰并闭群来达到净化猪繁殖与呼吸综合征的目的。在广泛的地理区域或国家（区域控制）内，已经有猪繁殖与呼吸综合征区域净化并取得了不同程度成功的案例。猪场主人和兽医的承诺是地区/国家控制该病的基石。第十一章将进一步讨论可能的净化案例。

20.猪圆环病毒2型——全身疾病

猪圆环病毒2型被认为是猪许多呼吸系统疾病产生的主要因素（详见第八章）。

21.猪呼吸道冠状病毒感染

猪呼吸道冠状病毒是猪传染性胃肠炎病

毒的自然缺失突变株，可感染呼吸道。猪呼吸道冠状病毒感染具有广泛性（在世界许多地区普遍存在）和亚临床性，而其更重要的影响取决于和猪传染性胃肠炎病毒的交叉反应性及交叉保护。目前在全球范围内，猪呼吸道冠状病毒受关注度很少，因为人们认为它引起的临床影响很小或可忽略不计。

对猪呼吸道冠状病毒感染的防控没有特别的措施和建议。此外，该病毒在猪群中的持续感染被认为是有益的，因为它能交叉保护猪不受猪传染性胃肠炎病毒感染，而猪传染性胃肠炎病毒感染对猪的生产极为有害。但猪呼吸道冠状病毒和猪的其他冠状病毒（如与流行性腹泻有关）之间没有交叉保护（猪传染性胃肠炎病毒详见第四章）。

22.肺粟状肿

剖检病猪可发现遍及所有肺叶的多个脓肿病灶（图3-143）。到达胸膜表面的脓肿可能破裂，导致局灶性胸膜炎。这也被称为栓塞性肺炎。

治疗包括确定病原感染部位和解决病因。如果是与猪的恶习（图3-144）有关，就需要

减少相关的应激因素。如果病灶在蹄部，则有必要加强地板管理。

23.猪流感（视频13）

（1）定义/病原学　猪流感病毒是全球范围内猪急性呼吸系统疾病暴发最重要的原因之一，但大多是亚临床感染或与其他病原混合感染（导致亚急性或慢性呼吸系统疾病和地方流行性肺炎）。猪流感病毒是一种A型流感病毒（图3-145），它是有囊膜的RNA病毒，基因组有8个片段，易于发生重排和重组。该

视频13

图3-144　恶习（该病例是被咬尾的猪），这里导致肺粟状肿的典型原因

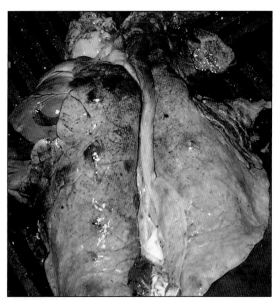

图3-143　由菌血症引起的肺粟状肿

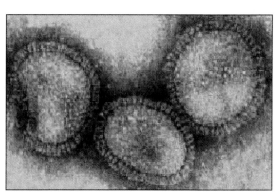

图3-145　电子显微镜下的猪流感病毒

病毒是由H（血凝素）和N（神经氨酸酶）抗原确定的，已知有16种血凝素和9种神经氨酸酶。鸟类中存在所有这些类型。

基于血凝素和神经氨酸酶糖蛋白（H₁N₁、H₁N₂和H₃N₂），现已发现了感染猪的猪流感病毒的3种主要亚型，每一种亚型都可造成类似的临床症状和病变。重要的是，猪还对2009年造成人类流感的H₁N₁型猪流感病毒毒株易感。该病毒起源于人类，但后来传播给了猪，并被命名为"猪流感"。注意，已有7种不同的能适应猪的流感毒株，并将出现更多。

猪流感具有成为人兽共患病的潜力，传统上认为猪是病毒基因重组的潜在"混合器"（在人类和禽类之间）宿主。研究表明，猪流感病毒的流行病学比过去认为的要复杂得多，在一些病例中发现了多种毒株/亚型高频率感染同一批猪的情况。

病毒在支气管上皮内增殖，引起局部坏死、细支气管炎和肺不张。

（2）临床症状　亚临床感染是目前最常见的一种感染，但其影响尚未被完全阐释。猪流感病毒也经常在受地方流行性肺炎感染的猪中发现，但很难认定该病毒在整个临床感染中的具体作用。

典型的猪流感病毒感染时呈现出急性发病，其特征是打喷嚏及鼻腔有分泌物、干咳、呼吸急促、发热、厌食和不愿活动（图3-146）。

图3-146　有鼻腔分泌物的猪

临床症状在猪场迅速蔓延，并出现在多个年龄段的猪中。猪流感病毒感染还可导致繁殖障碍（如流产），这主要与母猪发热有关，而不是因为胎儿受到了感染（图3-147）。

图3-147　由猪流感病毒感染引起的母猪流产

如果没有并发感染，发生流感后猪的死亡率非常低。由于整个发病时间可能持续5～10d，因此病猪的恢复速度相当快。临床症状仅限于易感、抗体呈阴性的猪。

由于90%的猪场是猪肺炎支原体阳性场，因此猪场的猪流感病毒感染通常存在并发感染，这使临床症状变得复杂。在这些情况下，死亡率可能会大幅上升。剖检时，常发现纤维素性多发性浆膜炎（副猪嗜血杆菌病），这些猪死于心衰。发病的其中一个表现是，兽医人员进入猪舍时猪非常安静且不愿活动，当猪站起来时咳嗽和打喷嚏变得很明显。

临床上无法区分是哪种猪流感病毒亚型感染。在猪流感暴发后，育肥猪对其他并发病原，特别是胸膜肺炎放线杆菌更加易感。

（3）鉴别诊断　猪流感易与地方流行性肺炎混淆，但倾向于呈现更急性的临床症状和快速传播。上述两种疾病分别对应的两种病原均以支气管间质性肺炎为基本病变，为典型的前腹侧分布。在猪流感病毒感染中，膈叶也有多病灶性感染趋势。这可能是猪流感病毒更广泛地侵入下呼吸道的表现。

流产可能和猪流感有关。

（4）诊断　临床诊断应结合剖检结果和

实验室检测猪流感病毒抗原或抗体。受到支气管间质性肺炎的影响时，肺部病变主要分布于前腹侧，呈多灶性（斑片状），但膈叶也可受到影响（图3-148至图3-150）。

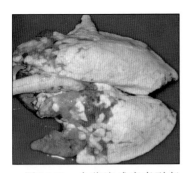

图3-148　由猪流感病毒引起的病猪支气管间质性肺炎。左心叶出现完全的实质性病变，与并发细菌感染有关

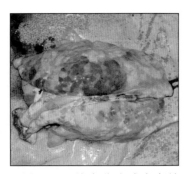

图3-149　注意猪流感病毒单独感染时的棋盘样病变

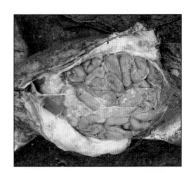

图3-150　猪流感病毒可致有潜在疾病的猪死亡，该病例是多发性浆膜炎

猪流感病毒可以在鼻拭子、支气管拭子和肺组织中通过细胞培养或鸡胚接种被分离出来。然而，常规使用的病毒检测是通过鼻拭子或对口腔液进行RT-PCR来完成的。事实上，猪流感病毒在口腔液中比在鼻拭子中检出的时间更长。

监测感染动态及确认亚临床感染最简单、最廉价的方法是通过ELISA检测血清中的猪流感病毒抗体。血清转阳速度很快，在出现临床症状2周后即可被发现。重要的是，在急性发病期间检测不到猪流感病毒抗体，而在发病后可能会有抗体，但检测不到病原。

（5）管理

①治疗　尽管可以使用抗菌药物来控制下行鼻咽部微生物区系的继发性并发感染，但猪流感发生时尚无有效的治疗方法，常用四环素来控制这些病原。虽然抗菌药物可能无法提供有效的治疗，但缓解疼痛是治疗方案的重要组成部分。

即使在疫情暴发时，检查和解决任何与水、氨气有关的环境问题或饲养密度过大问题也是十分重要的。

②控制　由于病毒传播主要是通过气溶胶（气源性或引进亚临床感染的猪），而人也可作为传播媒介，因此很难防止病毒进入猪场。自然感染可提供对引起感染的菌株的终生免疫。

接种疫苗被认为是预防猪流感暴发的最有效方法。传统疫苗是基于灭活的H_1N_1、H_1N_2和H_3N_2毒株。母猪和/或生长猪通常间隔2～3周注射2头份，但也有单次注射的疫苗产品。因为疫苗的保护时间只有6个月，所以母猪每个胎次都需要重新接种一次疫苗。要注意病毒可能会发生变异，而疫苗对新的毒株无效。

（6）人兽共患病的风险　一些流感病毒可以在人和猪之间传播。

（7）猪流感病毒——一个可移动的基因靶标　猪流感病毒可通过以下两种方法发生变异：

①遗传漂变　该术语表示部分遗传密码随着复制错误而变异（图3-151）。这是RNA病毒的典型特征。

②遗传漂移　该术语表示同一时间占据同一细胞的不同病毒重组产生了一种新的病毒（图3-152）。

例如：2018年，猪流感病毒H_1N_1、H_3N_2和H_1N_2比较重要，已知有7种不同型的猪流感病毒，注意欧洲和美洲毒株之间存在差异。即使有相同类型的H或N，它们也可能来自不同的物种（如鸟类或哺乳动物）。

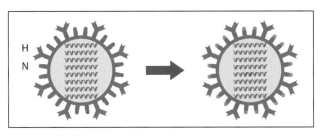

图3-151 遗传漂变

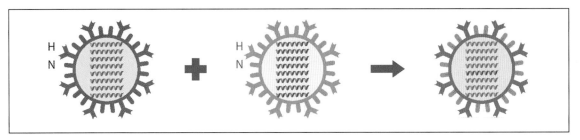

图3-152 遗传漂移

临床小测验

1.请找出图3-58中与蛔虫移行无关的肺脏的其他病变。

2.为什么头孢噻呋、青霉素和阿莫西林对猪鼻支原体无效？

3.请解释猪的解剖结构对支原体肺炎发病机制的影响。

相关答案见附录2。

（高地 王尊民 李超斯 李鹏 译；谭涛 洪浩舟 张佳 校）

第四章　消化系统疾病

一、肠道的临床大体解剖

要理解猪的病理状态，首先要了解其健康形态（图4-1至图4-12）。本书中定义的肠道是指从口到肛门（也包括腹部内容物）。猪的剖检请参见第一章。

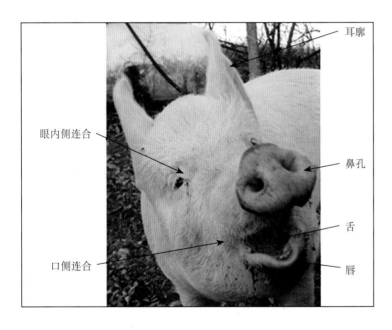

图4-1　猪头部全视图

耳廓

眼内侧连合

鼻孔

舌

口侧连合

唇

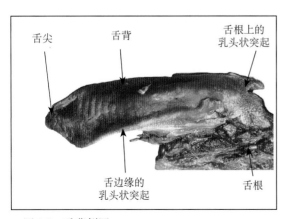

图4-2　舌背侧图

舌尖　舌背　舌根上的乳头状突起

舌边缘的乳头状突起　舌根

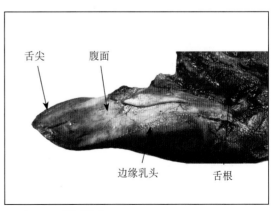

图4-3　舌腹侧图

舌尖　腹面

边缘乳头　舌根

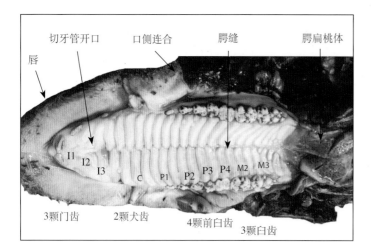

图4-4 硬腭和软腭腹侧图

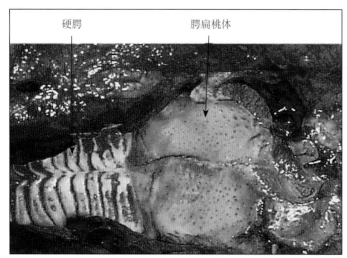

图4-5 腭扁桃体详图

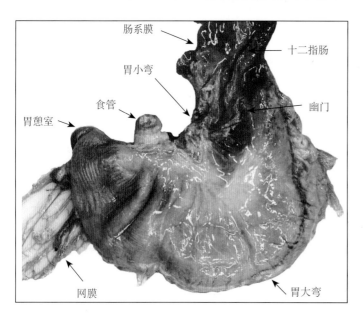

图4-6 胃壁面的主要指示性标志

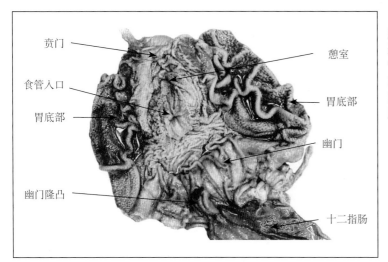

贲门
食管入口
胃底部
幽门隆凸
憩室
胃底部
幽门
十二指肠

图4-7 从胃大弯处打开后的胃黏膜面。图中的绿色与剖检后的胆汁返流有关。重要特征包括角质化的食管入口、囊状的憩室（野猪更发达）、幽门隆凸（猪的胆管入口非常靠近幽门括约肌，幽门隆凸可以保护胃免于胆盐刺激）

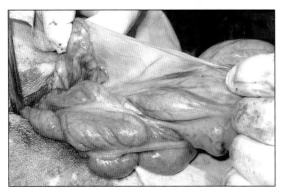

图4-8 大肠和小肠的位置（宠物猪）可以通过回盲韧带进行辨认，回肠末端与盲肠（非常容易辨认）通过回盲韧带连接。剖检时，应观察回肠末端是否有回肠炎

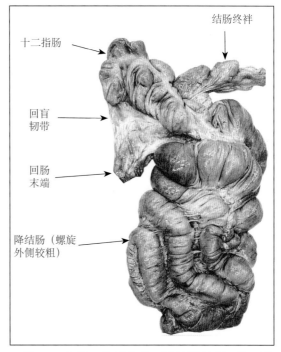

十二指肠
回盲韧带
回肠末端
降结肠（螺旋外侧较粗）
结肠终袢

图4-9 大肠，呈螺旋状。降结肠较粗，位于外侧；升结肠较细，位于内侧

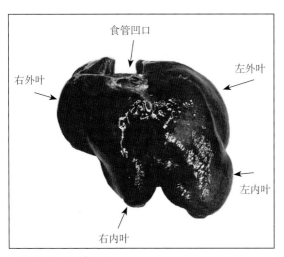

食管凹口
右外叶
左外叶
左内叶
右内叶

图4-10 肝壁面图

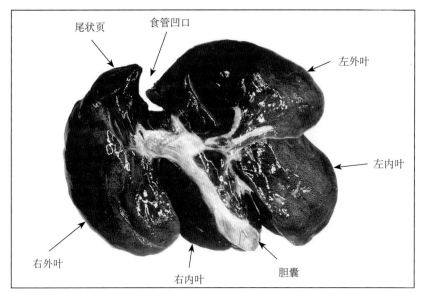

图4-11   肝脏

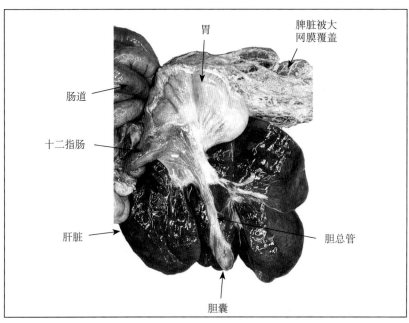

图4-12   胆总管与肝脏、胃的关系图

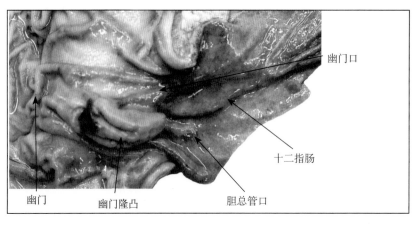

图4-13   胆总管口和幽门口在胃中的位置

二、肠道检查

1.样本采集

选取一头具有典型临床症状的猪，对其实行安乐死后采集样本。如果能选取处于急性发病期的猪则更佳，也可对一头刚死亡的猪进行样本采集。

2.个体检查

如果有必要，特别是针对宠物猪进行药物治疗时，使用射线照相技术可进一步了解腹部问题（图4-14）。调查便秘情况时，采用硫酸钡进行对比检查可能会特别有帮助。

如有可能，观察并纪录猪的排便情况，粪便的变化可能是疾病的征兆。

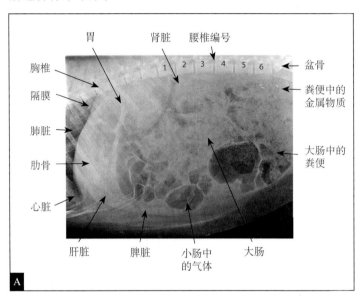

胃　肾脏　腰椎编号
胸椎
隔膜
肺脏
肋骨
心脏
1 2 3 4 5 6 盆骨
粪便中的金属物质
大肠中的粪便
肝脏　脾脏　小肠中的气体　大肠

A

图4-14　便秘的猪腹侧射线照相图像（A）和背腹侧射线照相图像（B）

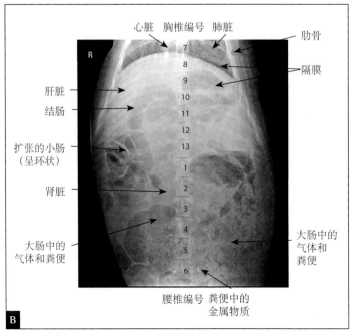

心脏 胸椎编号 肺脏
肋骨
7
8
隔膜
9
肝脏
结肠
10
11
扩张的小肠（呈环状）
12
13
肾脏
1
2
3
4
大肠中的气体和粪便
5
6
大肠中的气体和粪便
腰椎编号 粪便中的金属物质

B

（1）粪便黏稠度　如图4-15所示。

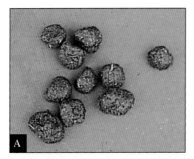

图4-15　粪便黏稠度
A.便秘　B.正常　C.松软　D.腹泻

（2）粪便颜色　粪便颜色有很多种，有的可能有助于临床诊断（图4-16A至图4-16J）（见本章的临床小测验1）。

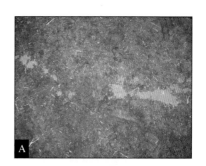

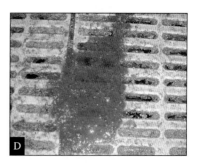

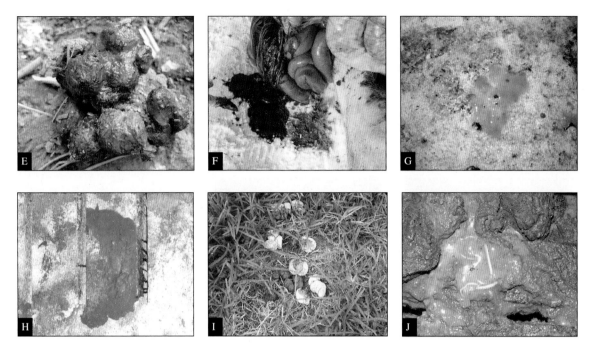

图4-16　粪便颜色

A.黄色　B.灰色　C.血便，猪痢疾　D.泛红带黏液　E.粪便上的新鲜血液　F.黑色　G.透明状/水样　H.金色　I.白色 J.粪便中有寄生虫

3.肠道大体病理变化描述

图4-17至图4-26展示了肠道的一些大体病理变化（见本章的临床小测验2）。

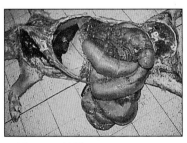

图4-17　扩张

图4-18　纤维素性坏死

图4-19　出血

图4-20　溃疡

图4-21　黏液样

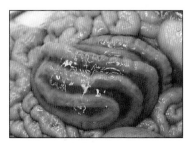

图4-22　水肿

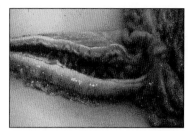

图4-23　增厚

图4-24　充气

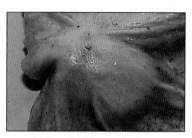

图4-25　狭窄

图4-26　骨化（A和B）

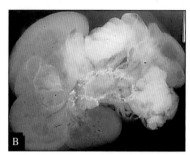

4.肠道微生物基础

很多肠道疾病的发生与细菌有关，可以采集直肠或剖检拭子，并培养和鉴定细菌种类。结合细菌的抗菌谱，以进一步辅助制定治疗程序。肠道内的许多细菌都是共生菌或者机会致病菌。肠道中天然含有健康的微生物菌群，它们起着防御和帮助消化的作用。表4-1描述了发生肠道疾病时，可能分离到的一些微生物菌群及其特性。

表4-1　猪消化系统疾病细菌学特性

微生物	革兰氏染色	生长特性				糖利用和生化反应									
		严格厌氧	溶血性血琼脂	麦康凯培养基	表面活性剂	过氧化氢酶反应	氧化酶反应	葡萄糖肉汤	克氏培养基	克氏双糖铁培养基	乳糖	赖氨酸	西蒙氏培养基	西蒙氏柠檬酸盐	脲酶
短螺旋菌属	+S	+	β	—	—	—	—								
产气荚膜梭菌	+B	+	Y	—	—	—									
大肠埃希氏菌	−B		N + β	+L	+L	+			+G		+		+		—
沙门氏菌属	−B		N + β	+ NL	+ NL	+				+		+			—
链球菌	+C		α / β	—	—	—									
化脓隐秘杆菌	+B		N	—	—	—									

注："＋"绿色，阳性；"—"和红色，阴性。
革兰氏染色：B，杆/球杆菌；C，球菌；S，螺旋菌。
糖利用和生化反应：G，气体。
溶血性：Y，溶血，分为α或β溶血；N，不溶血。
L，乳糖发酵；NL，非乳糖发酵。

（1）大肠埃希氏菌 如图4-27至图4-30所示。

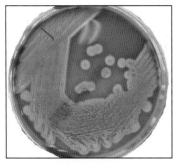

图4-27 血琼脂，大多数致病菌株呈大菌落，β溶血，平滑而呈黏液状

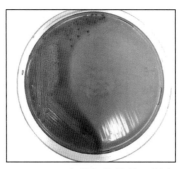

图4-28 麦康凯培养基，粉色菌落（乳糖发酵）

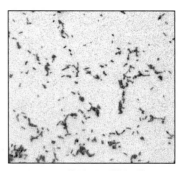

图4-29 革兰氏阴性杆菌

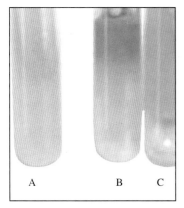

图4-30 通过糖发酵辅助检测大肠埃希氏菌

A.脲酶阴性，黄色 B.西蒙氏阳性，红色 C.克氏双糖铁阳性，产气

（2）沙门氏菌 沙门氏菌有超过2 300种血清型，如图4-31至图4-34所示。

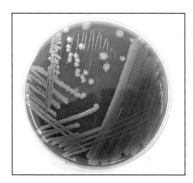

图4-31 沙门氏菌在血琼脂平板上呈大菌落，不溶血，平滑

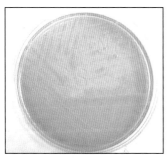

图4-32 麦康凯培养基，灰色菌落（非乳糖发酵）

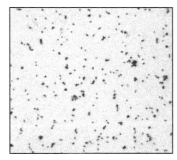

图4-33 革兰氏阴性杆菌

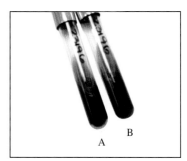

图4-34 通过糖发酵辅助检测

A.克氏双糖铁，硫化氢+乳糖，蓝色 B.赖氨酸铁琼脂阳性，蓝色

（3）猪痢疾螺旋体和肠道螺旋体　如图4-35和图4-36所示。

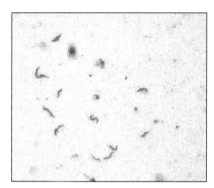

图4-35　猪痢疾螺旋体在血琼脂平板上需要42℃厌氧培养。典型菌落呈薄的一层，而非明显的单个菌落，在平板表面呈β溶血

图4-36　猪痢疾螺旋体，弱革兰氏阳性

（4）艰难梭菌　如图4-37和图4-38所示。

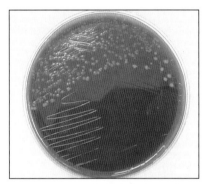

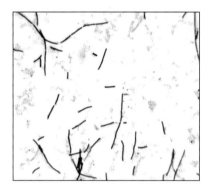

图4-37　艰难梭菌在血琼脂平板上需要厌氧培养，且难于培养

图4-38　革兰氏阳性杆菌

（5）产气荚膜梭菌　如图4-39和图4-40所示。

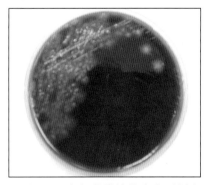

图4-39　产气荚膜梭菌在血平板上需要厌氧培养，菌落呈扁平状，分散，形成双圈溶血圈

图4-40　革兰氏阳性杆菌，呈营养细胞，实心状，有的孢子已形成

（6）胞内劳森氏菌　需要通过细胞培养，不能在琼脂介质上生长。

5.蠕虫计数

要求：

（1）麦克马斯特虫卵计数板，这是一种简单的计数工具。

（2）制备漂浮溶液。

①过饱和糖水

- 200mL 水。
- 加热至沸腾。

- 加入糖，直至不能继续溶解。
- 将糖水倒至一个玻璃器皿中贮存。

②硫酸锌溶液，其制作过程与过饱和糖水相同，用硫酸锌替换糖。

（3）选用 100mL 的紧口瓶，放入小玻璃珠以辅助混匀。

（4）准备新鲜粪便。硫酸锌溶液用于蛔虫卵的计数，因为蛔虫卵不能在过饱和糖水中漂浮。

猪蠕虫卵的计数见图4-41至图4-45（非比例大小），球虫卵很小。

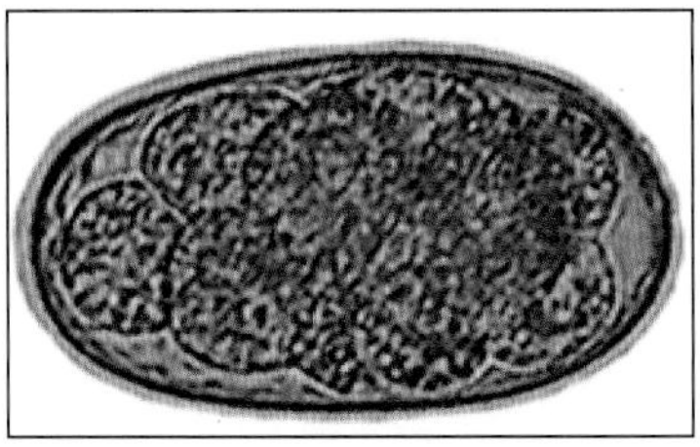

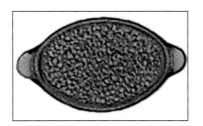

图4-41　圆形线虫卵。未作进一步检测，在显微镜下不能区分虫卵种类

图4-42　猪鞭虫卵，注意虫卵两极

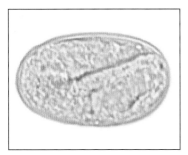

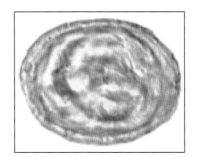

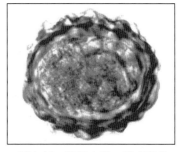

图4-43　兰氏类圆线虫卵，内有1条幼虫

图4-44　后圆线虫卵，内有幼虫

图4-45　猪蛔虫卵，具有黏性，常隐匿于碎片中

三、仔猪断奶前腹泻的防控方法

1.母猪分娩舍的准备

（1）确保任何阶段的猪群流转管理合理，做到全进全出。

（2）将所有母猪转出分娩舍。

（3）维修好所有被损坏的设施设备。

①确保所有母猪都能获得充足的饮水（图4-46是饮水器安装错误示例），对水线进行消毒。

②维修所有被损坏的风机，确保分娩舍不会产生贼风（图4-47）。

③检查滴水降温系统。

④维修所有被损坏的料槽，检查料槽边缘是否锋利（图4-48）。

⑤维修并更换所有破损的地面（图4-49）。破损的地面不仅难以清洁，而且会对母猪和仔猪造成伤害。

⑥确保仔猪休息区域温度合适，可以辅助使用红外线成像仪（图4-50）。

（4）检查高压清洗流程，彻底清洗猪舍。

（5）考虑使用石灰乳清洗分娩舍，尤其是母猪身后的地面。石灰乳不仅可以辅助清洗，而且有利于控制出现"八"字腿。将石灰乳和水按1∶2的比例配制后刷地面（图4-51）。

（6）仔细清洁所有器具，并放置于新鲜的消毒液中至少30min。每栋分娩舍都应配备单独的工具，比如刷子、粪铲等。图4-52展示了一个不干净的粪铲在脏的消毒液中进行消毒的示例，这对分娩舍进行清洁是个风险。另外，如果存在有机质，则会让消毒剂快速失效。

（7）母猪上产床前，检查分娩舍是否舒适，如饮水器流量是否可以达到2L/min；检查哺乳母猪的饮水供应情况（图4-53）；检查舍内有无贼风（图4-54）；检查所有保温板的工作温度是否在36℃以上；检查卫生情况（图4-55），保证地面没有前一批猪遗留的任何粪便。

（8）将母猪转入分娩舍，要求分娩舍温度达18℃。

（9）分娩前一天，开启保温区的保温灯或者保温板。注意产床前方的保温区（图4-56）。分娩前一天的晚上，开启母猪身后的保温灯，将分娩舍温度提升至20℃（图4-57）。

图4-46　饮水器安装错误导致母猪饮水困难

图4-47　通风口损坏导致出现贼风

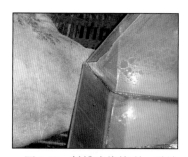

图4-48　料槽边缘锋利，前端已经被腐蚀

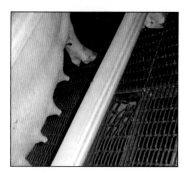

图4-49　被损坏的地面

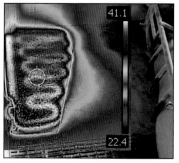

图4-50　对保温板的红外线成像清晰地显示出保温板的边缘和保温板的加热组件

图4-51　用石灰乳清洗产床

图4-52　脏的粪铲和消毒液

图4-53　哺乳母猪的饮水

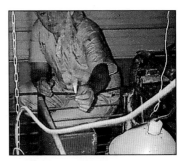
图4-54　检查分娩舍内是否有贼风

图4-55　检查分娩舍是否清洁

图4-56　母猪分娩前感觉舒适

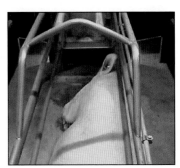
图4-57　母猪分娩前开启保温灯

2.初乳

仔猪刚出生时，免疫系统不健全，胎儿的免疫系统在母猪妊娠70d时才开始发育。但是，胎盘结构（上皮绒毛膜胎盘）导致仔猪在出生前都不能被动获得抗体（图4-58）。因此，为了养好仔猪，需要关注生产的许多方面。初乳摄入不足将会影响仔猪的后续生产表现，与初乳相关的更多知识请参见第八章。

3.调查流程

（1）发病原因　表4-2列出了许多仔猪断奶前腹泻的14个可能原因，该表可以用于猪场健康团队的培训。

图4-58　新生仔猪缺乏免疫力

表4-2　仔猪断奶前腹泻的14个可能原因

1	各类病原（如大肠埃希氏菌、球虫、梭菌、冠状病毒或轮状病毒）感染
2	几乎所有的空气流动都是不利的，风速大于0.2m/s的风就是贼风
3	冷应激，检测仔猪睡姿和躺卧区的温度（理想温度为36℃）
4	躺卧区的温度变化幅度过大
5	地面潮湿，尤其是躺卧区
6	初乳摄入量不足
7	母猪缺乏奶水，检测母猪乳头情况、饲料中的霉菌毒素情况和生产管理情况
8	寄养的比例不适宜
9	治疗仔猪疾病时不够卫生，检查健康猪和病猪是否存在交叉污染
10	感染传播：各猪舍的毛刷和粪铲、足浴盘及个人卫生用品是否有单独的彩色标记和编号
11	分娩舍各批次间清洗不彻底
12	检查每批母猪分娩的数量、全进全出的执行情况和猪群流转控制情况
13	乳房水肿
14	疫苗贮存流程不规范

（2）特别检查　断奶前应对猪舍进行检查（图4-59），并准备快速诊断试剂盒（图4-60）。

4.治疗程序

制定治疗程序无需考虑仔猪断奶前腹泻的原因（图4-61和图4-62），可以制定标准的治疗程序并将其作为猪场的标准操作程序（standard operating procedure，SOP）实施（表4-3）。

图4-59　分娩舍的环境检查

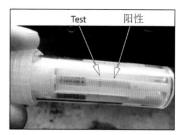

图4-60　快速诊断试剂盒

图4-61　感染轮状病毒后出现的特征性水样腹泻

图4-62　由大肠埃希氏菌导致的特征性黄色腹泻

表4-3 仔猪断奶前腹泻的标准治疗程序

仔猪治疗

1	同窝中有1头仔猪表现出临床症状时，立即对整窝仔猪进行治疗
2	准备装有水、电解质（表4-4和图4-63）和葡萄糖的水槽（或方便仔猪饮水的水桶），每天至少让仔猪饮水4次，并保持洁净
3	如果在仔猪躺卧区设置了料盘，则将其移除
4	确保所有仔猪在出生后6h内都吃足初乳，必要时实施分批哺乳
5	如果仔猪有腹泻，可经口服给予合理剂量的抗生素，但要确保药物未被用于健康猪的保健
6	如果仔猪发生全身性疾病，除注射合理剂量的抗生素外可能还需要使用止痛药
7	使用纸巾尽快擦拭掉腹泻物，将其用于1胎母猪分娩前6周和3周的返饲及后备母猪配种前的返饲，进行免疫刺激
8	所有操作人员都必须在给仔猪完成治疗后洗手和脚浸消毒液
9	不能使用注射器或口服给药器先治疗发病仔猪再治疗健康仔猪
10	如果腹泻发生在出生10日龄以后的仔猪，则考虑由球虫和贼风导致的冷应激

寄养

须仔细监管仔猪调栏措施的实施情况，许多腹泻都和寄养有关，应检查寄养流程

分娩舍间的工具和人员移动

1	所有分娩舍都应该配备专用的刷子和铁铲，各批次间应使用不同的颜色标记。确保每个批次间的分娩舍都经过彻底清洗，考虑使用石灰乳清洗来强化清洁和消毒效果
2	所有刷子和铁铲在没有使用时都应浸泡在消毒液中，同时确保消毒液保持有效
3	仔猪处理工具在不同分娩单元间和同一单元的批次间应该彻底清洁

调查

收集与仔猪腹泻相关的数据，如开始腹泻的日龄、腹泻持续时间、发病率、死亡率及母猪胎次。当腹泻刚开始时，立即采集肛门拭子或者解剖1～3头急性腹泻的仔猪进行检查

长期措施

1	高压清洗流程应标准化
2	如果可能，则使用石灰乳清洗
3	猪群采取全进全出的制度
4	如果持续发生腹泻，则应检查生产管理中的一些细节，如是否存在贼风
5	确保执行了预防程序，如免疫程序或者返饲程序

表4-4 电解质溶液的自制方法

糖（葡萄糖）	8勺	40g
盐（氯化钠）	1勺	5g
水	1L	

四、仔猪断奶后腹泻的防控方法

图4-63　自制应急电解质溶液

1.调查流程

表4-5列举了断奶仔猪腹泻的调查流程。

表4-5　断奶仔猪腹泻的调查流程

关注点	
1	断奶仔猪发生腹泻的日龄，许多腹泻最初发生在出生后的5～7日龄
2	观察腹泻物的类型和肛门处腹泻物的外观（血色、水样、黄色/白色、黏液状）。如果粪便呈碱性，提示可能是大肠埃希氏菌感染；如果粪便呈酸性，提示可能是病毒感染
3	选择一头断奶仔猪进行剖检。对急性感染的仔猪实行安乐死处理并剖检，通常比选择慢性感染的仔猪更有价值，这样可以避免出现继发性问题
环境和管理检查	
1	断奶仔猪的日常管理。仔猪断奶后第1周采食量低会导致第2周争抢饲料，当消化道中含有超过其消化能力的蛋白质时就会导致腹泻。给仔猪饲喂粥料至关重要，应少吃多餐
2	料槽的卫生，尤其是批次间的清洁，检查设备是否使用固定的颜色标记
3	料槽空间。料槽空间不足会导致仔猪争斗，应观察刚出生前3d仔猪的行为
4	分娩舍教槽的卫生
5	饲料及饲料贮存中的霉菌毒素。霉菌毒素会破坏维生素E，并影响饲料的适口性
6	饲料成分，如含有氧化锌
7	腹泻和近期饲料类型的更换有关吗？
8	饮水卫生，尤其是批次间
9	几乎所有的空气流动都是不利的，仔猪躺卧区风速大于0.2m/s就是贼风
10	断奶仔猪寒冷。检查仔猪躺卧姿势、躺卧区的温度（第1周的理想温度是27℃）和排便姿势
11	温度变化区间过大，仔猪躺卧区的空气湿度过高
12	地面潮湿，尤其是仔猪躺卧区
13	仔猪断奶前的寄养比例
14	母猪周分娩数量差异违背了全进全出的猪群流转管理
15	仔猪断奶的日龄，仔猪断奶日龄和重量差异太大
16	仔猪批次间的清洁不彻底
17	感染传播，是否每个分娩单元都有独立的刷子、粪铲、脚浴盆和个人卫生用品
18	检查害虫，控制苍蝇

（续）

表4-5 断奶仔猪腹泻的调查流程

环境和管理检查	
19	断奶仔猪腹泻治疗过程中使用的器具没有被彻底清洁。检查健康仔猪和患病仔猪所用器具是否被交叉污染
20	补铁剂的类型。缺乏铁将导致更多的仔猪出现腹泻
21	药物治疗方面的因素。注意疫苗的贮存流程
22	检查是否存在其他病原（如猪繁殖与呼吸综合征病毒或者猪圆环病毒2型）
23	是否有返饲程序
24	检查所产断奶腹泻仔猪的母猪胎次

2. 治疗程序

见表4-6。

表4-6 断奶仔猪腹泻的治疗程序

目标
增加仔猪对病原的抵抗力，至少不降低抵抗力
降低病原载量
注意大多数含"病原"的有机物"正常"存在于环境中
治疗和控制流程
降低猪的易感性
将猪群中表现最差的10%仔猪移至不同的地方进行特殊管理
检测猪群流转情况，避免存栏密度过大或不足
检查断奶仔猪的日龄和重量
检查仔猪断奶前的管理情况，以尽量让其保持较好的健康状态。检查寄养的操作细则
确保仔猪断奶前补铁充足
确保仔猪断奶后12h内能采食饲料
确保仔猪有充足的料槽空间。由于刚断奶的仔猪是结伴采食的，因此即使饲料易于获得，也应采取限饲措施
确保所有仔猪的躺卧区都温暖，无贼风
使用多功能板（comfort board）等材料为仔猪提供更温暖的躺卧区地面
提升仔猪的抵抗力
断奶后2周内添加氧化锌，其浓度取决于植酸酶的含量。请注意当地法规的限制性规定
采食和饮水时加入酸化剂
添加益生菌，同时确保其能在牛奶或者乳酸产品中保持活性
使用消过毒的木炭作为抗毒素或毒素吸附剂
饲料中的维生素E含量添加至250mg/kg

（续）

表4-6 断奶仔猪腹泻的治疗程序

提升仔猪的抵抗力
使用对应的抗生素治疗
确保按照处方剂量进行治疗，检查治疗程序。有时需要对全群仔猪进行治疗，包括没有患病的仔猪
当存在致肠水肿的大肠埃希氏菌F18时，考虑更换种源
当存在致肠水肿的大肠埃希氏菌F14时，考虑使用疫苗免疫
当使用疫苗时，需要监管疫苗使用和贮存方法
其他方面
如果断奶前给仔猪饲喂了教槽料则应停止饲喂
使用仔猪的粪便和腹泻物返饲后备母猪及产前6周母猪
如果后备母猪所产仔猪更加易感，则应检查后备母猪的管理程序，特别是返饲和免疫程序
检查或更换教槽料和断奶仔猪料的类型：粉料、颗粒料，或者颗粒料的干湿度
降低病原载量
尽快将患病仔猪从大栏转到病猪栏中
在患病仔猪的饮水中添加电解质溶液
不要将患病仔猪再转移至低1周龄的猪栏内
不要将患病仔猪转回大栏，直到体重达到30kg
严格执行全进全出制度
保证批次间的充分清洁，使用石灰乳清洗
确保批次间的水线经过消毒
确保批次间的料槽经过清洁
确保批次间没有交叉污染，包括靴子、刷子、粪铲、针头和注射器没有被交叉污染
注意保持保温板和多功能板的卫生
确保杀灭了害虫和苍蝇
监控断奶仔猪的生长速度和均匀度

五、肠道疾病

1.腹部胃肠异位

育成猪和成年猪突然死亡的一个常见原因就是腹部的剧烈变化，尤其是胃肠扭转（图4-64和图4-65），其常与肠系膜根部（图4-66）或者肠系膜撕裂有关。有时脾脏或肝叶也可能形成扭转（图4-67和图4-68），通常经过尸体检查可以做出诊断。阴囊疝内的肠道潴留也比较常见（图4-69）。脐疝内的肠道潴留比较罕见。育成后期和生长前期的仔猪容易发生肠套叠。肠扭转可能与饲喂程序变化或停料等饲料中断有关。因此，应当避免饲喂过程中的任何变化，尤其是成年猪群在经过一个周末之后。确保在饲料输送中断的情况下，料槽内的饲料储量能足够猪过夜采食。

肠穿孔（图4-70）很少见，但可能导致猪猝死。原因是腹部内容物渗入腹膜中引起了腹膜炎。在少数病例中已经发现硬质塑料刷毛。虽然不多见，但过量的非甾体抗炎药可能会引起胃穿孔。

其他可能导致胃肠异位的原因见图4-71至图4-74。

图4-64　腹部扭转的猪外观

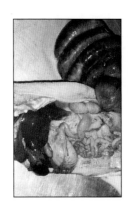

图4-65　对图4-64中的猪进行大体解剖时发现的肠扭转

图4-66　发生于肠系膜根部的扭转

图4-67　大网膜上的脾脏发生了扭转

图4-68　肝叶发生了扭转
A.发生于腹部　B.展开的肝脏，注意观察肝左外叶由于挤压而呈暗黑色

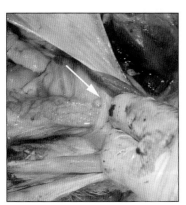

图4-69　肠道潴留（箭头所示）于阴囊疝中

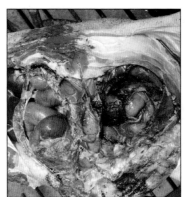

图4-70　肠穿孔

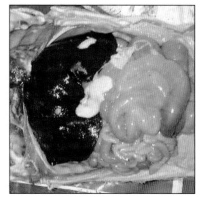

图4-71　败血性腹膜炎。腹腔中的脓肿导致急性腹膜炎

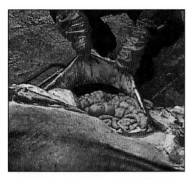

图4-72　胃穿孔。猪突然死亡，胃部有较大的穿孔，导致大量血液流入腹腔

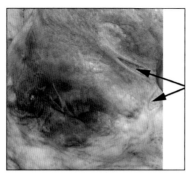

图4-73　输尿管膀胱连接部撕裂。可能发生于交配中，公猪睾丸进入到母猪尿道，而非阴道前端。尿道和输尿管膀胱连接部发生撕裂（箭头所示），母猪因出血和/或发生坏疽而死亡

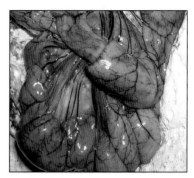

图4-74　肠套叠。一段肠套入（折叠）到另外一段肠中

2. 蛔虫乳斑肝（视频13）

（1）定义/病原学　乳斑肝是由猪蛔虫迁移所形成的。蛔虫成虫较大，雌虫长20～40cm，雄虫略短，尾部卷曲，长15～20cm。发育

视频13

成熟的雌虫可以存活6个月，每天可产200万枚虫卵，但是虫卵数量变化幅度很大。虫卵极具感染力且极具黏性，可以通过猪、昆虫、鸟和设备而很容易地感染猪场。工人的鞋子是猪蛔虫在猪场内传播的重要方式。虫卵对环境非常耐受，存活时间可以超过7年。消毒杀灭虫卵的效果甚微，但是蒸汽加热和直接日光照射可以杀灭虫卵。

猪蛔虫具有典型的线虫生活史（表4-7和图4-75）。

表4-7　猪蛔虫生活史	
第0天	二期感染性虫卵被猪摄入咽下，在肠道中孵化成三期幼虫
第2～3天	三期幼虫穿过肠壁并移行至肝脏，在肝脏中发育，继而从肝脏迁移至肺脏
第3～7天	三期幼虫离开肺脏，被咳出后再被摄入咽下
第8～10天	三期幼虫发育成四期幼虫
第10～15天	四期幼虫发育成成虫
第21～30天	虫卵被排出
第10天	一期虫卵发育10d
第13～18天	二期虫卵发育13～18d
	潜伏期40～52d

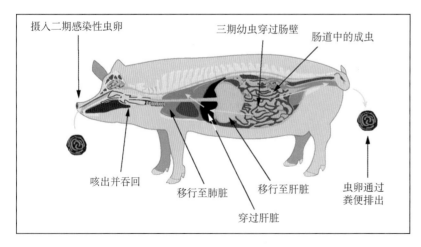

图4-75　猪蛔虫在猪体内的直接生活史

（2）临床症状　猪蛔虫可感染任何日龄的猪，但成虫仅在断奶后的仔猪中可见，这是因为感染性虫卵发育至成虫也需要15d时间。

蛔虫幼虫移行至肺脏时，猪通常不表现出异常。该阶段感染的仔猪可能出现喘气样咳嗽，表现出呼吸问题。蛔虫可能加剧肺部其他症状，尤其是猪流感，但通常不表现出临床症状。在急性感染或者出现重症时可能会降低猪的生长速度，因为猪和虫体会竞争食物中的营养。在许多严重病例中，可以使饲料转化率降低10%。

在断奶仔猪中可能发生急性大量感染，从而导致肠道阻塞、破裂，仔猪最后死亡。

（3）乳斑肝　由于三期幼虫穿过肝脏而在肝脏表面留下瘢痕，因此会导致猪在屠宰时肝脏失去经济价值。这些肝脏损伤是暂时

的，会在25d内完全康复。育成猪的肝脏重量是其体重的1.5%。

（4）鉴别诊断　有齿冠尾线虫（肾线虫）的早期阶段也可能导致乳斑肝，后期对肝脏造成的损伤比猪蛔虫更加严重。

（5）诊断　猪蛔虫感染的诊断在于是否存在成虫，可能见于粪便中或挂在肛门上，尤其是在对猪群驱虫之后（图4-76和图4-77）。剖检尸体可能会看见成虫存在于肠道中（图4-78）。单个虫体寄生非常罕见。在断奶仔猪和处于生长前期的仔猪肠腔中出现大量成虫的情形很少见。如果刚感染幼虫，则在剖检尸体时可看见肝脏的特征性病变。乳斑肝的病变会存在数天（图4-79），但猪可在25d内恢复。如果肺脏刚感染三期幼虫，则可见一些小的病变，但在组织病理学上比较少见（图4-80）。

图4-76　蛔虫成虫

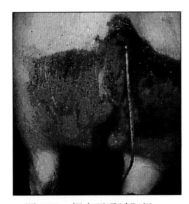

图4-77　蛔虫正通过肛门

图4-78　屠宰场里体重为40kg的猪肠道严重感染

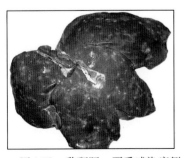

图4-79　乳斑肝，严重感染病例

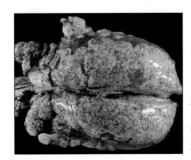

图4-80　肺脏被蛔虫幼虫移行所感染，呈现典型的间质性肺炎性不坍塌（本病例是肉芽肿型）。由于幼虫移行能导致许多出血，因此该肺期前腹侧有实质性病变

实验室诊断时，应对粪便或肠内容物进行虫卵计数，如可通过漂浮法检测粪便中的虫卵数量。猪蛔虫需要使用硫酸锌溶液漂浮，不能使用饱和糖水。另外，因为雌虫为间歇排卵（参见虫卵计数），所以有可能难以被检出。

（6）管理　虽然成虫和幼虫都对很多驱虫药敏感，但本病治疗的困难之处是迅速复发，肝脏病变恢复需要25d，而休药期可能会限制其在屠宰前使用。肠道中的成虫对幼虫进一步移行有抑制作用。

（7）猪蛔虫阴性猪场　澳大利亚的一些猪场可能是猪蛔虫阴性猪场，需要对这些猪场采取特别严格的生物安全措施。猪场之间不能共用靴子。除澳大利亚外，在其他国家很难再找到阴性猪场。

（8）人兽共患病的风险　人蛔虫（*Ascaris lumbricoides*）为蛔虫不同的种，不存在严重的人兽共患病。但偶见猪蛔虫感染儿童。

3.艰难梭菌感染

（1）定义/病原学　对于长期使用抗生素治疗的腹泻仔猪从其肠道内可以分离到艰难梭菌。

（2）临床症状　大部分猪感染后没有临床症状。若有临床症状，也多见于21日龄以下的仔猪。感染仔猪出现黄白痢，并对许多抗生素不敏感。黄白痢对于这个阶段的仔猪而言非常普通（图4-81）。仔猪感染后可能有中度的腹部肿胀，未阉割的仔猪感染后可能表现出阴囊水肿。

（3）鉴别诊断　其他导致仔猪断奶前腹泻的原因包括感染大肠埃希氏菌、传染性胃肠炎、猪流行性腹泻、A型产气荚膜梭菌和C型产气荚膜梭菌。与艰难梭菌感染相关的疾病常由环境控制问题引发的，因此，需要检查舍内是否存在贼风。关于由其他原因引起的仔猪断奶前腹泻请参见本章前面的内容。

（4）诊断　经典病变是结肠系膜水肿，肠道内充满液体（图4-82）。此外，缺乏其他有助于诊断的症状。镜检可在结肠黏膜上发现急性多灶性的扩散腐蚀性结肠炎，并可在结肠黏膜检出革兰氏阳性粗的大杆菌。若分离到艰难梭菌，则需进行毒素检测。

（5）管理　对发病仔猪进行整窝治疗，提供辅助康复措施。艰难梭菌对青霉素类抗生素耐受，可对感染仔猪进行适当的镇痛治疗。

群体防控：检查抗生素治疗程序。很多病例可能存在发病前过度使用抗生素的情况。采集发病仔猪的腹泻物或者肠道返饲分娩前6周和3周的母猪尤其是1胎母猪。如果返饲材料充足，也可以对混养阶段的后备母猪进行返饲。

（6）人兽共患病的风险　艰难梭菌可能对儿童和免疫功能不全的人群造成严重问题。

图4-81　4日龄仔猪感染艰难梭菌后出现糊状腹泻

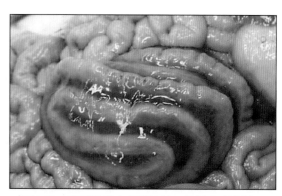

图4-82　病猪肠道内充满液体，结肠中度水肿

4.梭菌性肠炎

（1）定义/病原学 产气荚膜梭菌主要是C型和A型，但是由其他血清型导致的疾病也可能会偶发。其感染可能发生于各种猪场，但更常见于放养/牧场式养殖猪场，尤其是由羊场改建后的猪场。梭菌芽孢的抗逆性非常强，因此梭菌在环境中普遍存在。

（2）临床症状 仔猪感染C型产气荚膜梭菌后分为急性（突然死亡）型、亚急性型和慢性型。急性型通常感染3日龄以下的仔猪，肛门常呈红色，肠道呈血红色，小肠广泛性出血；同窝仔猪非常虚弱，皮肤苍白。亚急性或慢性型常导致仔猪出现灰白色腹泻，持续2～4d，常在康复前腹胀。剖检可见肠壁增厚，肠内有黏附物的碎片。

A型产气荚膜梭菌可导致间歇性腹泻。随着时间的增加，感染仔猪日渐消瘦，但仍保持活力和警觉，最终部分感染仔猪死亡。

（3）鉴别诊断 日龄较小的仔猪感染后肠道出血，需要考虑血小板减少症和其他新生仔猪血液性疾病。由母猪造成的创伤很常见。如果日龄较大的仔猪/断奶仔猪出现坏死性肠炎，则应考虑球虫病和沙门氏菌病。

（4）诊断 通过临床症状和大体剖检可以诊断。剖检可见仔猪肠道充满血液（图4-83），浆膜表面可能出现气泡，日龄稍大的仔猪表现为慢性肠壁增厚性肠炎（图4-84）。如果疾病发生在断奶后，则可见慢性假膜性肠壁增厚。通常可以对肠道内的梭菌进行革兰氏染色鉴定。

（5）管理 可以通过口服或注射抗生素的方法治疗感染仔猪和同窝仔猪，且非常有效。同时，进行适当的镇痛治疗。

控制感染猪群的临床症状还应当采用全进全出并对分娩舍进行有效的清洗。对母猪和后备母猪进行免疫。商品化疫苗中不含有A型产气荚膜梭菌，但是可以制备自家疫苗。疫苗对C型产气荚膜梭菌的效果优于A型产气荚膜梭菌。在产前3周和哺乳母猪日粮中添加杆菌肽锌或者维吉尼霉素，可以有效减少母猪排出梭菌的量，其中对C型产气荚膜梭菌的效果优于A型产气荚膜梭菌。

5.球虫病（仔猪）

（1）定义/病原学 哺乳仔猪感染球虫非常普遍，通常是由于猪囊等孢球虫感染仔猪小肠所致（图4-85）。母猪通常不感染此类球虫，但是可感染其他球虫（如艾美耳球虫）。可通过镜检来区分猪囊等孢球虫和艾美耳球虫。猪囊等孢球虫卵囊中含有2个裂殖子，而艾美耳球虫卵囊中含有4个裂殖子（图4-86）。猪囊等孢球虫在全球都很常见。

球虫卵对干燥和大多数消毒剂都耐受，

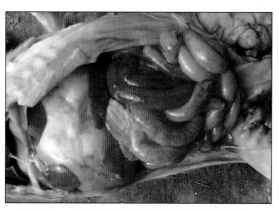

图4-83 一头3日龄仔猪发生急性出血性肠炎

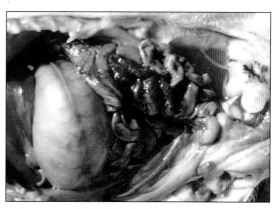

图4-84 慢性肠炎表现为肠壁增厚，注意肠表面有气泡冒出

图4-85　14日龄仔猪感染球虫后偶见腹泻

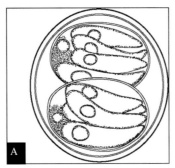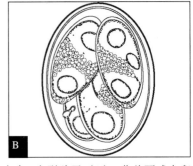

图4-86　猪囊等孢球虫卵囊中含有2个裂殖子（A），艾美耳球虫卵囊中含有4个裂殖子（B），可由此而鉴别

可以存活于分娩舍中，母猪并非感染的主要来源。大多数仔猪感染球虫卵都是由于上一批次仔猪残留所致，卵囊通过口感染仔猪。若感染情况较重，则可引起临床疾病。也应当注意亚临床感染。虫卵被摄入后下行，并通过小肠黏膜侵入。在其一系列复杂的生命周期中，虫卵在5～9日龄突破仔猪肠壁，又会在11～14日龄再次突破肠壁。宿主细胞由于卵囊转移而遭受破坏，继而导致仔猪腹泻（在卵囊发育成熟前）。

猪囊等孢球虫的生活史如图4-87所示。

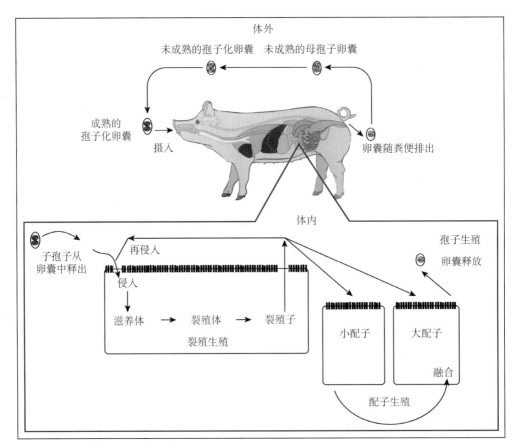

图4-87　猪囊等孢球虫的生活史

（2）临床症状 潜伏期通常为3～5d。感染仔猪最初症状是呕吐，随后在7～15日龄发生腹泻。如果感染剂量高，则仔猪可在48h内可表现出症状，排白色至灰白色奶酪样粪便，甚至出现黄色水样腹泻。随着时间的推移，感染严重的仔猪精神状态较差，多毛，生长速度比同窝其他仔猪慢。断奶仔猪体重降低（28日龄时低0.5kg）通常是最初的临床症状。

急性病例中，死亡率可达到20%。仔猪一旦开始腹泻，小肠壁细胞就已经受到损害，再进行治疗时效果就比较差。许多病例中的死亡率很低。球虫是一种原虫，因此使用抗生素进行治疗往往没有什么效果。

存活的仔猪常变成没有价值的育成猪。如果没有引起重视，将增加分娩舍仔猪的死亡率、降低断奶时体重和断奶后出现的其他问题。

（3）鉴别诊断 注意和其他仔猪断奶前腹泻的原因进行鉴别，包括由大肠埃希氏菌、产气荚膜梭菌、应激导致的腹泻，尤其是由贼风引起的腹泻。仔猪断奶后若铁缺乏也可出现类似症状。

（4）诊断 可以通过肠道刮片或者粪便漂浮法检测裂殖子而诊断。剖检可见病变差异较大，从没有明显的病变至空肠或回肠上覆盖伪膜均有可能。可能观察到脂肪性腹泻（粪便中的脂肪含量增加），有时可见卡他性肠炎。采集发炎的小肠段进行诊断可以提高裂殖子的检出率。由于临床症状消失后很久才会在粪便中排出球虫卵，因此，对急性感染猪的粪便进行检查可能不会获得较理想的结果。

（5）管理

治疗感染仔猪：使用电解质辅助治疗。酌情提供疼痛管理。如有可能，在受控环境中以碎纸片作为附加垫料，为仔猪保暖并降低贼风的影响。停止饲喂教槽料，口服妥曲珠利（或帕托珠利）进行治疗（4日龄时给药剂量为7mg/kg）。治疗可能导致仔猪发生呕吐。也可以使用磺胺类抗生素进行治疗，但没有妥曲珠利的效果好。

群体防控：对分娩舍母猪进行批次管理、全进全出，确保分娩舍的清洁卫生。除非必要，则应停止48h后的寄养。在没有必要的情况下，也不要踏入产床。避免将上一批仔猪携带的卵囊留给下一批仔猪。强化批次间的生物安全管理，母猪在进入到分娩舍前需要进行清洗。各分娩舍/单元使用不同颜色和编号的刷子、叉、铁铲。消灭苍蝇，因为苍蝇可能通过不同批次间存在的卵囊而传播疾病。避免贼风和降低其他环境应激因子对仔猪的刺激。让出生4日龄以内的仔猪口服妥曲珠利是一个非常有效的预防措施。

6.结肠螺旋体病

（1）定义/病原学 结肠螺旋体病（短螺旋体结肠炎）与多种短螺旋属有关，其中最重要的是毛肠短状螺旋体（*Brachyspira pilosicoli*）。猪通过粪-口途径传播受到感染。螺旋体能引起肠黏膜损伤和炎症，导致肠炎/结肠炎，减少大肠的表面积，降低肠道的吸收能力，从而影响饲料转化率。大肠对液体和营养素的吸收非常重要，如果受到破坏，则可导致腹泻。肠壁受到损害也可能造成其他病原增殖。

（2）临床症状 螺旋体比较常见，猪感染后通常不出现或仅出现很轻微的临床症状（图4-88），一般会影响10～20周龄的生长育肥猪（体重30～90kg）。

在不同饲养阶段混合饲料或更换饲料（例如将颗粒料更换为粉料，反之亦是）10～14d后，仔猪通常表现出临床症状。该病的潜伏期为6～14d。在临床病例中，生长猪可出现非致命的消瘦性腹泻。猪群中约50%的猪有短暂的或者顽固性的从水样到绿色黏液状或不带血的棕褐色腹泻。粪便类似于宠物牛的粪便。这会延长出栏日龄并降低饲料转化率。

另外，结肠螺旋体还可能感染其他许多动物，如犬、鼠、鸟、豚鼠、灵长类动物，也可能感染人，但亚型可能不同。

（3）鉴别诊断　该病需要和猪痢疾（如感染痢疾短螺旋体）、沙门氏菌病、传染性胃肠炎、猪流行性腹泻、回肠炎（猪肠腺瘤病）、肠道寄生虫病（如感染鞭虫）等进行鉴别诊断。

（4）诊断　检测猪群健康情况和饲料耗用记录可能发现结肠炎，应重点关注日粮更换的时间。

剖检可见结肠和大肠中充满液体（卡他性盲肠结肠炎）（图4-89）。升结肠中含有大量的黄色或绿色黏液样、泡沫状内容物，结肠黏膜可能发生糜烂。镀银染色的组织学分析显示有螺旋体。

确诊需要进行细菌培养。运输样本时需要运输培养基，如Amies运输培养基。当螺旋体在大多数猪群中都存在时，可以通过PCR方法进行检查。组织病理学检查可以评估组织被感染的程度。

（5）管理

对临床感染猪进行治疗：在水和饲料中添加抗生素，可减少亚临床感染带菌仔猪的数量。延胡索酸泰妙菌素有效，可进行适当的镇痛治疗。另外，加强环境卫生可降低来自环境的感染。

对猪群进行控制：实行批次管理、全进全出。减少并发肠炎/结肠炎的因素。消除贼风，防止仔猪受冻。及时清理粪便，减少圈舍中的粪便污染。通过减少接触野生动物、鸟和啮齿类动物来加强生物安全。

虽然净化螺旋体不太现实，但是通过减少应激因素可使猪处于不发病的状态，这点至关重要。

（6）人兽共患病的风险　该病发生时的临床症状可能与人类结肠炎的相似，因此对人类健康具有重要意义。

7.非特异性结肠炎

（1）定义/病原学　非特异性结肠炎尚无可证实的感染因子，通常可见于饲喂高营养日粮的快速生长的猪。疑似病例都与在豌豆、大豆等中含有胰蛋白酶抑制剂有关。如果存在油脂品质问题，则可能导致腹泻；同时，也很可能存在维生素E缺乏的问题。

（2）临床症状　在更换一批新进颗粒饲料后的数小时内可能发生腹泻，如果更换掉这批可疑饲料则腹泻可在数小时内停止。营养因素、感染因子和贼风是重要的发病因素。该病在从保育到出栏（20～110kg）的猪的任何阶段都可能发生，尤其是在早期阶段（25～30kg）更普遍。

严重病例腹泻物中含有血液或黏液

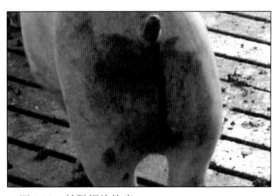

图4-88　结肠螺旋体病

图4-89　打开结肠，可发现结肠炎

（图4-90），发病后将导致猪的生长速度和饲料转化率降低。更换水源后如果NaCl的含量超过1 500mg/L，则猪可能会出现此问题，且通常持续3～5d，直至适应新的水源。

（3）鉴别诊断　应与其他导致仔猪断奶后腹泻的疾病相鉴别。

（4）诊断　剖检可见结肠、小肠有急性和慢性炎症（图4-91）。升结肠中含有大量绿色或黄色黏液、泡沫样或水样内容物。在有些病例中，可能没有明显的病变。大肠内可能有隆起的皱褶，其他病变不明显。基于这些临床症状，以及缺乏其他特定病原可对该病做出诊断。

（5）管理　猪场健康管理团队需要改善环境，以治疗病猪，控制结肠炎的暴发。不要将猪饲养于潮湿和寒冷的舍内。检查并避免贼风（图4-92）。检查猪场的批次生产计划，以确保猪存栏合理，并制订全进全出的生产计划。检查清洁水的供应情况。确保不同体重和日龄的猪饲养于相应的猪舍内。将颗粒料更换为粉料。可能需要检查饲料生产情况，避免出现非常劣质的颗粒料（图4-93）。

8.便秘

产前便秘是母猪的一个特殊问题，易造成分娩和产乳困难，尤其是在刚分泌初乳时。母猪排出小而硬的颗粒样粪便（图4-94）。这会挤压直肠，减少骨盆空间，增加产死胎的风险。另外，便秘还会减少肠蠕动次数，增加革兰氏阴性细胞死亡时内毒素的吸收，内毒素的吸收会减少催产素的分泌，从而减少乳汁的产量，母猪表现为无乳。

检查水的供应情况，减少产前饲料的摄入量，增加饲料中的纤维素含量（如在日粮中添加0.5kg米糠）。让母猪适度运动，如果母猪停止分娩，可以考虑让其走动。有时可通过排便来清除直肠中的粪便。

宠物猪便秘的后果可能非常严重，能造成结肠嵌塞并可能危及生命。使用灌肠剂和矿物油或氧化镁（5g/100kg体重）等口服泻药能软化粪便。

如果猪出现脱水，则可以通过直肠进行补液，每次可补数升液体。

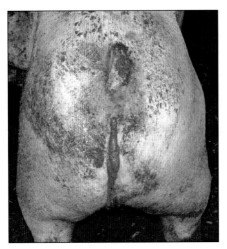

图4-90　非特异性结肠炎

图4-91　患非特异性结肠炎的剖检症状

图4-92 使用烟雾检查贼风

图4-93 劣质颗粒料

图4-94 临产母猪便秘

9.大肠埃希氏菌感染

（1）大肠埃希氏菌概述 对猪群健康而言，大肠埃希氏菌是一种非常重要的细菌。大多数血清型的大肠埃希氏菌对猪有益，甚至至关重要。然而一些毒株却会造成各种症状，包括仔猪毒血症、断奶前后腹泻及成年母猪膀胱炎、乳腺炎。

①大肠埃希氏菌导致猪发病的原因

A.毒素 大肠埃希氏菌能够产生毒素，以调整其生存的环境。

a.外毒素类 外毒素由活菌体产生并释放到环境中，仔猪腹泻发生机理中重要的外毒素包括：

- 不耐热毒素（LT），有2种主要类型：LTⅠ、LTⅡ。
- 耐热毒素（ST），有2种主要类型：STa、STb。
- 肠道毒素（EAST1）。
- 志贺毒素Ⅱ型变体（SLT-Ⅱe），也被称为Stx2e或重要水肿病的细胞毒素。

这些毒素作用于小动脉壁，引起动脉炎进而导致水肿。Stx2e是一种能引起微血管病变的血管毒素，毛细血管渗漏可导致静脉血压升高至2.67kPa并引起水肿，出现脑水肿和神经系统症状（详见第五章）。

- 溶血素毒素。溶血素毒素能导致红细胞破裂，释放出铁元素，而铁可被细菌用于自身繁殖。许多致病性大肠埃希氏菌缺乏铁元素，因此需要在富含铁的环境中生长，如能够在血琼脂平板上产生β溶血圈（参见本章前面介绍）。

b.内毒素类 细胞壁被归类为O抗原。内毒素由细胞壁脂质多糖形成，细菌濒临死亡时就会将其释放到环境中。在肠道中，毒素若被吸收则会导致激素（如母猪产仔期的催乳素）分泌量下降。若空气中的死亡菌体和内毒素被吸入，则内毒素可干扰黏膜纤毛活动，影响支气管收缩，降低呼吸功能。

B.菌毛 被称为F抗原（以前被称为K抗原）（图4-95和图4-96），如F1、F4（K88）、F5（K99）、F6（987P）、F18（F107）、F41和FP。菌毛可能有数千种类型。

F1是大肠埃希氏菌中很常见的一种甘露糖敏感附着菌毛，特别是那些与尿路感染有关的大肠埃希氏菌。不幸的是，免疫系统将β-甘露聚糖识别为潜在致病入侵者，因此会消耗能量启动免疫反应。但这对防护大肠埃希氏菌类的细菌很有用，机体对植物源食

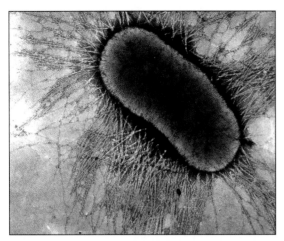

图4-95 大肠埃希氏菌菌毛电子显微照片

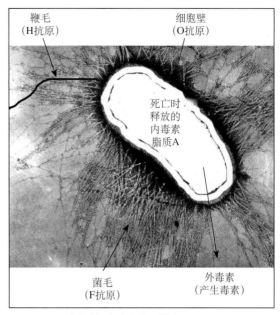

图4-96 大肠埃希氏菌主要特征

物也能产生同样的反应，特别是当饲料中含有高浓度的β-甘露聚糖大豆时，而这会降低它们的饲喂价值。有一些酶可以将β-甘露聚糖代谢成更小的糖单元，从而避免引发免疫反应。

- F4和F5是产肠毒素大肠埃希氏菌（enterotoxigenic E.coli，ETEC）重要的附着菌毛。
- F18是在肠水肿病大肠埃希氏菌中发现的特异性菌毛。有些猪对F4菌毛有抵抗作用，是因为它们没有F4菌毛附着受体。
- FP存在于某些类型大肠埃希氏菌的血清型中，此类型大肠埃希氏菌能够在人肾盂肾炎病例中被发现，偶见于猪。

C.鞭毛 一些大肠埃希氏菌能够形成鞭毛，被称为H抗原。H抗原不被用来对大肠埃希氏菌进行分类。

D.囊膜 大肠埃希氏菌外面包裹着一层囊膜，被称为K抗原。在发现菌毛之前，囊膜是大肠埃希氏菌的主要分类方式。然而，随着菌毛的发现，许多"K"抗原被重新分类为"F"类抗原，如K88变成了F4。

因此，成千上万种不同的大肠埃希氏菌菌株可以被分类。例如，大肠埃希氏菌O147、F4、F5，它的细胞壁被分类为O147，

有2个重要的菌毛，即F4和F5；有许多其他菌毛，但是不作为典型的临床特征考虑。

理解这些符号对于选择正确的疫苗非常重要。然而，仍然有很多从猪身上分离出的大肠埃希氏菌菌株不能使用这些方法进行分类。

②大肠埃希氏菌与宿主细胞的相互作用 人们用各种各样的词来描述大肠埃希氏菌与宿主细胞的相互作用：

- 产肠毒素大肠埃希氏菌（ETEC），这是一种能产生肠毒素的大肠埃希氏菌类型，为了使毒素有效，细菌必须附着在肠上皮细胞表面或者毗邻的黏液层上。菌毛的功能是附着。
- 肠病原大肠埃希氏菌（EPEC），这是一种能将毒素注入肠细胞的大肠埃希氏菌类型，这种情况下菌体与肠上皮细胞的接触更紧密，被称为附着且消除性病变。
- 肠侵袭型大肠埃希氏菌（EIEC），可穿过肠细胞屏障，进入血液，进而感染全身。

- 肠黏附大肠埃希氏菌（EagEC），附着于肠上皮细胞上。
- 肠出血性大肠埃希氏菌（EHEC），通过肠细胞屏障入侵，导致出血。
- 肠外致病性大肠埃希氏菌（ExPEC），如影响尿路的P菌毛。
- 产志贺毒素大肠埃希氏菌（STEC或VTEC），如F18肠水肿大肠埃希氏菌。

（2）大肠埃希氏菌感染：仔猪断奶前后腹泻

①定义/病原学　仔猪腹泻常与大肠埃希氏菌有关。大肠埃希氏菌是肠杆菌属的成员，也是革兰氏阴性棒/杆菌。大肠埃希氏菌能够发酵乳糖，可以此可区分于沙门氏菌（沙门氏菌也是引起仔猪腹泻的重要原因）。大肠埃希氏菌一般不会引起10周龄以上的猪发病，也是肠道菌群的正常组成部分。许多致病性大肠埃希氏菌具有溶血性，这个特点可用于初步鉴定仔猪腹泻发生的病因。许多大肠埃希氏菌甚至可以为猪群提供部分微生物保护屏障。

大多数大肠埃希氏菌感染与管理和环境因素有关，特别是在有贼风和卫生条件差时。因此，诊断需要检查饲养环境。腹泻在头胎仔猪中更为普遍。

血液中铁元素含量不足会使仔猪断奶后患腹泻的风险增加。

②临床症状　大肠埃希氏菌可在3个不同阶段引起仔猪腹泻。

0～3日龄：仔猪出现淡黄色腹泻且经常会突然死亡（图4-97）。

4～10日龄：仔猪排糊状的黄色粪便（图4-98和图4-99），在临床症状出现的早期可能有呕吐。偶尔会导致死亡，但大多数因为脱水而导致最终死亡。若腹泻发生在10日龄后至断奶前，则应将球虫病视为鉴别诊断的一部分。

断奶后（常发生于断奶3～5d后）仔猪呈现急性和慢性腹泻（图4-100和图4-101）。

腹泻导致患病仔猪逐渐脱水，并最终死亡。发病的断奶仔猪可能出现生长不良。

③鉴别诊断　仔猪腹泻的其他原因包括产气魏氏梭菌A型感染、轮状病毒感染及发生流行性腹泻、传染性胃肠炎和球虫病。

图4-97　毒血症导致1日龄仔猪濒临死亡

图4-98　4日龄仔猪腹泻

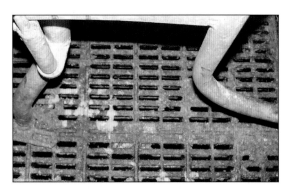

图4-99　由大肠埃希氏菌引起的腹泻

图4-100　断奶仔猪腹泻，注意墙壁被粪便污染

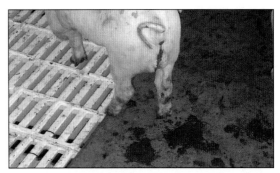

图4-101　断奶仔猪被大肠埃希氏菌感染后腹泻，排松软的黄色或灰色粪便

④诊断　很少出现严重的病理性变化。小肠内会充满液体，且扩张、肿胀，偶见胃或小肠充血（图4-102和图4-103）。发生细菌类腹泻时肠道内容物呈碱性，发生病毒性腹泻时肠道内容物呈酸性。

一旦开始腹泻，立即用拭子采集直肠和肠内容物或组织进行检测（图4-104）。若持续腹泻，则应送检未经治疗的活猪。

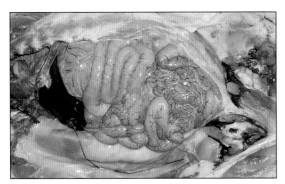

图4-102　死后大体病变（一），小肠血管充血，大肠扩张且内充满液体

图4-103　死后大体病变（二），小肠扩张且血管充血

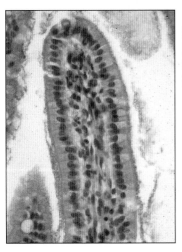

图4-104　感染肠毒素大肠埃希氏菌后的组织学变化。注意有细菌附着

⑤管理　只要同窝有一头仔猪开始出现临床症状，就应治疗整窝仔猪。如料槽内盛满水、电解质和葡萄糖，在紧急情况下使用可乐饮料或柠檬水也有帮助，每天至少更换4次。保持料槽清洁，不要让食槽成为排泄的场所。若料槽内有教槽料，则应立即将其清理掉。

每天服用一次抗菌口服制剂，同时提供适当的止痛治疗。

若除了腹泻外，感染仔猪还有其他临床症状，在口服治疗的同时还要注射合适的抗菌药物。不得将发病仔猪用过的注射器或口服给药器给健康仔猪使用。

尽可能用纸清理掉腹泻物，并且将这些材料作为自然免疫反应的一部分返饲给产前3周、6周的母猪，特别是1胎母猪。可用加药的干燥剂撒在腹泻的仔猪上，但注意不要把干燥剂撒到仔猪的眼睛里。土豆淀粉也很有用。

饲养员处理仔猪后应洗手，并将靴子浸在消毒剂中。理想情况下，戴手套、穿不同的靴子进入有病情的单元或批次中。刷子和铲子不使用时应置于消毒剂中，确保消毒剂仍然有效。

确保两个批次间的房舍被彻底清洁，可考虑使用石灰乳来保持清洁和消毒效果。

控制：初乳管理是防治因大肠埃希氏菌导致腹泻的关键。当窝产仔猪数多时，应检查母猪初乳的分泌量是否充足，并采取分批哺乳管理的措施。

注射含有针对性毒株的疫苗对减少早期断奶仔猪大肠埃希氏菌腹泻非常有效。对于1胎母猪需要进行初次免疫和加强免疫，一般在分娩前3周和6周使用。如果已经对母猪进行免疫，则其分娩前3周再加强免疫一次即可。

常采用免疫驯化（自然计划暴露/返饲）计划来控制仔猪断奶前的腹泻问题，通常用产房腹泻物对产前3周和6周的后备母猪进行返饲。然而一旦猪场腹泻稳定，则可用于返饲的材料会减少。若保育猪也养在母猪舍内，则可使用其粪便对母猪进行返饲。

采取全进全出的猪群流转管理并审查批次管理程序。在猪进入猪舍之前，确保舍内彻底清洁。应规范高压清洗原则，如果可能则喷洒石灰浆。

重新审查工具的移动情况和批次间生物安全条例的执行情况。所有批次间和舍间应有自己颜色、编号的刷子和铲子（图4-105和图4-106）。若采纳3周批生产和28d断奶，则将会有2批次的哺乳母猪；若采纳1周批生产和28d断奶，则将会有5批次的哺乳母猪。5周批生产则会一次性占用猪场所有的产床（参见十一章）。

所有仔猪处理工具（刺青设备、断尾钳）在不同舍间和单元间使用时须彻底清洁。另外，停止剪牙。

寄养是造成仔猪断奶前腹泻的主要原因之一。仔细管控仔猪活动，审查寄养流程，最好在1日龄之后停止寄养。

如果长期存在腹泻问题，则应对环境进行彻底的检查（如有无贼风）。检查保温灯、保温板的管理情况，确保实际温度达到规定的限度，确保预防措施执行到位（如免疫和返饲）。

也可考虑对种猪进行遗传改良，如现在有F4基因抗性猪，但尚未用于商业中。

⑥人兽共患病的风险　大肠埃希氏菌具有感染人的风险。

图4-105　批次间颜色使用规则

图4-106　不同颜色的设备用于猪的不同批次舍间

（3）大肠埃希氏菌感染：水肿/水肿病　带有志贺毒素（Stx2e）的大肠埃希氏菌会导致胃肠道水肿（水肿病）。一般情况下，该菌有F18（偶见F4）菌毛附着。该种毒株具有β溶血性，经由粪-口途径传播。

10.胃溃疡

（1）定义/病因　胃溃疡很常见且可发生在任何日龄阶段的猪中。100%的猪群都存在胃溃疡，母猪的发病率可达50%，生长育肥猪的发病率可达60%。

胃溃疡的发生常与饲料中断有关。不采食的猪很可能会患胃溃疡。应激/心理等因素能导致胃溃疡长期存在，特别是在运输、拥挤、不熟悉猪之间混群时更易发生。

一旦出现胃溃疡，则饲料中的小颗粒会使胃部愈合变得复杂，饲料中大小低于0.5mm的小颗粒像砂纸一样作用在溃疡面上。制粒或其他与饲料相关的问题也增加了猪患胃溃疡的风险。饲喂乳清蛋白可能会增加患胃溃疡的风险。

用高浓度不饱和脂肪酸喂养，特别是当维生素E缺乏时猪尤其容易发生胃溃疡。霉菌毒素也可能导致胃溃疡。与之相关的其他因素有饲喂低蛋白质、高能量和含量超过55%小麦的日粮。高产小麦有锋利的锥状体，会对胃溃疡造成一定影响。其他因素包括铜和锌中毒。

虽然发现细菌和真菌感染常与溃疡有关，但尚未发现菌体感染猪的案例。在人类中，幽门螺杆菌与十二指肠溃疡有关。

（2）临床症状

• 超急性型。表面健康但死亡或倒地的猪，皮肤苍白或惨白（图4-107和图4-108）。

• 急性型。病猪表现为虚弱、苍白，行走不稳，可能被误诊为神经问题。这些贫血猪会同时伴有呼吸问题和咳嗽，则会被误诊为咳嗽，因此使用抗生素治疗往往无效。

病猪可能会咬牙，痛苦地摇尾，躺下且烦躁，并尝试找到一个舒适的姿势，排焦黑色粪便（黑粪症）；也可能会观察到呕吐现象，多厌食，直肠温度正常，但如果低于正常温度则预示着预后不良。

• 慢性型。常发生于临床持续时间比急性型长的瘦弱猪上。若是发生在生长猪上可能会被误诊为慢性肺炎。在一些慢性病例中，贲门口会变得狭窄。猪进食后不久出现呕吐，并且体重会迅速减轻。

• 亚临床型。没有临床症状，对死后的猪进行剖检时偶尔可发现病变。然而，慢性失血导致猪更加虚弱，并且降低饲料转化率。

图4-107　皮肤苍白的贫血猪（箭头所示）

图4-108　2头死猪。上面的猪皮肤非常苍白，可能患有胃溃疡

（3）鉴别诊断   猪痢疾、霍乱沙门氏菌病、回肠炎（猪肠腺瘤病）、肠扭转、华法林中毒、铜中毒等都是可导致猪突然死亡的原因。

（4）诊断   首先可以根据粪便中出现消化血液的临床特征（黑粪症）做出诊断，再通过尿液检测试纸条来检测血液进行确认。若感染猪已经死亡，也可通过剖检观察确诊（图4-109至图4-112）。

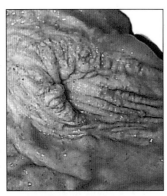

图4-109   猪正常外翻的角质化食管贲门

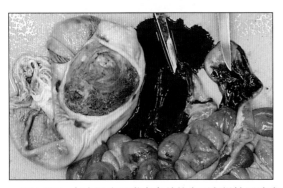

图4-110   与大肠中黑粪症有关的大面积慢性胃溃疡

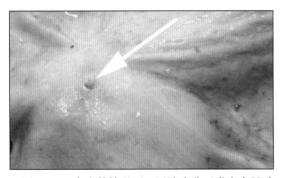

图4-111   在少数情况下，胃溃疡非正常愈合导致贲门远端（箭头所示）形成狭口

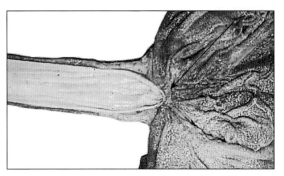

图4-112   贲门和胃部剖开后可见狭口

超急性/急性病例的猪其胃内容物中可能会充满褐/黑色的血液，有时会见到大的血块；慢性病例的猪其胃内容物中可能有黑色条状物，大肠内充满黑色的柏油状粪便。溃疡程度可由轻度到大面积胃壁瘢痕性增厚。由于毛细血管长时间出血，因此发生慢性溃疡时失血的量可能多于急性溃疡。急性死亡与溃疡损伤胃壁下大血管有关。

检查饲料，特别是颗粒大小（图4-113）。如果颗粒太小，则建议猪场增加饲料粒度。然而这可能会导致一定的利益冲突。因为猪场健康团队会希望增加颗粒大小，这对肠道健康有益；而猪场生产团队却希望降低颗粒大小，以提高饲料转化率。

图4-113   使用Byholm筛对饲料粒度进行检查，Byholm筛可以分离不同粒度的饲料

（5）管理

个体治疗：如果个别猪在死亡之前被发现有胃溃疡，则应想办法让其进食（如用牛奶、米饭、啤酒混合后刺激其采食）。提供适当的止痛药。口服氢氧化铝或硅酸镁能够调理胃壁，保护溃疡面免于胃酸侵蚀，有助于

病猪康复。饲喂稻草、牧草可增加纤维素含量，可能有助于溃疡面的愈合。在宠物猪中使用H_2受体阻滞剂或替代品可能有用，但用于商品猪场中不现实。

群体防控：检查饲料筛孔径是否不小于3.5mm。确保饲料厂运行正常，磨损的锤片和破损的筛片可导致饲料颗粒大小不一。提高饲料粒度至均值为750mm，连续饲喂2周有助于溃疡面的愈合。将此作为新引进后备猪隔离管理程序的一部分，可能具有一定的意义。

确保饲料清洁且贮存条件合理。减少应激因素。提高日粮中的粗纤维含量。100g/t的维生素E添加量有助于降低胃溃疡的发生风险。

11. 回肠炎（视频20、视频21）

（1）定义/病原学　发生回肠炎（猪肠腺瘤病）会导致回肠远端增厚，该病与胞内劳森氏菌（一种胞内弯曲的细菌）感染有关。回肠损伤和增厚导致营养物质的消化吸收减少，猪生长不良、体况不佳，饲料转化率升高。胞内劳森氏菌不能在常规血琼脂中培养。

视频20

视频21

该疾病即使处于亚临床状态，也可影响15%～50%的生长猪群体。猪一般通过粪-口途径传播被感染。潜伏期13d，排菌时间

可长达10周甚至更长，在所有猪场中几乎都存在。

临床上，当那些非特定病原核心场和扩繁场感染此病时造成的后果更为严重。

（2）临床症状

①正常　受影响的猪没有临床症状。

②超急性/急性型

- 节段性回肠炎。患病的低日龄保育猪或生长猪体重表现出严重的快速下降（图4-114和图4-115），这可能被误诊为猪圆环病毒2型相关性系统疾病（porcine circovirus type 2-systemic disease，PCV2-SD）。患有节段性回肠炎的猪可能也会表现出晚期腹膜炎。
- 出血性增生性肠炎。体重超过70kg的中大猪（偶尔可见低于此日龄的猪），如果患超急性或急性胃溃疡则会死亡，后躯可能被血便污染（图4-116和图4-117）。存活的猪可能会精神沉郁，食欲不振，不愿走动。腹泻物可为水状，呈灰色、褐色或鲜红色。康复的妊娠母猪可能会在临床症状出现6d之内发生流产。

③慢性型　患有此病的生长猪会表现出严重的临床症状，体重严重下降且有顽固性腹泻，但很少死亡。饲料转化率降低，从而增加饲料成本。在慢性感染群体中，屠宰日龄可能会延长14～30d。

患有肠腺瘤病的猪，临床症状可能轻微，并伴有不规律的腹泻和厌食症。更为慢性病

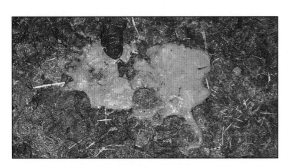

图4-114　腹泻型回肠炎："牛粪"

图4-115　节段性回肠炎

例可能表现为食欲下降，生长迟缓，猪群均一度差别大（图4-118）。育肥猪屠宰后可观察到相关病变。

（3）鉴别诊断　猝死应与超级性、急性出血性肠病的相关症状相鉴别。肠扭转、出血肠病综合征（过敏性）、胃溃疡、猪短螺旋体痢疾、沙门氏菌病、鞭虫感染和各种断奶后冠状病毒腹泻均需予以鉴别诊断。

鉴别回肠炎要与猪痢疾区分开。猪痢疾短螺旋菌是一种严格的厌氧菌，只生活在大肠中，因此在小肠中观察不到由猪痢疾产生的病变。胞内劳森氏菌是微嗜氧菌，可存在于小肠和大肠（盲肠和结肠）中，但主要存在于小肠中。

（4）诊断　回盲韧带是一种重要的诊断回肠炎的组织结构，临床兽医可借此区别回肠远端和盲肠（图4-8）。剖检猪可使临床兽医区分以下四类增殖性肠炎。

①节段性回肠炎　下段小肠增厚且呈脊状，通常被称为软管肠，可见黏膜溃疡（图4-119）。

②出血性增生性肠炎　小肠和大肠扩张，内充满血块。结肠中含有黑色、焦油色粪便。一旦剖开腹腔，肠道就会突出腹腔（图4-120）。

③坏死性肠炎　由肠腺瘤病造成的坏死会形成黄/灰色干酪样物质（白喉性膜），并紧贴于肠壁（图4-121）。

④猪肠腺瘤病　肠壁增厚，常伴有不同程度的水肿。黏膜变得皱褶，可形成界限分明的皱脊或大量多重息肉（图4-122）。

由于胞内劳森氏菌不能在琼脂培养基中生长，因此可通过PCR来检查粪便中是否存在该菌（图4-123）。

然而胞内劳森氏菌广泛存在于大多数猪场，因此即使对其进行分离也并无意义。小肠组织病理诊断可作为一种推测手断，特别是使用免疫组化或银染色（图4-124）。

图4-116　腹泻时粪便中可能带血

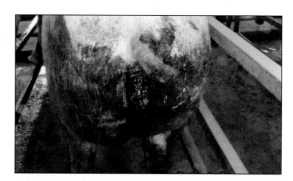

图4-117　出血性增生性肠炎

图4-118　回肠炎导致育肥猪群均一度差别大

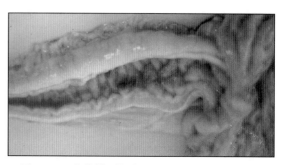

图4-119　节段性回肠炎

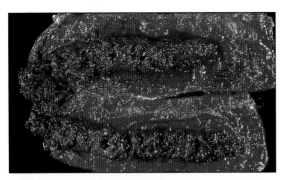

图4-120　出血性增生性肠炎

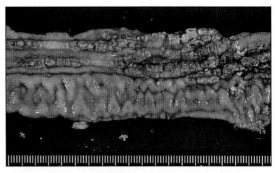

图4-121　坏死性肠炎

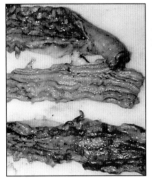

图4-122　猪肠腺上皮增生的回肠远端

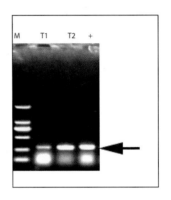

图4-123　PCR鉴定胞内劳森氏菌，2个测试样本均为阳性

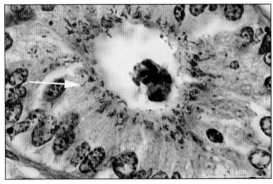

图4-124　免疫组化试验中显色的细胞内劳森氏菌，许多弯曲的细胞内被染色微生物（箭头所示）见于肠上皮细胞的顶端

（5）管理

个体和群体治疗：在受影响的猪群中，用抗菌药物治疗非常有效。常用的有磷酸泰乐菌素、沃尼妙林、泰妙菌素、林可霉素和四环素，同时适当使用止痛药。

控制：疫苗免疫有效，可对产房内仔猪进行口服或注射免疫。

采用全进全出和多周批次管理可减少批次间的差异。批次管理有助于尽量降低猪混群。维持适当的饲养密度，保证供水、料槽空间及圈舍温度和良好的通风。清洗和消毒栏位。避免沿着过道铲粪，这样会导致一个单元的粪便污染下一个单元。应引入健康的后备公猪、年轻公猪。

（6）人兽共患病的风险　其他哺乳类动物（马和兔）也能感染胞内劳森氏菌，可能与人类的某些慢性肠炎有关。

12.猪流行性腹泻（视频22）

（1）定义/病原学　猪流行性腹泻是由一种被独特囊膜包裹的RNA冠状病毒引起的。病毒粒子被称为"冠状"，是因为它们的形状好像太阳周围的日冕（图4-125）。亚洲、欧洲、北美洲和南美洲均有此病报道，但澳大利亚尚无此病报道。猪感染后12h至5d内出现临床症状。该病可发生于任何时节，但在冬季/

视频22

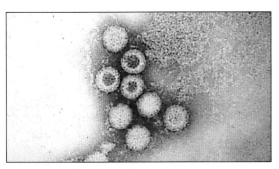

图4-125　电镜下的冠状病毒

雨季更严重，经粪-口途径传播。

该病有两种类型：

- Ⅰ型。影响所有日龄的猪，包括哺乳仔猪。但相对温和，且只对猪场造成短期影响。
- Ⅱ型。影响所有日龄的猪，并造成严重的临床症状，特别是仔猪。

还有其他类型冠状病毒，如猪德尔塔冠状病毒。因其临床症状与猪流行性腹泻相似，故不赘述，其造成的临床影响比猪流行性腹泻温和。另一种重要冠状病毒是传染性胃肠炎病毒，将在后面章节介绍。

在欧美一些国家，猪流行性腹泻是一种强制上报的疾病，包括英国、加拿大、美国、澳大利亚和新西兰。

该病的病毒含量非常高，尤其是在粪便中。病毒似乎能在空气中传播10km，并传播到其他区域，导致生物安全防控困难。当一个地区受到该病威胁时，应举整个地区之力对其加以控制，清洗往返于屠宰场和猪场之间的车辆。内部生物安全对于清除猪场内的病毒至关重要。

（2）临床症状

①急性型　所有日龄的猪群均能发生暴发式腹泻。Ⅰ型可在10d内扩散至整个猪场，其对仔猪的致死率为20%～80%。

Ⅱ型可在数小时内传遍整个猪场，10日龄以下的仔猪死亡率可达100%（图4-126）。临床症状为急性呕吐，伴有水样腹泻。仔猪4d内因迅速脱水而死亡。

Ⅰ型持续4～6周，Ⅱ型可能需要18周才能恢复。这两种类型均可能在猪场内呈地方性流行，导致周期性临床暴发，尤其是对1胎母猪所产仔猪。

育肥猪感染后生长速度可下降60g/d，死亡率增加1%～2%。妊娠25～30d的母猪在感染早期可能出现流产（图4-127）。

猪流行性腹泻在猪生产中的发展如图4-128所示。

②地方性流行猪群　呈地方性流行时猪群可能很少甚至没有死亡且病毒含量在场内逐渐下降。然而不幸的是，Ⅱ型可能会造成猪场每3个月复发一次，特别是后备母猪所产的仔猪。

（3）鉴别诊断　哺乳仔猪发病时应于传染性胃肠炎、轮状病毒感染相鉴别，生长猪发病时应与沙门氏菌病和生长育种猪群中的

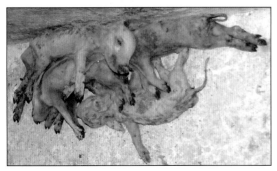

图4-126　感染猪流行性腹泻的10日龄以下仔猪，2d前这些感染仔猪还很健康

图4-127　一头感染猪流行性腹泻的成年母猪

回肠炎相鉴别。

（4）诊断　临床症状及在猪场内的传播速度，均可证明猪患有病毒性腹泻。

剖检发现病变主要集中在空肠和回肠部分（图4-129和图4-130，健康回肠的组织学图片见图4-131）。十二指肠受影响较小。损伤表现为绒毛萎缩。肠道内pH变低（当受大肠埃希氏菌感染时pH变高，呈碱性）。

猪流行性腹泻病毒不同于传染性胃肠炎病毒和猪呼吸道冠状病毒（见第三章）。对感染肠道进行免疫组化试验非常有助于诊断，抗体检测也同样有效，检测结果可能呈阳性但猪不呈现临床症状。猪相关的侧流装置有助于诊断，并最终确定治疗方案（图4-132）。

对粪便进行PCR检测可以获得病毒的基因序列（图4-133）。

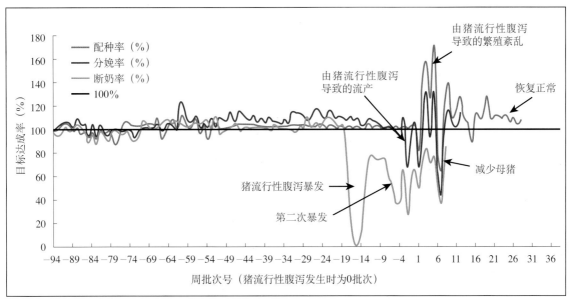

图4-128　猪流行性腹泻对猪生产的影响。由于感染发生在第0批次（根据配种时间来界定一个批次），因此第16～17批次仔猪出生后于哺乳期死亡。有关图表的更多信息，请参阅第十一章

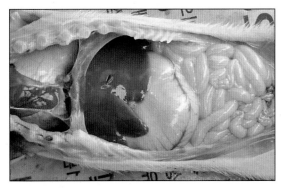

图4-129　小肠透明化

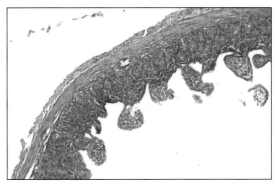

图4-130　回肠受猪流行性腹泻病毒感染后的组织学图片，绒毛严重萎缩

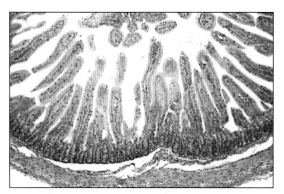

图4-131　健康回肠的组织学图片，绒毛密集

图4-132　猪流行性腹泻快速诊断试剂盒。较深的线（左）是阳性对照，较浅的线（右）是检测条带

图4-133　建立猪流行性腹泻病毒的遗传进化树（2015年暴发）（红色框里显示的是发生在中国和美国的变异毒株，绿色框里显示的是发生在欧洲、中国和美国奥克兰市的变异毒株）

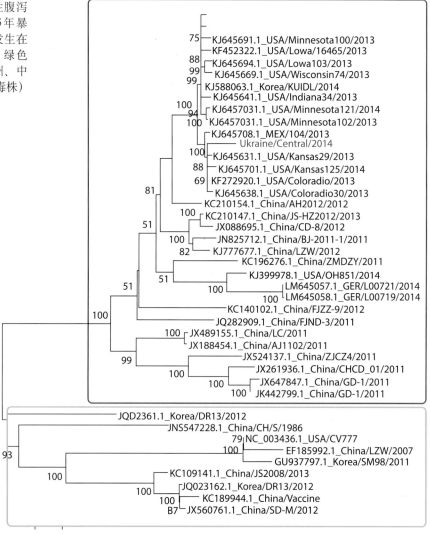

（5）管理 对病猪没有可用的特殊疗法，为受影响的仔猪提供支持性电解质有一定作用。饲喂的木炭可作为肠道吸附剂。大日龄哺乳仔猪或断奶仔猪可能需要2周时间的辅助治疗管理，直至肠道功能恢复。活菌酸奶和益生素也可帮助肠道功能恢复。另外，可提供适当的止痛药。

①控制 控制病情需要做好初乳管理。因此当阴性猪场暴发猪流行性腹泻时，在前3周临床兽医几乎无能为力，直至母猪的初乳中含有抗体。

为了确保所有母猪均能产生充足的初乳，需采取人工感染方案。取产房内仔猪的腹泻物及其肠道，返饲给配种至产前3周的母猪。应确保隔离舍的后备母猪也同样接受了返饲人工感染。但所产生的抗体可能不佳，仅持续12周。虽然免疫有一定帮助，但仅能增强已被野毒感染的猪体内的抗体。因此，免疫只有在呈现地方性流行或进行净化时才有用。

确保所有仔猪均至少吮吸了200mL的初乳（目标是每头仔猪吮吸250mL）。

②净化 仅当已确诊、能阻止传染源、生物安全良好且实行全进全出时，实施净化策略才能有效。尽管采取生物安全措施不能确保阻止病原传入，但限制病原在场内传播至关重要。

净化过程应遵从以下4个步骤：
• 停止引入后备种猪12周，以让场内病毒逐渐消亡。
• 确保全体母猪群和场内繁育的后备母猪群均接受了返饲人工感染。
• 处死新生仔猪或通过流产的方式清除3周龄的哺乳仔猪。
• 彻底清洗并消毒所有的单元舍和圈舍。

当疫情稳定后，从阴性猪群引种后备母猪和公猪。收集经产母猪的初乳并饲喂所有1胎母猪所产仔猪。

（6）人兽共患病的风险 不存在人兽共患病的风险。

13.断奶前后生长迟缓综合征（periweaning failure-to-thrive syndrome）/断奶后病僵猪综合征（post-weaning ill-thrift syndrome）

（1）定义/病原学 断奶前后生长迟缓综合征是指仔猪断奶后生长迟缓、逐渐消瘦并最终死亡。该病可能会呈暴发式发生，但实际尚未鉴定出病原。仔猪断奶后不会吃料、喝水，临床症状是由饥饿引起的。

（2）临床症状 仔猪断奶后数日即表现出临床症状，主要为体重无增加（图4-134和图4-135）。此病与猪圆环病毒2型相关性系统疾病完全不同，后者的临床症状主要发生在体重达10kg的猪上。断奶前后生长迟缓综合征的发生虽然不取决于断奶日龄，但当断奶日龄低于17日龄时更常见。断奶仔猪逐渐消瘦、脱水，多出现共济不调且精神沉郁，经常表现出吸吮阴茎和假吮的恶习。

（3）鉴别诊断 猪圆环病毒2型相关性

图4-134 仔猪断奶后消瘦，注意仔猪脐带处被吮吸

图4-135 该断奶仔猪未进食，正濒临死亡

系统疾病的临床症状多见于已经断奶3～4周且体重超过10kg的仔猪。

（4）诊断　剖检后发现胃部和小肠中可能无任何食物（图4-136）。胃内可能充满液体，也很可能只有稻草（如果猪舍使用垫料）。若断奶仔猪刚学会采食，则其胃部可能有食物。

缺乏体脂和浅表腹股沟淋巴结更加突出，可导致本病被误诊为猪圆环病毒2型相关性系统疾病。

肝脏颜色可能苍白（图4-137）且血红素浓度升高。小肠组织病理损伤包括由饥饿引起的严重的绒毛萎缩和融合，注意要排除其他肠道和呼吸系统疾病。在这种情况下，应送检各个组织器官的样本进行检测。其他可考虑的检测包括：

- 血清和抗凝全血，用于血液学和生化检测。
- 对胰脏进行检查。

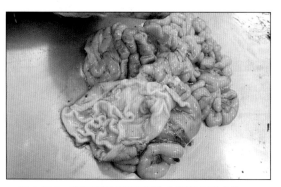

图4-136　死后剖检发现胃部或肠道内无食物

图4-137　剖检发现除肝脏颜色可能苍白外，并无其他大体病变

（5）管理　加强仔猪断奶后的管理，特别是在刚出生的前5d。每天人工饲喂粥料6次，且不应超过5d，确保每头断奶仔猪有足够的料槽空间，否则会出现二次断奶效应。检查猪群周转、批次和断奶日龄，若可能则提高断奶日龄。断奶前饲喂教槽料似乎会对仔猪不吃饲料的情况无改善作用。可提供适当的止痛药。建议处死受影响严重的断奶仔猪。

14.直肠脱垂（视频23）

（1）定义/病因　直肠脱垂非常常见。在排便前和过程中，直肠会突出肛门，造成脱垂。

视频23

（2）临床症状　可见直肠突出肛门之外（图4-138和图4-139）。

图4-138　育肥猪直肠脱垂

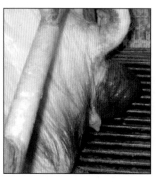

图4-139　母猪直肠脱垂

许多因素均可引起直肠脱垂，造成排便结束后直肠突出肛门之外。猪直肠脱垂似乎与以下因素有关：

①腹压升高

- 咳嗽。增加腹部压力，更易发生脱垂，随后脱垂被猪群咬伤。
- 打堆。寒冷的气流会使猪互相靠近，扎堆使腹压增加。检查24h内的通风和温度变化情况。
- 饲养密度。猪群饲养密度过大会增加扎堆的风险。
- 母猪过肥和所产仔猪过多。此情况会增加母猪直肠脱垂的发生率。

②直肠张力增加

- 便秘。与饮水不足或饲料中纤维素含量低有关。

③直肠刺激增加

- 饲料成分。主要饲喂以小麦和高淀粉为主的日粮。硬小麦（能产生尖锐针刺的品种）似乎与直肠脱垂患病增多有关，可以通过在食物中添加酶来加以解决。
- 霉菌毒素。可能导致肠道紧张和腹痛，尤其是单宁。
- 沙门氏菌。与直肠脱垂和后述的直肠狭窄有关。
- 腹泻。断奶后产生的腹泻问题，包括结肠炎。腹泻会增加腹部压力，导致直肠脱垂发生的可能性增加。

- 水。水的质和量及便秘会刺激直肠，如果猪排便困难，则会增加直肠脱垂的概率。

④肛门肌张力减弱

- 地板的坡度。特别是分娩母猪舍的地板坡度。
- 尾长。已被证明与直肠脱垂有关，但没有任何相关记录。

⑤繁殖状态

- 母猪的直肠脱垂可能与发情有关。

（3）管理　在个体中，若要消除直肠脱垂问题，请见第二章。

15.直肠狭窄（视频23）

育肥猪因排泄粪便困难导致腹部膨大，触诊发现在直肠距离肛门2cm处出现瘢痕（图4-140至图4-143）。随着猪的生长，直肠瘢痕会消

视频23

失。最后，粪便因不能排出而开始在结肠中囤积，导致腹部越来越大。囤积在结肠里的粪便释放出的分解产物毒性越来越强，导致猪体消瘦，体重下降。

导致直肠狭窄的原因包括排便时直肠受到创伤（受到另一头猪的攻击），直肠脱落末期受到慢性沙门氏菌和霉菌毒素感染。

患直肠狭窄的猪没有有效的治疗方法，一旦确诊，对其实行安乐死是唯一采取的方法。为了防止问题发生，可参考直肠脱垂的

图4-140　生长猪直肠狭窄的临床症状

图4-141　剖检可见结肠严重扩张

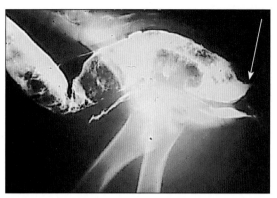

图4-142　直肠狭窄的X射线照片（箭头所示）检查时为了突显肠道轮廓应给猪吃钡餐，一些由肛门漏出的粪便或形成的直肠瘘管会导致钡液漏入阴道

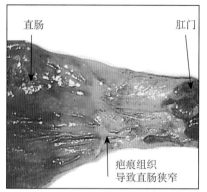

图4-143　剖检后的直肠内部有瘢痕

原因列表。检查沙门氏菌并关注饲料管理情况。某些谷物破碎成针状后，加大了对肠道的刺激，这种情况可以通过在饲料中添加酶来加以缓解。在饲料制作过程中，可以对饲料由研磨变成滚动式破碎。

16.轮状病毒感染

（1）定义/病原学　轮状病毒是无囊膜的双链RNA病毒。已知猪中有5种类型（A、B、C、D、E），其中A型最为常见，但存在很多毒株，使得疫苗的商业化比较困难。该病毒存在范围较广，并且对温度、化学物质、消毒剂及pH变化都具有较强的抵抗力。该病毒在环境中可以存活3个月甚至更久，经粪-口途径传播。母猪在分娩时也可能排毒。

（2）临床症状　由初产母猪分娩的仔猪，在5～14日龄时可能会突然出现水样腹泻，并伴有一定程度的呕吐症状（图4-144和图4-145）。腹泻通常是水样，呈黄色、白色，并带有组织碎片。

腹泻过程可持续3～5 d，感染仔猪的死亡率可达到100%，但正常情况下低至10%～20%。许多情况下，腹泻仔猪常并发感染大肠埃希氏菌感染，导致病情更为严重，发病率和死亡率也更高。

（3）鉴别诊断　猪的冠状病毒包括流行性腹泻病毒、传染性胃肠炎病毒及猪德尔塔冠状病毒。轮状病毒感染在仔猪其他腹泻类疾病(如大肠埃希氏菌病感染和球虫病)中也起作用。

（4）诊断　由于此病在猪群中很常见且抗体多呈阳性，因此很难确诊。

图4-144　轮状病毒感染后出现腹泻的仔猪

图4-145　感染仔猪腹泻，可能出现呕吐

病猪在72h内可能恢复，并且在剖检过程中很难看到明显的病变。即使在急性病例中，如果没有继发感染，剖检也很少会发现病变。死后病变包括水样腹泻和小肠扩张。组织学检测可见小肠绒毛变短，长度仅为正常绒毛长度的10%（图4-146）。肠道内pH呈酸性（大肠埃希氏菌通常呈碱性）。

（5）管理　没有具体的治疗方法。推荐采用一般性的辅助疗法，如提供电解质溶液，适当提供药物治疗继发感染。

该病的发生通常与仔猪缺乏初乳的免疫力有关，并且1胎母猪所产仔猪的发病率较高。需确保后备母猪群感染过本场的轮状病毒毒株，以便能将免疫力传递给仔猪。在疫情暴发期间，对分娩前3～6周的母猪进行人工返饲感染，并有计划地进行自然感染。

检查初乳管理特别是寄养方案。改善全进全出、分批分娩和批次间的卫生情况将有助于减少临床症状的发生。特别避免由处理工具、推车造成的批次间的交叉污染。某些国家、地区有商品疫苗，但由于不同毒株的数量及突变或遗传漂变的频率不同，因此使用疫苗可能无效。

（6）人兽共患病的风险　轮状病毒是哺乳动物（包括人类）中常见的病毒，但在猪与人类之间是否能直接传播还没有被证实。

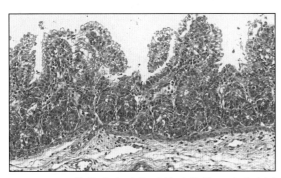

图4-146　轮状病毒感染后绒毛萎缩。可对比图4-131中的肠绒毛

17.沙门氏菌病（视频24）

沙门氏菌感染可能与猪体内的一系列疾病有关。沙门氏菌属于肠杆菌，是一种非乳糖发酵菌。与大肠埃希氏菌不同，大肠埃希氏菌可

视频24

以发酵产生乳糖且有数以千计的血清型。沙门氏菌抗逆性强且无处不在，在适宜的环境中可以生存数周甚至数年，但在高温、干燥和有消毒剂时极易被杀灭。沙门氏菌生活在细胞内，所以很多抗菌药物伤害不到它。沙门氏菌可以感染人类并且致命。因此，处理病猪的人员必须戴上手套并采取其他适当的保护预防措施。猪的典型沙门氏菌感染指的是肠道沙门氏菌，包括霍乱血清型沙门氏菌（败血症型沙门氏菌病）和血清型鼠伤寒沙门氏菌（沙门氏菌性小肠结肠炎）。

18.败血症型沙门氏菌病

（1）定义/病原学　败血症型沙门氏菌病通常与肠道沙门氏菌——猪霍乱血清型沙门氏菌孔城道夫变种（*S.enterica* serotype *choleraesuis* var *kunzendorf*）有关，这类血清型在欧洲很少见但在北美洲很常见，可通过接触感染的猪、粪便和污染的水源而传播。猪霍乱血清型沙门氏菌很少在饲料中被发现。

该病更可能发生在有应激或有其他疾病的猪身上。

（2）临床症状　潜伏期为24～48h。多发于3周龄至5月龄的猪（6～100kg），在哺乳仔猪中很少见，可能是由于它们肠道内以肠道乳酸杆菌为主。

患病的断奶仔猪表现为食欲丧失，嗜睡，体温升高至40.5～41.6℃，可能伴有浅咳。尽管体温很高，但仔猪还会因寒冷而蜷缩在一起。一些死亡的猪四肢发紫（紫绀），表明可有能患败血症。患病几天后猪可能会排黄（金）色软粪或出现腹泻。猪霍乱血清型沙门氏菌可使一头猪同时患上肺炎和腹泻，据此临床症状可判断猪是否被霍乱血清型沙门氏菌感染（图4-147和图4-148）。感染猪的死亡率可能很高。

（3）鉴别诊断　应当与猪伪狂犬病（注意类似的肝脏病变斑点）、猪胸膜肺炎、猪丹毒、猪瘟和非洲猪瘟进行鉴别诊断。

（4）诊断　诊断应基于临床症状和病原分离。剖检发现耳、腿、尾和腹部皮肤发绀。脾脏常肿大。肺脏充血，可能伴有肺小叶间水肿。黄疸不常见。肝脏可能有粟粒状的白色坏死灶。如果猪耐受过感染的初始阶段且存活，也可能出现坏死的小肠结肠炎。

（5）管理　在许多国家，所有病例和分离出的沙门氏菌菌株必须向地方当局报告。

个别批次猪的处理：沙门氏菌存在于细胞内，因此许多抗菌药物无法触及到它，使治疗变得困难。控制方案中应重点给病猪提供水和电解质，可考虑使用益生菌来恢复肠道微生物菌群的功能，适当提供止痛治疗。

控制：应采用批次化生产及全进全出的原则，最大限度地减少细菌传播。各批次的设备用不同颜色进行区别。严格遵守清洁方案。限制员工随意窜舍，禁止随意使用不同舍内的器具。转移所有病猪和被污染的工具，并隔离饲养、存放。尽可能减少应激因素，注意供水，降低水的pH在4以下。由于pH

呈酸性，因此在液体饲喂系统中通常不会发现沙门氏菌。接种霍乱沙门氏菌疫苗效果显著，可用于疫情暴发时的紧急免疫。

（6）人兽共患病的风险　霍乱沙门氏菌非人兽共患病的病原。

19.沙门氏菌性小肠结肠炎（视频24）

（1）定义/病原学　沙门氏菌性小肠结肠炎一般与鼠伤寒血清型肠道沙门氏菌有关。这是一种常见于啮齿动物（尤其是小鼠）和环境中的沙门氏菌，广泛存在于世界各地，通过

视频24

与感染猪、粪便及受污染的水源进行传播。沙门氏菌性小肠结肠炎的暴发更可能发生在受应激或者患有其他疾病的动物身上。鼠伤寒沙门氏菌有可长达5个月的潜伏感染期，可通过饲料传播疾病，因此需要对其进行监测。

猪肉中发现的沙门氏菌可能与屠宰场猪栏有关，而非养殖场所致。在口服摄入沙门氏菌30min后即可在肠淋巴结中发现。世界各地沙门氏菌监测计划的实施几乎未能降低肉类产品的感染，然而，人患沙门氏菌病很少是由猪肉导致的。

（2）临床症状　任何日龄段的猪都可能被感染，但刚断奶仔猪感染后经常出现临床

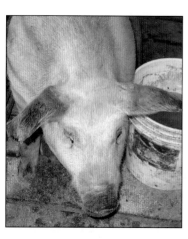

图4-147　感染猪霍乱血清型沙门氏菌的败血症猪

图4-148　由霍乱血清型沙门氏菌导致的腹泻，粪便呈金黄色

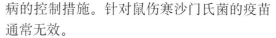

症状，出现水样的黄色腹泻，但最初腹泻物中没有血液或黏液。同一头猪在1～2周内可能反复发生腹泻。感染猪的死亡率低，死亡主要与脱水和钾流失有关。一些感染猪体质可能下降，有些可能会发生直肠狭窄。临床症状可能只是轻微消瘦和腹泻（译注：患沙门氏菌病症状见图4-149和图4-150）。许多猪感染鼠伤寒沙门氏菌后没有临床症状，仅在肠道中存在病原。

（3）鉴别诊断　应与猪瘟、非洲猪瘟、猪痢疾、猪回肠炎、球虫病、梭菌性肠炎和其他腹泻类疾病相鉴别。

（4）诊断　病原分离。病理剖检可见局部灶性或弥漫性坏死性结肠炎和盲肠炎（感染结肠和盲肠），也可能延伸到小肠（回肠）（图4-151）。在坏死性螺旋结肠和盲肠的红色粗糙黏膜表面上有灰黄色碎片，这些是典型的纽扣状溃疡。肠系膜淋巴结通常肿大。相关图片见图4-152和图4-153。

（5）管理　在许多国家，小肠结肠炎沙门氏菌病是一种需报告的疾病，必须向当地政府报告所有感染病例和分离株。

个别批次猪的处理：氨基糖类药物，如庆大霉素或阿普拉霉素等在某些场合是有作用的。控制方案应重点关注提供水和电解质，可考虑使用益生菌来恢复肠道微生物菌群的功能，适当时提供止痛治疗。

控制：见上文所述的败血症型沙门氏菌

病的控制措施。针对鼠伤寒沙门氏菌的疫苗通常无效。

（6）人兽共患病的风险　鼠伤寒沙门氏菌可以感染人，并可能导致致命的感染。因此，接触病猪的人员应戴手套，并采取其他适当的预防措施。

20. 猪圆线虫病

猪体内有2种重要的圆线虫：红色猪圆线虫和有齿食道口线虫，它们生活在大肠里。虽然这些线虫不会迁移，但是它们可对肠壁和肠腔造成局部损伤（图4-154），导致消化不良。它们都会导致"瘦母猪综合征"，虽然此病在圈养猪群中得到了控制，但在散养猪群中可能出现。受感染的程度可根据每克粪便中虫卵的数量来评估（图4-41）。

21. 猪痢疾

（1）定义/病原学　粪便中有血液存在称为痢疾。猪痢疾是一种典型的与短螺旋体病原相关的疾病，也被称为血痢和出血性腹泻。已知的血清型至少有12种，其中典型的致病因子是猪痢疾短螺旋体。汉普森短螺旋体（*Brachyspira hampsonii*）和猪鸭短螺旋体（*B. suanatina*）也可能引起类似的临床症状。然而，非致病性的诸如无害短螺旋体（*B. innocens*）菌株也可能与临床痢疾有关。

图4-149　患沙门氏菌病的生长猪

图4-150　断奶仔猪患沙门氏菌病后的临床症状，在极度虚弱的断奶仔猪身上有苍蝇

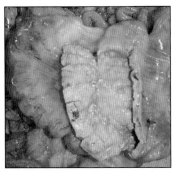

图4-151　由沙门氏菌引起的坏死性肠炎

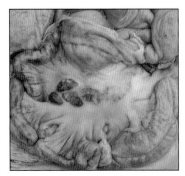

图4-152　感染鼠伤寒血清型肠道沙门氏菌后淋巴结肿大

图4-153　肺部有斑片状实质性病变

图4-154　由有齿食道口线虫引起的结肠壁结节

该病通常影响15～70kg（6～18周龄）的猪，但在最初暴发时所有日龄的猪均可出现临床症状，潜伏期为10～14d。猪的排菌期可达90d，小鼠的可达180d。在设计根除计划时，这些特征非常重要。猪痢疾短螺旋体在相关动物及介质中的存活情况如下：

- 小鼠。排菌期达180d以上。
- 粪便。可在5℃下存活61d。
- 土壤。可在4℃下存活18d。

- 苍蝇。可以存活4h。
- 猫和犬。可以携带13d。

（2）临床症状　急性暴发时首先出现的情况可能是在其他猪出现任何症状之前有一两头猪死亡，仔细检查通常会在某些地方发现血液和黏液（图4-155和图4-156）。

在接下来的2周内，无论粪便中是否有血，猪均会出现腹泻，且严重程度变化很大。在感染猪的腹泻中出现大量黏液，随后出现血块。感染猪体重迅速下降，毛长。发病猪群中感染猪的比率可达50%。体重下降和僵猪化可导致饲料转化率上升0.6，延迟出栏时间20d。

随着疾病的发展，育肥猪出现脱水和腹痛，一些体弱的猪表现为共济失调。临床症状通常呈周期性，并以3～4周的间隔再次出现。

图4-155　猪痢疾发生的临床症状

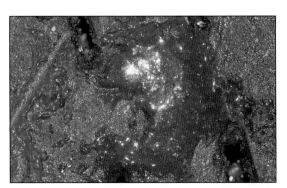

图4-156　在常规访视期间发现的腹泻

（3）鉴别诊断　应与非特异性结肠炎、沙门氏菌病、回肠炎（特别是出血型），以及其他可引起类似死亡率、临床症状的短螺旋体病相鉴别。

（4）诊断　猪痢疾短螺旋体是一种厌氧菌，因此猪感染后的病变局限于盲肠、结肠和直肠。

急性期的典型变化包括大肠肠壁充血和水肿。结肠黏膜下腺体突出并呈现白色，黏膜通常被黏液和纤维蛋白覆盖并带有血斑；结肠内容物松软或呈水状，含有渗出液。

通过分离粪便中的猪痢疾短螺旋体可进行确诊。在猪的大肠中有许多正常的螺旋体，它们可能与结肠炎有关。

PCR可应用于粪便样本诊断，而免疫组化可用于组织样本诊断，经典组织学染色中的银染色方法也可用于样本诊断（图4-157）。

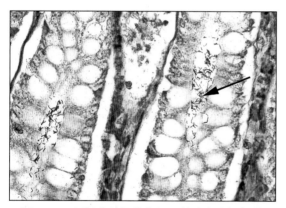

图4-157　回肠末端银染色显示的猪痢疾短螺旋体（箭头所示）

（5）管理　可以用来治疗该病的抗生素包括泰妙菌素、林可霉素和泰农。如果卡巴多（Carbodox™）可以合法使用，则治疗非常有效，但休药期较长。如果甲硝唑在所在地区的使用合法，也可能是该病的一种极其有效的治疗方法。但由于猪痢疾短螺旋体已经对多种常用抗生素产生耐药性，因此致使该病的治疗变得困难且几乎不可能完全被消除。

治疗个别群体（急性暴发病例）：对于急性病例，由于拒绝进食，因此补水治疗至关重要。一旦猪再次开始进食，就要通过饲料喂食药物进行再次治疗（包括感染猪及与粪污接触的所有猪）。对于病重及虚弱的猪使用药物注射的效果更好。适当提供止痛治疗，同时补充电解质供水。如果治疗不成功，可能需要实行安乐死。

控制：采用适当的药物进行脉冲治疗。许多猪痢疾短螺旋体具有多重耐药性，因此，从猪群中淘汰病猪是唯一的控制方法。在一个独立的养猪场中，最有效的方法是减少痢疾阳性猪和重新引进痢疾阴性猪。

净化：使用若干药物和采取强化卫生计划可有效消除猪痢疾短螺旋体。如果猪痢疾短螺旋体血清型对合适的抗菌药物敏感，则可以使用药物进行部分预防：

- 制订有效的灭鼠计划。
- 清空粪便贮存池。
- 清洁、消毒和熏蒸所有猪空栏及空舍。
- 按规定对所有剩余猪进行药物治疗。
- 给药1周后对所有用于处理猪的设备、饲料、粪便进行清洗和消毒。
- 经常清洁和消毒地板。
- 按规定处理猪场中所有的猫和犬。

注：猪痢疾传播相当容易，如可通过粪便、靴子、服装、卡车车轮、鼠、猫和犬等传播。

22.绦虫感染

猪带绦虫是一种能够同时感染猪和人的绦虫，在非洲和亚洲的部分地区仍然存在重大风险。在世界的许多地方，有效的屠宰场监控已经消灭了这种寄生虫感染。控制猪带绦虫的第一步是合理修建厕所，避免猪接触到人的粪便。

绦虫成虫可在人肠道中发育。绦虫卵和囊尾蚴被人们无意中吃掉后，在大脑中发育可引起头痛。由于囊肿占据了大脑空间，因此可能危及生命。当绦虫成虫存在于受感染的猪或人的肠道内时一般不引起临床症状。通常情况下，成人肠道中只有1条绦虫（图4-158）。

用驱虫药，如芬苯达唑和类似的产品能治疗病猪，但这些产品不能杀死虫卵。

23.牙齿疾病

猪会出现一系列的牙齿问题，但通常只出现在宠物猪身上（图4-159和图4-160）。牙齿问题可能是导致胸膜炎和肺脓肿发生的重要原因。许多母猪都伴有牙齿疼痛问题，表现为难以进食或进食量减少，最终被淘汰。

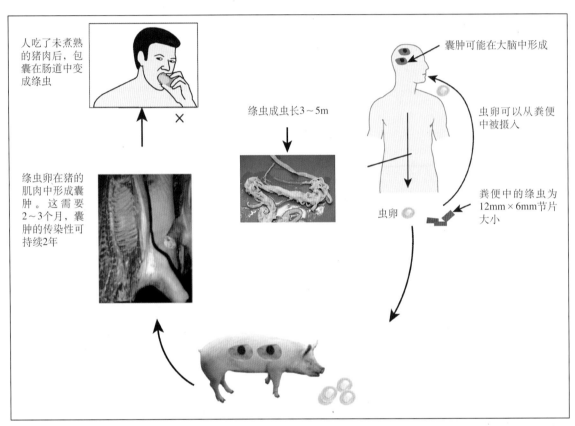

人吃了未煮熟的猪肉后，包囊在肠道中变成绦虫

绦虫成虫长3～5m

囊肿可能在大脑中形成

虫卵可以从粪便中被摄入

绦虫卵在猪的肌肉中形成囊肿。这需要2～3个月，囊肿的传染性可持续2年

虫卵

粪便中的绦虫为12mm×6mm节片大小

图4-158　猪带绦虫的生命周期

图4-159　剪牙后鼻腔坏死

图4-160　由牙齿畸形引起的面部炎症

24.传染性胃肠炎

（1）定义/病原学　传染性胃肠炎是由冠状病毒科、冠状病毒亚科中的一种病毒引起的疾病，此类病毒属于RNA囊膜病毒。在猪体内存在以下几种相关病毒：

- 猪呼吸道冠状病毒，是传染性胃肠炎病毒的突变体。
- 猪流行性腹泻病毒Ⅰ型和Ⅱ型。
- 猪德尔塔冠状病毒。
- 猪血细胞凝集性脑脊髓炎病毒，全球均有病例发生。

冠状病毒相对脆弱，易受消毒剂和干燥剂的影响。然而，它们可以在寒冷的季节中存活几天，因此在冬季/雨季中疾病变得更加严重。

1986年猪呼吸道冠状病毒出现，欧洲猪群感染此病毒后可对传染性胃肠炎获得免疫保护，而美国猪群感染后似乎仅能减轻传染性胃肠炎的临床症状。

病原通过接触受感染的粪便直接或间接传播疾病。雀形目鸟类与传染性胃肠炎病毒的传播有关。传染性胃肠炎的潜伏期为18h到3d。

（2）临床症状　感染仔猪出现水样腹泻，粪便有恶臭味，呈黄绿色，含有未消化的乳糜颗粒。所有日龄段的猪感染后均会出现呕吐和食欲不振的情况（图4-161）。疾病会在猪场内迅速蔓延。10日龄以内感染的仔猪通常会死亡，断奶仔猪发病后难以恢复。生长猪、育肥猪和成年猪一般所受影响轻微，感染后如果供水充足，则通常能够存活。一般情况下，此病在较小的猪群中暴发仅持续3周。

在大群中，此病可以持续相当一段时间，甚至成为地方流行性疾病，并引起断奶仔猪腹泻。

（3）鉴别诊断　在生长猪群中，应与流行性腹泻、轮状病毒病、沙门氏菌病和回肠

图4-161　临床上患传染性胃肠炎的仔猪

炎鉴别诊断。

（4）诊断　感染后的临床症状和在猪场内的传播速度是病毒性腹泻发生的标志。剖检后发现胃部无内容物，小肠内充满液体且肠壁变薄，肠绒毛萎缩。组织学病变主要见于空肠和回肠，十二指肠所受影响较小，病变为绒毛萎缩（图4-162）。在充满水的试管中放置一小段空肠可以观察到绒毛萎缩。肠道内pH变为酸性。

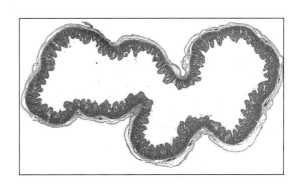

图4-162　与图4-129中的正常绒毛相比，病猪的绒毛发生萎缩

该类病毒不同于猪流行性腹泻病毒和猪呼吸道冠状病毒，对感染肠道进行免疫组化检测非常有助于诊断。虽然对抗体进行检测有用，但可能抗原、抗体阳性猪感染后无临床症状（图4-132）。猪侧流检测试剂有助于诊断（参见猪流行性腹泻）。

（5）管理

①治疗　没有具体的治疗方法，对仔猪加强管理可以减少损失。提供温暖、充足的猪舍用品和电解质，适当提供止痛治疗。如果母猪出现低血糖，则可为仔猪提供代乳料。

寄养仔猪会影响已经恢复的母猪健康。在第1天提供该母猪的初乳给其所产的所有仔猪。仔猪提前断奶，进入较温暖、干燥的保育舍，使用抗生素控制继发感染。

采取主动接触病毒（返饲）计划，以确保所有非妊娠母猪和妊娠母猪（产前3周）感染传染性胃肠炎病毒（传染性胃肠炎病毒存在于受感染仔猪的肠和粪便中）。

不能给哺乳母猪饲喂病毒，因为初乳内的抗体不能很好地保护仔猪。

②控制　使用疫苗效果不佳。严格卫生管理和采取疾病控制措施，包括避免不必要的访客；为猪提供特定的装载/卸载区域并保持其清洁；对于新引入的猪要有足够的隔离设施；采取实用的防鸟设施；避免饲料从料塔周围溢出，并及时清理掉溢出的饲料（在散养猪群中，要覆盖所有料槽）。

25.鞭虫感染

猪鞭虫（*Trichuris suis*）生活在大肠中并导致肠壁局部损伤，但不会在猪体内迁移，可能与"母猪消瘦综合征"的关系不大。呈双极卵形态，因此很容易鉴别（图4-42）。

临床小测验

1. 查看图4-16A至图4-16J，思考什么条件会导致粪便呈不同颜色？

2. 查看图4-17至图4-26中的肠道病理学图片，思考图中所描述的每种病理状态的条件是什么，而不要只看图片。

3. 在图4-59中看到的可能影响仔猪断奶前腹泻的控制措施是什么？

相关答案见附录2。

（陈杨　洪浩舟　伞治豪　译；钱金花　洪浩舟　张佳　校）

第五章　运动系统疾病

一、运动系统的临床大体解剖

家猪（*Sus scrofa*）是偶蹄动物（蹄趾数为偶数的哺乳动物），其四肢均失去第一蹄趾。除了这一个性状被驯化外，家猪的骨骼系统基本完整。注意猪的吻骨是哺乳动物中一种罕见的特征。

1.骨骼解剖

猪有6块颈椎、14块胸椎（一些长白猪品种可能有15块）、6块腰椎、1块骶骨和尾椎（相关骨骼特征见图5-1）。

2.四肢细节

临床兽医需要更详细地了解猪的前肢和后肢解剖结构（图 5-2至图5-8）。在猪的体型评估或查看X射线照片时，了解四肢的解剖结构对于作出专业判断至关重要。生产中猪的跛行是很常见的问题，猪场健康团队必须花更多的时间和精力来保障猪的肢蹄健康，尤其是成年猪。理解相关基础知识并能够描述下肢结构至关重要。临床上可能要对猪的蹄部进行解剖。

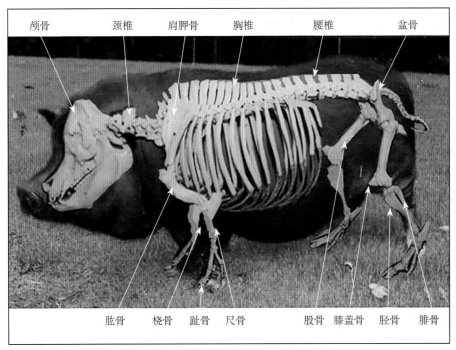

颅骨　　颈椎　　肩胛骨　　胸椎　　腰椎　　盆骨

肱骨　　桡骨　　趾骨　　尺骨　　股骨　膝盖骨　胫骨　　腓骨

图5-1　猪的一般骨骼解剖结构。注意：距骨（图中未显示）是所有偶蹄类动物的标志性骨骼特征

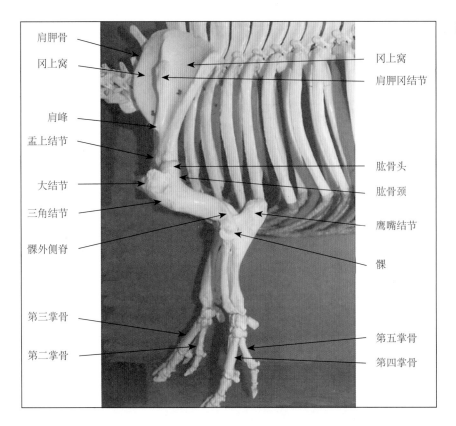

图5-2　前肢解剖结构

肩胛骨
冈上窝

肩峰
盂上结节

大结节
三角结节

髁外侧脊

第三掌骨
第二掌骨

冈上窝
肩胛冈结节

肱骨头
肱骨颈

鹰嘴结节
髁

第五掌骨
第四掌骨

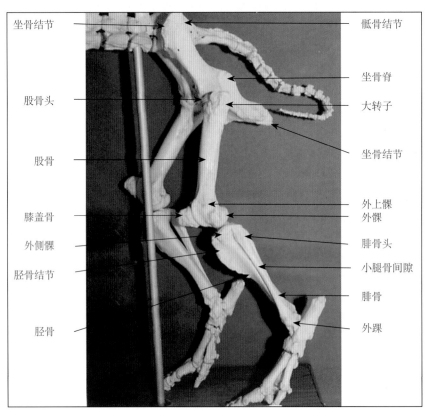

图5-3　后肢解剖结构

坐骨结节

股骨头

股骨

膝盖骨
外侧髁
胫骨结节

胫骨

骶骨结节

坐骨脊
大转子

坐骨结节

外上髁
外髁
腓骨头
小腿骨间隙
腓骨
外踝

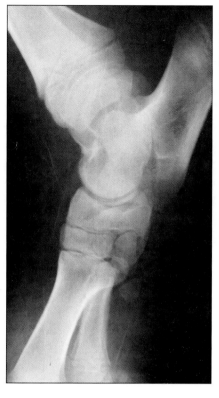

图5-4　腿部X射线照片（见本章的临床小测验1）

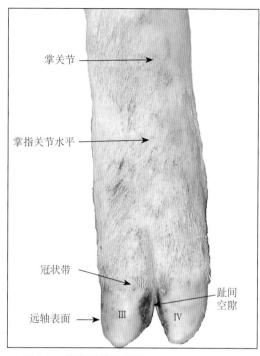

图5-5　前脚远端背视图

掌关节

掌指关节水平

冠状带

趾间空隙

远轴表面

Ⅲ

Ⅳ

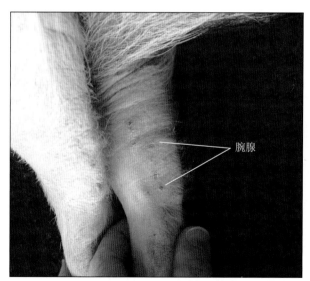

图5-6　前肢远端侧视图，箭头所示为腕腺

腕腺

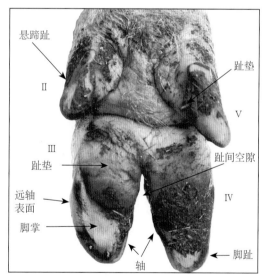

图5-7　脚部足底（前部）或掌（后部）视图

悬蹄趾

趾垫

Ⅱ

Ⅴ

Ⅲ

趾间空隙

趾垫

远轴表面

Ⅳ

脚掌

脚趾

轴

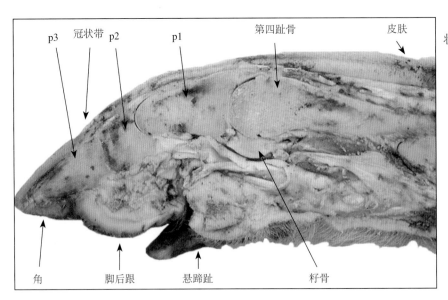

图5-8　通过脚趾的矢状切面（后肢第四趾）

3.主要肌肉组织

此部分内容不对猪的所有肌肉组织进行详细描述，但是图5-9可让读者了解猪皮肤下的主要肌肉组织。

临床兽医应该认识到，商品猪需要根据品种特征进行评估。随着临床兽医对猪的了解加深，不同品种和品系之间的差异可能会更加复杂。

一些种猪公司会追求双肌臀等极端体型，但这可能会导致临床上的运动问题。猪要有正常的骨骼系统来行使其相应的功能。即使在宠物猪产业，微型猪选育也只不过是严重的饥饿和强化侏儒症特性。骡蹄（脚趾融合在一起）是一种遗传缺陷，选种时应避免。

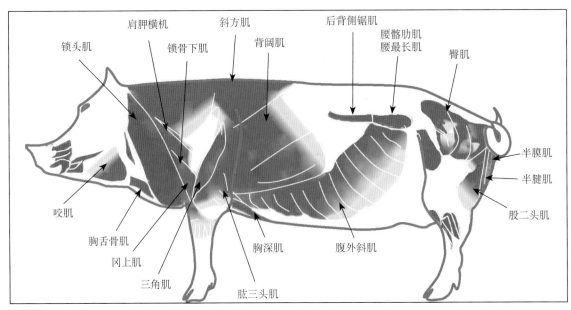

图5-9　与皮肤相连的主要浅表肌肉分布

二、运动系统疾病的细菌学

运动系统疾病可能与细菌有关。从关节表面小心地采取拭子样本来培养和鉴定细菌种类，同时对其进行抗菌谱分析，可以更好地制定治疗方案。表5-1列举了可从关节疾病中分离出来的主要细菌的基本鉴定方法与特征。

表5-1　运动系统疾病细菌学特性

微生物	革兰氏染色	培养				糖利用和生化反应									
		严格厌氧	溶血性血琼脂	麦康凯培养基	表面活性剂	过氧化氢酶反应	氧化酶反应	葡萄糖肉汤	克氏培养基	克氏双糖铁培养基	乳糖	赖氨酸	西蒙氏培养基	西蒙氏柠檬酸盐	脲酶
猪放线杆菌	–B	β	–	–	+	V	+			+			P	+	
猪红斑丹毒丝菌	+B	N	–	–	–	–			+						
副猪嗜血杆菌	–CB	N	–	–	+									–	
猪链球菌	+C	α/β	–	–	–	–									
化脓隐秘杆菌	+B	N	–	–	–	–									

注：绿色和"+"，阳性；红色和"—"，阴性。
革兰氏染色：B，杆菌或球杆菌；C，球菌。
糖利用和生化反应：G，气体。
溶血性：α 或 β 溶血；N，不溶血。

1.猪放线杆菌

见图3-21至图3-24。

2. 猪红斑丹毒丝菌

见图 5-10 至图 5-13。

图 5-10　血琼脂培养基，小菌落

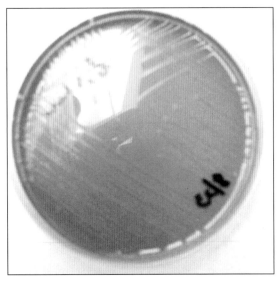

图 5-11　麦康凯培养基，不生长

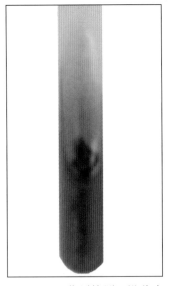

图 5-12　鉴别检测。沿着克氏双糖铁琼脂培养基穿刺线产生硫化氢（黑色条带）

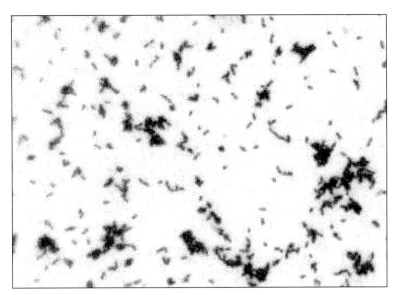

图 5-13　细长的革兰氏阳性猪红斑丹毒丝菌

3. 副猪嗜血杆菌

见图 3-31 至图 3-34。

4.猪链球菌

见图3-39至图3-41及图5-14。

图5-14　注意溶血现象的类型。α溶血型溶血圈呈绿色，β溶血型溶血圈透明，过氧化氢酶呈阴性

5.化脓隐秘杆菌

见图3-42至图3-44。

6.猪滑液支原体

支原体需要特殊的培养基培养。猪滑液支原体培养需要较长的培养周期和在专门的实验室中进行，PCR检测是可以用来证明这一微生物存在与否的替代技术。

三、运动系统障碍调查

- 猪的选择。
- 观察并记录所选猪的运动状态。
- 对有典型症状的猪实行安乐死。
- 若可能，则剖检刚死亡的猪。
- 尽可能检查脑部和脊椎。

1.体型评估

理想的体型能为猪的关节提供良好的缓冲性和柔韧性，猪可以轻松地站立或躺卧且少有肢蹄损伤，使用年限也更长（图5-15）。

在种猪场评估体型时，检查员可以站在更低的坑中并观察其前方猪的行走情况，以更好地观察所选猪的肢蹄和腹线（图5-16）。

2.肩部观察

在对猪进行体型评估前，先观察其整体外形，尤其要注意肩部与整个背部的关系。例如，从远处观察若发现塌肩，通常表明该猪背部构架可能不坚实（图5-17）。

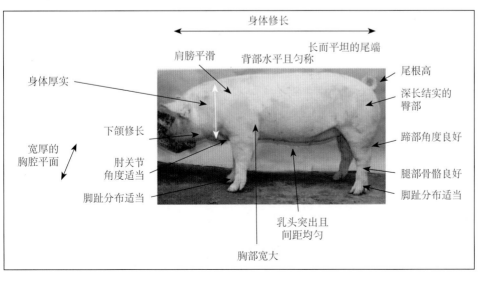

图5-15　猪体型评估的基本要素——检查要点

身体修长

肩膀平滑

长而平坦的尾端
背部水平且匀称

尾根高

深长结实的臀部

身体厚实

蹄部角度良好

下颌修长

宽厚的胸腔平面

肘关节角度适当

腿部骨骼良好

脚趾分布适当

脚趾分布适当

乳头突出且间距均匀

胸部宽大

图5-16　对种猪舍的种猪进行体型评估时的观察坑

图5-17　塌肩的后备母猪（箭头所示）

3.蹄趾检查

评估一头猪的体型要从蹄趾开始，因为蹄趾是猪行走的基础。然而很多猪的蹄趾状况并不好（图5-18和图5-19）。蹄趾只有宽大、均匀、间距合适，才能更好地承受体重。

理想情况下，悬蹄应刚好离地。蹄甲相差1cm或以上的猪（成年猪）应被淘汰掉。蹄甲，包括足掌（前）和足底（后）表面应没有明显裂缝、肿胀或损伤（图5-20）。

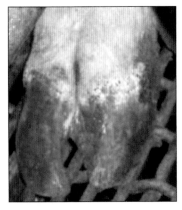

图5-18　蹄甲过于靠拢

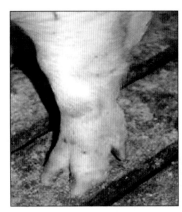

图5-19　蹄甲间距过大

图5-20　宠物猪蹄部畸形可能是特殊案例

4.腿部结构的一般检查

应该保存好所有选定和即将入场的青年种猪的记录。图5-21列举了猪的典型体型。

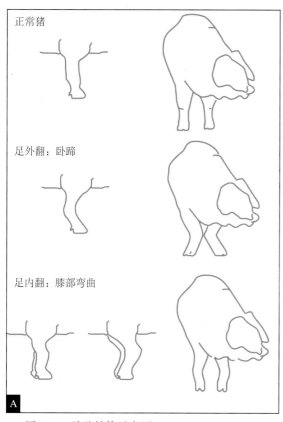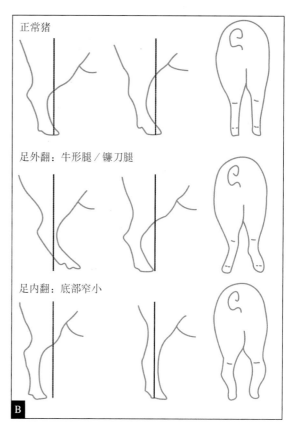

图5-21　肢蹄结构示意图
A.前肢检查　B.后腿检查（竖线表示下肢重心）

四、运动系统疾病临床检查

对运动系统疾病进行临床检查时不能孤立地进行，特别是在所有鉴别诊断中都要考虑到神经系统疾病（见第六章）。猪不喜欢肢蹄被触摸，除非被重度镇静或麻醉，否则检查可能很困难。但若有临床历史记录表明猪群存在肢蹄问题，就要利用好这些临床记录。例如，在猪躺卧时缓慢而仔细地检查其肢蹄。拍照有助于以后进一步检查。

1.蹄趾处理（视频25）

如果猪体型足够小，使其保持坐姿（图5-22）就可以轻松将其保定。如果猪难以保定，建议使用重度镇静剂（不仅仅是阿扎哌隆）或将其麻醉（图5-23），这样就能方便、准确地修剪蹄甲。

视频25

图5-22   在猪有意识的情况下修剪其蹄部

图5-25   生活环境太差意味着对蹄部损伤大

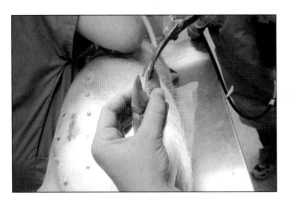

图5-23   在猪麻醉的情况下修剪其蹄部

图5-26   稻草可能很干净，但对猪蹄没有磨损作用

2.宠物猪蹄趾保护和长期护理方法

给猪提供一个坚硬的磨砂地面，可以保证其蹄部受到正常磨损。自然条件下，猪生活环境复杂多样（图5-24至图5-27），森林中的地面可能非常坚硬。

图5-27   渣石地面可让猪蹄部受到正常磨损

图5-24   泥泞的地面对蹄部来说过于柔软

五、运动系统疾病

关节炎（视频16）是猪群中是一个常见问题，尤其是体重过大的宠物猪。这不仅会导致严重的福利问题，而且难以治疗。对于商品猪

视频16

来说，由于没有经济可行的解决方案，因此病猪通常会被处死。

1.非特异性关节炎

在屠宰场经常可以遇到临床正常但却患有关节炎的猪（图5-28）。育肥舍中的猪一旦出现类似问题则往往较为严重，并经常伴有运动困难和腿部结构畸形。饲养员往往会错失一些轻微的病例。对于病猪，饲养员应为其采取疼痛缓解措施，可能的话应尽快将其送往屠宰场，但猪必须能够独立行走。

通过剖检可以检查问题肢体的损害程度，损伤可能发生在关节之外（腱鞘炎）（图5-29）。

内自行恢复。用药并进行止痛治疗。拍摄X射线照片（麻醉情况下）可以获得基础分析信息（图5-31）。

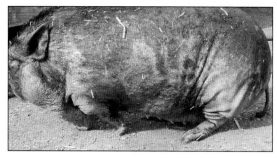

图5-30 患有关节炎的10岁宠物猪

图5-28 伴有严重关节炎和腿部畸形的生长猪

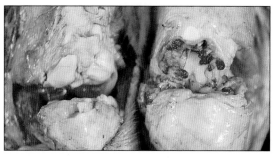

图5-29 剖检可发现受损关节

宠物猪经常出现肢体结构和肥胖问题，导致腿部负担过重，关节表面磨损严重。

猪可能存在各种跛行问题（图5-30）。小猪跛行即使问题严重，通常也会在6～12月

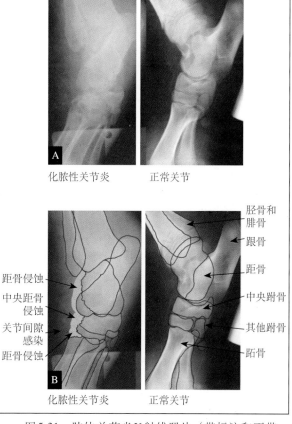

图5-31 肢体关节炎X射线照片（带标注和不带标注对照）

管理猪的体重，在舍外将食物以弧形方式撒开饲喂，让猪四处寻找食物并行走，不要使用料槽。

然而，随着日龄增长猪又会再次患关节炎和跛行，此时就需要注射更多的止痛药方可维持猪的健康。出于福利原因，预期患关节炎的猪寿命将缩短。

2.特异性关节炎

（1）猪丹毒　猪丹毒由猪红斑丹毒丝菌引起，在第九章中将详细讨论。猪丹毒是母猪和公猪慢性关节炎的主要诱因之一。由猪丹毒引起的关节炎是超敏反应导致的且病变部位无菌，因此很难证明关节炎是否与猪丹毒有关。遗憾的是，使用疫苗并不能解决这个问题。治疗困难且没有效果，但可以使用口服止痛药来缓解症状（将片剂隐藏在苹果、香蕉或巧克力中）。患猪丹毒或慢性猪肺炎支原体关节炎可能是种公猪或人工授精公猪站的公猪被提前淘汰的重要原因之一。

（2）猪支原体关节炎（视频26）

①定义/病原学　猪支原体关节炎与猪滑液支原体有关。由于猪支原体关节炎与支原体有关，而支原体没有细胞壁，因此青霉素对临床症状的治疗无效。猪肺炎支

视频26

原体在猪场很常见，猪感染后通常也不表现任何临床症状。支原体感染也可与关节损伤并存，因此猪场需要同时考虑环境管理。

②临床症状　生长至育肥过程中的猪都会受到支原体的影响，通常表现为新引入的种猪群突然出现跛腿。尽管在整个猪身上都可能出现病变，包括背部，但是后肢跛行通常更严重。病猪可能出现关节肿胀，但通常除了跛行之外，腿部几乎没有其他症状。通常在一批新入的后备母猪/公猪到达猪场后的10～14d可以观察到这种症状（图5-32）。直肠温度上升并不显著。

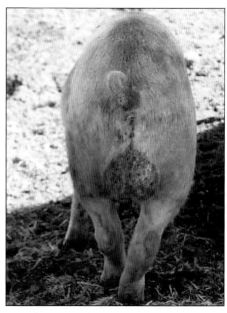

图5-32　刚引种到户外猪舍的跛行公猪

③鉴别诊断　能引起生长/育成猪跛行的因素有很多，临床诊断很重要的一环是对病史进行详细分析。这种情况通常发生在新引入到猪场或猪舍的猪群中。

④诊断　整体运动能力受影响且直肠温度并未升高。在急性病例中，受影响的关节出现非化脓性滑膜炎（图5-33），滑液中含有抗体。注意不论猪是否出现临床症状，大多数猪的血清通常为阳性。用关节穿刺液做PCR鉴定也可以诊断。

⑤管理　地面质量等环境因素会影响支原体关节炎的临床症状。

治疗：用对支原体敏感的抗生物（如泰妙菌素或林可霉素）治疗，酌情提供疼痛管理。

控制：当刚引入的后备母猪关节已被感染时，想要有效控制可能很困难，确保后备母猪在配种前有足够的过渡期直至完全康复。许多生长育肥猪被诊断为支原体关节炎，但实际上是因为追逐和欺凌而使关节发生了扭伤，但受损的关节往往能够自发愈合。应检查栏位结构、漏粪板缝隙和地板条件。

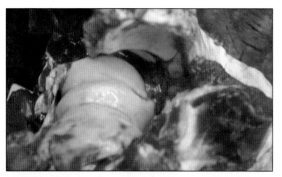

图5-33　肘关节内滑膜发炎

3.腿部骨折

　　猪场出现腿部骨折可能与建筑设计不合理或者磨损有关（如地面缝隙）（图5-34）。躺卧在栏内的母猪可能被其他母猪踩踏而受伤。与配公猪和年轻母猪的体型差异过大，也会导致年轻母猪肱骨的灾难性受损（图5-35）。营养失衡不太可能是腿部骨折的原因，但如果出现群体性骨折，则必须对营养情况进行调查。后备母猪在断奶时可能出现与骨质疏松有关的骨质脆弱。检查母猪哺乳料的采食量及饲料中的钙、磷含量。仔猪可能会由于母猪在产床的踩踏而出现腿部和背部断裂。此时，实行安乐死是唯一可行的选择。

　　骨折的诊断可能很困难，但对于活猪可通过听诊骨头的一端而敲击骨头的另一端进行诊断。然而这种方法并不适用于骨骺分离的诊断。

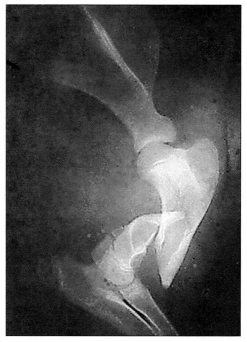

图5-35　X射线诊断证实，由于与体重过大公猪交配而导致一头后备母猪肱骨断裂

4.滑液囊

　　滑液囊是关节表面的液体保护性肿胀。机体通过较厚的皮肤覆盖来应对慢性损伤，皮肤下面通常有来自腱鞘面的液体。滑液囊可能会引起难看的肿胀从而导致后备母猪未能被选留（图5-36和图5-37）。由于地面问题而引起胸部损伤时，胸骨处也可能会出现滑液囊（图5-38）。

图5-34　育肥猪的肘部骨折

图5-36　"选留"后备母猪前肢和后肢上的滑液囊，该母猪随后将从种猪储备中被淘汰

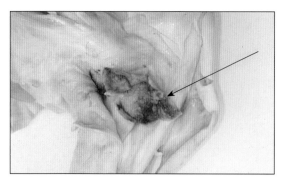

图 5-37　滑液囊解剖图（箭头所示）

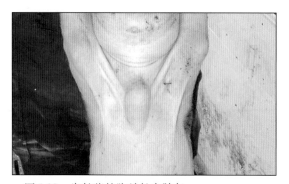

图 5-38　生长猪的胸前长有肿包

5.腐蹄病（视频27）

细菌可通过多种途径感染肢蹄内部：

视频27

- 穿刺。
- 小腿创伤。
- 脚趾可能被卡在漏缝地板的缝中并被撕裂。
- 粗糙地面磨损常导致开放性创伤。

细菌感染可从冠状带扩散到蹄部，进而引起内部组织严重坏死，甚至引起骨髓炎（图5-39和图5-40）。感染进入肌腱鞘可导致腱鞘炎。一旦内部组织被感染则病猪几乎无法得到治疗。在感染的早期阶段，可将病猪转移到有垫料的病猪区并进行积极治疗。同时，检查地面特别是漏缝地板质量。

治疗必须及时，否则最终会导致病猪需要被实行安乐死。将病猪转移到有垫料的单

独栏位，栏内最好铺有稻草。

确保猪每天的站立数次且得到充足的饲料和饮水，酌情提供疼痛管理。

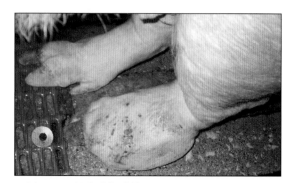

图 5-39　母猪蹄部感染

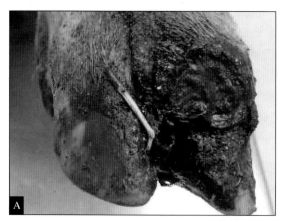

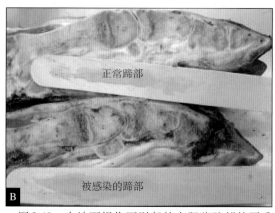

图 5-40　由地面损伤而引起的育肥猪蹄部的严重感染

A.外部视图　B.受感染脚趾的横截面，可以看到第三趾骨的溶骨性病变

6.化脓性关节炎（关节病）（视频28）

仔猪和断奶仔猪：引起关节类疾病的病原通常为猪链球菌Ⅰ型，但也可能涉及很多其他种类链球菌，如化脓性隐秘杆菌。抽取关节液并进行细菌培养可确定病原。然而许多慢性脓肿可能是无菌的。猪患有一个或多个关节的急性肿胀时可能出现严重的跛行（图5-41）。积极使用阿莫西林治疗并止痛，一般联合使用糖皮质激素类药物可以提供更有效的治疗。

视频28

如果病猪的多个关节受到感染，则建议对其实行安乐死。如果猪能存活，则肿胀的关节会自愈。在解剖此类猪时可能见到严重的化脓性腱鞘炎（图5-42）。脐炎是一种常见的病症，这可能是最初的感染病灶。因此，需要经常检查脐部。

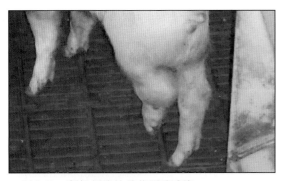

图5-41 断奶仔猪的关节严重感染

图5-42 解剖患有脓肿的关节

管理：检查地面质量。粗糙的地面是引起关节问题的主要原因，可以考虑使用石灰乳清洗产房地面来降低粗糙度。检查剪牙钳和剪尾钳，许多猪场的剪牙钳和断尾钳很脏，在操作过程中会将携带的病菌感染给仔猪。一些有问题的猪场在停止剪牙后关节问题也会随之消失。

育成猪和生长猪的腿部创伤可导致关节及肌肉周围的组织发生感染。当感染严重引起可见的跛足和瘫痪时，继续治疗的效果通常就很差，建议对病猪实行安乐死。

7.剥脱性骨软骨炎

剥脱性骨软骨炎可见于保育猪、生长猪和成年猪。一些剥脱性骨软骨炎的病变较常见（图5-43），但只有在下述情况下才会引起疼痛：

- 病变严重到引起软骨坏损，暴露出关节下方骨质。
- 滑膜组织进入关节内。
- 存在大量关节碎片（软骨或骨组织碎片）。

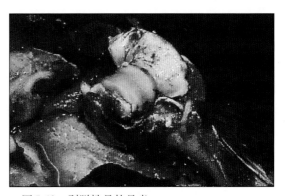

图5-43 剥脱性骨软骨炎

小块软骨侵蚀可能为偶发事件，此时应酌情提供疼痛管理。

8.股骨头分离（骨骺分离）（视频29）

股骨头分离是一种特殊形式的骨软骨病，会影响股骨颈。病变多见于发生创伤后，股骨头与生长板处发生轴分离。创伤的原因可能有：

- 打斗、欺凌。
- 穿过狭窄的通道。
- 交配。

视频29

临床上，年轻的母猪/后备母猪突然出现单侧后肢跛足、臀部（臀部）肌肉塌陷且主要表现在猪的一侧（图5-44和图5-45），生长快速是诱发因素之一。本病发生时无有效治疗方法。

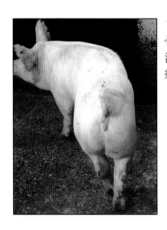

图5-44　后备母猪骨骺溶解的临床表现。注意左后肢出现悬挂症状

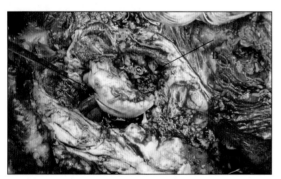

图5-45　股骨头分离的臀部解剖图片
A.股骨头　B.股骨颈

9.营养对生长的影响

后备猪生长速度过快可能会发生运动系统问题从而被淘汰。哺乳期营养不良也会造成肢蹄问题，如果猪肢蹄疼痛，就不太愿意站立进食。营养是影响剥脱性骨软骨炎的重要因素。

10.蹄部生长过度

蹄部生长过度在猪场并不少见，特别是某些品系的猪，而这在宠物猪中则非常普遍（图5-46）。应定期检查猪的蹄部和修剪蹄甲，最好在分娩后立即检查。母猪不喜欢修剪蹄甲。当蹄甲非常坚硬且难以修剪时，可使用小型研磨机进行有效修剪。蹄甲过长会导致母猪运动困难，从而导致仔猪在断奶前的死亡率升高。哺乳期间可使用断线钳对过度生长的蹄甲进行修剪。

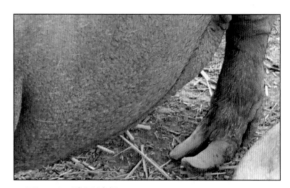

图5-46　蹄甲过长

在商品猪的管理中，肢蹄问题是一个需要认真考虑的因素。可以将母猪放入特制的定位栏中，然后翻转定位栏使其背部朝下（图5-47），这样就可以轻松地看到猪的蹄部并对其进行修剪。尽管母猪会撕叫，但这种方法对猪和饲养员来说都是安全的。母猪一经放开就会自行走掉，回到猪群中。

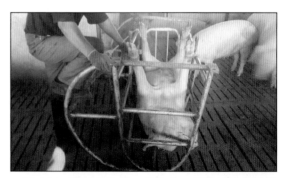

图5-47　翻转定位栏，能安全、便捷地修剪妊娠母猪的蹄甲

11. 猪应激综合征

猪过度紧张且体温过度升高的表现被称为猪的应激综合征（porcine stress syndrome，PSS）。猪最初会表现为共济失调，然后迅速倒地，被发现时也有可能已经死亡或体温高达46℃。剖检会发现其背部肌肉苍白，如同水煮过一般。其中一类猪应激综合征与遗传异常高度相关，该应激综合征相关基因既与瘦肉表达基因密切相关；也与氨气敏感基因密切相关，猪暴露在氨气环境中很容易发生应激综合征。该基因很容易在血液样本中被检测到。育种公司通过对基因库进行分析，已经在育种群体中敲除或定位了含有这种"应激基因"的群体。

但是，如果猪在屠宰前受到过度应激，则可能会出现两种明显的综合征：一种情况是，猪肉的pH低于5.4，变得苍白、柔软且滴水损失很大；另一种情况是，猪肉的pH很高但干燥、坚硬、色暗，不适合食用。

12. 脊柱脓肿

生长/育成猪突然出现后肢瘫痪（图5-48），两条腿都位于猪的同一侧。剖检发现脓肿通常位于脊髓的胸腰交界处。病猪出现这种情况时没有治疗方法，实行安乐死是唯一的选择。若猪场执行剪尾操作，则需要重新审查操作流程。

图5-48　脊柱脓肿的猪

13. 外翻腿（视频30和视频31）

（1）定义/病原学　某些仔猪出生后不久后腿便已经外翻，有时被称为"八字腿猪"（图5-49）。极少数情况下也会影响前肢，此类猪被称为"星状腿猪"（图5-50）。主要由环境/管理等相关问题引起，并没有直接的影响因素。长期处于阴冷潮湿的环境及初生重低的仔猪更容易出现外翻腿。处于应激状态的母猪产出外翻腿仔猪的可能性更大。玉米赤霉烯酮（F_2）毒素可导致此病的发生率升高。

视频30

视频31

外翻腿可能与遗传因素有关，因为相比大白小猪，长白小猪更容易受到影响。该问题通常会影响一窝中的一两头仔猪，但也可影响整窝仔猪。公猪比母猪更易受到影响。前腿外翻

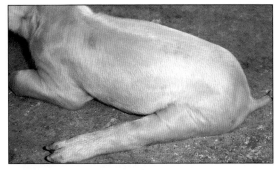

图5-49　后腿外翻（注意：在外翻症状解决之前，这只仔猪不应该进行剪尾操作）

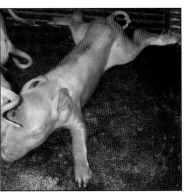

图5-50　前后腿均外翻的"星状腿猪"，最人道的做法是对其实行安乐死

很可能是另外一种不同表现的综合征。

（2）临床症状　仔猪出生后数小时内可出现临床症状。严重外翻腿会影响仔猪干燥、吮吸母乳及躲避母猪踩压，从而增加断奶前的死亡率。但这种情况很少会同时出现在多数窝里或呈现"传染性"。

（3）鉴别诊断　与新生仔猪被母猪踩踏后出现的脊髓损伤，或其他因素造成的新生仔猪虚弱相鉴别。

（4）诊断　临床症状比较典型。剖检通常毫无结果，可能会出现背肌、背最长肌和肱二头肌的肌纤维发育不全。如果新生仔猪出现外翻腿的主因是环境因素，那么在剖检时就难以观察到异常。瘫痪状态持续3d可能会影响仔猪剖检时的结构，此类猪最终多会被实行安乐死，然后进行剖检和组织学检测。

（5）管理

治疗：如果猪的4条腿都出现外翻，则要对其实行安乐死。如果只有后腿外翻，则可用胶带将其捆绑在一起（图5-51），同时对臀部进行按摩。胶带捆扎可为后腿站立提供支撑，但不宜过紧，以防出现缢痕。另外，应及时拆除胶带（48～72h之内）。不管采取哪种治疗措施，让仔猪在出生后6h内获得足够初乳都至关重要。

控制：实行分批哺乳前，将所有的仔猪先放在装有垫纸（增加摩擦力）的保温箱内30min，再放它们去吃初乳。母猪分娩时在其身后铺上垫子或饲料袋，分娩前24h给其提供碎纸。修理或者更换产床地板，尤其是分娩母猪身后和两侧的地板，用石灰浆白化产床地板来增加地面的摩擦性（图5-52）。清除饲料中的霉菌毒素和/或添加霉菌毒素吸附剂。

关注妊娠期母猪的饲喂情况，增加妊娠期第85～110天的采食量，新生仔猪体重需要大于1.2kg。减少妊娠期应激，至少在分娩前5d将母猪转移到产房内，确保产床有充足

的空间，如产床长度是否合适、地板是否干燥等。不能用外翻腿的后备母猪或者公猪配种。病猪虽然可恢复，但可能已经遭受了永久性创伤。

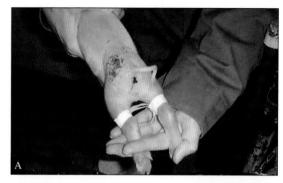
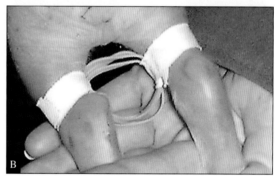

图5-51　后腿间缠绕双层橡皮筋，用胶带缠绕背部也可帮助固定后腿（A和B）

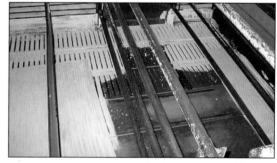

图5-52　对母猪的分娩区域进行白化处理，提升地面的摩擦力

14. 髋骨断裂

母猪摔倒或劈叉可能会导致其骨盆肌撕裂，从而造成瘫痪（图5-53），这种猪通常没有治疗价值。若瘫痪时间超过7d且尚无任何

改善则应对其实行安乐死。可通过关注地板和母猪躺卧姿势来防控这一问题。

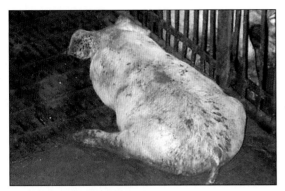

图5-53 髋骨断裂的母猪

15. 旋毛虫感染

旋毛虫是一种非常重要的猪寄生虫，可能会感染人，并造成严重的肌肉损伤和面部肿胀，但是在发达国家很少见。

旋毛虫成虫寄生在猪的肠道内，但不产卵。幼虫在雌虫体内发育，被雌虫释放出来后就会穿过肠壁，游走于全身并最终附着在肌肉组织上（图5-54）。之后幼虫在肌肉组织中蛰伏（最多长达24年）直到肌肉被猪、鼠或者人吃掉，然后开始下一个生命周期。

检查肌肉组织，尤其是横膜肌能诊断猪是否被旋毛虫感染。

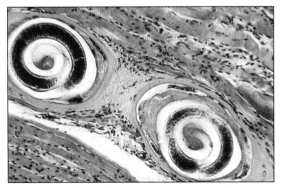

图5-54 肌肉组织中的旋毛虫幼虫

16. 影响行动的多种肿瘤

宠物猪会随着年龄的增加而出现影响许多器官的肿瘤。如果肿瘤发生在脊髓中且占据一定空间，则可能会导致明显的后肢瘫痪（图5-55）。

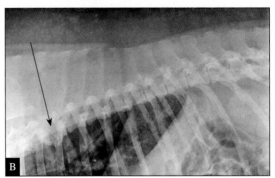

图5-55 后腿瘫痪（A）及用X射线显示此瘫痪是因脊柱附近长有侵袭性淋巴瘤（箭头所示）引起的（B）

17. 溃疡性肉芽肿

母猪腿上出现大肉芽肿（图5-56），看上去似乎比猪行为表现出来的更为严重，且无有效的治疗办法。在猪舍内放置稻草可以减缓病灶的损伤程度，有时直接淘汰反而更经济。屠宰场兽医可能非常在意此种病灶，因此在转移猪前应该提前与屠宰场兽医电话沟通关于福利和运输事宜。有时肉芽肿溃烂可能跟包柔氏螺旋体或短螺旋体有关。

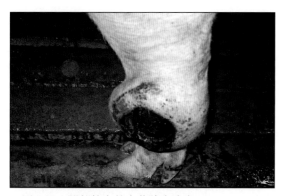

图5-56　腿部较大的肉芽肿瘤溃疡

18. 其他疾病

在第六章会讨论与运动障碍症状相似的神经系统疾病。许多病症，如膀胱炎和肾炎（见第七章），会因肾部感染而表现出与背痛相关的运动障碍，此类病症被称为牵涉痛。在第九章会讨论猪的口蹄疫。

许多其他系统疾病在最初阶段可能会表现为跛行或运动障碍，包括猪流感、猪瘟和非洲猪瘟。

临床小测验

1. 识别图5-4中的解剖结构。

2. 为什么在一侧轻敲骨头而在另一侧无法对骨骺分离进行听诊？

相关答案见附录2。

（刘从敏　译；李平　刘文峰　权东升　校）

第六章　神经系统疾病

一、神经系统的临床大体解剖

见图6-1至图6-4。

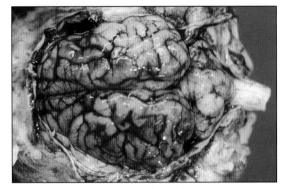

图6-1　大脑背视图（见本章的临床小测验）

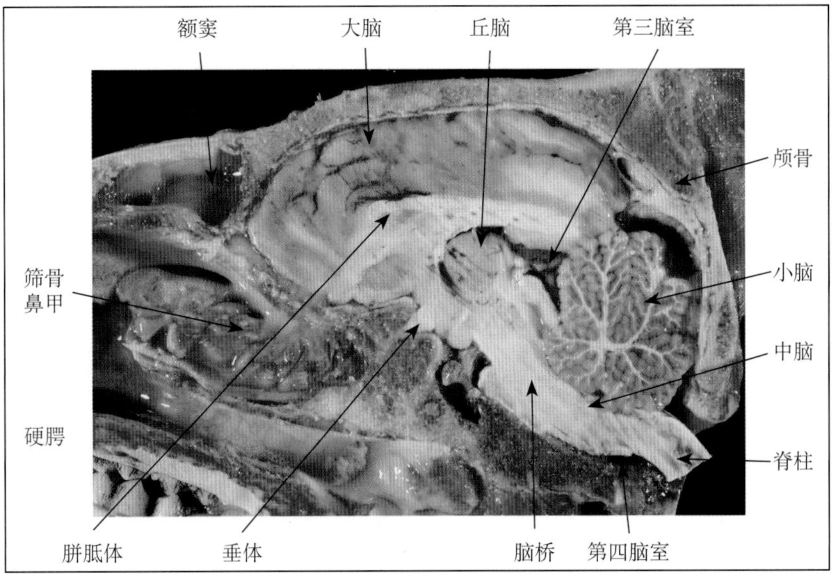

图6-2　颅顶纵切面

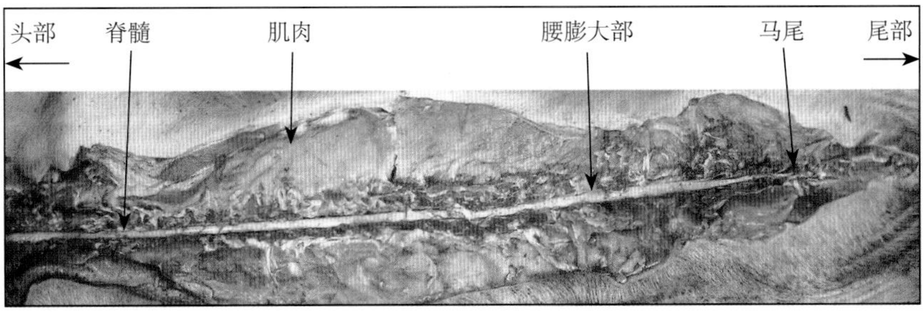

额窦　　大脑　　丘脑　　第三脑室

颅骨

筛骨鼻甲

小脑

中脑

硬腭

脊柱

胼胝体　　垂体　　脑桥　第四脑室

图6-3　脊柱图

头部　脊髓　　肌肉　　　　　腰膨大部　　马尾　尾部

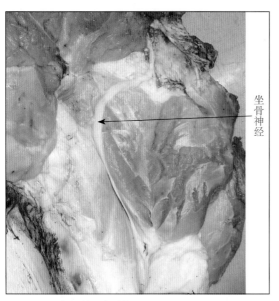

坐骨神经

图6-4　坐骨神经解剖图

二、神经系统疾病检查

- 挑选猪。
- 对有典型症状的猪实行安乐死。
- 观察并录制所选猪的行为。
- 尽可能送检刚死亡的猪。

三、神经系统疾病的细菌学

感染神经系统的主要细菌有猪链球菌、副猪嗜血杆菌（见第三章）和表达F18抗原的大肠埃希氏菌（水肿病或肠水肿，见第四章）。需注意，对于毒素血症水肿病例，在大脑中检测不到大肠埃希氏菌。

1. 大肠埃希氏菌

大肠埃希氏菌在常见培养基中的菌落形态、生物化学试验特点及革兰氏染色结果分别见图4-27至图4-30。

2. 猪链球菌

猪链球菌在常见培养基中的菌落形态、溶血性及革兰氏染色结果分别见图3-39至图3-41。

3. 副猪嗜血杆菌

副猪嗜血杆菌在常见培养基中的菌落形态、溶血性及革兰氏染色结果分别见图3-31、图3-32、图3-34，以及图6-5。导致猪神经系统疾病的常见细菌的基本特征见表6-1。

报道称，副猪嗜血杆菌在含有CO_2的巧克力琼脂培养基上生长最好。脲酶阴性，黄色。脲酶检测能有效区别此菌与猪胸膜肺炎放线杆菌（脲酶阳性，蓝色）（也可参考图3-33）。

图6-5　需要烟酰胺腺嘌呤二核苷酸（NAD），否则很难生长

表 6-1　猪神经系统疾病细菌学特性

微生物	革兰氏染色	培养				糖利用和生化反应									
		严格厌氧	溶血性血琼脂	麦康凯培养基	表面活性剂	过氧化氢酶反应	氧化酶反应	葡萄糖肉汤	克氏培养基	克氏双糖铁培养基	乳糖	赖氨酸	西蒙氏培养基	西蒙氏柠檬酸盐	脲酶
大肠埃希氏菌	−B		N+β	+L	+L	+	—		+G		+		+		—
副猪嗜血杆菌	−CB		N	—	—		+								—
猪链球菌	+C		α+β	—	—	—	—								

注：“+”和绿色，阳性；“—”和红色，阴性。
革兰氏染色：B，杆菌或球杆菌；C，球菌。
糖利用和生化反应：G，气体。
溶血性：α 或 β 溶血；N，不溶血。

四、神经系统疾病

1.肠水肿 / 水肿病

（1）定义/病原学　水肿病是由产志贺氏毒素（Stx2e）大肠埃希氏菌引起的。通常该细菌具有 F18（F4 极少见）菌毛黏附素，β 溶血，经粪 - 口途径传播。Stx2e 毒素是一种血管毒素，可引起微血管病，导致毛细血管液体渗出，随后发生水肿。当静脉压升高到 2.66kPa 时可导致大脑水肿，随后出现神经症状。

（2）临床症状　断奶 2 周的仔猪患病后表现出各种临床症状，包括猝死、瘫痪、"八"字腿、步态蹒跚、转圈和严重的共济失调等，有些猪也会出现腹泻，检查仔猪会发现因水肿而引起的眼睑肿胀（图 6-6）。

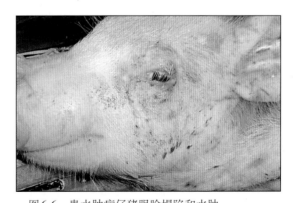

图6-6　患水肿病仔猪眼睑塌陷和水肿

（3）鉴别诊断　须注意与由猪链球菌或副猪嗜血杆菌引起的脑膜炎相鉴别。

（4）诊断　剖检可见结肠系膜、胃、眼睑和前额等部位水肿，见图 6-6 至图 6-8。

从小肠内容物中分离到具有F18抗原和分泌Stx2e毒素的大肠埃希氏菌可以确诊。当送检脑组织样本时，要确保把骨髓和中脑完整地保存在甲醛中，当存在双侧性对称性的脑干灰质软化症时可确诊。需注意水肿病案例中没有脑膜炎。

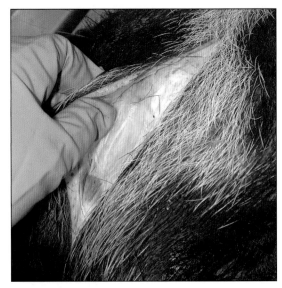

图6-9　正常皮肤紧贴在颅骨上，切开前额皮肤未见水肿

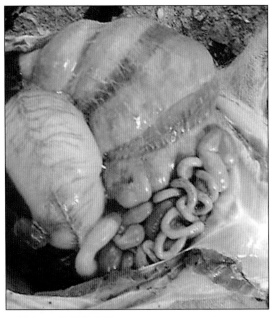

图6-7　结肠祥水肿

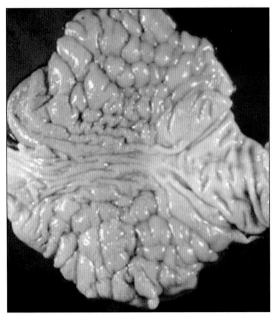

图6-8　胃黏膜呈鹅卵石样

（5）管理

感染仔猪的治疗：仔猪断奶后21d内，每升饮用水中可通过添加22g柠檬酸来酸化水质，每吨饲料中可添加2 500g氧化锌活性成分（需要强调的是需确保剂量准确）。另外，检查饲料使用说明书并与营养顾问讨论，考虑提高饲料中的纤维素含量，并降低蛋白质浓度。

通过细菌培养和药敏试验来选择抗生素是非常有用的。由于神经系统疾病可能会引起剧痛，因此治疗时需要酌情使用镇痛药。此外，应确保病猪可随时获取充足的饮水。

控制：本病发生时很难控制。应清洁猪舍并执行全进全出制度，但这并不能控制发生水肿病的风险。

免疫：免疫不产毒素的含F18黏附素的大肠埃希氏菌疫苗。

预防：强化卫生条件很重要。已经证实，对饮水嘴、饮水碗清洗和消毒有助于消除大肠埃希氏菌感染前一批猪后留下的污染。在新的一批猪进入前，猪舍必须使用热水和清洁剂正确清洗，然后消毒、干燥，并最好用生石灰白化。另外，必须逐步更换饲料，可混合两种饲料或提供纤维素含量更高的饲料。

每吨饲料中添加3.1kg氧化锌，也即每吨饲料中有2 500mg活性成分。如使用植酸酶，则可以减少氧化锌的添加量。

遗传调控：只有含有F18黏附素受体的猪感染后，才会表现出临床症状。因此，如果猪没有这种受体则不会发生水肿病。黏附素基因是隐性基因，更换公猪品系或母猪品系就会对本病有很好的控制，建议与种猪供应商讨论相关问题。

2.先天性震颤（视频30）

（1）定义/病原学　仔猪出生时就表现出震颤，称先天性震颤（congenital tremor, CT）。有很多因素可导致仔猪的先天性震颤，如疾病、毒素、遗传因素等。

视频30

最常见的病原是A-Ⅱ型先天性震颤（CT type A-Ⅱ，CTA-Ⅱ）病毒，它是一种瘟病毒。这与猪瘟病毒和Bungowannah（猪心肌炎）病毒等猪的其他瘟病毒无关。

还有一些遗传原因，如长白猪颤抖病和白肩猪（Saddleback）震颤病，但是这些通常与特定的品种相关。A-V型先天性震颤和有机磷酸酯相关。

其他特定病原也会引起先天性震颤，如众所周知的猪瘟病毒会引起仔猪脑萎缩（图6-10），或引起与髓鞘发育不良相关的先天性震颤（可参照第九章）。

本章会对A-Ⅱ型先天性震颤病毒进行全面介绍。

该病原似乎有很强的传染性。然而，在现代化猪场中的传播速度会很慢，甚至有可能在一些猪场会灭绝。所有物料都有传染性，包括粪便、胎盘、鼻涕、浸润仔猪或胎儿及精液。

（2）发病机制　没有感染过病毒的母猪可在妊娠期间被感染，且妊娠期的任何阶段感染都可能会导致产出震颤仔猪。一旦母猪有免疫力或者呈现抗体阳性，则后续分娩的仔猪就不会有临床症状。

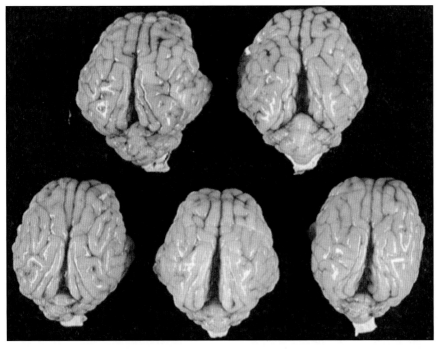

图6-10　图中上面2个是正常大脑，下面3个是由猪瘟病毒感染导致的大脑萎缩

（3）临床症状　通常，该问题发生在新引入的母猪或自繁母猪所产的头胎仔猪中。仔猪出生后全身肌肉震颤，以致可能无法行走且经常不能有效吮吸乳汁。一旦仔猪被饲养员固定到奶头上时，仔猪就会疯狂地吸奶；但是饲养员一松手，仔猪常常就会因震抖而远离奶头。除了散发案例外，此病通常会导致仔猪断奶前死亡率及其他问题的发生率增加，特别是导致被压死仔猪、由创伤造成的跛行和腹泻发生的比例增加。有吸奶障碍的震颤仔猪无法吮吸到足够的初乳，死亡率通常达75%～100%。有时仔猪睡眠震颤会明显减弱。

耐过仔猪的临床症状会随日龄的增加而减轻。然而只要持续观察，通常可见仔猪耳后和背部肌肉出现轻微的震颤，并随后缓和。

新投产猪群：新投产猪群若发生此问题，其后果可能非常严重，甚至是灾难性的，几乎每一窝都会出现先天性震颤仔猪。出现这种情况时，在此后的几年里，经产母猪也可能产出先天性震颤仔猪。

其他日龄猪群：保育猪、生长猪或成年猪首次感染不表现任何临床症状。该病只导致胎儿发病。

（4）鉴别诊断　疾病、毒素等都能引起仔猪的先天性震颤。一些遗传因素——长白猪和白肩猪也会表现出先天性震颤，这属于遗传性疾病。另外，猪瘟病毒等其他病原也可能导致仔猪先天性震颤。

（5）诊断　常用PCR方法检测导致先天性震颤的病毒，单独靠临床症状也可做出诊断，但没有肉眼可见的剖检变化。在由猪瘟病毒导致的先天性震颤病例中可见小脑缩小（脑萎缩）。

（6）管理

震颤仔猪：目前无有效的治疗方法，饲养员只能给震颤仔猪提供帮助。比如：

• 帮助仔猪获得初乳，甚至通过胃管灌服。

• 给仔猪保温。

• 如有必要，对这些震颤仔猪实行安乐死，其母猪用作奶妈猪。

• 不要选择感染的仔猪群作为后备猪配种，它们很可能也会生出震颤仔猪。

控制：对新进入后备母猪要有合理的引种流程，并且从引进到第一次配种至少间隔6周。使用粪便、胎盘、浸润的胎儿和死亡的仔猪进行驯化，确保后备母猪对本场内的病原能充分"免疫"，必须让所有从未感染的后备母猪在妊娠之前"感染"。对于新建场/群，可以将人工授精材料（如死精）作为返饲材料，并在首次配种前饲喂后备母猪（见第十一章）。

没有必要淘汰产出产先天性震颤仔猪的母猪，因为它们已经获得免疫力，以后不会再产出这样的仔猪。

如果发现有任何猪瘟相关症状，在许多国家是需要依法上报的。而在呈地方性流行的国家，要检查免疫程序。

如果怀疑该病因是遗传性的，则要避免使用这些母猪、公猪或同胞用于后续配种。

3.细菌性脑膜炎（视频32）

（1）定义/病原学　引起哺乳仔猪、断奶仔猪和生长猪脑膜炎的常见病原是链球菌2型，然而，链球菌的其他型也可以引起猪的脑膜炎。此外，其他细菌也能引

视频32

起猪的脑膜炎，如副猪嗜血杆菌。副猪嗜血杆菌在无免疫力的育肥猪和种猪群中能造成各种年龄段的猪严重的急性致死性脑膜炎，尤其是在这些种猪被引进新的群体后。链球菌通过产道接触和随后的鼻对鼻接触可从母猪传给仔猪。

（2）临床症状　任何日龄阶段的猪都可患脑膜炎，但该病多发生于2～15周龄的猪。大部分猪感染猪链球菌后不表现任何临

床症状，该菌定殖在健康猪的扁桃体和上呼吸道上。

有些感染猪可能突然表现出急性临床症状，起初四肢肿胀，而后出现共济失调，并伴有眼睛活动不受控制（图6-11），直肠温度升高到40～41℃。随着病情的恶化，病猪倒地，四肢呈划水状（图6-12）。病猪会因四肢挣扎而发生创伤，尤其在头部周围。这些病猪会很快死亡，特别是在应激状态下。在产房里，这种症状可能会被误诊为被压导致。由喉部水肿和脑膜炎引起的疼痛使得仔猪的声音产生了变化。

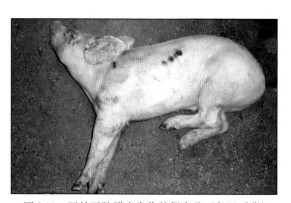

图6-11 正处于脑膜炎发作的保育猪（角弓反张）

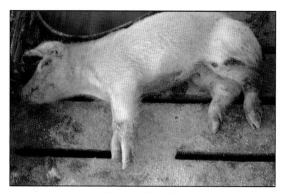

图6-12 发生脑膜炎的保育猪（由病猪划腿导致的饲料和垫料呈典型的圆圈状）

如病猪存活，则其神经系统会受到损伤。

（3）鉴别诊断 副猪嗜血杆菌感染、败血型大肠埃希氏菌感染、酒糟产物中毒、猪应激综合征、头部创伤、伪狂犬病、脑心肌炎、日本脑炎病毒感染、毒血症、水肿病及许多疾病的末期等都会导致中枢系统失调。

（4）诊断 患细菌性脑膜炎的猪没有特别明显的病理剖检变化。当发现脑膜充血和梗死时可怀疑脑膜炎。兽医应该打开颅骨检查大脑和脑膜状况（图6-13）。如需要确诊，在剖检前通过采集脑脊髓液来培养链球菌具有诊断意义。但由于链球菌很常见，因此在采集的病料样本中如发现链球菌也可能是因为污染所致。

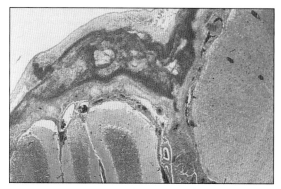

图6-13 脑组织切片显示由猪链球菌引起的脑膜炎（HE染色）

采集脑脊髓液样本时，选用40mm×1.1mm针头。猪呈仰卧位，头部超出解剖台边缘并弯曲向下。触摸寰枕关节处，用酒精棉擦拭该处皮肤进行消毒。在头盖骨后缘插入针头并朝向枕骨关节处进针，针头处连接一个2mL无菌注射器，这样就很容易抽取1mL清亮的脑脊髓液。

脑膜组织学检查（应当包括革兰氏染色）可以鉴别链球菌和副猪嗜血杆菌感染。注意：因为病原无处不在，所以很难根据PCR技术进行诊断。

（5）管理

治疗：因为病猪濒临死亡，所以应迅速为其提供积极治疗。猪患脑膜炎后极度痛苦，给予镇痛药物能够提高其存活率。同时，应当给予青霉素类抗生素进行治疗。把病猪隔离到光线暗的猪舍中，这样它们就不会受到欺凌。如果惊厥严重，则可使用镇静剂。有必要的话，可使用注射器给病猪喂水喝。猪日需水量为每10kg体重饮水1L，因此只用注射器喂水时量是不够的。

控制：多数猪的扁桃体和上呼吸道都携带链球菌。当猪遭受过多应激或者感染其他疾病时，很容易诱发临床症状。潮湿和阴冷的环境似乎会促进猪发生脑膜炎。如在户外，使用潮湿、发霉的稻草也常常会导致脑膜炎。又如，猪休息区域温度变化太大或者转群混群时群体社会等级遭到破坏等都会促发脑膜炎。有毒气体浓度和脑膜炎的暴发也有一定关系，尤其是当CO_2浓度超过2 000mg/L时（图6-14），也要注意从燃气加热设备而来的CO中毒。另外，还要仔细检查环境中是否有贼风，尤其是保育猪舍。

当分娩舍仔猪发生脑膜炎时，要检查初乳管理情况，并评估绳索返饲流程（见第十一章）。

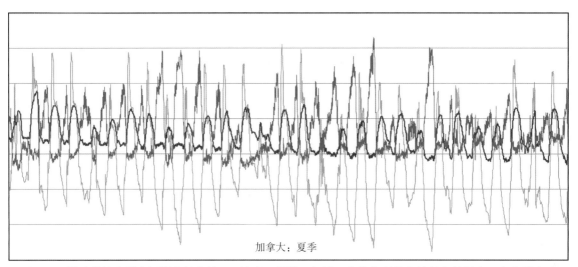

加拿大：夏季

图6-14 链球菌性脑膜炎问题猪场内的CO_2浓度。绿线、红线、蓝线分别代表的是室外温度、室内温度及二氧化碳浓度。当CO_2浓度超过1 500mg/L，则不利于养猪生产

（6）人兽共患病的风险 通过自身伤口接触猪皮肤上的伤口（通常是在给猪注射时刺伤手指导致感染）感染链球菌后通常很少会引起人的致死性脑膜炎，这可被视为一种职业危害。人链球菌性脑膜炎的暴发是因为食用未煮熟的猪肉而引起的，此类案例已有发生。

（7）检查清单 保育猪链球菌性脑膜炎的检查清单见表6-2。

表6-2 保育猪链球菌性脑膜炎的检查清单

场名：	检查日期：	
		检查
未受干扰猪群	检查和记录猪的躺卧姿势（图片/视频）	
	饮水区周围猪的行为（图片/视频）	
	采食区周围猪的行为（图片/视频）	
猪群	头孢噻呋或青霉素对临床上感染猪的治疗效果	
检查猪繁殖与呼吸综合征病毒	血清检测结果（注意猪繁殖与呼吸综合征病毒抗体延迟21d出现）	
与猪圆环病毒2型相关的全身性疾病	确保猪用猪圆环病毒2型疫苗进行免疫	
	检查疫苗购买量和断奶仔猪数量是否一致	
	检查疫苗贮存温度是否为2～8℃	
剖检	确保诊断准确（图片/视频）	
病猪	治疗病猪	
	转移康复猪	
	收集真实的死亡率和发病率数据	
检查断奶仔猪日龄和断奶体重	断奶日龄	
	断奶体重	
免疫水平	返饲程序	
猪群流动	收集每批断奶/分娩/配种和后备母猪的真实数量	
全进全出	确保对不同批次之间的环境进行彻底清洗	
药物	确保针头和注射器不在不同群体间交叉使用	
保育期间饮水	流速（700mL/min）	
	高度（13～30cm）	
	饮水器数量	
	批次间清洗程序	
地板	每头保育猪需要0.3m^{2}的空间（至30kg活体重）	
	批次间清洗程序	

（续）

表6-2　保育猪链球菌性脑膜炎的检查清单

猪场：	检查日期：	
		检查
空气	转群时舍内温度是30℃	
	合适的降温曲线	
	每周温度下降1℃，一直降至24℃	
	相对湿度（50%～75%）	
	气体加热（检查火焰颜色和CO浓度）	
	很多存在脑膜炎问题猪场的员工有头痛症状	
	高浓度粉尘和内毒素问题	
	关注漏缝地板下面的粪浆（是否有气流从漏缝地板底下通过）	
	检查规划睡眠区的贼风	
	检查猪排粪问题	
	舍内进行烟雾测试并记录空气流动模式（图片/视频）	
	批次间清洗程序	
饲料	料槽空间（50mm/30kg猪）和料槽管理	
	饲料中的维生素E含量，理想含量是250mg/kg	
	断奶后3～4d是否采取粥料饲喂	
	饲料配方、类型和颗粒大小更换时的问题	
	批次间清洗程序	
其他问题	消除断奶过程的任何应激因素（如称重、打耳标和采血）	

4. 中耳病（视频33）

该病以猪行走时头部倾斜为特征（图6-15）。很多病例和链球菌等化脓性细菌相关。有证据表明，猪鼻支原体也会引起中耳病。剖检后培养细菌往往可发现多种细菌混合感染。该病在断奶后10～20d打喷嚏的仔猪上很常见，以散发为主。

视频33

个体治疗的意义可能不大，但是给病猪注射氨苄青霉素有效。氨苄青霉素对链球菌病相关病例的治疗会有效果，但对猪鼻支原体感染无效。如果出现大量病例，则要确保猪场避免冷风。

如果该病发生在宠物猪上，通过放射线检查可能在其头部倾斜侧发现中耳脓肿和堵塞（图6-16）。

母猪发生该病可能是因为滴水降温系统安装位置不当，水滴入其耳朵导致。

图6-15 中耳病的临床症状，病猪朝着受感染的中耳方向转圈

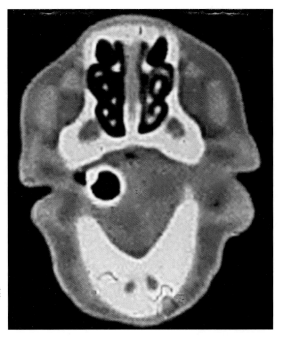

图6-16 CT扫描中耳病病例显示右侧中耳堵塞（图中黑色圆孔显示的是正常左侧中耳）

5. 坐骨神经损伤

小腿关节突起通常见于断奶仔猪，与坐骨神经损伤有关，可能由注射操作、注射后脓肿或者坐骨神经拉伤和挫伤等导致（图6-17）。治疗和控制措施包括培训工作人员的注射技术及抓猪技巧。

图6-17 大腿肌内（臀肌）注射引起坐骨神经损伤后导致后足部背面丧失知觉

6. 脊柱脓肿

病猪表现为两条后腿偏向同一侧，这在第五章已有详细讨论。

7. 禁水/盐中毒

（1）定义/病因 猪死亡时会伴随神经症状迹象，地上会有猪死前做划水运动的痕迹。环境检查可以发现供水存在问题。在极少数情况下，如果饮水中的盐浓度超过7 000mg/L，则可能与盐中毒有关。如果饲料中的盐含量超标，则猪通常不会采食，也就不会出现盐中毒。猪可能无法获取饮水，比如发生脑膜炎时。

（2）临床症状 最初可能会发现几头死猪，活猪可能会犬坐并凝视前方。这些活猪常会抽搐，最后发展为每隔5min发作一次。病猪可能行走跟跄且漫无目的，或看似失明并以头抵墙；体表可能会很脏，当猪舍非常热时尤其如此。

环境检查时通常会发现停水或供水不足（图6-18和图6-19）。

一旦恢复水源供应，病猪的临床症状可能变得更加严重。因为猪拥挤在饮水器周围，可能过度饮水（图6-20）。猪可能由于脑水肿而突然倒地、震颤、痉挛，并部分死亡。

图6-18　饮水器损坏

图6-19　栏内因缺水而死亡的猪

图6-20　猪群挤在饮水器周围

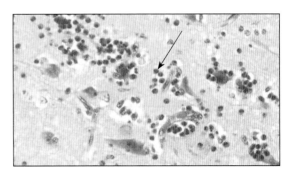

图6-21　患嗜酸性粒细胞性脑膜脑炎病猪脑组织中的圆形嗜酸性粒细胞（箭头所示）

（3）鉴别诊断　要与脑膜炎、副猪嗜血杆菌病、伪狂犬病、猪瘟、水肿病、猪捷申病、蓝眼病，以及其他病毒感染和中毒导致的疾病等相鉴别。

（4）诊断　剖检无明显可见病变，然而脑组织学检查显示为独特的嗜酸性粒细胞性脑膜脑炎（图6-21），以及脑皮质层状坏死。对新鲜大脑组织进行盐浓度检测，可能发现盐浓度超过1 800mg/L。

（5）管理　逐渐恢复供水。使用皮质类固醇激素可减轻大脑肿胀。提供镇痛措施。

8.引起神经症状的其他重要病原

有猪伪狂犬病病毒（见第二章）和尼帕病毒（见第八章）。

临床小测验

请鉴别图6-1中的结构。

相关答案见附录2。

（唐利　译；蒋增艳　王科文　李平　刘文峰　权东升　校）

第七章 泌尿系统疾病

一、泌尿系统疾病的诊断

1.疑似症状

当公猪和母猪排尿姿势异常（这可能与由脊柱损伤导致的跛行混淆），尿液中出现血液或其他异常，在外生殖器观察到晶体或结石，公猪包皮毛上粘有结石，在母猪身后的地板上可看到白色的沉积物（结晶尿），以及有杂草黏附在母猪外阴上（需怀疑存在外阴分泌物）时，都应怀疑存在泌尿系统疾病。

2.尿液样本采集

公猪及母猪在早晨站立后不久就会排尿（图7-1），这就要求饲养员或兽医早起收集尿液。对于调教用作采精的公猪，要鼓励其在爬跨假畜台时排尿，以便采集尿液样本，这也是公猪性行为的一部分。

图7-1 正在排尿的母猪

3.尿液检验

尿液的颜色为从无色到深褐色（图7-2）。正常的尿液中不含血，但刚配种的母猪因为创伤，其尿液中可能会带血。公猪有包皮憩室炎时，也可能导致尿液中带血。

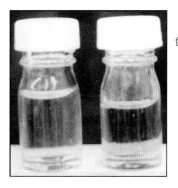

图7-2 猪不同颜色的正常尿液

正常的尿液不会产生泡沫，但当存在蛋白质时会有泡沫。如果是公猪，则尿液中的这些泡沫则可能是精液。猪尿液的正常特征见表7-1。

通过自由排尿收集的公猪尿液可能呈强碱性，pH可高达11，这与来自猪放线杆菌的脲酶作用有关，该菌是公猪包皮正常微生物区系的一部分。

表7-1 猪尿液的正常特征	
容量（L/d，取决于年龄）	2 ~ 6
比重	1.000 ~ 1.040
pH	6 ~ 8
胆红素	无
血	无
葡萄糖	无
蛋白质	无

4. 肾功能

肾功能正常与否可通过分析血清进行确的。收集血液样本进行生化分析，记录血液脲氮、肌酸酐、γ-谷氨酰转移酶（gamma-glutamyl transferase, GGT）和蛋白质浓度（表7-2）。对于死猪，可以对其体液进行分析。

生化指标	单位	保育猪(10～30kg)	育肥猪(30～110kg)	成年猪	患肾盂肾炎病猪*
γ-谷氨酰转移酶	IU/L			41～86	80
白蛋白与球蛋白比值	g/g	0.5～2.2	0.4～1.5	0.6～1.3	1
清蛋白	g/L	19～39	19～42	31～43	72
碱性磷酸酶	IU/L	142～891	180～813	36～272	200
丙氨酸氨基转移酶	IU/L	8～46	15～46	19～76	37
淀粉酶	IU/L	528～2 616	913～4 626	432～2 170	
阴离子间隙	mmol/L			7.5～36	
天冬氨酸转氨酶	IU/L	21～94	16～67	36～272	200
碳酸氢盐	mmol/L			8～31	29
胆红素	μmol/L	0.9～3.4	0～3.4	0～3.4	3
钙	mmol/L	2.02～3.21	2.16～2.92	1.98～2.87	3.0
氯化物	mmol/L			96～111	100
胆固醇	mmol/L	1.06～3.32	1.37～3.18	1.24～2.74	2
肌酸激酶	IU/L	81～1 586	61～1251	120～10 990	6 000
结合胆红素	μmol/L	0.9～3.4	0～1.7	0～1.7	1.2
肌酸酐	μmol/L	67～172	77～165	110～260	516
血纤蛋白原	g/L			1.60～3.80	397
游离胆红素	μmol/L	0～3.4	0～3.4	0～3.4	3
葡萄糖	mmol/L	3.5～7.4	4.0～8.1	2.9～5.9	6
GSP-Hx	IU/gHb	30～137	40～141	48～135	110
7日龄仔猪血液IgG	mg/mL	25～35			
铁	μmol/L	3～38	39～43	9～34	27
乳酸脱氢酶	mmol/L			0～11	10
镁	mmo/L			0.5～1.2	1.7
渗透浓度	mOsmol/kg			282～300	
胃蛋白酶原	ng/mL	149～313	230～570		400
磷	mmol/L	1.46～3.45	2.25～3.44	1.49～2.76	2.2
钾	mmol/L			3.5～4.8	7
钠	mmol/L			132～170	121
睾酮	ng/mL			整个生命期间2～130	n/a
总蛋白质	g/L	44～74	52～83	65～90	143
甘油三酯	mmol/L			0.2～0.5	0.4
UIBC	mmol/L	43～96	48～101	54～99	
尿素氮	mmol/L	2.90～8.89	2.57～8.57	2.10～8.50	29

表7-2　与患肾盂肾炎病猪对比，不同年龄生猪的正常生化指标

注：GSH-Px, selenium concentration and glutathione peroxidase, 硒浓度及谷胱甘肽过氧化物酶；UIBC, unsaturated iron binding capacity, 不饱和铁结合力。

* 在细菌尿或膀胱炎病猪中没有血清生化变化，红色显示的数字表示异常。

二、尿道剖检

将骨盆分开，以便检查并取出从肾脏到尿道口的整个泌尿道（图7-3）。从侧面打开肾脏（图7-4），检查皮质、髓质和肾盂（图7-5），注意不同的肾乳头（图7-6和图7-7）。在肾盂的内侧面上容易发现近端输尿管，近端输尿管可以用剪刀剪开。从头腹侧打开膀胱（图7-8），将浆膜表面外翻，以露出尿道开口，检查输尿管膀胱交界处（图7-9），打开并检查尿道。检查母猪阴道和公猪包皮。

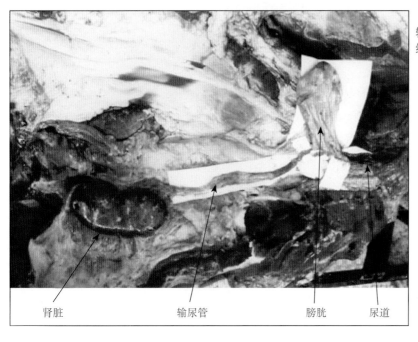

图7-3　猪泌尿道图。剖开输尿管和膀胱，并将其放置在纸上，以便清楚识别

肾脏　　　　　输尿管　　　　　膀胱　　　尿道

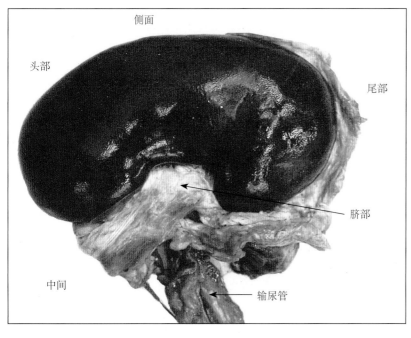

图7-4　肾脏腹侧面

侧面

头部　　　　　　　　　　　　　　尾部

脐部

中间　　　　　　　　　　　　输尿管

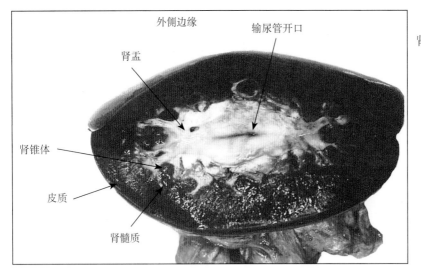

图7-5　从外侧边缘切开的肾盂

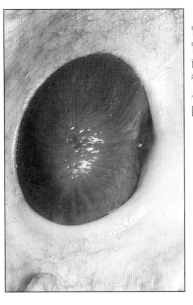

图7-6　单纯肾乳头。单纯肾乳头管（以前叫贝利尼氏管）的入口很小，因此可以阻止肾内逆流

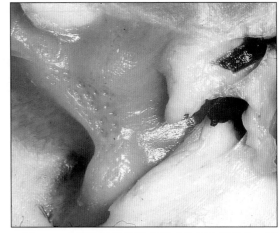

图7-7　由单纯肾乳头融合形成的复合肾乳头，可以通过开口/较大的管道进行肾内逆流

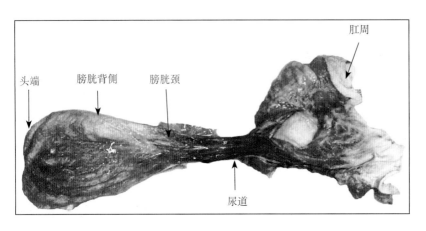

图7-8　母猪膀胱和尿道

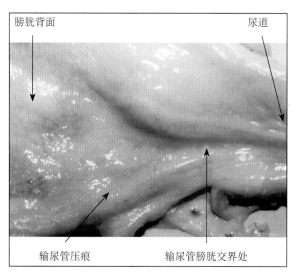

膀胱背面 尿道

输尿管压痕 输尿管膀胱交界处

图 7-9 输尿管膀胱交界处

三、泌尿系统疾病的细菌学

泌尿系统的主要细菌有猪放线杆菌、大肠埃希氏菌和猪链球菌（表7-3）。

表7-3 猪泌尿系统疾病细菌学特性

微生物	革兰氏染色	培养			糖利用和生化反应									
		仅厌氧	溶血性血琼脂	麦康凯培养基	过氧化氢酶反应	氧化酶反应	葡萄糖肉汤	克氏培养基	克氏双糖铁培养基	乳糖	赖氨酸	西蒙氏培养基	西蒙氏柠檬酸盐	脲酶
猪放线杆菌	+B	+	N	—	—	—								+
大肠埃希氏菌	–B		N+β	+L	+L	+	—		+G		+		+		—
猪链球菌	+C		α/β	—	—	—	—								

注："+"和绿色，阳性；"—"和红色，阴性。
革兰氏染色：B，杆菌或球杆菌；C，球菌。
糖利用和生化反应：G，气体。
溶血性：α 或 β 溶血；N，不溶血。

1.猪放线杆菌

猪放线杆菌属为革兰氏阳性、脲酶阳性、多形性杆菌，见图3-21至图3-24及图7-10和图7-11。

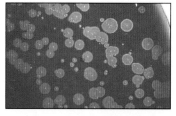

图 7-10 血琼脂平板上厌氧培养。菌落呈扁平状，煎蛋样

图 7-11 多形性杆菌（革兰氏染色）

2.大肠埃希氏菌

见图4-27至图4-30。

3.猪链球菌

见图3-39至图3-41。

四、泌尿系统疾病检查

- 挑选猪时尽可能观察并记录其排尿情况。
- 对有典型症状的猪实行安乐死，以供检查。
- 尽可能送检刚死亡的猪。
- 必须收集尿液样本、血清、未凝结的血液及涂片，进行血液学和生物化学分析。

五、泌尿系统疾病

1.反枝苋（苋科植物）中毒

在夏末和秋季，猪摄入反枝苋（雁来红或红根苋，图7-12）后可能会出现急性肾损伤。来自反枝苋的毒素导致草酸钙沉积在肾小管中，猪摄入后约1周出现临床症状，表现为虚弱和颤抖，同时伴有运动失调。

剖检特征是肾周水肿（图7-13）。如果猪存活，则肾脏的损害可能变成慢性，从而导

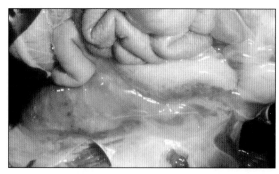

图7-13　肾周水肿

致慢性肾病。血清生化指标可用于诊断本病。

鉴别诊断：肾周水肿还可见与猪圆环病毒2型感染及草酸盐（如乙二醇）相关的其他中毒。

2.结晶尿

（1）定义/病因　结晶尿是存在于膀胱里和外阴唇上可见的尿结晶沉积物。

（2）临床症状　母猪外阴唇上出现白色分泌物，在母猪身后的漏缝地板上可以看到白色斑点（图7-14）。白色结晶像"油灰样"，触摸有沙粒感。

（3）鉴别诊断　子宫感染后从外阴排出脓性分泌物。

（4）诊断　在载玻片上涂白色分泌物薄片，用快速染色法染色后显示为钙磷灰石（磷酸钙）和鸟粪石（六水合磷酸铵镁）晶体（图7-15）。脓性分泌物显示为中性粒细胞。

图7-12　反枝苋

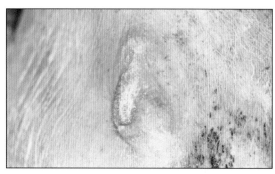

图7-14　母猪外阴唇上的白色晶体，在地板上也可看到

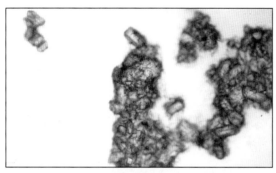

图7-15 白色沉积物用结晶紫染色后能快速区分结晶尿和炎症反应

（5）管理　确保母猪在妊娠期间有充足的饮水和运动。出现结晶尿很少导致死亡，如果剖检时在膀胱中发现大量晶体（0.5kg或以上），则可用作供水不足的指征。

3.膀胱炎

（1）定义/病原学　膀胱炎即膀胱炎症。很多环境和肠道中的细菌可能引起膀胱炎，包括猪放线杆菌、大肠埃希氏菌、变形杆菌、链球菌和葡萄球菌。

（2）临床症状　饲养员可能看不到临床症状，但可能会看到尿液颜色较暗或带有血迹。母猪也可能会出现排尿姿势异常。在研究中，大约70%的母猪患有临床膀胱炎。在没有前列腺炎等疾病的情况下，公猪很少发生膀胱炎。

（3）鉴别诊断　注意鉴别诊断上行性肾盂肾炎和导致外阴分泌物的其他疾病，发生上行性肾盂肾炎时会危及生命。

（4）诊断　通过尿检，剖检膀胱（图7-16），并进行组织学检查来诊断。请注意，剖检膀胱时症状变化速度很快，过渡层很快脱落，可能出现脓状分泌物，暴露的浆膜表面可能会出现充血。

（5）管理　猪的饮水质量必须达标。对于妊娠母猪，每天下午饲喂一次可促进下午排尿和饮水，进而促进泌尿系统健康。配种后饮水和排尿是必不可少的。减少自然交配

次数并采用人工授精技术可降低母猪感染潜在病原的风险。改善母猪会阴区的卫生，不能让其睡在粪便上，对分娩前后3d的母猪尤为如此。加强分娩母猪的卫生，并在其分娩时采取干预措施。

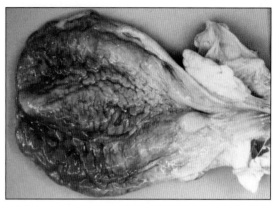

图7-16　大肠埃希氏菌感染案例，偶尔发现膀胱炎

4.钩端螺旋体病

钩端螺旋体病是发生间质性肾炎（图7-17）最常见的原因。如果由波蒙那血清型钩端螺旋体感染引起，则可能会特别严重。然而，钩端螺旋体尿很常见，猪通常无临床症状。本书第二章已对钩端螺旋体病进行了详细的描述。

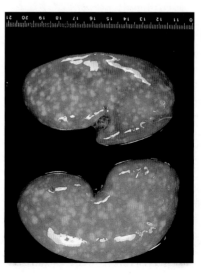

图7-17　间质性肾炎

5.肾母细胞瘤

肾母细胞瘤是一种相对常见的肾脏先天性胚胎肿瘤（图7-18）。通常只有一个肾脏受到影响，受影响的肾脏非常大，而另一个肾脏一般正常。肾母细胞瘤通常不转移。患肾母细胞瘤的猪没有临床症状，只有在剖检或屠宰时偶尔会发现。

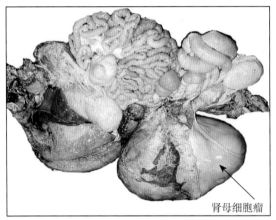

肾母细胞瘤

图7-18　肾母细胞瘤（见本章的临床小测验1）

6.皮炎与肾病综合征

猪患皮炎与肾病综合征和尿路变化有关，这将在第九章进行更详细的讨论。

大体上讲，患猪肾脏表现肿大（图7-19），通常呈灰色，表面可见多个小红点。组织学上的变化特征是纤维性坏死性肾小球炎和间质性肾炎（图7-20）。

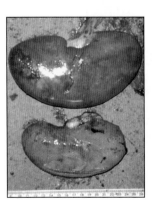

图7-19　与正常猪的肾脏（下）相比，患皮炎与肾病综合征的猪其肾脏（上）明显肿大

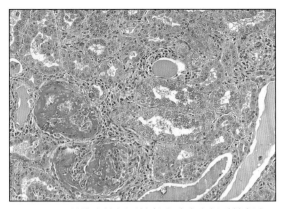

图7-20　纤维素性坏死性肾小球炎和间质性肾炎

7.肾盂肾炎和膀胱炎

（1）定义/病原学　猪放线杆菌属是与肾盂肾炎和膀胱炎相关的常见病原。然而，也可以分离到其他病原（如大肠埃希氏菌和猪链球菌）。若为链球菌感染，则可能出现化脓性肾盂肾炎。

猪放线杆菌是一类厌氧菌，通常存在于公猪包皮上，而从正常的经产母猪和后备母猪中分离不到。它具有强大的脲酶作用，可将尿素转化为氨，使尿液pH升至9以上。

（2）临床症状　感染母猪主要有以下两种临床表现形式：

- 急性肾盂肾炎。通常发生于配种后2周内且产3胎以上的成年母猪，表现为拒食、虚脱和明显的尿血（图7-21与图7-22），可能出现死亡。

图7-21　母猪排尿后地板上的血迹

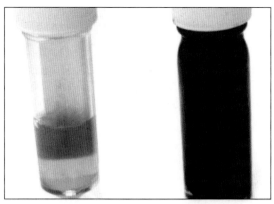

图7-22 健康猪的尿液（左）与患急性肾盂肾炎猪的血尿（右）

图7-23 肾盂肾锥体急性坏死

- 慢性肾盂肾炎。会在母猪出现各种膀胱炎症状时发生，尿液呈烟灰色至明显的血尿。

随着肾脏损伤，病猪呼吸速率也会增加，出现拒食，并伴有后肢无力症状，最终虚脱死亡。如果死后不进行剖检或延迟12h后剖检，则许多母猪会被误诊为梭菌性肝病。

（3）诊断

- 活猪。尿液样本显示肾小管出血；尿的pH大于8；细菌学试验可见猪放线杆菌；血清样本的生化检测出现血尿素、肌酐和γ-谷氨酰转肽酶浓度升高；随着猪进入肾衰竭期，钾浓度急剧上升。

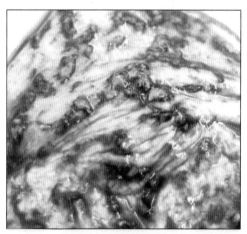

图7-24 膀胱壁的急性膀胱炎

- 死猪。剖检显示肾盂肾炎和严重的卡他性膀胱炎。

输尿管膀胱交界处出现变化，输尿管返流。尿液碱性极强时会导致输尿管炎和肾乳头坏死，以及大量失血。沿着复合肾乳头（在肾的两极和中间），碱性感染性尿液进入肾单位，导致上行性肾盂肾炎。剖检偶尔可见慢性终末期肾脏。

（4）剖检结果

急性肾盂肾炎，见图7-23至图7-25。

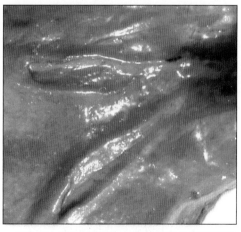

图7-25 输尿管膀胱交界处的急性坏死和损伤，损伤会导致尿液回流到肾脏

慢性活动性肾盂肾炎，见图7-26至图7-29。

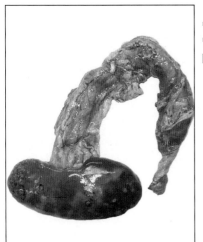

图7-26　患肾盂肾炎和输尿管炎的肾脏及输尿管的肉眼损伤

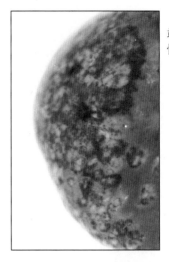

图7-27　肾脏两端常见的慢性活动性肾盂肾炎详图

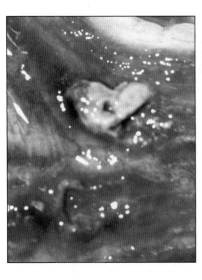

图7-28　输尿管膀胱交界处慢性缩短和增厚；偶尔会有输尿管返流

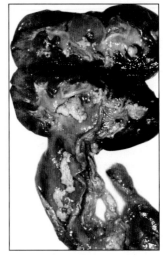

图7-29　由猪链球菌引起的肾盂肾炎和输尿管积水

（5）鉴别诊断　应与引起母猪猝死的其他疾病、没有肾盂肾炎的膀胱炎、引起外阴分泌物的其他疾病、后肢无力等相鉴别。

（6）管理　确保良好的饮水管理，特别是对饲养在繁殖区的母猪（见第十章）。

患有膀胱炎的母猪在配种（特别是自然交配）时会受到感染。但是，如果母猪没有患膀胱炎，那么猪放线杆菌将在母猪下一次排尿时被冲掉。对于非哺乳母猪，每天在下午饲喂一次，可以促进排尿和饮水。

加强分娩和哺乳母猪的卫生管理。

检查配种技术，采用干净、卫生的人工授精配种管理技术。

林可霉素联合四环素已被证实对慢性肾盂肾炎有效。但值得注意的是，患慢性膀胱炎的猪可能很难康复。患急性肾盂肾炎的猪通常在2～3d内死亡，只能通过输液治疗和重症监护来挽救。

8.猪肾虫病

（1）定义/病原学　猪肾虫是存在于肾脏内的蠕虫，其是一种圆线虫，在气候温暖的地区（包括美国南部）最普遍。

（2）临床症状　许多感染病例无症状，只有在剖检或屠宰时才会发现，屠宰场由此而造成的胴体废弃是最重要的经济影响。如果发现猪肾虫，则猪可能会生长迟缓并出现饲料转化率降低。幼虫在肝脏中停留数月，会造成大部分病理损伤（图7-30），随后离开肝脏并在体内移行。成虫在肾周组织中生长（图7-31）。

（3）鉴别诊断　尽管由肾虫导致的慢性肝炎更严重，但诊断时也需与肝脏中的猪蛔虫相鉴别。

（4）诊断　剖检肝脏和肾周组织。尿液中的虫卵见图7-32。

（5）管理　冬季严寒的国家不会出现猪肾虫。应避免草地放养猪。采用阿维菌素治疗有效。由于蠕虫有较长的潜隐期，因此采取单胎配种的后备母猪管理计划（后备母猪在第1胎断奶后屠宰），有助于打破该蠕虫的生命周期。

9.尿石症

（1）定义/病因　尿石症是由泌尿系统内患猪矿物结石发展而来的，可能导致泌尿道阻塞。

（2）临床症状　泌尿结石非常常见，病猪通常无症状，特别是在母猪群中。剖检公猪时常发现膀胱中有多颗小结石（碳酸钙），看起来像粗砂（图7-33）。由尿石症引起的尿路梗阻是一种急性表现，猪死亡时常表现为腹部胀大。

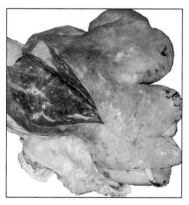

图7-30　由猪肾虫引起的患慢性肝炎公猪的肝脏

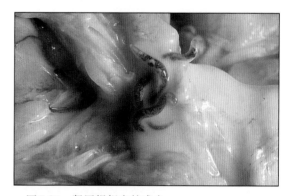

图7-31　肾周组织中的成虫

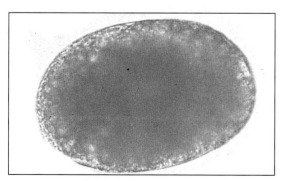

图7-32　尿液中的虫卵

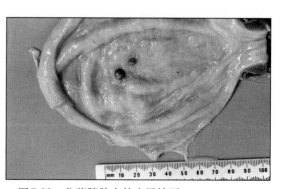

图7-33　公猪膀胱中的小尿结石

（3）鉴别诊断　病猪后肢无力，以及有可预见的猝死。

（4）诊断　在肾盂中由重尿酸和尿酸尿石引起的泌尿系统损伤案例中，可能会出现死胎（图7-34）。这种泌尿系统损伤的特征是肾盂和肾锥体呈橙色。在脱水新生仔猪中也可见此变化。

任何年龄的猪，特别是公猪，如果有尿路阻塞，则膀胱可能非常大并且充满腹部（图7-35）。由于膀胱明显扩张，因此在进行剖检时很容易被刺破或破裂，这可能会将尿液与阻塞结石一起排入腹部。临床兽医可能会认为膀胱破裂，但这种情况极为少见。仔细解剖整个泌尿道可能会发现结石。

如果病猪尚且存活，则会出现腹部胀大，并有病态表现。一般情况下，发现病猪时其已经死亡，而眼观病变很少。

（5）管理　个别病猪可能难以管理。尿石症通常为偶尔发现。如果生长猪出现泌尿系统堵塞问题，请检查饲料中的矿物质含量和供水情况，检查尿石类型并根据需要调节尿液pH。

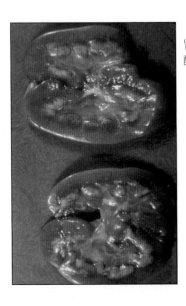

图7-34　死胎肾脏中的橙色尿酸盐结石

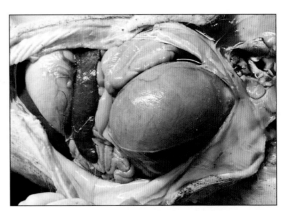

图7-35　由尿石症引起的保育公猪死亡（注意：如果剖检速度过快，则膀胱会很容易破裂）

10.泌尿系统其他疾病剖检症状

（1）先天性尿道情况　见图7-36至图7-41。

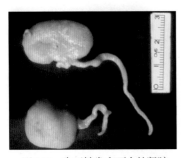

图7-36　先天性发育不全的肾脏

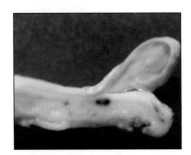

图7-37　输尿管憩室

图7-38　先天性卟啉症

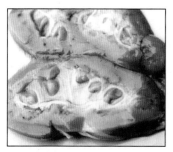

图7-39　肾盂积水

图7-40　单个大的肾囊肿

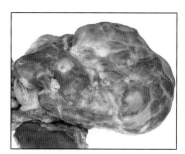

图7-41　多囊肾（上）与正常肾脏（下）

（2）肾脏其他值得注意的情况　见图7-42至图7-48。

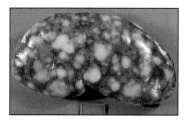

图7-42　患白血病猪的肾脏

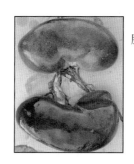

图7-43　肾脏的黑变病

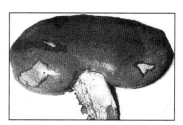

图7-44　肾梗死

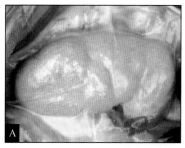

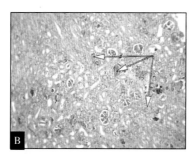

图7-45　肾脏中的三聚氰胺沉积（A）和组织学检查（HE染色）显示的三聚氰胺晶体（箭头所示）（B）

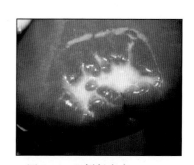

图7-46　双侧肾瘢痕

图7-47　终末期肾脏

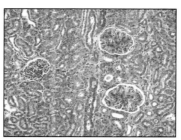

图7-48　弥散性血管性凝血，伴有典型的肾小球套，通常与沙门氏菌感染（亚甲蓝染色）有关

临床小测验

1.请鉴别图7-18所示的主要器官和肿瘤。

2.请鉴别图7-20中所示的主要结构。

相关答案见附录2。

鸣谢

图7-36、图7-42和图7-44经皇冠出版集团（Crown Publishing）许可转载。这几张图片最初发表于《猪病理学：诊断指南》（*Pathology of the Pig：A Diagnostic Guide*）。该书由The Pig Research and Development Corporation Australia 和 Agriculture Victoria 于1997年出版，作者是LD Sims 和 JRW Glastonbury。

（王科文　张佳　陆晓莉　何晓芳　译；洪浩舟　周晓艳　杨春　校）

第八章　免疫系统疾病

一、免疫系统的临床解剖

免疫系统异常和疾病通常会对猪的生产产生重大影响。免疫应答主要是由淋巴组织中的细胞介导的，但在其他组织中也存在，免疫细胞几乎存在于所有的组织中。基于触发刺激不同，免疫反应可以发生在局部水平或全身水平。猪淋巴系统主要由5个组织组成：淋巴结（图8-1）、淋巴滤泡或淋巴聚集、扁桃体、胸腺和脾脏。

与其他哺乳动物相比，猪淋巴结具有组织学倒置的特点，B细胞生发中心位于淋巴结内部，而皮质和副皮质区则以T细胞为主（图8-2和图8-3）。

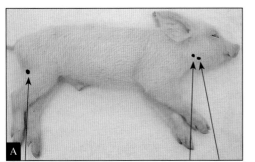

图8-1　猪浅表淋巴结（见本章的临床小测验1）

图8-2　猪淋巴结示意图

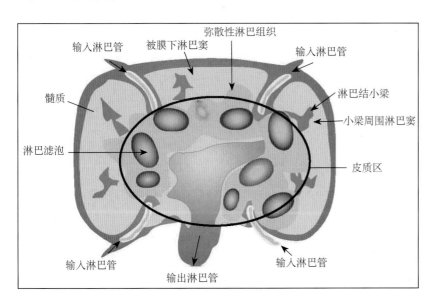

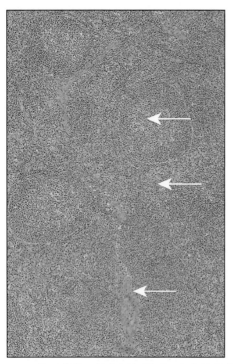

图8-3　猪正常淋巴结的组织学（见本章的临床小测验2）

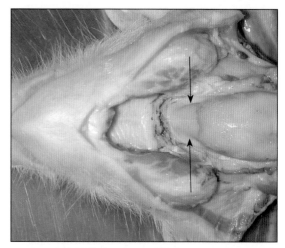

图8-4　扁桃体位于软腭（箭头所示）。扁桃体隐窝在软腭表面，呈小点状（<1mm），隐窝的存在使得扁桃体容易被识别

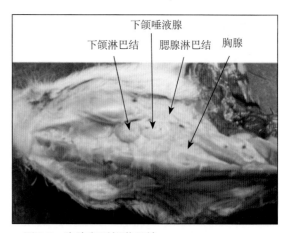

图8-5　胸腺和颈部淋巴结

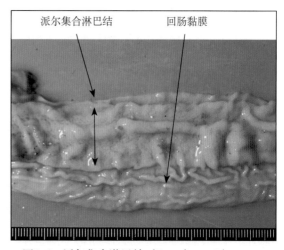

图8-6　派尔集合淋巴结（Peyer's patch）

淋巴聚集物主要位于黏膜区域，它们通常被称为黏膜相关淋巴组织（如消化道的派尔集合淋巴结）和呼吸道支气管相关淋巴组织。

位于软腭的扁桃体（图8-4）体积非常大，很容易被肉眼辨认，但咽部、舌和盲肠中也有扁桃体。由于扁桃体直接接触外界环境，因此是病原进入免疫系统的最重要部位（见第三章）。

胸腺位于仔猪颈部腹侧，是胎猪和新生仔猪T细胞发育的主要淋巴器官（图8-5）。患慢性疾病的猪由于胸腺出现萎缩，因此也非常难于识别胸腺。

猪的派尔集合淋巴结肉眼可见（从浆膜和黏膜侧观察），主要位于回肠，很大并突出黏膜表面（图8-6），通过回肠浆膜可以观察到。其他淋巴结见图8-7至图8-10。

正常情况下，体重为25kg的猪其腹股沟浅淋巴结平均长38mm、宽19mm、重4.2g。

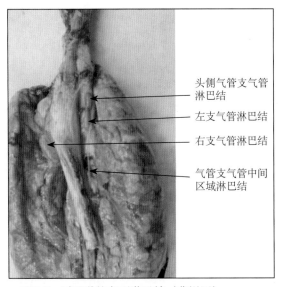

头侧气管支气管淋巴结

左支气管淋巴结

右支气管淋巴结

气管支气管中间区域淋巴结

图8-7　呼吸道的主要淋巴结（背视图）

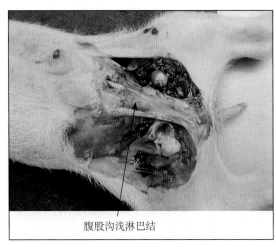

腹股沟浅淋巴结

图8-9　腹股沟浅淋巴结

空肠淋巴结

图8-8　空肠淋巴结

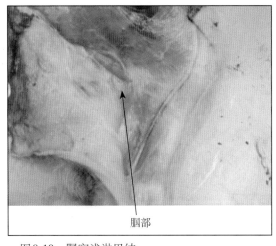

腘部

图8-10　腘窝浅淋巴结

脾脏是最大的淋巴器官，对败血症的免疫反应起着重要作用（图8-11和图8-12）（见第四章）。

图8-11　脾脏内表面

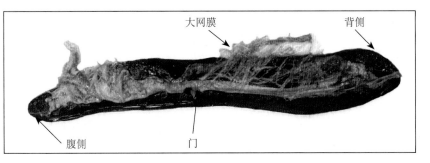

大网膜　　　　背侧

腹侧　　　　门

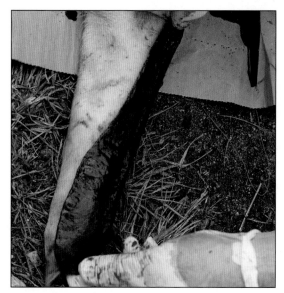

图8-12　这个脾脏肿大吗？猪的正常脾脏应该和从肘部到脚趾的长度差不多

皮肤是机体最大的免疫器官之一，具有丰富的抗原递呈细胞，如树突状细胞，在无针头注射过程中利用这一特点可收到显著效果。

除了影响淋巴系统组织的特定损伤外，还有许多因素或物质，包括病原、疫苗、毒素、化学物质、营养物质以及环境和心理（应激）等，都可能会提高或降低免疫应答。这种免疫调节可能影响先天和/或后天的免疫应答结果。

大多数淋巴系统紊乱是由感染性因子（单独或联合）引起的，但环境和管理因素也起着非常重要的诱发作用。此外，虽然没有流行病学意义，但淋巴肿瘤（淋巴瘤或淋巴肉瘤）是猪最常见的肿瘤。

除肿瘤外，感染性疾病可引起局部或全身疾病和淋巴损伤。引起淋巴病变的病原，作为全身感染的一部分，也会引起其他器官或系统病变。

新生仔猪免疫缺陷的一个重要原因是初乳摄入量不足。母猪胎盘上皮绒毛膜的特性，使得刚出生仔猪几乎完全缺乏血清抗体和致敏淋巴细胞。因此，仔猪只有在出生的最初几个小时才能吸收到初乳中的IgG抗体和致敏淋巴细胞。

表8-1显示了猪淋巴系统紊乱和/或继发免疫缺陷的主要传染性因素和非传染性因素。关于传染性因素研究得最多，而关于物理性和生理性应激、营养和有毒物质如何影响免疫系统机制方面的研究则比较少。

许多感染性病原或其毒素可能通过直接或间接机制影响巨噬细胞、淋巴细胞或中性粒细胞的功能。例如，猪细小病毒、猪流感病毒、胸膜肺炎放线杆菌、猪肺炎支原体、猪霍乱沙门氏菌等。尽管它们本身并不主要影响淋巴系统，但是能够增加机体对其他病原的易感性。

二、免疫系统疾病的临床症状及诊断

由感染性因子和非感染性因子引起的淋巴系统紊乱和/或免疫缺陷性疾病的主要临床症状见表8-1。其中，所提到的大多数感染性因子并不是淋巴系统特异性的。因此，这些影响免疫系统疾病的临床症状可能非常不同。免疫抑制状态为猪场中主要的传染性或非传染性因素创造了条件，因此，其引起的结果不一定是特定的、明确的临床表现。事实上，在以下情况中，临床上可以怀疑是免疫抑制或免疫缺陷：

- 通常由致病性较低的病原或减毒活疫苗引起的疾病。
- 通常并不难控制的疾病却反复发作。
- 接种疫苗后反应不佳。
- 同窝仔猪中1头以上的仔猪出现不明原因的发病和/或死亡。
- 猪群中发生多种疾病综合征。

表8-1　猪淋巴系统紊乱和/或继发性免疫缺陷最常见的感染性因子和非感染性因子及猪的最常见临床症状

常见原因	病原/具体原因（疾病）	临床症状
来自身体上和生理上的痛苦	热应激	过冷通常会导致猪扎堆、聚集，被毛粗乱，颤抖 过热通常会导致猪群分散休息，多饮，呼吸困难
	拥挤和混群	症状多样，急性应激很难在临床上进行评估，除非猪有打斗行为
	断奶	由等级制度的建立而引起的打斗
	限饲	因饲喂和饮水限制而引起的打斗
	保定	尖叫
病原感染	猪圆环病毒2型	生长发育迟缓，被毛粗乱，呼吸困难，死亡，易继发感染，偶尔有腹泻和黄疸
	猪繁殖和呼吸综合征病毒	生长发育迟缓，被毛粗乱，呼吸困难，易继发感染，妊娠母猪表现繁殖障碍
	伪狂犬病病毒	发热，有中枢神经症状，抑郁，呼吸窘迫，死亡，易继发感染，妊娠母猪表现繁殖障碍
	猪瘟病毒	发热，有中枢神经症状，抑郁，呼吸窘迫，腹泻，皮肤出血，生长迟缓，死亡，易继发感染，妊娠母猪表现繁殖障碍
	非洲猪瘟病毒	发热，皮肤出血，鼻出血，抑郁，排血便，死亡
	尼帕病毒	发热，有中枢神经症状，抑郁，呼吸困难，干咳，死亡，易继发感染
	鸟分枝杆菌复合物、牛分枝杆菌、结核分枝杆菌（结核）	大多数是亚临床症状
营养不当	营养不良	生长迟缓，死亡
	过度摄食	肥胖
	维生素和/或微量矿物质失衡*	临床症状差异大，取决于具体原因
免疫毒性物质	重金属	临床症状差异大，取决于具体原因，一些霉菌毒素影响免疫系统后可导致继发感染
	工业化学品和农药	
	霉菌毒素	

注：*发挥最佳免疫功能的关键维生素和矿物质是维生素A、维生素C、维生素E、复合维生素B和铜、锌、镁、锰、铁、硒。猪日粮中，达到最佳免疫功能所要求的剂量，很可能与由于不足而引起临床症状的剂量不同。

要明确淋巴系统疾病的病因，不仅需要进行适当的临床、流行病学和剖检调查，而且必须进行实验室检测。

建议进行系统化诊断，包括对猪群进行适当的病史、临床症状（表8-1）和流行病学评估，以及对感染猪进行病理检测和实验室确诊。尽管在某些特殊的病例中，肉眼诊断有非常大的示病意义，但是对淋巴系统的剖检通常信息量不足。

淋巴系统疾病最常见的临床症状是局部或全身性淋巴结病变。这仅仅反映了一个或大部分淋巴结增大现象，并没有给出任何具体原因。事实上，出现病毒全身性感染（如猪圆环病毒2型、猪繁殖与呼吸综合征病毒），以及由细菌引起的败血症，是全身性淋巴结病变的常见病因。局部淋巴病变通常与由特定受影响区域的病变引起的引流淋巴结反应有关（例如，伴有卡他性化脓性支气管肺炎的纵隔淋巴结体积增大）。重要的是提供淋巴结病变的实际大小（用mm表示），而不是仅仅表述为淋巴结"增大"。其他剖检结果包括：淋巴结、扁桃体或脾脏的脓肿、肉芽肿或坏死（通常与细菌的局部或全身性感染有关，很少是因为真菌），脾脏肿大［常见于由细菌性和全身性病毒感染引起的败血症，最引人注目的是由非洲猪瘟病毒或猪丹毒病毒引起的（见第九章)］，脾梗死（因血管炎或血栓形成），淋巴结出血（常见于引起出血的疾病），胸腺萎缩（常见于慢性消耗状态下）。由于淋巴组织和非淋巴组织中存在恶性淋巴样增生，因此在很多被屠宰的猪体内很难诊断出淋巴瘤或淋巴肉瘤，确认这些病变大多需要组织病理学检查。

对淋巴系统疾病具体病因的诊断将取决于临床评估（如是由身体性和生理性变化引起的）或实验室分析（在有感染性疾病、营养缺乏和免疫毒性物质存在的情况下）。霉菌毒素、重金属、化学物质和营养素的测定需采用不同的技术，并在专门的实验室中进行。例如，对重金属和化学物质的检测主要是基于光谱分析技术；不同的分析方法可以对霉菌毒素和营养物质进行检测和定量，如高效液相色谱、气相色谱、毛细管电泳和ELISA。所有样本中，饲料是最常见的样本，但在某些情况下，也需要采集原料及病猪组织或血清样本。

为确认或排除潜在传染性病原（表8-1），可以应用相应的实验室技术，如组织病理学（确定特定病变）、免疫组织化学法（immunohistochemistry，IHC）（确定病灶中的病原）、免疫荧光、原位杂交（in situ hybridization，ISH）技术、细菌或病毒分离（确定存在的传染性病原）、细菌的药敏反应（抗菌谱）、病原的基因组诊断（PCR、RT-PCR，包括实时定量PCR）和抗体检测（ELISA和PCR检测）。表8-2总结了用于诊断由病原引起的淋巴系统疾病时需要采集的样本。

表8-2　根据实验室技术选择样本

实验室技术	样本类型	目的
组织病理学	淋巴组织切片（脾脏、回肠和胸腺切片，完整淋巴结——去除肠系膜），用甲醛固定	通过显微镜观察病灶，通常有非常高的示病意义
IHC、ISH	与组织病理学相同	在病变部位发现病原，检测病原的抗原（IHC）或基因组（ISH）
细菌学/病毒学	整个淋巴组织，有时用血清，需要冷藏*	细菌或病毒分离，可以用于监控目的
抗菌谱	同细菌学	检测细菌的抗菌敏感性
PCR、RT-PCR、qPCR	整个淋巴组织，有时用血清，可以冷藏或冷冻	检测病原的基因组，可以用于监控目的
抗体检测（ELISA）	血清	病原抗体检测，通常用于监控目的

注：*冷冻样本可用于病毒学检测。

三、免疫系统疾病的处理

猪患淋巴系统疾病时采取的措施取决于病因，因此，正确治疗或预防疾病必须首先集中在正确诊断上。一旦确定病因（如通过临床症状、病理学），则应采取以下干预措施。

1.紧急措施

- 当出现细菌全身性感染时用抗生素治疗，最终使用消炎药物。
- 在某些病毒（如伪狂犬病病毒）感染的情况下紧急接种疫苗。
- 在出现免疫毒性物质或营养失调的情况下清除饲料或水。

2.短期措施

- 如有需要，立即根据实验室结果采取紧急措施。
- 调整免疫程序和策略性用药方案。
- 纠正营养不良或过量饲喂情况。

3.中 / 长期措施

- 根据猪场建筑或栋舍布局改善群体因素。
- 改变遗传背景（对某些影响免疫系统的系统性疾病有显著影响）。
- 提高饲料中维生素E的含量。在断奶仔猪中，可能需要的浓度为250mg/kg。猪一般不需要维生素C，因为其能自己合成。

针对暴发的全身性疾病最常采取的措施类似于针对呼吸系统疾病采取的措施，包括使用抗生素，最后使用非甾体抗炎药物。

大多数干预措施旨在预防疾病，营养、原料和环境管理是控制预防的第一步。对于许多病原，接种疫苗是有效的，可以预防许多影响免疫系统的全身性疾病的发生（表8-3）。对于非洲猪瘟（ASF）和尼帕病毒感染等应上报官方的疾病，世界各地都应对其进行净化。

因此，兽医的主要任务是早期诊断，并立即上报给相关机构。

表8-3 引起全身性免疫疾病最常见的感染性病原及其可用的疫苗

病原	疫苗类型	免疫程序
猪繁殖与呼吸综合征病毒	通常使用弱毒活疫苗，灭活疫苗也已经商业化	仔猪断奶时或稍晚；后备母猪驯化期间；妊娠母猪跟胎免疫或普免
猪圆环病毒2型	灭活疫苗，基因修饰的灭活疫苗，亚单位疫苗	仔猪断奶时或稍晚；后备母猪驯化期间；妊娠母猪产前或配种前
奥耶斯基氏病病毒（伪狂犬病病毒）	最常用基因缺失活DIVA*疫苗，灭活疫苗	仔猪在保育结束和生长期间，共需免疫接种2次；后备母猪驯化期间；妊娠母猪普免
猪瘟病毒	C株是最常用的弱毒疫苗，DIVA*疫苗（基于E2蛋白）	妊娠母猪普免或者产前3～6周跟胎免疫；若母猪未接种疫苗，则仔猪出生5日龄后首次免疫，3～4周龄后进行第2次免疫；若母猪接种过疫苗，则仔猪在35日龄后进行首免，3～4周龄后进行第2次免疫

注：*DIVA，differentiation of infected from vaccinated animals，区别自然感染和人工免疫动物。

其他一些必须报告世界动物卫生组织的病原，如猪瘟病毒，在不同国家和地区有不同的商业化疫苗。但需要注意的是，这些疫苗也可能会对猪的免疫系统造成损伤。

四、淋巴系统疾病

1. 猪伪狂犬病

阴性猪群暴发猪伪狂犬病时，早期的主要临床症状是母猪流产，关于猪伪狂犬病本书第二章已经有非常详细的论述。

2. 初乳和先天性免疫缺陷（视频2）

胎盘上皮绒毛膜结构使得胎儿在子宫内与外界相隔，仔猪刚出生时没有免疫力。而在妊娠70d时胎儿的自身免疫系统才被激活，仔猪出生后约70日龄（体重大约30kg）时才会建立完整的免疫系统，这对生猪生产系统的发展

视频2

有非常重要的影响（见第三章常规护理模式和乳腺紊乱）。

（1）影响初乳功能的因素　影响初乳功能的一些因素如表8-4所示。

表8-4　影响初乳功能的因素	
母猪	乳房水肿 / 精神紧张
	乳头数不足 / 便秘
	乳头损伤 / 疫苗免疫程序
	乳腺炎 / 饲料中过高的Ca/PO$_4$比，要求小于1%
仔猪	贼风 / 竞争
	寒冷 / 窝产仔数
	体低温症 / 出生顺序
	寄养 / 畸形腿
	先天性震颤

临床兽医需要特别注意母猪自身行为和它对新生仔猪的反应（图8-13）。拒绝给仔猪哺乳的母猪需要特别关注和进行人工干预（图8-14），这可能需要用到镇静剂。

图8-13　母猪允许仔猪哺乳

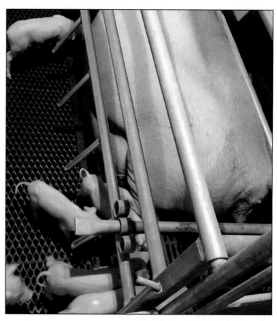

图8-14　母猪拒绝给仔猪哺乳，正在"保护"自身乳房

仔猪在刚出生的6h内吃够初乳非常重要，母猪通过初乳将免疫细胞传递给其所产仔猪，这对预防病毒和支原体入侵非常重要。

仔猪在出生后的当天能吸取250g初乳，每小时约吸取12mL。母猪在第3天产奶量稳定，每隔45min到2h就释放一次奶（泌乳开始间隔时间最长，随着泌乳的进行间隔时间逐渐减少），每次放奶时间约为8s。

（2）什么是初乳？　初乳为仔猪提供食物、具有生物活性的化合物和至关重要的热源（表8-5）。

表8-5　初乳成分					
营养成分 （每100mL乳中）	初乳	常乳	生物活性化合物 （每100mL乳中*）	初乳	常乳
干物质总量（g）	24.8	18.7	血清白蛋白（g）	1.46	0.45
蛋白质总量（g）	15.1	5.5	IgG（g）	8.9	0.1
酪蛋白（g）	1.3	2.6	IgA（g）	2.0	0.6
乳清（g）	13.7	2.9	IgM（g）	0.85	0.15
乳糖（g）	3.4	5.3	乳铁蛋白（mg）	120	40
脂肪总量（g）	5.9	7.6	ECF（μg）	157	19
棕榈酸（g）	2.0	2.8	IGF-I（μg）	40	1
棕榈油酸（g）	0.3	0.6	IGF-II（μg）	29	2
硬脂酸（g）	0.4	0.5	胰岛素（μg）	1.5	0.2
油酸（g）	2.2	2.5	TGF-β1（μg）	4.3	0.2
亚油酸（g）	0.7	0.8	TGF-β2（μg）	2.0	0.4
维生素A（μg）	170	100	中性粒细胞	+++	
维生素D（μg）	1.5	0.9	淋巴细胞（记忆T细胞）	+++	
维生素E（μg）	380	260	溶菌酶	+++	
维生素K（μg）	9.5	9.2			
维生素C（μg）	7.2	4.7			
粗灰分总量（g）	0.7	0.9			
钙（mg）	71	184			
磷（mg）	105	139			
钾（mg）	113	82			
镁（mg）	8	10			
钠（mg）	71	43			

注：红色加粗的数值表示初乳和常乳之间的主要区别。

* 免疫球蛋白为仔猪提供最直接的抗体，用于对抗各种各样的病原。IgG存在于血清中，而IgA覆盖在黏膜表面，正常乳汁中仍然有一定浓度的IgA。乳铁蛋白通过竞争铁元素起到杀菌的作用，是肠道细菌重要的一种营养成分。TGF-β2在肠道对抗原的应答过程中起到一定的作用。记忆T细胞主要起到将母猪免疫力传递给仔猪的作用。乳香碱有助于仔猪睡眠。

初乳中的细胞成分也能够为仔猪提供一定程度的免疫功能，但细胞成分的功能仅仅存在于母猪和其所产仔猪之间。如果初乳来自寄养的母猪，虽然依然存在免疫球蛋白和化学成分，但是细胞成分的功能将会受损。

（3）仔猪血清中的IgG浓度　获得足够初乳的仔猪，其血清中免疫球蛋白的浓度大于10mg/mL（正常值为25～35mg/mL）。当血清中总蛋白的浓度（通过折射仪）小于40mg/mL时意味着初乳的摄入量不足。体内抗体和母源细胞水平在新生仔猪第一次吸奶后6h内达到最高，而不是从刚出生算起。给仔猪提供足够的初乳，能降低其在育成舍中的死亡率，提高其生长速度，同时也可以使肠道增重30%。

（4）提高初乳的摄入量：分批哺乳　初乳的摄取量对仔猪的成活至关重要，每头仔猪至少需要200mL的初乳。理想状态下，应保证仔猪在出生后24h内摄入大约250mL的初乳，必须确保所有的仔猪都能获取到足够的初乳（图8-15至图8-19）。

做好母猪分娩前的准备工作，创造适宜分娩的环境，保证仔猪正常摄取初乳。对母猪来说，分娩舍内的理想温度约为20℃；对仔猪来说，理想的环境温度为37℃，并且不

图8-15　母猪分娩时保证有人员在场，以便收集刚出生的仔猪并对其身体表面进行干燥，这个操作非常耗时

能有贼风（空气流动速度小于0.2m/s）。加热垫或保温灯需要放在母猪身后的加热区，这个区域应该提前进行干燥并加热到30℃。

图8-16　将新生仔猪放入框中并将框置于保温灯下面，保持框内局部温度为32～37℃。当母猪分娩4头以上仔猪时，将干燥、保温后的仔猪放回母猪身边，以刺激催产素的释放，这有助于分娩过程的顺利进行

（5）仔猪体内母源抗体存留　表8-6详尽地列出了在仔猪体内的各种病原及大多数抗体的消失时间。

表8-6　仔猪体内病原及大多数抗体消失的时间

病原	大多数抗体消失的时间（周）
大肠埃希氏菌	1
传染性胃肠炎病毒、猪流行性腹泻病毒	2
胸膜肺炎放线杆菌	3
猪痢疾短螺旋体、副猪嗜血杆菌、猪繁殖与呼吸综合征病毒	4
伪狂犬病病毒、猪捷申病病毒、猪肺炎支原体、猪圆环病毒、猪呼吸道冠状病毒、呼吸道合胞体病毒、猪流感病毒	6～9
非洲猪瘟病毒、猪瘟病毒	10
猪红斑丹毒丝菌	12
细小病毒	24

3.铁和变色的淋巴结

淋巴结能够过滤来自身体其他部位回流的淋巴液，这可以通过对仔猪后肢肌内注射葡萄糖酸铁得到验证。虽然颈部注射效果更好，但在生产中对后肢肌内注射200mg葡萄糖酸铁仍十分常见。葡萄糖酸铁能够分散至全身，并穿过局部淋巴结出现在淋巴管中，导致淋巴结变成黑色（图8-20）。

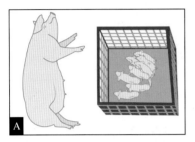
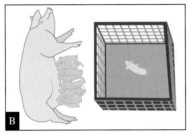
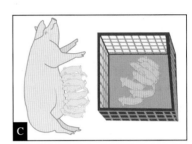
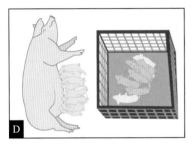
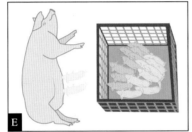
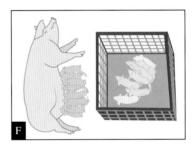

图8-17　仔猪分批哺乳步骤

A.将刚出生的仔猪干燥后放到保温灯下的框里　B.1h后对这些仔猪进行标记，并放回母猪身旁进行哺乳（第1组，蓝色仔猪），继续将后续出生的仔猪干燥后放到保温灯下的框里　C.2h后将所有正在哺乳的仔猪（第1组，蓝色）置于保温灯下的框里，将第2组仔猪放到母猪身旁进行哺乳（第2组，绿色仔猪）　D.对后续出生的仔猪进行干燥并放置到保温框里（第3组，黄色），不要与第1组的仔猪（蓝色）用同种颜色标记　E.随着仔猪的产出，继续将新生仔猪置于保温灯下的框里，将第3组仔猪放至母猪身旁哺乳　F.收回第3组仔猪，放出第1组仔猪哺乳30min，确保所有仔猪吃到初乳后收回并放进保温灯下的框里。放出第2、3组仔猪哺乳30min，确保所有仔猪和其他组仔猪一样都吃到了初乳。正常情况下，分娩过程在4h后应该结束；对于寄养仔猪，分批次哺乳时间需要更长

图8-18　产后24～48h内完成仔猪寄养和调栏

图8-19　在即将分娩的母猪身上标记有效乳头数量

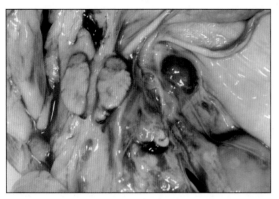

图8-20　后肢肌内注射葡萄糖酸铁导致单侧腹股沟淋巴结变色

图8-22　后备母猪胸腔上分布的淋巴肉瘤（箭头所示）

4.淋巴肉瘤

淋巴肉瘤（图8-21和图8-22）能够在一定程度上引起生长猪消瘦和处于亚健康状态，多见于18月龄以内的后备母猪到第二胎次的母猪，临床症状为渐进式消瘦，但是没有发热和厌食现象。

有时候增大的淋巴结（如白血病结节）可能会阻止局部回流并引起单侧局部肿胀（比如单个阴囊）。该病发生时没有治疗措施，建议在发病早期对猪只实行安乐死。

现在已知的淋巴肉瘤有两种：一种来源于胸腺的T细胞淋巴肉瘤，形成于头侧纵隔，在腹腔纵隔处发育成熟；另一种是在脾脏（图8-23）和肾脏（图8-24）中产生的多发性B细胞淋巴肉瘤。

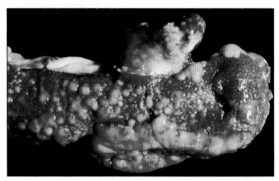

图8-23　遍布于脾脏浆膜表面的大小不一的恶性广泛性淋巴增生（脾淋巴肉瘤）

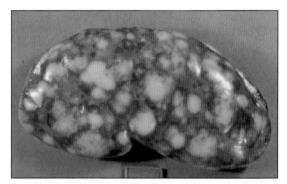

图8-24　遍布于肾脏皮质的大小不一的恶性广泛性淋巴增生（肾淋巴肉瘤）

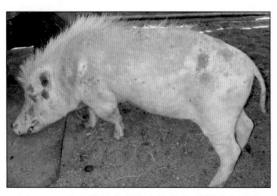

图8-21　患有淋巴肉瘤的生长猪出现渐进式消瘦

5.霉菌毒素中毒（视频11）

猪霉菌毒素中毒可呈现多种临床症状（一些霉菌毒素的来源见图8-25至图8-28），

表现为从慢性到急性的多种形式，多数临床案例表现为亚急性或慢性。虽然霉菌毒素中毒的临床症状不典型，但会影响猪的采食量、饲料转化率、生长与繁殖性能并引起免疫抑制（表8-7）。

视频11

能够导致免疫应答发生改变的霉菌毒素包括黄曲霉毒素（在饲料中的含量大于0.2 mg/kg）、单端孢霉烯族毒素（含量大于3mg/kg）和脱氧雪腐镰孢烯醇（含量大于0.5mg/kg）。如果在未经加工的原料中发现高浓度的霉菌毒素，则猪最容易出现拒食的情况。

对霉菌毒素的诊断非常困难，由于猪中毒时伴随其他症状，因此霉菌毒素的真正危害现在仍不是十分清楚。此外，霉菌毒素能引起明显临床症状的最小剂量以下的剂量的副作用也完全不清楚。诊断是建立在用化学方法探测霉菌毒素含量基础之上的，ELISA方法能够有效地检测到黄曲霉毒素。当怀疑或确认存在霉菌毒素中毒时，可以采取更换饲料及清洗设备等措施。

图8-25　玉米穗上的真菌

图8-26　收获后的玉米粒上有镰刀菌，图中玉米赤霉烯酮的浓度为10mg/kg

图8-27　贮存中发霉的饲料

图8-28　发霉的垫草

表8-7　霉菌毒素来源及对猪的影响

霉菌毒素	来源	田间（F）或贮存（S）	毒素浓度（mg/kg）	对猪的影响
黄曲霉毒素	黄曲霉寄生曲霉	S	>0.2	肝炎，生长速度减慢，采食量降低，免疫抑制
脱氧雪腐镰孢烯醇（呕吐毒素）	镰刀菌	F	>0.5	采食量降低
麦角碱	紫色麦角菌	F	>1000	采食量降低，产后无乳，坏疽
伏马菌素	串珠镰刀菌层出镰刀菌	F	>25	肝功能异常，肺水肿
赭曲毒素、橘霉素	赭曲霉纯绿青霉橘青霉	S	>0.2	肾脏病变，免疫抑制
单端孢霉烯族毒素（T-2毒素和双乙酸基草镰刀菌醇）	镰刀菌	F	>3	采食量降低，免疫抑制
玉米赤霉烯酮	禾谷镰刀菌	F	>1	雌激素样作用，假孕，断奶仔猪外阴肿大
植物天然毒素			植物本身可能会引起很多中毒	
棉籽酚	棉籽（棉属）		>200	采食量降低

注：S.霉菌毒素可能在贮存过程中增加；F.霉菌毒素来自田间，通常不会在贮存过程中增加。

霉菌毒素抑制剂（常用黏土）已经得到了广泛应用，尤其是在贮存饲料的地方比较潮湿的情况下，但是这并不能清除掉已经存在的霉菌毒素。稀释被污染的谷物也是一种常见的措施，但是应该尽量避免引入新的霉菌或其他霉菌毒素。

在日粮中增加蛋氨酸能减轻饲料中霉菌毒素的影响，有助于肝脏中霉菌毒素[呕吐霉素（如脱氧雪腐镰孢烯醇）和黄曲霉素]的分解。

6.尼帕病毒感染

（1）定义/病原学　尼帕病毒属于副黏病毒科，首次发现于马来群岛一个被称为尼帕的村庄，后来陆续在东南亚的其他国家也有发现。这种病毒的最大威胁是其人兽共患病属性，能够通过动物传染给人，而且能够导致较高的死亡率，犬和猫受感染后也能死亡。翼蝠是这种病毒的自然宿主。

（2）临床症状　临床症状呈现多种形式，病猪轻者表现亚临床症状，重者出现死亡。被尼帕病毒感染的猪出现急性发热，伴随呼吸系统症状（从呼吸困难到阵发性的犬吠式咳嗽），还表现神经症状（肌肉麻痹、后肢无力、共济失调）。哺乳仔猪和保育早期仔猪的死亡率特别高，而生长/育肥猪和成年猪的死亡率低于5%。鼻出血通常见于突然死亡的猪，母猪也会出现流产。幼龄猪的高死亡率可能与并发细菌感染有关。

（3）鉴别诊断　尼帕病毒感染应与伪狂犬病、猪瘟、非洲猪瘟、蓝耳病和圆环2型病毒病区分开来。没有任何特征性的肉眼或显微损伤可以用来区分尼帕病毒感染和其他病原感染。人感染后的不幸死亡可能预示着环境中存在该病病原。与猪出现神经症状和呼吸系统症状的其他病不同的是，该病是人兽共患病。

（4）诊断 如果怀疑是尼帕病毒感染，则应立即联系当地政府官员。在尼帕病毒流行区域会出现剧烈咳嗽和神经症状。病理学诊断表明，除了间质性肺炎和非化脓性脑炎外，还常见淋巴细胞减少和血管炎，通常通过RT-PCR技术检测病毒中的RNA来诊断。由于尼帕病毒感染是一种高风险的人兽共患病，因此取样时应穿戴合适的防护性装备且大部分诊断工作需要在高生物安全等级的实验室中进行。通常不建议对尼帕病毒进行培养，以尽量减少对潜在感染性物质的操作。病毒也可以在甲醛固定石蜡包埋的组织中通过免疫组化来证明。建议取自肺部、脑膜、大脑（嗅球）、三叉神经节、淋巴结和肾脏样本。抗体检测则通过ELISA试验进行。

（5）管理 猪感染尼帕病毒后没有治疗方法，一旦暴发就要实施净化策略。预防措施应包括避免猪与病毒宿主（翼状蝙蝠）接触，以及执行严格的生物安全和检疫措施，避免已感染猪进入，重点是防治人类感染。

7.猪圆环病毒病（视频34）

（1）定义/病原学 猪圆环病毒2型是引起所谓的猪圆环病毒病的主要传染因子，包括多种疾病，如猪圆环病毒2型系统性疾病

视频34

（PCV2-SD，以前称为断奶后多系统衰竭综合征）、猪圆环病毒2型繁殖障碍性疾病（PCV2-RD）、猪皮炎和肾病综合征（PDNS）及猪圆环病毒2型亚临床感染。重要的是，猪皮炎和肾病综合征是一种免疫复合疾病，疑似与猪圆环病毒2型相关。然而发现许多病例都与猪圆环病毒2型无关。2007年，第一个商

品化的猪圆环病毒2型疫苗出现，因此该病的临床症状已经得到广泛控制。

猪圆环病毒2型有几种不同的基因型，其中PCV2b是最普遍的基因型，其次是PCV2d，PCV2a、PCV2b、PCV2d之间表现出交叉反应性和交叉保护性。

（2）临床症状 猪圆环病毒2型系统性疾病最广为人知的临床症状是病猪消瘦和生长迟缓（图8-29和图8-30），可能伴有不同程度的皮肤苍白、呼吸急促、腹泻、黄疸和死亡率增加。在疾病早期，可以观察到淋巴结肿大。腹股沟浅表淋巴结的体积似乎有所增加，但其中大部分与过度消耗和脂肪覆盖面减少有关，这使得淋巴结突出更为明显。

图8-29 未接种疫苗的病猪表现出严重的断奶后多系统衰竭综合征

图8-30 中间生长迟缓的猪为猪圆环病毒2型系统性疾病所致

急性期过后存活下来的病猪发展为慢性感染，表现为极度消瘦。受猪圆环病毒2型系统性疾病的影响，病猪呈免疫抑制状态，很可能会继发其他疾病，而由继发疾病引起的其他症状可能会混淆整体感染情况。猪圆环病毒2型疫苗的使用可以使猪的生长速度提高20g/d。

在猪皮炎和肾病综合征病例中，可以观察到病猪皮肤出现从红色到黑色的斑块、出血和坏死，通常呈圆形或不规则形状，主要位于后肢和会阴区域。在某些情况下，这种皮肤损伤是全身性的。尽管在猪圆环病毒2型系统性疾病流行的猪场，猪皮炎和肾病综合征病例比较常见，但猪圆环病毒2型在猪皮炎和肾病综合征病例中的作用尚未确定（见第九章）。

猪圆环病毒2型也可作为SMEDI（死产、产木乃伊胎、胚胎死亡和不育）的病毒，造成一些晚期流产和早产情况的出现，这可能与胎儿心肌炎有关。这种严重的状况往往发生于新组建猪群，这些猪群往往免疫力低下（见第二章）。在大多数猪场中，猪圆环病毒2型对母猪繁殖性能的影响可以忽略不计。

（3）鉴别诊断　对猪圆环病毒2型系统性疾病的鉴别诊断必须考虑所有造成猪生长迟缓的疾病，最重要的是蓝耳病和回肠炎。此外，慢性呼吸道和肠道疾病也必须列为潜在的鉴别诊断中。更为重要的是，不能排除在全身性感染中同时出现的其他病原。事实上，在没有接种疫苗的情况下，猪圆环病毒2型和猪繁殖与呼吸综合征病毒或其他病原共同感染的现象非常普遍。

由猪圆环病毒2型引起的繁殖障碍必须与其他引起晚期流产和早产的疾病区分开来，主要包括猪繁殖与呼吸综合征。当发现木乃伊胎时，最有可能与猪细小病毒病区分开来。

猪皮炎和肾病综合征是一个相当有特点的疾病，不容易与其他疾病混淆。此外，应与猪瘟、非洲猪瘟、猪丹毒相区分。需要注意的是，猪皮炎和肾病综合征也有可能与猪圆环病毒2型无明显关联（见第九章）。

（4）诊断　对猪圆环病毒2型系统性疾病的群体诊断可以基于两个主要标准：消瘦猪所占比例显著增加，死亡率比以往明显增加，且对至少1/5的死猪要进行个体诊断（剖检结果如图8-31至图8-37所示），个体诊断标准包括以下3个方面：

- 临床症状与病情相符合。
- 组织病理学证实淋巴组织中存在中度或重度淋巴细胞缺失和淋巴组织肉芽肿性炎症。
- 在病变淋巴组织中有中等或高水平的猪圆环病毒2型基因组或病原（图8-38）。

注意：任何传染病都会使引流淋巴结增大。猪群中如果存在猪圆环病毒2型系统性疾病，则往往是全身性而非局部的问题。

①抗体检测　针对病毒抗体进行的检测对全身性疾病的诊断并没有特别意义，但如果做横断面研究的话可以监测感染情况。

对有亚临床症状的猪没有诊断价值，因为猪圆环病毒2型是一种广泛存在的病毒。然而，在接种疫苗的情况下，监测猪圆环病毒2型感染是有必要的。主要通过ELISA的方法检测抗体或用PCR技术检测病毒，以血清和口腔液体作为检测基质。

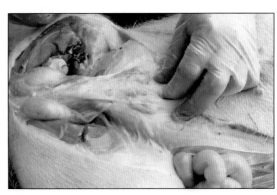

图8-31　突出的淋巴结

图 8-32 肝脏呈苍白色

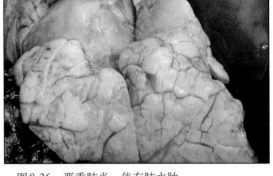

图 8-36 严重肺炎，伴有肺水肿

图 8-33 肾脏变大，并有白色斑点

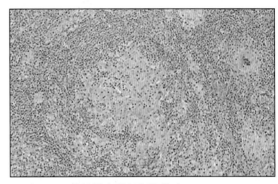

图 8-37 淋巴结内淋巴细胞缺失

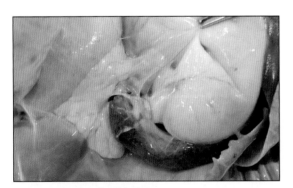

图 8-34 胃肝淋巴结增大

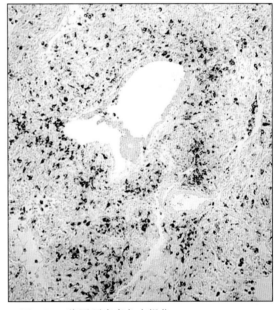

图 8-38 猪圆环病毒免疫组化

图 8-35 肠系膜淋巴结
明显增大

②猪圆环病毒2型系统性疾病组织学评分　可以通过病理组织学对猪圆环病毒2型系统性疾病进行评分（图8-39至图8-41），以评估淋巴结或其他淋巴组织。检测组织的两个特征：

• 根据淋巴细胞缺失的程度记为0～3分。
• 根据组织细胞肉芽肿的程度记为0～3分。

③免疫组织化学法评分　使用免疫组化方法评估组织中猪圆环病毒2型感染的程度，可以根据染色程度和阳性淋巴滤泡的比例评为0～3分（图8-42）。染成棕色的区域表示阳性。

1分表示有10%或者更少的滤泡存在猪圆环病毒2型，2分表示为10%～50%的滤泡有猪圆环病毒2型，3分表示有超过50%的滤泡存在猪圆环病毒2型，这甚至可以用肉眼观察到。

将每个标准的分数相加后除以3。如果对多个组织进行检测，则将这些组织评分加在一起，除以组织的数量，最理想的情况是用5个淋巴结。样本应采自扁桃体、脾脏、腹股沟、支气管和肠系膜淋巴结。

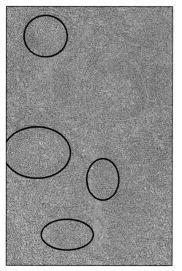

图8-39　正常的淋巴结（部分淋巴滤泡用圆圈显示）

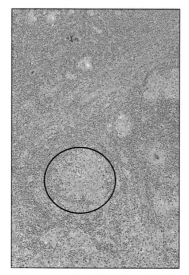

图8-40　淋巴结中淋巴细胞缺失，圆圈中显示细胞缺少，滤泡结构消失

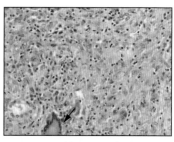

图8-41　箭头所示为淋巴结中的肉芽肿（多核细胞）

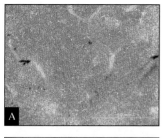

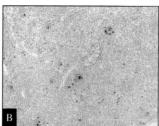
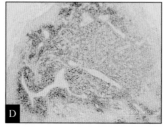

图8-42　猪圆环病毒2型免疫组化评分示例
A. IHC 0分　B. IHC 1分　C. IHC 2分
D. IHC 3分

④ 聚合酶链式反应（polymerase chain reaction，PCR） 定量PCR在血清或组织中的应用可用于检测临床疾病，特别是在这些检测值比较高的情况下。然而，感染过程中样本采集的个体差异和采集时间使得诊断难以确定，建议在表现出临床症状的第1周内采样（用于病理和生物学分析）。

定量PCR循环次数释义病毒载量：最初的病毒载量可以通过PCR的循环次数来确定（表8-8）。

这种量表可以用于许多其他病毒，并为临床兽医提供某种病毒与其他病毒对比的流行率。

表8-8　PCR循环时间和病毒载量的大致关系

循环次数	大概病毒载量
8	6×10^{13}
13	6×10^{11}
16	6×10^{10}
18	6×10^{9}
20	6×10^{8}
22	6×10^{7}
30	6×10^{6}
34	6×10^{5}
35	6×10^{4}
37	6×10^{3}

（5）管理 猪圆环病毒2型系统性疾病是一种多因素疾病，主要包括饲养管理、并发感染、宿主遗传背景、营养及感染时机等。因此，建议采取干预措施以减轻疾病的影响。然而目前最有效的预防措施是通过接种疫苗来实现的。仔猪断奶时接种疫苗是最常见的做法，越来越多的养猪人给母猪和后备猪接种疫苗，其目的是使猪群的免疫状态更均一，并防止出现潜在的繁殖问题。猪圆环病毒2型疫苗的广泛使用证明病原的亚临床感染普遍存在。

虽然很难确定猪圆环病毒2型在PNDS病例中的作用，但是用猪圆环病毒2型疫苗接种的猪群中，PNDS病例增加可以视为疫苗接种不当或失败的一个评价指标，这应该与猪场的兽医团队进行讨论。

8.猪繁殖与呼吸综合征（视频19）

猪繁殖与呼吸综合征是世界范围内一种严重的、经济意义重大的猪传染性疾病，它由猪的一种动脉炎病毒引起，第二章描述了其最重要的特征。虽然临床症状主要是繁殖障碍和呼吸系统疾病，但是会导致

视频19

全身性疾病，对猪的免疫功能有重要影响。该病病毒能够在巨噬细胞中复制，从而能够调节猪的免疫系统，特别是影响猪先天性的抗病毒反应。从临床角度来看，这种对免疫系统的影响是通过猪繁殖与呼吸综合征病毒与其他病原同时感染来认识的。在某些猪场，猪繁殖与呼吸综合征是发生猪支原体肺炎或呼吸系统疾病综合征（PRDC）的基础。虽然淋巴组织通常没有损伤，然而淋巴结肿大已被证实。在组织病理学上，早期淋巴细胞减少并坏死，随后淋巴滤泡增生。这些微观病变虽然相对较轻，但能够影响胸腺、脾脏、扁桃体、派尔氏淋巴结。由于猪繁殖与呼吸综合征病毒与呼吸系统症状相关，因此第三章对其进行了讨论。

9.猪瘟

猪瘟和非洲猪瘟（图8-43）都能引起典型的淋巴结出血性病变，将在第九章中进一步讨论。

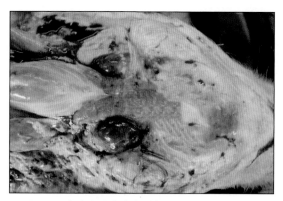

图8-43　由非洲猪瘟感染引起的淋巴结出血性病变

10.结核病

（1）定义/病原学　猪对几种分枝杆菌属中的几种病原比较敏感，包括鸟分枝杆菌复合体、结核分枝杆菌及牛分枝杆菌。另外，还能分离到一些偶发的菌种。在许多情况下，不同的分离物可以从同一时间暴发的不同病例中分离到。鸟分枝杆菌复合体是家猪中最常见的引起损伤的病原。统计学表明，随着时间的推移，全世界猪结核病的发病率已经下降，但是零星病例依然存在，主要是在散户中发生，在集约化养殖场中也偶有发生（用被污染的饲料喂养所致）。

（2）临床症状　在没有临床症状的情况下，猪患结核病后的临床症状通常局限于消化道中的几个淋巴结。如果有广泛病变，虽然能看到猪的体况变差，但还不足以怀疑是结核病，大多数病例是在屠宰时被发现的。

（3）鉴别诊断　由于大多数病例是亚临床感染，因此几乎不可能建立鉴别诊断。屠宰时观察到的病变可能与由细菌或寄生虫引起的脓肿或肉芽肿混淆。

（4）诊断　死后发现包括肉芽肿性淋巴腺炎和致病分枝杆菌的鉴别（图8-44和图8-45）实际上是不可能的。尽管人们已经认识到，钙化在鸟分枝杆菌复合体病例中很少见，但在牛分枝杆菌和结核分枝杆菌感染中却比较常见。猪很少患全身性结核病。组织

病理学上肉芽肿性病变和对抗酸杆菌的检测是结核病的特征。确诊可以通过PCR方法或细菌分离（耗时费力）鉴定出分枝杆菌。最好的检测样本来源于那些显示出肉芽肿病变的组织。用结核菌素进行皮内试验虽然不常用（耳朵或外阴），但却是一种有助于诊断结核病的试验方法。

（5）管理　预防该病的基础是避免猪接触传染源，如木屑、锯屑、泥炭、煤、饲料和水等。一旦猪场内发生感染，则最常见的方法是测试（如皮内测试）。如果受影响的猪是保育猪和生长猪，则对其捕杀以控制传染源，同时采取消毒措施。如果猪群中持续出现感染，则最有效的处理措施是彻底清群。

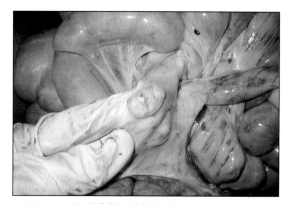

图8-44　肠系膜淋巴结结核病病变

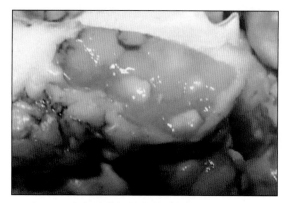

图8-45　支气管淋巴结肉芽肿病变

临床小测验

1. 请识别图8-1A和8-1B中的腹股沟淋巴结。

2. 请识别图8-3中猪淋巴结组织切片对应的结构。

相关答案见附录2。

（周绪斌　译；杨春　校）

第九章 皮肤疾病

一、相关介绍

猪皮肤疾病的变化通常非常明显。能够识别主要皮肤疾病并执行适当的治疗计划，对临床兽医来说非常重要。由于一些皮肤疾病是自限性疾病，因此生产中不需要使用抗生素治疗。

检查猪皮肤时，需要用和其他组织、系统相同的方法。在描述病变时，必须能描述其相对猪身体的方位（图9-1）。

在皮肤疾病的鉴别诊断中，病变位置非常重要，通过简单的检查表经常能获得很多信息。可以针对不同猪种来制作示意图（图9-2）。图9-3 显示的是疣猪的皮肤检查。

临床兽医描述病变位置后就应该描述其外观（见第一章）。

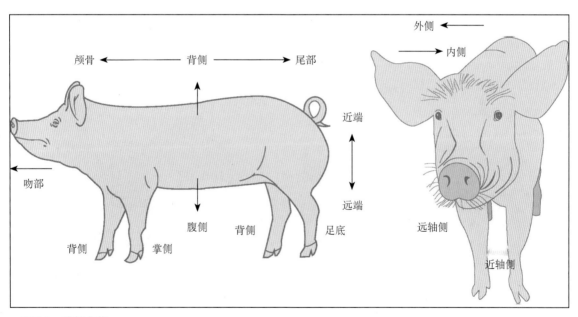

图9-1 猪的方位

辅助诊断皮肤问题的皮肤检查报告

个体编号_____　　　日期_____

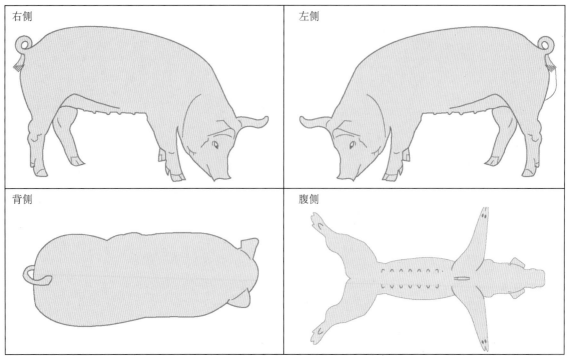

图9-2　皮肤检查

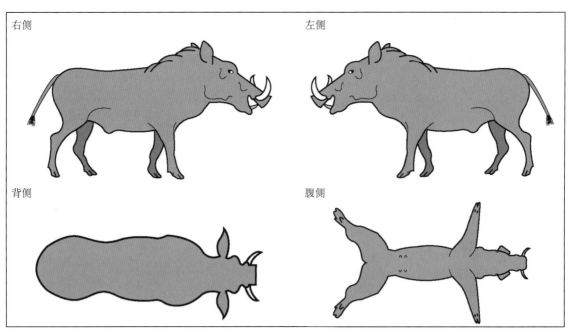

图9-3　疣猪皮肤检查

1.肉垂

许多品种的猪颈部有5 ～ 7cm长的悬垂

附体。肉垂、肉赘和疣状突起是野猪典型的特征（图9-4至图9-7）。

图9-4　昆昆猪（Kunekune pig）的肉垂

图9-5　红肉垂猪（red wattle pig）的肉垂

图9-6　菲律宾野猪（*Sus philippensis*）的流苏

图9-7　须猪（*Sus barbatus*）

2.用专业术语描述的皮肤病变

- 斑疹：局部皮肤的颜色变化，触诊时没有颜色变化。
- 丘疹：皮肤边缘突起的区域，多个丘疹可能合并成一块大的丘疹。
- 水疱：有浆膜液的隆起区域，大于3 cm的水疱（vesicle）称为大疱（bullae）。
- 脓包：部位突起且含有化脓性物质。
- 结节：坚实、可触知的肿块。

二、皮肤疾病的细菌学

有几种皮肤疾病与细菌有关，可以使用拭子采样来鉴定细菌种类及抗菌谱，以帮助制定治疗方案。许多被鉴定出的细菌也是与皮肤共生的或是条件性致病菌。自然情况下，皮肤应该有一个健康的微生物群，它是防御机制的主要组成部分。表9-1列出了可从皮肤病变中分离的主要细菌的基本鉴定方法和特征。

表9-1　猪皮肤疾病细菌学特性

微生物	革兰氏染色	培养				糖利用和生化反应									
		严格厌氧	溶血性血琼脂	麦康凯培养基	表面活性剂	过氧化氢酶	氧化酶反应	葡萄糖肉汤	克氏培养基	克氏双糖铁培养基	乳糖	赖氨酸	西蒙氏培养基	西蒙氏柠檬酸盐	脲酶
猪红斑丹毒丝菌	+B	N	−	−	−	−				+					
葡萄球菌属	+C		−	−	+	−									
猪链球菌	+C	α/β	−	−	−	−									
化脓隐秘杆菌	+B	N	−	−	−	−									

注：B，杆菌或球杆菌；C，球菌；α 或 β 溶血；N，不溶血。

1.猪红斑丹毒丝菌

见图9-8至图9-11。

图9-8　血琼脂培养基，小菌落

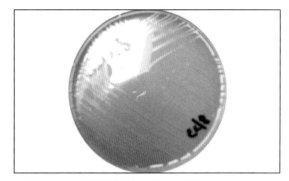

图9-9　麦康凯培养基，无生长现象

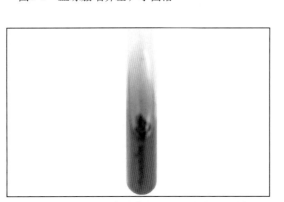

图9-10　克氏双糖铁培养基上的黑色穿刺培养物

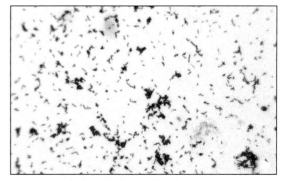

图9-11　细长的革兰氏阳性杆菌

2.葡萄球菌属

见图9-12至图9-14。

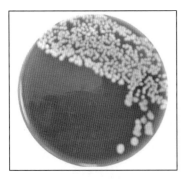
图9-12 血琼脂培养基

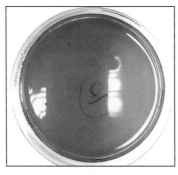
图9-13 麦康凯培养基，不生长

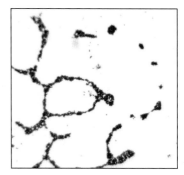
图9-14 革兰氏染色阳性

3.猪链球菌

见图3-39至图3-41。

4.化脓隐秘杆菌

见图3-42至图3-44。

三、检查耳垢样本

使用窥镜取出内耳廓和外耳道的耳垢或刮取样本（样本应该包括一些表皮组织，最好带一点血迹），置一小片于显微镜载物台。然后采用两种方法处理：氢氧化钾或预热载玻片的液体石蜡油。在样本上再放一张盖玻片，将两玻片之间的样本"压碎"，在低倍镜下观察样本。

试验解读：氢氧化钾会"溶化"样本，这样会更容易看到寄生的螨。在加热的石蜡油的作用下，螨虫的移动会更加活跃。有经验的检测人员可看到螨虫移动，也更容易从碎片中识别出螨虫。

四、皮肤疾病调查

- 挑选猪。
- 对有典型症状的猪实行安乐死。
- 在各种可见平面上观察并详细记录猪的信息。
- 尽可能送检刚死亡的猪。
- 每个皮肤样本应包括大约2cm²的正常皮肤。样本采集前应先拍照，然后再进行组织学检查。
- 刮取的皮肤样本是有用的。收集从内耳廓中刮来的耳垢，可以检查其内是否有疥螨。

射线照相调查：在进行脓肿引流手术检查时有可能需要使用射线照相，尤其是在治疗宠物猪时（图9-15）。

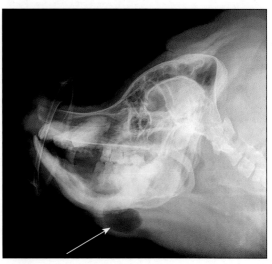
图9-15 猪头部的X射线照相显示牙根脓肿（箭头所示）

五、猪皮肤疾病

1.脓肿（视频35）

猪容易发生脓肿（图9-16）。皮下脓肿可能非常大，内可能含有6L以上的化脓性物质，可以通过针头和注射器（10mL）来确认是否存在脓肿。将一根干净的长针头刺入"肿块"的最柔软部分，若抽取的内容物为黄色乳状液体，则可判

视频35

断是脓肿。如果脓肿内容物是液体，则应在脓肿部位的底部（而不是在顶部）使用横切法切开，以释放脓性物质。由于不让皮肤伤口愈合速度太快，否则脓肿会再次出现，因此使用横切法。在底部进行切口可以充分排脓，确保不能有任何脓肿残留。每天用自来水冲洗切口2 ～ 3次，同时进行止痛治疗。

脓肿出现的早期阶段，在内容物化为液体之前，可以使用盐酸林可霉素等抗生素治疗感染。如果脓肿转为群体现象，则需要查找猪之间打斗的原因，以消除引起脓肿的因素。然而群养的猪都会打斗，因此脓肿也是无法避免的。

患猪接种油性疫苗后，颈部可能会出现肉芽肿（不一定是脓肿）。针对此问题应严格审查注射技术和卫生情况，没有其他具体的治疗方法。需要注意的是，脓肿可以发生在任何器官，而不仅仅是皮肤。脓肿来源可能是皮肤伤口，如咬尾、蹄部损伤，甚至被感染的牙齿（可能会由仔猪处理不当引起）。肺脓肿和心内膜炎病变可通过血流向身体的其他部位传播细菌。与脓肿有关的典型致病菌有猪链球菌属、猪放线杆菌和化脓性隐秘杆菌。当脓肿表现为需要治疗时，病变可能已呈无菌状态。

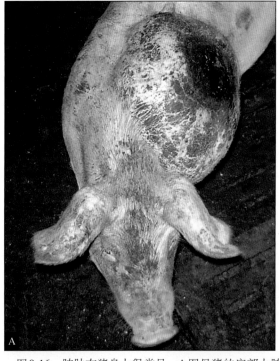

图9-16　脓肿在猪身上很常见。A图母猪的肩部大脓肿与化脓隐秘杆菌有关，B图宠物猪颈部脓肿与猪放线杆菌有关

2.过敏/特应性反应

猪可能对化合物过敏，这在宠物猪中很常见。可以采取与特异性筛查类似的方式查找引起过敏反应的原因。垫料中的化学染料常常是导致宠物猪过敏的原因（图9-17）。然而，食物过敏和花粉过敏的现象也都有发生。

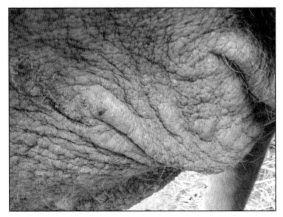

图9-17　宠物猪对垫料中的化学染料过敏

3.脱毛

通常，猪会季节性地脱毛并在冬季长出一层相当长的毛。然而，一些个体似乎特别容易脱毛（图9-18）。这常使客户担忧猪的健康问题。需调查猪是否有疥癣或其他寄生虫，并进行系统性治疗。增加饲料中的精油含量可能会有所帮助。在多数情况下，如果脱毛问题不影响猪，则可能不需要采取措施。

图9-18　脱毛的杜洛克公猪

4.贫血

贫血的猪比正常的猪更加苍白，有时被称为幽灵猪。白猪在光线不足的情况下很难看出是否贫血。导致猪贫血的情况有以下3种：

（1）出血后导致血液流失，如患胃溃疡时出血。

（2）由日粮摄入不足导致血红蛋白缺失，如缺铁。这在大龄仔猪和保育猪中经常见到。

（3）由骨髓或红细胞疾病、感染或毒血症等导致的红细胞数量减少。

有贫血的猪可能苍白并略带黄色（黄疸）或呼吸困难，腹泻更频繁，特别是断奶后。在仔猪中，缺铁性贫血的发生是因为母乳中的铁含量低，而舍内饲养时无法从外部（如土壤中）获得铁源（图9-19）。因此，建议对舍内饲养的仔猪在其出生3～5日龄时注射100～200mg右旋糖酐铁。

尸体剖检发现，肌肉苍白、血液无法凝固且较稀薄（图9-20）。

图9-19　患缺铁性贫血的断奶仔猪。右侧猪（苍白、毛长），贫血；左侧猪，正常。这在白色品种中不易看出

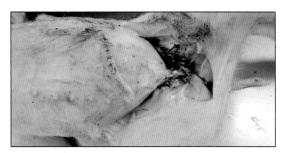

图9-20　苍白的猪伴有水样血液，与胃溃疡所致贫血有关

5.炭疽

因为炭疽是人兽共患病，所以如果诊断时怀疑猪患有炭疽务必要特别重视。炭疽是由细菌即炭疽芽孢杆菌引起的。炭疽杆菌的来源通常是受污染的饲料，户外母猪可能通过土壤接触孢子或与尸体接触。当感染这种细菌时，猪的临床症状可能很少，偶尔会出现急性症状，如发热、呼吸窘迫和突然死亡。对任何因颈部肿胀而突然死亡的猪，并伴随大量血液黏液和肿大的出血性淋巴结时都应该怀疑炭疽。如果可疑，则切开肿胀的颈部区域，取一些淋巴液。不要通过加热来固定玻片，应使其晾干。炭疽并不容易在猪体内形成特征性包膜，形成的包膜遇热反而易被分解（图9-21）。如果证实猪患有炭疽，则应停止剖检，然后通知官方兽医。

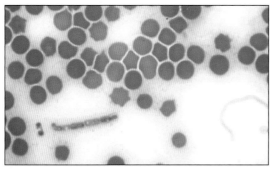

图9-21　MacFadyen 亚甲基蓝染色血涂片中的炭疽杆菌

6.抗菌药物和医源性中毒

有报道称在使用抗菌药物3～4d后，猪可出现皮肤反应，从轻微的皮疹和发红到非常严重的溃疡。若移除导致反应的药物，则皮肤通常会很快恢复，除非涉及其他器官衰竭。

有关泰妙菌素和氟苯尼考中毒的病例都有报道。但是，在许多病例中，并没有确定致病因子。请注意，华法林和其他抗凝剂可能导致猪中毒、皮肤出血（图9-22）、瘀伤甚至死亡。

图9-22　吃了含有抗凝血剂鼠饵的猪

7.耳部血肿（视频15和视频16）

急性耳部血肿（图9-23A）的特征是耳部肿胀，这种情况与头部摇动有关。此外，打斗和疥癣病也是重要的诱发因素。头部摇动导致耳朵皮肤出现血液渗出。当处理急性血肿时，如果针头插入柔软且波动的肿胀中，则可以发现凝胶状血液。

视频15　　　　视频16

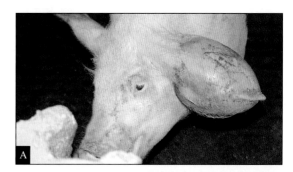

图9-23　急性（A）和慢性（B）耳部血肿

（1）治疗　随着时间的推移耳部血肿会消退，不需要做任何处置。但耳朵可能会很重，可能会被感染，根据需要可进行止痛治疗。

有时会进行耳部血肿的切开手术，但如果内出血仍未停止，则猪就有流血致死的风险。此外，即使最初手术成功，随后也可能出现与之相关的血清肿。因此，如果建议排脓（如对宠物猪）最好等待2周。在这种情况下，必须进行慢性止痛治疗。

慢性耳部血肿（图9-23B）常见于生长/育肥猪中。病猪耳朵皱缩，原始血肿已经形成组织。虽然猪看起来已破相，但其福利并没有受到影响。

（2）控制　如果耳部血肿在一个群猪中很常见，则应进行疥螨检查。若发现疥螨，则要实施净化。检查猪之间的攻击和打斗原因，如检查水和饲料供应是否充足。

8.昆虫叮咬

见图9-24。

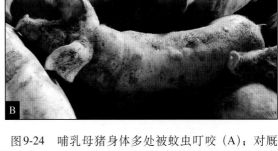
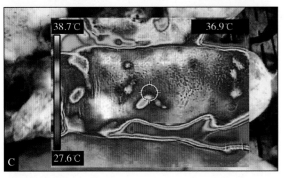

图9-24　哺乳母猪身体多处被蚊虫叮咬（A）；对厩螫蝇（*Stomoxy calcitrans*）叮咬的超敏反应（B），注意隆起的肿块类似于猪丹毒症状，个体猪不发热，且无行为异常。同一头猪，用红外线照射时肿块皮肤温度比周围的低（C）（红色和白色表示温度更高，而蓝色和黑色表示温度更低）

9.烧伤

猪有时可能会因为火灾而被烧伤，这需要对烧伤皮肤进行局部治疗。如果烧伤严重，则实行安乐死可能是唯一的选择。如果仔猪接触了保温灯，则鼻子可能会起水疱，看上去与口蹄疫病变很像。

10.化学品烧伤

化学品作为猪场终端清洁和消毒程序的一部分通常使用在地板和物体表面。石灰（碳酸钙）是常见的廉价消毒剂。然而，如果将猪暴露在这些化学品未充分干燥前的潮湿表面，则皮肤很容易被化学品烧伤。烧伤集中在后躯和腹侧面，尤其是面部和臀部（图9-25）。舌头也可能被烧伤。尽管烧伤后猪通常会在1周内恢复，但还是建议对其进行止痛治疗。

不正常的皮肤症状也可能与化学品中毒有关，如果这些症状明显，则必须进行详细的调查，但要注意与抗生素中毒相区别。

图9-25　被石灰烧伤，注意腹侧和臀部

11.耳朵发绀和变蓝

耳朵发红发紫可能会导致严重的耳廓循环系统衰竭，久而久之形成坏疽和耳尖脱落（图9-26）。

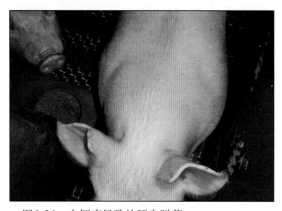

图9-26　由坏疽导致的耳尖脱落

病因：细菌性病原有副猪嗜血杆菌、胸膜肺炎放线杆菌、大肠埃希氏菌、猪红斑丹毒丝菌、沙门氏菌属、猪链球菌属或多杀性巴氏杆菌（图9-27和图9-28）。病毒性病原包括猪繁殖与呼吸综合征病毒、猪瘟病毒和非洲猪瘟病毒（图9-29）。

其他病因包括中毒（氨基甲酸酯、有机磷酸盐）、维生素缺乏（硫胺素）、意外（触电）和某些自然条件（如分娩和某些应激情况）。

图9-27　与败血性沙门氏菌病有关的耳部发绀

图9-28　耳部发绀伴随心包炎

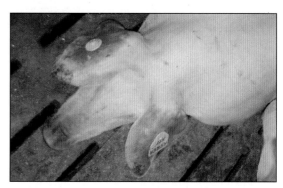

图9-29　患有非洲猪瘟的猪其耳朵和鼻子发绀

12."癞皮猪"（Dippity pig）

这种情况发生在急性感染的猪，并伴有坏死的皮肤蜂窝组织炎，通常发生在背部（图9-30）。

病猪年龄通常很小，3～10个月大。目前还没有针对"癞皮猪"的特定治疗方法。

然而用含药物的消毒液给病猪洗澡，并在感染部位涂上大量麻醉凝胶进行局部治疗会暂时缓解症状。先注射盐酸林可霉素，然后让病猪服用3d的盐酸林可霉素片剂将有助于皮肤愈合。其实这种情况会在2～3d内自行愈合，无需任何药物治疗。该病常见于户外有急性晒伤的商品猪。

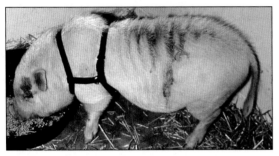

图9-30 宠物猪的"癞皮猪"病变

13. 上皮发育不全

上皮发育不全的猪天生就有一部分皮肤缺失（图9-31）。假如伤口范围不大，用皮肤疾病消毒剂治疗会逐渐愈合。康复的猪一般只有在屠宰时才能看到伤疤区域。

图9-31 新生仔猪上皮发育不全，这种损伤会随着时间的延长而愈合。注意图中的碎报纸通常用作分娩舍的垫料

14. 猪丹毒（视频37）

（1）定义/病原学 猪丹毒是由猪红斑丹毒丝菌引起的，这种细菌在土壤中很常见，因此可以通过饲料或水进入猪场。这种细菌也存在于鱼类中，因此鱼粉可能是感染源之一。另外，这种细菌可能会引起火鸡和

视频37

绵羊的健康问题，在同时饲养鸟、羊和猪的猪场中，感染的火鸡和绵羊就会交叉感染猪。不仅如此，猪场中会有20%的猪可以在扁桃体上携带这种细菌，而不表现任何临床症状。

猪红斑丹毒丝菌有超过25种血清型，但1型和2型最常见，商业疫苗只包括1型和2型。猪丹毒在世界范围内普遍存在，也被养猪户称为菱形皮肤病变或麻疹。猪丹毒是猪的主要疾病之一，所有临床兽医都要了解其临床症状。

（2）临床症状 猪丹毒可以影响任何年龄的猪，然而大多数12周龄以下的断奶仔猪，因为受到母源抗体的保护，所以临床症状很少见。应激大的猪更容易出现临床症状，如饮食的突然变化；或温度的变化或引入其他疾病，如猪流感。临床上将该疾病分为以下6个阶段。

特急性型：通常情况下当感染特急性型猪丹毒时猪已死亡，无临床症状。这种情况可能发生在栏里的一两头猪身上。猪死亡的原因有很多，其中一个原因是缺乏观察。但如果猪死亡原因不明，则必须将猪丹毒作为鉴别诊断的一部分。在剖检前，把手放在猪的皮肤上，即使看不到但也可能会感觉到菱形皮肤病变（图9-32）。猪死后可能很少有病变，但脾脏肿大具有提示性。

急性型：这种疾病似乎是突然发作的。然而，猪在感染2～3d后才能表现出典型的丹毒菱形皮肤病变，在能看到之前就能被触诊到。病猪体温高（40～42℃），通常脱离群内的其他猪，可能出现发寒发冷（典型的高热）。当对猪群进行检查时，通常会发现受感染的猪躺在地上，被驱赶起来时行走僵硬，

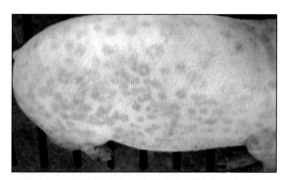

图9-32　急性丹毒患猪皮肤上典型的菱形病变

表现出腹部酸痛和收腹。

病猪会尝试寻找地方再次躺卧，通常精神沉郁，厌食，也可能会便秘（而年幼的仔猪可能会腹泻）。随着病情的发展，菱形病变从粉红色转变为深紫色。皮肤病变中心可能坏死、脱落并留下永久性瘢痕。

由于发热（体温升高），母猪可能会流产，公猪可能会永久或至少持续6周不育。因此，猪丹毒也被认为是猪的繁殖障碍性疾病，显著影响场内猪群流转。未经治疗的急性猪可能死亡或在4～7d内开始恢复。

亚急性型：猪出现菱形病变，但只有少数其他临床症状，包括厌食，病变在1～2周后会自行愈合。

慢性关节炎：在感染后3周或更长时间内，无论有无临床症状，一些猪都可能会有1～2个关节出现慢性跛行。这可能会影响到椎骨，因此病猪可能会表现背部疼痛和行走困难。对于患有丹毒性关节炎老年宠物猪的护理是一大问题。注意，疫苗不能预防丹毒性关节炎，并且关节炎病变通常是终生的。

慢性心内膜炎：感染后，猪红斑丹毒丝菌可能附着在心脏瓣膜上，导致疣状心内膜炎。随着心脏瓣膜的损伤范围越来越广，猪会表现出慢性心力衰竭的临床症状，包括呼吸困难和血液循环不良，尤其是在运动后，如配种之后则会导致猪突然死亡。血液循环不良可能会导致猪的耳朵和尾巴发紫，甚至坏死和坏疽。

带菌状态：有20%～50%的猪扁桃体上可能携带猪红斑丹毒丝菌，但终生都不表现任何临床症状。

（3）发病机制　检查发病机制对于观察临床症状是有用的。猪红斑丹毒丝菌可以通过许多途径进入猪的体内，通常大多数感染是由采食污染的饲料或水引起的。在急性病例中，病原通过咽部进入血液中，因此出现了广泛的临床症状。菱形皮肤病变实际上是真皮毛细血管和小静脉中微血栓和菌栓的结果，这可能导致血液循环淤积及毛细血管和小静脉坏死，通常在病变增大到可见之前猪已经病了2～3d。另外，慢性关节炎可能需要数月才能形成，因此确诊十分困难。因为当发现临床症状时，病变部位可能已经无菌。

（4）鉴别诊断　必须将由特急性型和急性型猪丹毒导致的猝死与其他猝死原因，特别是非洲猪瘟、沙门氏菌感染和炭疽区分开来。菱形皮肤病变并非是特异性的，并且会在许多过敏情况下发生，尤其是对食物的群体性过敏。但是大多数过敏现象是个体病例而非群体病例。对于导致关节炎的慢性型猪丹毒，主要与猪滑液支原体进行区分。在心内膜炎的病例中，也可以从病灶中分离出猪链球菌。

（5）诊断

临床症状：虽然菱形病变不能用于确诊，但却具有示病意义，因为其是主要的可见和可触诊的临床症状。对疑似猪应立即用青霉素治疗。如果24h内病情有显著改善，则很可能患有猪丹毒。

死后病变：在特急性型病例中，能够看到的病变可能很少，可能会看到脾脏肿大（图9-33），可能会触诊到菱形病变（但看不见）。在急性病例中，可以看到或触诊到这种皮肤病变；脾脏通常肿大，但很少有其他明显的变化。在慢性病例中，心内膜炎很明显，并可见疣状（花椰菜）瓣膜病变（图9-34），一般与血液循环不良有关，可见心脏明显增大。慢性丹毒病猪可表现为一个或多个关节的严重炎症（图9-35）。

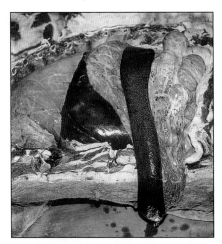

图9-33　特急性型病例脾脏肿大

图9-34　房室瓣心内膜炎

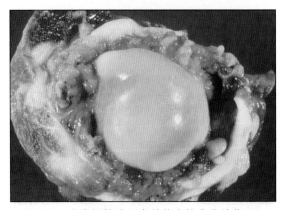

图9-35　患有慢性猪丹毒关节炎的公猪关节

在急性和部分特急性病例中，可以进行血液细菌培养，但获取血液样本可能比较困难。要注意，猪红斑丹毒丝菌可以存在于皮肤上，因此样本易存在被污染的风险。在慢性病例中，虽然大多数猪接种了疫苗，并且20%隐性感染的猪不表现临床症状，且菌体难以分离，因此血清学方法可能有用。

（6）管理

①个体或群体治疗

- 急性/亚急性型。青霉素和磷酸泰乐菌素是有效的药物，急性病例还应给予止痛治疗。
- 慢性型。对患猪丹毒关节炎的猪除采用镇痛治疗外，没有其他实用的治疗方法。

②预防和控制　疫苗可以轻松、有效地控制猪丹毒，有注射类和口服类。由于疫苗可持续保护约6个月，因此建议采取以下方案：

- 3月龄以上的猪免疫一次，3周后再次免疫。对后备猪也应该免疫。
- 母猪在分娩前后，或每隔6个月免疫一次。如果母猪在分娩前免疫，则会增加初乳中的丹毒抗体浓度，并进一步保护其所生仔猪。
- 公猪每隔6个月免疫一次（经常遗漏）。

疫苗免疫程序不当可能导致兽医团队误以为未接种疫苗的猪得到了免疫保护。维护不善的冰箱导致疫苗被冷冻，也是疫苗失活的主要原因。

（7）人兽共患病的风险　猪丹毒可以感染人，虽然通常只会导致皮肤感染，但是病情也可能更严重。要注意，人的"丹毒"实际上是由链球菌感染引起的。

15. 口蹄疫及其他水疱性疾病

（1）定义/病原学　口蹄疫是由小RNA病毒科口蹄疫病毒属的口蹄疫病毒引起的（意为病毒引起的囊泡）。这种病原在世界范围内非常普遍，但是养猪业正试图从生产体系中净化掉它。口蹄疫的净化在欧洲和北美洲非常成功，南美洲和亚洲某些地区的猪场正在逐步转变为阴性状态。世界动物卫生组织专门负责在全世界监测这种病毒。

口蹄疫会影响到所有偶蹄类哺乳动物，尽管某些单个病毒可能会影响更多或更少的物种。例如，口蹄疫发生在猪、牛、绵羊、山羊、鹿和骆驼身上，但是在马科动物中不发生。与许多其他疾病一样，口蹄疫在临床表现上也与许多其他疾病类似：

- 猪水疱病（swine vesicular disease，SVD），是由杯状病毒引起的，该病毒是小RNA病毒科的另一个成员。
- 猪传染性水疱病（vesicular exanthema，VE）和圣米格尔海豹病毒感染是罕见的。
- A型塞内卡病毒（senecavirus A，SVA，以前称为塞内卡病毒）感染，SVA是另一种小RNA病毒，猪也会产生轻微的临床症状，但仔猪断奶前感染后的死亡率较口蹄疫的明显升高。
- 水疱性口炎（vesicular stomatitis，VS），是一种不多见的病，病原是一种弹状病毒（与狂犬病病毒同科），在美国南部可引起猪、牛和马的小水疱。

上述疾病对应的病毒会引起类似口蹄疫的典型临床症状，因此非常重要。随着PCR和DNA技术的出现，这些口蹄疫病毒以外的病毒就变得不那么重要了。然而，执业兽医应报告任何疑似口蹄疫病例，然后由官方兽医决定处理方案。多数情况下，猪是通过采食受污染的饲料而感染的，因此，许多国家都禁止给猪饲喂泔水。空气传播更常见于牛。

（2）临床症状　在首次暴发中，所有年龄段的猪都可能受到影响。在地方性流行地区，由于猪通过初乳获得了保护力，因此哺乳仔猪和3月龄以下保育猪的病变并不常见。

疫情暴发的前1～5d，猪可能没有临床症状；也可能需要长达21d，主要临床症状是一些猪突然出现跛行。进行临床检查时，鼻子周围的皮肤（图9-36）、嘴唇、舌头、口腔内、冠状带周围和蹄部的柔软皮肤变得很白（图9-37）。在随后的数小时内，可能会形成小疱（水疱）。在母猪的乳头上也可能见到这些变化。由于水疱在24h内破裂，继发皮肤感染，因此很少能见到。若无继发感染，则破损的皮肤会很快愈合，特别是口腔周围，因此难以观察到病变。几天后，一些猪的蹄部可能会脱落，露出蹄下原生组织。蹄部的再生可能需要数月，并且通常是畸形的，其间猪可能会发热至40.5℃。

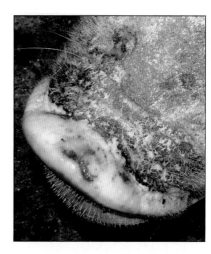

图9-36　猪鼻部的口蹄疫病变

图9-37　猪蹄部的口蹄疫病变

口蹄疫几乎感染所有易感动物，但很少有动物会因该疾病而直接死亡。此病通过空气、动物接触，以及衣物、器具和车辆等载体而迅速传播。病原可通过肉类和肉类副产品，特别是速冻饲料在猪场之间、国家之间传播。

感染动物的精液可能会被污染，因此人工授精也是口蹄疫病毒的一种潜在传播方式。猪产生的口蹄疫病毒颗粒浓度是牛的3 000倍，因此猪是将口蹄疫病毒传给其他动物的主要来源。特别是在湿度高、有云层覆盖和温度适中的天气下，更有利于病毒通过空气传播（传播距离可超过20km）。牛可以成为口蹄疫病毒的携带者，但在猪中没有报告。

（3）鉴别诊断　本病应与猪水疱病、猪传染性水疱病、水疱性口炎，以及由米格尔海豹病毒、A型塞内卡病毒引起的疾病，石灰烧伤或接触保温灯烫伤等创伤相鉴别。如果有任何怀疑，请向有关机构报告。

（4）诊断　可在田间通过检查临床症状或剖检时观察水疱，如口腔、鼻子和蹄（冠状带）处的破裂水疱来诊断，但最终诊断要在实验室中进行。

（5）管理

①治疗　如果所在地区口蹄疫为法定传染病，则应立即上报。如果口蹄疫呈地方性流行，则使用疫苗。如果使用正确的疫苗，则可以区分野毒株和疫苗株。请注意，病毒的不同毒株需要不同的疫苗，并仍需要上报。但疫苗的保护力不强，仅持续6个月。母猪获得免疫后其初乳可以给仔猪提供约3个月的保护期。

②控制　严格管理和控制进口感染水疱病的猪及其产品。一般在疑似感染病例3km范围之内，通过掩埋、堆肥、化制或焚烧等方式处理感染猪或对其实行安乐死。

（6）人兽共患病的风险　虽然有人感染口蹄疫的报道，但这种情况极为罕见，人感染后通常没有临床症状。儿童可能患有手足口病（由捷申病病毒引起），发病时许多人可能会将其与口蹄疫相混淆。

（7）处理病例申报的程序　了解当地关于猪的法定传染病的规定，如果怀疑猪患有法定传染病，则应遵循相应的操作规程，如表9-2所示。

表9-2　疑似猪患有法定传染病的操作规程

怀疑猪有异常或可能患有法定传染病
要求封锁猪场
在所有公共入口处放置"禁止入内"的标识
在兽医到场之前，要求所有人员留在猪场
兽医职责
穿一次性防护服，只穿猪场专用靴子
确保车内有消毒剂
确保相机和手机功能正常
确保携带直肠温度计
猪群抵达后应仔细检查，拍照和录像，并对观察到的临床症状进行分类
兽医怀疑有异常或明显的疾病
电话通知同事，通过电子邮件发送临床症状照片
电话联系相应的政府机构
尽可能提供猪场的全名和场址，以及GPS位置
提供如何到达该猪场位置的准确细节
通过电子邮件发送观察到的猪病照片或视频及相关临床症状细节

（续）

表9-2　疑似猪患有法定传染病的操作规程

在官方兽医抵达之前（除非另有授权）
猪不得进入或离开该猪场
车辆不得进入或离开该猪场
让所有即将到达猪场的车辆（如饲料车等）改道
防止车辆在猪场周边的入口活动。例如，用拖拉机堵在入口处，确保标识到位，必要时可让饲养员在入口处看管
对猪场内的其他猪群进行详细的临床症状检查
离场
遵守官方兽医的建议
留下一次性外套
留下猪场专用靴子
留下直肠温度计
不带走任何被粪便或血液污染的物品
如有必要，则在干净的纸张上重记笔记
如果可疑疾病得到确认，则向客户提供有关结果的咨询和支持
实施适当的生物安全措施
用消毒剂喷洒车轮和轮毂
在回家的路上用高压热水冲洗汽车
用洗涤剂将所有衣服洗2遍
彻底洗澡（至少3min），包括清洗手表和眼镜
清洁并消毒从猪场带回的所有设备（手机、相机）
在例行访问期间，兽医怀疑有明显或异常疾病时
从兽医职责第三条开始执行
不要从猪场带走个人用的靴子和外套
确保车内常备少量消毒剂

16. 冻伤

　　猪暴露在非常寒冷的环境中可能会被冻伤，特别是耳朵、蹄部和尾部（图9-38），血液循环不畅可能导致该部位坏死、坏疽和脱落。冻伤通常是由冷空气和风寒共同作用造成的。

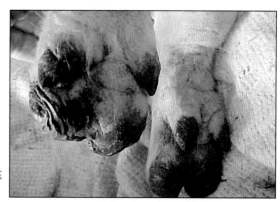

图9-38　宠物猪的蹄部被冻伤，耳朵也受到了影响

17.猪油皮病/猪渗出性皮炎（视频38）

（1）定义/病原学　猪油皮病/猪渗出性皮炎与猪葡萄球菌感染有关，这种细菌在猪的皮肤上是正常存在的，且在阴道中也能够被发现，仔猪在出生时皮肤上就有该

视频38

菌菌落。临床症状是由于猪打斗时该菌渗透到皮肤伤口而引起的。因此，为了解决问题，临床兽医需要调查猪打斗的原因。

（2）临床症状　猪渗出性皮炎主要见于哺乳仔猪和8周龄内的保育猪（体重小于20kg）。有以下3种主要临床症状：

仔猪：面部坏死是猪油皮病的一种表现形式，与窝产仔猪数超过母猪功能性乳头数或母猪产奶量差有关，这导致仔猪之间激烈打斗并造成面部损伤。需注意，在面部坏死样本中也可分离出短螺旋体（参见本章"常见恶习"中的内容）。

较大日龄的哺乳仔猪和断奶仔猪：刚断奶仔猪身体上突然呈现出一片片脏的、棕色、油腻、潮湿的皮肤，毛发杂乱，可能会变成灰色（图9-39）。病情迅速蔓延，并覆盖全身。病猪停止进食和饮水，严重脱水。如果不进行治疗，则病猪感染7～10d后可能死亡。

保育猪的慢性感染：猪呈现出3～5cm斑块的上述皮肤，但不会扩散。这种情况最

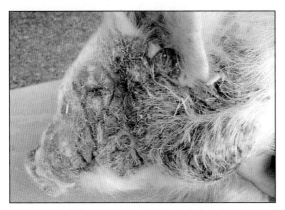

图9-39　断奶仔猪面部周围的猪油皮病特征

常见于上颈部和后肢，这些是猪最易受到攻击的部位（图9-40）。停止打斗5d后，病情会自动缓解。对所有日龄的猪，如果伤口不能正常愈合，则可能有猪葡萄球菌的局部感染。

图9-40　患有严重慢性猪渗出性皮炎的保育猪

成年猪的慢性感染：母猪背部和颈部长期出现黑色斑点，常与皮肤损伤处的猪葡萄球菌感染有关。

（3）鉴别诊断　更严重的病例中，可见典型症状，主要区别是从中度到重度的玫瑰糠疹。玫瑰糠疹主要发生在腹侧，而猪油皮病则先出现在颈部和背部。可考虑是否感染了疥癣，但仔猪断奶后临床中立即出现疥疮是很少见的。

缺乏矿物质特别是锌时，猪可能出现角化不全。通常，自配饲料时因忘记添加矿物质会发生这种情况。

（4）诊断　临床症状和剖检可以看到严重的渗出性皮炎病变。在严重急性病例中，淋巴结可能脓肿。来自正常皮肤的培养物也呈阳性，相对来说细菌培养的意义可能不大。但从皮下淋巴结中分离病原非常重要，分离到细菌就可进行抗菌谱分析。

（5）管理

①个体治疗　隔离病猪并将其单独饲养在病猪栏中，用干净的干草作垫料。注射对皮肤组织亲和力高的抗葡萄球菌的药物（如

盐酸林可霉素）。用合适的消毒剂清洗猪，最好在清洗液中添加羊毛脂，以润滑皮肤。注射复合维生素并进行止痛治疗。通过饮水碗提供充足的水，必要时通过口服额外补水。由于病猪将会严重脱水，因此为其提供额外的饮水对治疗来说非常重要。正常的猪每10kg体重需要饮用1L水，因此几管注射器的水起不了作用。使用保温灯加热。但遗憾的是，在大型商品化猪场中，很难对病猪做到这种精细的护理。

②控制

日龄较小的哺乳仔猪：如果出现面部坏死，则与争夺奶水有关。此时应了解并解决母乳供应不足的原因，而不是给仔猪剪牙。

日龄较大的哺乳仔猪：如果问题出现在日龄较大的哺乳仔猪身上，特别是后备母猪所产的仔猪，则要确保后备母猪和1胎母猪的返饲程序及初乳管理到位。

保育猪：出现猪油皮病是打斗的最终结果，因此要查看所有引起猪打斗和有侵略性的原因，如：

- 争夺饮水。
- 空间不足。
- 水供应不足，要使用合适流速的饮水器。
- 贼风和打堆，找出贼风来源并修复相关设备。
- 混群和移动，最小化。

在极少数情况下，有必要将现有品种更换成性格更温和的品种。检查苍蝇的控制措施，特别是寻找螫蝇，如厩螫蝇既能传播细菌，也能损伤猪的皮肤。在疾病暴发时，可以通过在水源中加入盐酸林可霉素和甜味剂来促使猪饮水，从而控制病情。猪场如果有疥螨，也需要进行控制，从而减少猪因摩擦而损伤皮肤的情况发生。

18.疝（视频13）

猪有4种常见的疝形式：脐疝、阴囊/腹股沟疝、会阴疝、创伤性疝。

（1）脐疝　脐疝是一种先天性缺陷，约影响1.5%的猪。临床上，一般见于体重超过30kg的猪脐疝可长到巨大（图9-41），这可能成为猪

视频13

场一大问题。只有当脐疝直径小于30cm且没有皮肤溃疡时，这样的猪才有经济价值。一旦脐疝触及地面，则建议对猪实行安乐死。如果脐疝很大，则在猪出栏前就应告知屠宰场。对患有脐疝的猪没有经济、可行的治疗方法。该病的遗传基础复杂，不遵循简单的孟德尔遗传学。在极少数情况下，脐疝可能会引发肠套叠。如果猪场存在群体性脐疝问题，请检查分娩过程，特别是在分娩过程中脐部是否被拉伤或损伤。检查产房母猪的脐带管理措施。

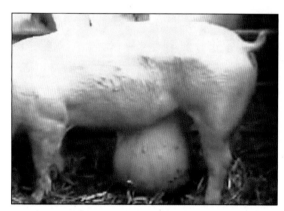

图9-41　脐疝

（2）阴囊/腹股沟疝　公猪腹股沟管不闭合时会发生腹股沟疝，腹股沟疝可能会长得非常大。在罕见情况下，疝气会引起部分肠绞窄（图9-42和图9-43）。若这些公猪未被阉割，则长到能够屠宰是没有问题的。若需要阉割，则应在阉割前识别阴囊疝，然后进行封闭阉割。如果不能识别阴囊疝，那么公猪阉割后会迅速发生肠道脱垂和死亡。阴囊疝在某些品种中更常见，越南大肚猪就是一个例子，有时候会让此类宠物猪难以被阉割。

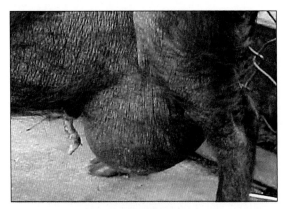

图9-42　阴囊疝，注意阴囊脱垂

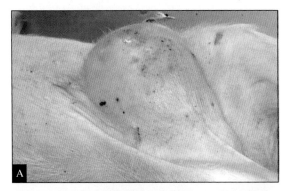

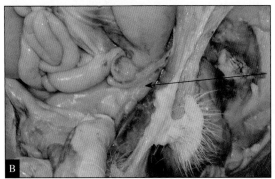

图9-43　阴囊疝中肠管闭锁外观（A）和剖检外观（B）（箭头所示）

图9-44　会阴疝

（4）创伤性疝　通常由母猪咬仔猪而引起，可能导致腹壁疝。创伤性疝只有在发生肠扭转时才会出现（图9-45）。如果结构严重损坏，则可能导致在屠宰场出现问题，建议立即对病猪实行安乐死。

图9-45　创伤性疝

19.过度角质形成/鳞片状皮肤

成年猪出现干燥性鳞片状皮肤并不罕见（图9-46），应该通过治疗排除疥癣的原因。如果猪的鳞片状皮肤不严重，但其主人又比较担心时可用皮肤消毒剂清洗。在猪的饮食中加入食用油/橄榄油，以增加脂肪含量，脂肪会在猪的皮肤上表现出来。一些宠物猪的日粮是非常基础的，以减少热量，防止体重

（3）会阴疝　年老的母猪整个会阴区域可能会出现塌陷，直肠和阴道脱垂成为会阴疝（图9-44）。患有会阴疝的母猪没有治疗价值。如果母猪接近分娩且福利允许，则将其留到分娩，但是这种情况下可能需要助产或剖宫产。屠宰前，可为母猪提供麸皮饲料或不时添加液体石蜡/矿物油，以协助粪便排出。

增加太多，同时保持饲料的低成本，因此有时身体所需的油脂也会添加不足。

图9-46 公猪的鳞片状皮肤

20.黄疸

黄疸是猪死前在巩膜或外阴黏膜表面可见的一种黄色组织变色，但经常在猪死后才被诊断出来（图9-47），它是由组织中胆红素色素的积累引起的。

图9-47 正常猪（左）和黄疸猪（右）

胆红素色素积累可能是由于肝脏疾病[肝炎、黄疸出血群赖型钩端螺旋体（见第二章）]、胆囊疾病或阻塞（胆结石），或与过度溶血（如猪支原体感染）相关。

鉴别诊断可能包括胴体发黄，与饲料中的玉米油、高含量胡萝卜和四环素沉积相关。注意胴体和脂肪颜色也可能在其他条件下发生改变，如先天性卟啉症（见第二章）（胴体更偏棕色而不是黄色），饲料中有高虾粉（粉

红色的脂肪）或其他油、着色成分（如在乌干达将蓝色脂肪与肥皂作为驱虫剂饲喂有关）。

当血清总胆红素浓度>3.4μmol/L时可确诊。

21.虱子和蜱寄生（视频39）

视频39

猪虱（*Haematopinus suis*）是我们所知的最大的一种虱，容易被观察到（图9-48）。它们的生命周期都发生在猪体上，从虫卵到成虫需要30d。然而，虱子离开猪体后存活时间不超过3d。因此，虽然从技术上来说疥癣更容易被控制，但是实践中往往比较困难。虱子有可能携带猪痘。虱子对包括阿维菌素类药物在内的疥螨（*Sarcoptes scabiei*）标准治疗方法很敏感。

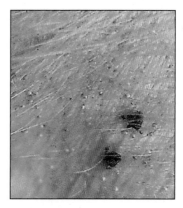

图9-48 皮肤上可见的猪虱

在猪身上，尤其是在宠物猪或户外散养的猪上可以发现一些蜱虫。养猪业重点关注的蜱虫类是败蜱属（钝缘蜱属软蜱），这是非洲猪瘟病毒的宿主。

22.疥癣（视频40）

视频40

（1）定义/病原学 疥癣是一种严重的猪寄生虫感染疾病，由猪疥螨引起，这是一个已适应猪的物种。其他的疥螨也可能在猪身上发

现，但不是很重要。偶尔可见猪蠕形螨病，其病原是蠕形螨。猪疥螨很常见，除非进行了净化，否则在猪场中都会存在。许多种猪公司是维持疥螨阴性的。

疥螨通过猪与猪之间的接触及猪接触被污染的猪舍而传播。在理想的状态下，疥螨离开宿主后可以存活21d。这对经济效益可能有很大影响，其影响大小取决于感染程度，但生长速度降低10%的损失在从中度到严重感染病例中很常见。疥螨会让猪变得虚弱，是猪的一种额外应激，同时猪不断蹭痒会损害猪舍建筑。这可能会周期性地发生于各种不同应激程度的猪身上。

（2）疥螨的生命周期　雌性疥螨在1d时间内可在猪皮肤上产1～3枚虫卵，并且成年雌性疥螨可存活约1个月，因此每只雌性疥螨可产30～40枚虫卵。大部分虫卵被产在猪耳朵内部的软组织中，每克耳皮肤可能有多达18 000个疥螨。大约5d虫卵孵化成幼虫，幼虫蜕化为若虫，在10～15d内若虫进一步蜕化为成虫。疥螨在猪身上度过整个生命周期。

离开猪体后，如温度越高，则猪疥螨的生存时间越短，这可以作为设计疥螨净化方案时的重要参考信息。猪疥螨不能在其他宿主体内（或身上）存活，尽管它可以在人的身上"存活"几天，并且在某些情况下会引起皮疹。

（3）临床症状　主要临床症状是擦伤（瘙痒）（图9-49）。病猪表现不适，并间歇性地摩擦身体。猪刚感染之后，持续表现瘙痒和摩擦。

耳垢增加，有时形成斑块。当病情发展为慢性时，一些部位的毛发会被磨掉，皮肤可能会变厚（图9-50和图9-51）。该区域的皮肤可能会受到创伤，这可能会继发猪油皮病。慢性皮肤病变更常见于耳朵和尾尖后面。疥螨可影响所有日龄的猪，但母猪和生长猪最常表现出典型的临床症状。疥螨问题可能在

较冷的月份里会更明显。

图9-49　瘙痒

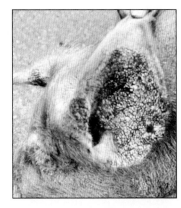

图9-50　公猪耳朵被慢性疥螨感染

图9-51　宠物猪面部的疥螨病变

（4）鉴别诊断　当母猪暴露在烟雾或香水中时，可能会摩擦身体。稻草/垫料中的疥螨可能会引起刺激和摩擦。任何由其他原因引起的皮肤过敏都可能会引起猪瘙痒，并且这对一些宠物猪来说也是一个问题。缺乏必需氨基酸或锌时，猪皮肤可能增厚并伴有

角质化不全或干燥和鳞片状，但是这些猪一般无瘙痒症状。马拉色菌（*Malassezia yeast*）感染可能会增加耳垢。

（5）诊断　皮肤瘙痒和随后的皮肤损伤是病猪对疥螨的继发性过敏反应，但可能在受损的皮肤区域找不到猪疥螨，因此临床兽医需要去检查耳垢。对个体进行检查并找到螨虫可以确诊（图9-52），找不到疥螨时很难确诊。

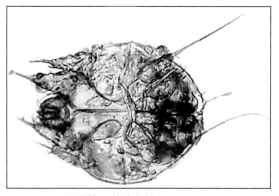

图9-52　显微镜下的猪疥螨

可以进行ELISA血液检测，虽然存在假阳性的可能，但可以用来证实核心种猪群中有无疥螨。

在屠宰场里肉眼检查育肥猪的皮肤可以作为监测的一部分（图9-53）。

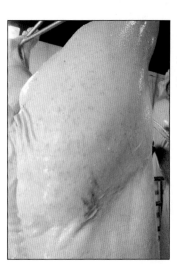

图9-53　由疥螨引起的皮肤病变。这些病变在屠宰场里，甚至在超市里可能更突出

（6）管理

①治疗　通常注射和在饲料中添加阿维菌素类药物。大型公猪治疗时若剂量不足则无法充分控制此病。

②控制/净化　在可能的情况下，疥螨应该净化掉。控制疥螨应该被视为猪的一个福利问题，使用阿维菌素类药物可以把疥螨从猪的所有生产阶段中净化掉，未来将需要从无疥螨病的猪场买猪（见第十一章）。

23.耐甲氧西林金黄色葡萄球菌感染

耐甲氧西林金黄色葡萄球菌是重要的人类病原，它不引起猪的临床症状，但猪群可能作为一些适应菌株的携带者。这种情况可能导致人兽共患病。

24.猪支原体（*Mycoplasma suis*）（译者注：即猪附红细胞体）感染

猪支原体生长于红细胞表面，猪感染后一般没有或很少有临床症状。当猪没有出现其他明显原因的贫血时，可怀疑其感染了猪支原体（图9-54）。在慢性病例身上可能会看到一定程度的黄疸。用吉姆萨染色法检查血液涂片和染色，可以看见与红细胞相关的黑色小体（图9-55）。通常使用四环素治疗有效。

图9-54　贫血的育肥猪

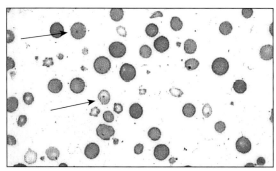

图9-55 吉姆萨染色显示红细胞中的猪支原体（箭头所示）

图9-57 断奶仔猪角化不全

25.乳头状瘤

乳头状瘤疣状病变可见于猪的前肢、阴茎鞘、阴囊和乳头。先天性纤维乳头状瘤较为罕见（图9-56），会出现大片花椰菜样皮肤。这些病变可能会迅速生长，能通过皮肤活检和组织学确诊。其他疣状病变可能包括鳞状细胞癌化，尤其是在阳光充足的天气下白色猪的耳朵中尤为常见。

27.光过敏

光过敏与皮肤脱落有关，通常发生在暴露于日光下的最少色素区域。这种情况通常是由猪接触或摄入光敏因子引起的（图9-58）。一个很好的例子就是摄入经典致病因子——圣约翰草（金丝桃属）。很多病例中光敏因子是无法识别的。治疗包括给病猪供水、止痛、避免光照等。

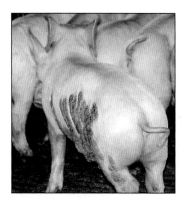

图9-56 巨大的先天性纤维乳头状瘤

图9-58 宠物猪在摄入欧洲防风草后从光敏反应中恢复过来

26.角化不全

角化不全通常见于年龄小的断奶仔猪（图9-57），通常与缺锌有关（偶尔高钙会降低锌的利用率），病变形成需要4～6周。猪的皮肤变成鳞片状，可能会发展成厚的硬壳并覆盖全身。本病主要与渗出性皮炎进行鉴别诊断。血液检查显示低锌水平（约5mmol/L，正常为20mmol/L）时可以确诊。

28.猪痘

猪痘是由猪痘病毒引起的，病猪临床表现为身上有10～20mm的小圆环痂（图9-59），偶尔可见小水疱。猪痘病毒被认为在大多数猪场中普遍存在，也可能在某些猪群成为群体内流行病，受感染的猪可在10d内恢复。使用消毒剂清洗皮肤可控制继发性感染，同时也要提高栏位卫生。新生仔猪可能表现出一种先天性的病变形式（图9-60）。

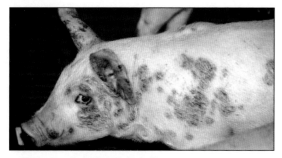

图9-59　患有猪痘的保育猪

图9-60　先天性猪痘

29.玫瑰糠疹（视频41）

这是突然发生在断奶仔猪和体重为10～60kg生长猪上的遗传病（图9-61）。猪全身结痂，尤其是在腹部。病变常呈环状，边缘呈红色

视频41

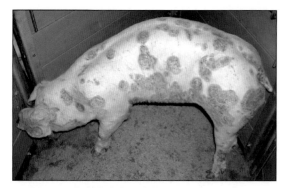

图9-61　患玫瑰糠疹的生长猪

突起，中心呈白色。随着时间的推移，病变区域可能会进一步蔓延并合并。虽然症状看起来很吓人，但猪没有生病且正常生长，不需要治疗，屠宰时也极少发现这种情况。不建议用出现玫瑰糠疹的猪做种猪。

30.猪皮炎肾病综合征（视频42）

（1）定义/病原学　猪皮炎肾病综合征常发于育肥猪，偶发于成年猪。该病被认为是一种免疫复合物（Ⅲ型超敏反应）疾病，肾小球

视频42

肾炎和系统性坏死性血管炎是最显著的相关病变。在皮肤上表现为紫色病变。该病症是非特异性的，但与猪场存在猪圆环病毒2型相关性系统疾病有关。这种情况也没有传染性，可在所有猪场中偶发。当猪场有高达10%的育肥猪暴发时，临床兽医应关注该猪场内是否存在猪圆环病毒2型相关性系统疾病感染。同时，检查猪场内是否存在猪圆环病毒3型。

（2）临床症状　最明显的临床症状出现在皮肤上，特别是在后肢和会阴周围出现不规则的从红色到紫色的斑块（斑疹和丘疹）。病变往往会随着时间的推移而融合，如果猪存活下来则病变部位可能会出现瘢痕。病猪表现出食欲不振、精神沉郁、卧地不起，同时可能存在步态僵硬和起身障碍。

该病通常影响体重为40～70kg(12～16周龄）的猪，成年猪偶发，并可能与流产相关。对生长/育肥猪而言，首次出现临床症状的几天内可能会死亡。

（3）鉴别诊断　猪皮炎肾病综合征主要与猪瘟和非洲猪瘟鉴别诊断。另外，猪患有严重沙门氏菌病和猪丹毒时也可出现类似的临床症状。

（4）诊断　显著的皮肤变化具有高度的诊断意义（图9-62）。剖检皮肤有典型病变。双侧肾脏体积比正常的大2～3倍（图9-63），

颜色较正常的苍白。肾脏表面可见皮质瘀点。腹股沟下淋巴结引流受影响的皮肤区域红肿、出血。只有在肾脏组织学显示肾小球肾炎后才能做出确诊（图9-64）。

图9-62　患有皮炎和肾病综合征的病死猪

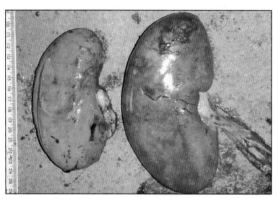

图9-63　左边是60kg育肥猪的正常肾脏，右边是60kg的育肥猪感染皮炎和肾病综合征后肿大的肾脏

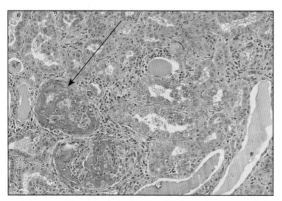

图9-64　在一例皮炎和肾病综合征中，肾小球肾炎（受影响的肾小球）的组织学病变

（5）管理　迄今为止，对于该病很少有真正有效的临床治疗策略。要通过免疫疫苗控制猪圆环病毒2型相关性系统疾病，并确保供水充足。

31. 癣病

猪癣病是病猪体表呈现出特征性圆形、浅棕色并逐渐在身体上扩散的圆形病变（图9-65），治疗可能需要数周时间。除此之外，猪不表现出不适的临床症状。治疗时需要使用皮肤消毒剂清洗猪。若需群体治疗，则考虑使用灰黄霉素等抗真菌剂。

图9-65　母猪身上的癣病

32. 阴囊血管瘤

血管瘤起源于血管内皮细胞，是公猪阴囊上常见的良性肿瘤（图9-66），通常没有临床意义。

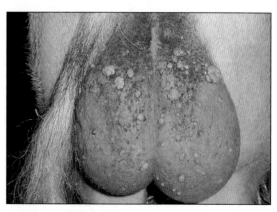

图9-66　阴囊血管瘤

33.晒伤

由中波紫外线引起的皮肤反应，当波长为307nm时对猪的影响最大。少或无色素沉着的猪及在日光下暴晒的猪更容易被晒伤（图9-67）。这些受到严重影响的猪会出现共济失调和僵硬，也可能会躺卧不起并最终死亡。晒伤可能会影响公猪睾丸（图9-68），导致不育。

生产中应为户外养殖的猪提供足够的遮阳措施和打滚空间，并监测阳光对舍内饲养猪的影响。

图9-67 后备母猪背部被晒伤

图9-68 晒伤会影响公猪睾丸

34.猪瘟

临床上不太能区分猪瘟和非洲猪瘟。虽然可能有病理差异，但是非常微小。若临床检查怀疑猪瘟，在猪瘟被定为法定传染病的国家，执业兽医需要立即上报。在亚洲，猪瘟的自然存在使对非洲猪瘟暴发的正确诊断变得复杂。同样，在非洲，非洲猪瘟的自然存在使对猪瘟暴发的正确诊断复杂化。这两种疾病都是由病毒引起的，导致严重的系统性病毒血症，并导致猪死亡和皮肤上出现特有的出血点。虽然猪瘟和非洲猪瘟发生时病猪的临床症状非常相似，但它们之间却有很大的不同。

35.猪瘟

（1）定义/病原学 猪瘟也称为猪霍乱，是一种高度传染性的病毒性疾病，在世界范围内被认为具有重大影响，并被列入世界动物卫生组织的法定报告疾病名单。它是由猪瘟病毒引起的，猪瘟病毒是一种与牛病毒性腹泻病毒和绵羊边界病有关的瘟病毒抗原。猪瘟病毒分为3个主要基因型，每个型包含3～4个亚型。不同型之间存在显著的遗传差异，这些不同的基因差异会进一步转变为不同的抗原。此外，猪瘟病毒分离株的毒力也不同，这也解释了在感染群体中观察到的临床症状有差异的原因。世界范围内控制猪瘟的主要趋势是利用疫苗（有/没有基因缺失特性）来根除这种感染，但是感染仍然在亚洲和中美洲的一些国家流行。

（2）临床症状 猪瘟病毒感染可引起特急性型、急性型、慢性型和妊娠期临床症状。这取决于毒株强弱，但也取决于猪的年龄、健康状况和免疫力。强毒力毒株通常会导致猪高热、紫绀、皮肤出血（图9-69）和高死亡率。根据毒株毒力的不同，对应的临床症状可能表现更温和，难以与许多其他疾病区分开来。猪发热时打堆很常见。猪瘟病毒复制对免疫系统造成的影响（引起免疫抑制）促进了并发感染，且可以看到各种呼吸道和/或消化道征兆。在繁殖方面，猪瘟病毒感染可导致胎儿死亡和出现木乃伊胎。据报道，在妊娠50～70d子宫内感染会出现免疫耐受猪，主要表现出持续的病毒血症。这些免疫耐受猪可能看起来正常，但可能会形成所谓的"迟发性猪瘟",表现为慢性感染下的毛发粗糙、生长迟缓和对继发感染的高度易感性。重要的是，这些猪是排毒者，可能在种群病毒持续存在中起重要的流行病学作用。猪瘟病毒可诱导病毒在产后早期感染中持续存在。

仔猪出生时可能患有先天性震颤。

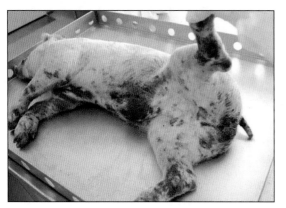

图9-69 猪感染强毒性猪瘟病毒后皮肤有多处出血

（3）鉴别诊断 由猪瘟引起的皮肤和内脏出血必须与非洲猪瘟、高致病性蓝耳病、猪皮炎肾病综合征、败血症型沙门氏菌病和猪丹毒区分开来。当观察到有不太严重的猪瘟病例时，鉴别诊断会更加复杂。因为它既可以引起发热等一般的临床症状，也可以引起如由猪圆环病毒2型相关性系统疾病、猪繁殖与呼吸综合征、伪狂犬病和慢性呼吸道/消化道问题导致的特定临床症状。各种原因使得先天性震颤在猪场中很常见。

（4）诊断 出血性素质是特急性型和急性型猪瘟的特征之一，感染猪出血几乎在各部位可见，但是肾脏、喉部和淋巴结的出血最为典型（图9-70至图9-73）。此外，脾脏边缘的梗塞是猪瘟非常典型的特征。

在仔猪中，先天性震颤可能与小脑尺寸的明显减少有关。

猪瘟病毒必须通过实验室确诊，并与其他瘟病毒如BVDV和先天性震颤病毒区分

开。大多数情况下，反转录聚合酶链式反应（RT-PCR）是检测病毒RNA的首选，因为它具有高灵敏度。病毒也可以通过细胞培养的方式分离，并使用抗原捕获ELISA进行检测。检测的最佳组织样本包括扁桃体、脾脏、肾脏、回盲部和咽后淋巴结。活猪还可以使

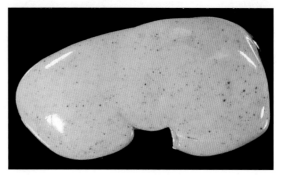

图9-70 感染猪瘟病毒的猪肾脏发生多发性点状出血

图9-71 试验感染猪瘟病毒的猪呈现正常的脾梗死

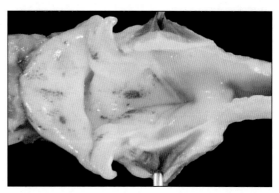

图9-72 感染猪瘟病毒的猪喉部有多处瘀点——喉部出血

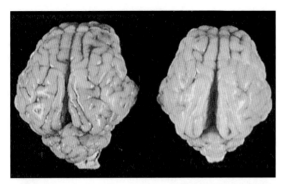

图9-73　左脑正常，右脑是由猪瘟病毒引起的小脑发育不全（hypocerebellosis）

用血清或血沉棕黄层（血小板）样本。虽然有ELISA，但检测抗体的标准方法却是病毒中和试验。感染后第一时间检测病毒至关重要，因为若检测结果呈现抗体阳性和病毒阴性则意味着检测时间太晚。

（5）管理　出于国际贸易目的，无猪瘟流行的地区保持针对猪瘟的不免疫政策，并要有根除政策。因此，在疑似案件中，第一步是与主管当局沟通。然而，在一些无猪瘟的地区，由于该病病毒在野猪种群中流行，最终也会暴发猪瘟。因此，野生动物在这些国家中构成了严重威胁。预防猪瘟可以使用不同的疫苗，包括基于"中国"C株（最常用）的减毒活疫苗、Thiverval毒株疫苗和重组基因缺失疫苗（通过E2蛋白）。虽然疫苗可以预防感染猪出现临床症状，但不能阻止病毒经胎盘感染，因此也不会阻止持续感染和随后的迟发型猪瘟。有针对用诱饵对野猪进行口服免疫的测试，但是由于难以接触诱饵，因此难以保证是否对野猪产生足够的免疫保护。

36.非洲猪瘟

（1）定义/病原学　非洲猪瘟病毒是非洲猪瘟病毒科的唯一成员，它是最大和最复杂的病毒之一，能够导致所有品种和年龄的猪死亡。此外，非洲猪瘟也是一种必须上报OIE的疾病。由于没有可用的疫苗，以及非洲猪瘟目前在世界各地暴发，该病应该被认

为是全球猪群健康优先关注的疾病。到目前为止，已经鉴定了22种非洲猪瘟病毒基因型，并且认为它们之间的交叉保护力很差。此外，由于该病的临床演变快速，因此许多猪的免疫反应都是不存在的。在非洲，病毒传播周期很复杂，因为它可能涉及家猪、野猪［主要是亚临床感染的疣猪（图9-74），以及非洲灌丛野猪（图9-75）］和软蜱（败蜱属，图9-76）。在欧洲，最常见的传播途径是易感猪和蜱，以及家猪和野猪之间的直接接触。目前除了在俄罗斯、乌克兰和一些东欧国家的部分地区流行外，非洲猪瘟在撒丁岛也流行了很多年。在撒丁岛，传统养猪方法促进了病毒的永久传播和存活。

（2）临床症状　尽管非洲野猪对非洲猪瘟有抵抗力，但家猪和欧洲野猪感染后也可以产生很多临床症状。强毒株通常导致猪死亡（图9-77），但猪感染了中等毒力

图9-74　疣猪

图9-75　非洲灌丛野猪（丛林猪）

（20%～80%）和低毒力（10%～30%）毒株则会出现较低的死亡率（图9-78）。急性感染猪表现出高热，非常安静，不愿走动。许多猪除了有出血病变外，还出现呕吐和呼吸困难（因为有严重的肺水肿）。妊娠母猪流产，泌乳母猪停止产奶。在大多数情况下会有出血，并伴有潜在皮肤出血、鼻出血、血便。

在亚急性/慢性病例中，尽管受影响的猪较少，但感染过程更长，临床情况相似。

（3）鉴别诊断　由非洲猪瘟引起的皮肤和内部器官出血必须与猪瘟、高致病性蓝耳病、猪皮炎肾病综合征、败血型性沙门氏菌病和猪丹毒进行鉴别。脾脏肿大也会出现在非洲猪瘟和上述一些疾病中。发生非洲猪瘟后必须上报主管部门。非洲猪瘟对猪的免疫系统有严重影响，可能引起并发感染。然而，在急性情况下，猪通常没有足够时间发生继发感染。

（4）诊断　出血和脾脏肿大是非洲猪瘟的特征病变（图9-79至图9-82）。出血几乎随处可见，但是肾脏、肺脏、心脏、淋巴结、膀胱和胆囊的出血最为典型。诊断必须经实验室检测确认。大多数情况下，虽然免疫荧光和血液吸附试验是传统的检测方法，但是PCR因其高灵敏度则成为检测病毒DNA的首选。非洲猪瘟病毒也可以通过细胞培养进行分离，但从快速诊断的角度来看，这是不实际的。最好的检测样本包括脾脏、肾脏、淋巴结、肺脏、血液和血清。

（5）管理　预防非洲猪瘟无疫苗可用，也没有适用于无非洲猪瘟的国家根除策略。只要对临床症状有怀疑，就必须与主管部门沟通，并限制猪的运输，然后进行适当的诊断。

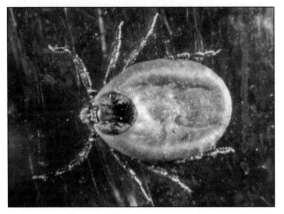

图9-76　游走的败蜱（*Carios erraticus*）

图9-77　非洲猪瘟暴发时猪大量死亡

图9-78　死于非洲猪瘟的野猪，病毒粒子仍然有活性

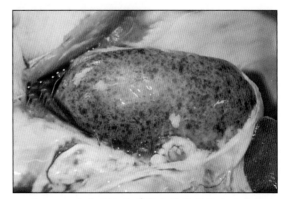

图9-79　试验感染非洲猪瘟的猪肾脏有多发性瘀点至弥漫性出血

图9-80　试验感染非洲猪瘟的猪肺实质多发性出血和气管泡沫明显的水肿

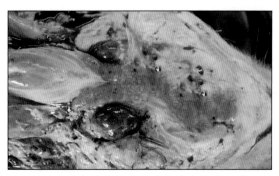

图9-81　试验感染非洲猪瘟的猪下颌淋巴结弥漫性严重出血

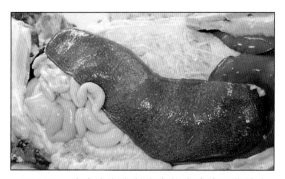

图9-82　试验感染非洲猪瘟的猪脾脏显著肿大，可能较正常时增加3～4倍，切开时可以观察到脾脏内充满血液

37.血小板减少性紫癜

这种情况只见于3～10d的哺乳仔猪，原因是高胎次母猪初乳中存在抗仔猪血小板的抗体。仔猪死亡后皮肤上有小出血点（图9-83）。剖检结果显示，在整个胴体中出现小

出血点。可将幸存的小猪转移给另一头哺乳母猪喂养。该病需要和猪瘟进行区分，但猪群年龄具有可参考性。

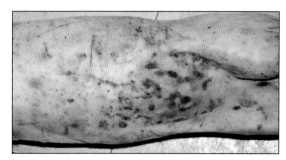

图9-83　仔猪皮肤血肿，伴有血小板减少性紫癜

38.皮肤创伤

（1）仔猪　哺乳仔猪和保育猪中的腕关节磨伤很常见，这是由吮乳或活动时腕关节被产床地板磨伤所致（图9-84）。病变处发展成胼胝体，并且很少有明显的健康问题。然而，这可能会发展成关节病。应该对产床地板进行适当处理，尽可能降低问题的严重性。同时，酌情进行止痛治疗。

图9-84　结节溃疡/糜烂

（2）生长/育肥猪　在许多养猪场里，糜烂并不少见，通常与粗糙的地板或尖锐的接触面有关，这在新的地板上很常见。因此，在进猪前应该检查地板的锋利点。如果将猪

饲养在肮脏的环境中，则会常见继发感染。检查环境条件，考虑用石灰乳喷洒地板和墙壁，以减少尖锐点。同时，酌情进行止痛治疗。对个别严重的病猪，可将其移到病猪栏内，最好铺上稻草等垫料，并对暴露的组织使用伤口喷雾剂。

（3）成年猪

①肩疮　肩疮常见于泌乳后期的母猪，通常与消瘦有关（图9-85和图9-86）。一些现代养猪场的瘦肉型母猪可能容易发生肩疮，这个问题是由局部贫血（没有血液供应），继发葡萄球菌感染，导致肩胛骨上方坏死的。

治疗方法是保持伤口清洁直到断奶，并酌情进行止痛治疗。断奶后把母猪转入铺有垫草的病猪栏内，保持良好的饲喂管理，母猪通常在1个月内康复。但是，母猪断奶后应该正常配种。创伤处有可能会被同窝的仔猪撕咬，并造成严重损伤，甚至可能需要对母猪实行安乐死。

②损伤　猪之间的争斗在公猪之间、母猪之间，以及公、母猪之间极为常见（图9-87至图9-93）。偶尔也会发生损伤，有时甚至会危及生命。

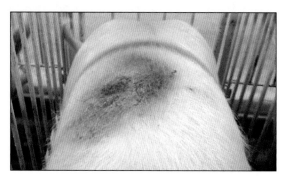

图9-85　圈养伤

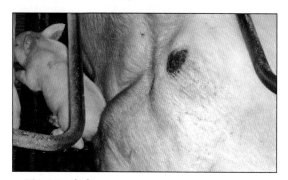

图9-86　肩疮

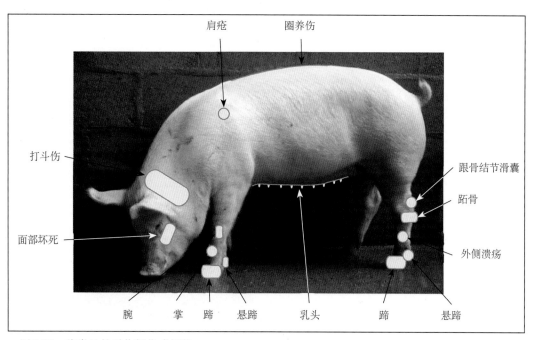

图9-87　猪常见的受伤部位或损伤

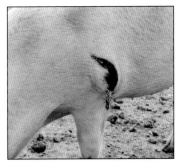

图9-88　打斗——獠牙造成后备母猪和公猪受伤

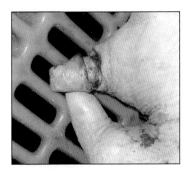

图9-89　乳头受损

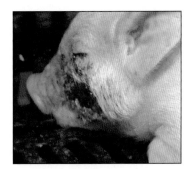

图9-90　面部坏死

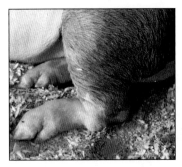

图9-91　滑囊

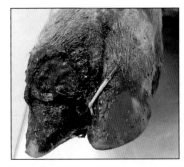

图9-92　爪伤

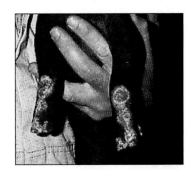

图9-93　腕伤

咬伤和打斗可以造成非常严重的皮肤损伤，且伤口可能需要缝合。然而猪已经进化到具有应对这些损伤的能力，且愈合能力超常。

39.溃疡性肉芽肿

母猪腿上会出现大肉芽肿，而病变情况看起来比猪的行为表现更加严重。对此没有有效的治疗方法，可在圈舍中添加稻草缓解病灶大小。有时淘汰反而更有益。兽医可能会特别关注病变情况，因此在猪出栏前应打电话了解与猪福利或运输相关的问题。猪疏螺旋体（*Borrelia suilla*）偶尔可能成为特定病原（见第五章）。

40.腹侧/包皮坏疽

在育肥猪和刚成年猪中可见一种干性扩散型包皮坏疽（图9-94）。病变从一个小溃疡开始，在腹侧的包皮周围迅速发展成一个黑

图9-94　疣猪腹侧（A）的包皮坏疽（B）

色的坏死区域，且可以在腹侧表面扩散并广泛蔓延至阴囊区域，病猪可能需要实行安乐死。治疗可使用盐酸林可霉素，并用药物清洗患部。检查皮屑中是否有螺旋体，可能会从病变处分离出足短螺旋体。

41.恶习（视频36和视频43）

（1）定义/病因　猪群在应激环境下很容易表现出咬、啃、吸吮其他猪的倾向：

视频36

- 仔猪面部坏死。参见猪油皮病/渗出性皮炎。
- 刚断奶仔猪吸吮阴茎。
- 保育猪吸吮耳朵/咬耳。
- 生长/育肥猪咬尾，但成年猪很少见。
- 生长/育肥猪咬侧腹部，尤其是多发生于断尾的猪群中。
- 散养猪群中成年母猪易出现外阴咬伤。
- 咬栏和其他刻板行为。

因其他猪的恶习而受伤的身体区域往往有年龄依赖性。

（2）猪应激因素和需求缺乏　临床兽医必须确保环境适合养猪，建议检查以下情况：

①猪的因素
- 检查尾部，特别是长度是否一致。
- 面部坏死和泌乳不足与饥饿的仔猪相互打斗有关。

②环境因素
- 检查猪舍内是否存在贼风（风速>0.2m/s）。在90%的病例中，咬尾都与贼风有关。
- 检查空气质量（目标：氨气<20mg/L；硫化氢<10mg/L；二氧化碳<1 500 mg/L）。
- 检查24h内温度波动情况，注意天气变化和高压变化。
- 检查湿度（目标相对湿度：50%～

70%）。
- 检查光照强度。
- 检查供水情况。
- 检查饲养密度。
- 检查饲料粒度大小（目标>500μm）。
- 检查饲料中的盐（氯化钠）浓度。
- 检查采食空间。
- 霉菌毒素需要控制在有毒浓度以下。
- 检查混群和转猪流程。

（3）剖检结果　恶习造成皮肤损伤后，会出现很多内部后遗症并造成菌血症，包括肺粟状脓肿、疣状心内膜炎、脊髓脓肿和全身单个或多个离散脓肿。每一个都可能使单头猪的临床症状复杂化。

（4）管理

①治疗　找到有恶习的猪会比较困难。那些瘦弱的、小的、等级秩序处于中间的猪，通常出现轻微的慢性腹泻。将受伤的猪转移到病猪栏内，用喷雾剂/敷料治疗，同时提供止痛治疗。如果猪伤势严重，如瘸腿或有其他脓肿，则可考虑将其安乐死。病变处可能继发感染猪葡萄球菌和/或足短螺旋体，或感染链球菌属和化脓隐秘杆菌等。

②控制　将饲料中的氯化钠浓度提高到0.9%，并确保供水良好。也可考虑增加饲料中的氯化钾浓度，添加氧化镁也可能有助于通过调节猪的行为从而减少其恶习程度。

- 检查环境因素并消除任何不良应激因素。
- 检查猪休息区的条件。
- 某些品种的猪可能在某些环境中更具攻击性。
- 通过玩具（如链子）来分散猪的注意力。
- 优化猪群流量，以消除饲养密度过低和过高的问题（视频5D）。

视频5D

- 检查断尾操作程序，因为猪不喜欢长度不一的尾巴。

（5）常见恶习　见图9-95至图9-102。

可以通过描绘管理和健康问题的"冰山效应"向客户展示所有恶习问题对猪场的影响，这是一种可视化的方法（图9-103）。由咬尾造成的后果都与生产中的一系列错误有关。

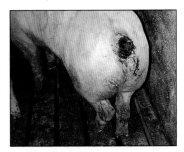

图9-95　咬尾

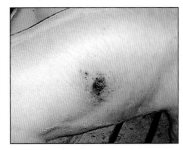

图9-96　咬腹

图9-97　咬耳

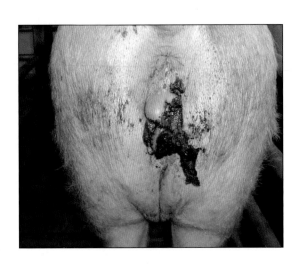

图9-98　咬伤外阴

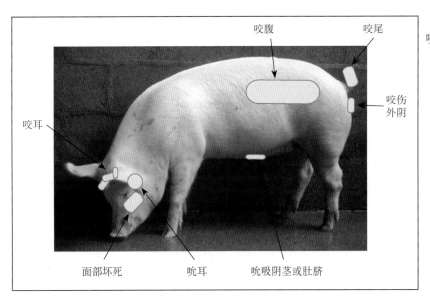

图9-99　身体相关部位被咬伤

图9-100　吮吸阴茎或肚脐

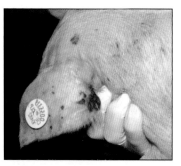

图9-101　吮耳

图9-102　面部坏死

图9-103　不同"应激"因素导致育肥猪群咬尾的"冰山效应"分析

临床小测验

请标出图9-15中的其他结构。

相关答案见附录2。

（王星晨　梁中洋　译；王鑫　洪浩舟　张佳　校）

第十章 环境卫生

在养猪生产中理解并维持猪群健康意义重大。本章旨在寻找一种有助于兽医将整个猪场作为有机整体进行检查的方法。为达此目的，需要一套系统化的方法。检查个体、群体或整个猪场之间所需的技术或技能几乎没有差别。

一、供水管理

所有饲养人员都明白，水对于动物生存和生产是必不可少的。虽然饮水已经被证明是猪的限制因素之一，但猪很少出现"盐中毒"（见第六章），许多情况下缺水信号并不明显，因此可能被猪场团队所忽视。

淡水是有限的资源，我们应该认真对待并减少浪费。所有的废水都会增加粪污处理的成本。但是，即使猪场污水处理费用很高，也不要限制饮水供应，而应改进饮水系统的设计。切记，饮水器渗漏、降温系统使用、高压清洗、日常清洁、雨水渗流和排水不良都会增加粪污排放的总量。

1.饮水消耗

猪每日饮水量最低为每10kg体重需要1L水。哺乳期母猪在泌乳高峰期（大约在哺乳期的第18天）每天用水可达80L。注意：这是用水量，而非全部饮用量。由于设计不良，许多供水系统浪费了20％～50％的水。

2.用于监测猪场用水的常用工具

见图10-1至图10-8。

图10-1　用卷尺测量高度：可以使用智能手机的测量应用程序进行

图10-2　可折叠量筒（A和B），可以减少占用空间

图10-3　秒表，可以使用智能手机中的应用程序

图10-4　水压表

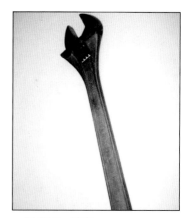

图10-5　扳手

图10-6　拆卸饮水器的工具，如瑞士军刀，选择饮水器上3个孔中的任何1个来调节水流量

图10-7　用于检测杂散电流的电压表

图10-8　注意水的颜色、气味和味道。溶解性总固体测量仪非常有用

3.水质和水源

　　确保适合猪的饮水质量达标（表10-1）。来源于自流式钻井的水由于盐度高可能不适合猪饮用，猪饮水中最大盐度应小于1 000mg/L可溶性固形物。由于粪污可能会污染地下水，因此钻井应远离污水池。但被污染的井水仍可用于高压清洗和日常清洁，从而有助于猪场降低生产成本。

表10-1　适合猪饮用的水质参考标准	
项目	最大含量（mg/kg）
铝	5
砷	0.5
铍	0.1
硼	5
镉	0
钙	1 000
氯化物	400
铬	1
铜	5
氟化物	2

（续）

表10-1 适合猪饮用的水质参考标准	
项目	最大含量（mg/kg）
硬度：碳酸盐[1]	＜60为软水 120～180为硬水 ＞180为极硬水
铁	0.5
铅	0.1
镁	400
锰	0.1
汞	0.003
钼	0.5
镍	1
亚硝酸盐	10
硝酸盐	50
磷	7.8
钾	3
钠	150
硒	0.05
固体颗粒（溶解性）	1 000
硫酸盐	1 000
铀	0.2
钒	0.1
锌	40
每毫升水中的活菌总数	含量应该很低，并且样本间变化小 37℃低于$2×10^2$ 22℃低于$1×10^4$
每100mL水中的大肠埃希氏菌数	0

译者注：[1]GPG为水硬度单位。1GPG表示1加仑水中硬度离子（钙离子、镁离子）含量为1格令。按照美国水质量协会（WQA）标准，水的硬度分为6级：0～8.55g/L，软水；8.55～59.85g/L，微硬水；59.85～119.70g/L，中硬水；119.70～179.55g/L，硬水；179.55～239.40g/L，很硬的水；＞239.40g/L，极硬的水。中国以碳酸钙浓度表示水的硬度，分为7级：0～75mg/L，极软水；75～150mg/L，软水；150～300mg/L，中硬水；300～450mg/L，硬水；450～700mg/L，高硬水；700～1 000mg/L，超高硬水；＞1 000mg/L，特硬水。

4.由水污染可能引起的临床问题

（1）高硫酸盐　可导致以下结果：
- 腹泻，当硫酸盐含量高于3 000mg/kg时。
- 生长速度和饲料转化率低。
- 不同日龄猪群产生烦躁。
- 育肥猪饮水量增加。
- 哺乳母猪饮水量减少。
- 采食量下降。

随着pH越来越大，水的碱性也越来越强，由硫酸盐造成的腹泻也越来越明显，对仔猪的影响也更明显。

（2）总可溶性固形物
- ＜1 000mg/kg，无风险。
- 1 000～3 000mg/kg，导致猪轻度腹泻。
- ＞5 000mg/kg，避免妊娠母猪和哺乳母猪饮用。
- ＞7 000mg/kg，避免任何猪饮用。

总可溶性固形物可以去除，但费用比较高。人工授精中精液稀释对水质要求较高，一般通过过滤器、反渗透和水软化器来提高水质。

（3）高含铁量　铁含量超过0.3mg/kg会使衣服染色。此浓度往往造成噬铁性细菌滋生（生物膜的一部分），导致恶臭和堵塞水管系统。铁含量超过0.3mg/kg也可能导致猪饮水量减少。

（4）高含钠量　硫酸钠是众所周知的泻药。当水中的钠含量超过400mg/L时，就有必要调节饲料中的钠含量，但要确保氯含量足够。当水中的钠含量在800mg/L时，会导致腹泻。

（5）高大肠菌群（如大肠埃希菌）计数
- 检查猪粪便的污染源。
- 强氯消毒（使用含氯为5.25%的次氯酸钠溶液）。
- 高含量的有机物将促进氯转化为氯胺，会干扰消毒剂的消毒效果。

细菌总数应保持低于1CFU/100mL，以确保猪不会发生腹泻。

（6）藻类

- 绿藻：水中添加硫酸铜可以控制绿藻生长，添加量为1mg/L。
- 蓝绿藻：可以导致猪中毒，因此要寻找其他水源。

（7）可能通过饮水传播的其他病原　有沙门氏菌和钩端螺旋体等，当地的其他农业活动也可能造成水的交叉污染（如由当地的鱼塘养殖业引起丹毒）。

5.水过滤器

在供水系统中应避免出现悬浮固体，如沙子和泥浆。可溶性固形物和矿物质含量会影响水的适口性，并能使管内的沉积物增多，从而影响水的流速。如果进行水质过滤，则要确保定期清洗和管理过滤器（图10-9）。

6.供水系统

在许多国家，直接从市政供水系统取水是违法的，必须在供水管道内安装止回阀，同时要与当地水务公司协商确定使用的合法性。

如果使用集水箱，那么水面高度就决定了水的最大压力（表10-2）。低压系统在0～100kPa下运行，高压系统在100～500kPa下运行（通常来自主水管或泵送供应）。

如果使用集水箱，在猪场用水量高时，比如在电高压洗或炎热的天气里，要求可以对水箱快速注水。确保水箱有紧密的盖子和防鼠设施，同时需要定期检查水箱。

表10-2　集水箱中的水面高度与水压之间的关系

高度（m）	水压（kPa）
0	0
1.5	14
3	28
6	62

7.管道长度

如果猪场使用集水箱，则要确保距离饮水器不太远。检查第一个饮水器的流量，并与离水箱最远的饮水器流量进行比较（图10-10和图10-11）。如果降压比较大，则可能需要在猪舍中使用多个水箱。需要考虑猪群同时饮水时（如在饲喂后）水供应是否充足。当清洗猪舍时，水压的大小非常重要。

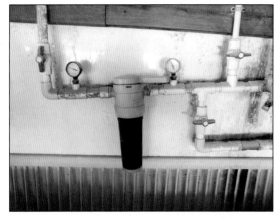

图10-9　过滤器因维护不当而被内容物堵塞

图10-10　水线过长，导致水压降低

8. 饮水管道内的沉淀物

饮水管道狭窄是降低水流量的一个潜在原因。通过酸化去除沉淀物可以改善水流量。但随着沉淀物进入管道，短期内可能会导致饮水器堵塞（图10-12和图10-13）。

9. 冻结

猪场应该有足够的备用措施应对恶劣的天气条件，尤其是冬季供水系统可能会被冻结（图10-14）。如果需要，猪场是否有足够的设施可以方便地将水运送给所有的猪？

10. 饮水器

确保不同日龄阶段的猪都使用合适的饮水器，成年猪用的鸭嘴式饮水器完全不适合仔猪使用。做好定期检查，因为不合适的饮水器会造成更多的水浪费。

11. 每栏的饮水器数量

由于许多饮水器都安装在猪栏的后面，所以不能每天对它们进行检查。因此，每个猪栏中应该安装2个饮水器（以免其中1个被损坏后不能使用）。相关福利法规建议，每10头猪应该有1个乳头式饮水器，1个碗式饮水器通常可为20头猪提供饮水。请核查所在地的法规。每30cm的水槽可满足12头育肥猪的饮水需求。生产中要注意观察猪的饮水行为（图10-15）。

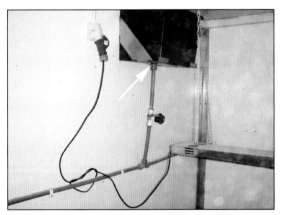

图10-11　从集水箱中接出1条供水管道（箭头所示）的水压是接出2条供水管道水压的一半

图10-12　卸掉饮水器后从饮水管道排出的沉淀物

图10-13　垂直水管被碳酸钙沉积物堵塞后，会导致育肥猪黏膜纤毛增多，出现严重的呼吸问题

图10-14　病猪栏中料槽里有残留的冰水，这样病猪表现不佳也就不足为奇了

图10-15　猪的拥挤行为和随后的不良生产性能说明供水不足

12. 饮水器高度和角度

饮水器高度与猪日龄身高不匹配是最常见的错误之一，这会给猪造成饮水困难。饮水器的使用要遵循厂商的建议，但通常建议乳头式和鸭嘴式饮水器的高度应该略高于猪的肩膀。当猪被转入栏内时，应该考虑饮水器高度是否需要调节（参考高度如表10-3所示）。

如果栏舍是为生长范围较广的猪设计的，则可以在不同高度安装多个饮水点，或者使用某种方法使饮水器的高度适合当前猪的身高。修筑台阶的做法是不可取的，因为猪必须爬上台阶才能喝到水，除非使用碗式饮水器，此时使用台阶的目的是为了防止碗式饮水器被污染。

表10-3　不同体重猪使用的饮水器高度

体重（kg）	饮水器高度（cm）
< 10	10 ～ 13
10 ～ 30	13 ～ 30
31 ～ 60	30 ～ 60
61 ～ 110	60 ～ 76
> 111 和成年猪	76 ～ 90

13. 水的流量或压力

这可能是限制饮水供应的最常见故障

（表10-4），应检查同一猪舍内的饮水器是否存在差异。这应该能提醒猪场兽医团队猪场存在饮水问题（图10-16和图10-17）。

表10-4　不同体重猪所需饮水器的流速

体重（kg）	饮水器流速（L/min）
< 10	0.3
10 ～ 30	0.7
31 ～ 60	1.0
61 ～ 110	1.5
成年猪	1.5 ～ 2.0
哺乳母猪	2.0

- 对于低压供水系统，只要出现堵塞就会导致水的流速降低。
- 对于高压供水系统，水压过高会导致饮水器容易喷射到隔壁栏的猪身上。

一些饮水器在没有相应压力时不能达到所需的低流速，必须遵循厂商的建议。如果喷到猪口腔处的水压力过高，则猪会作呕并导致水浪费。另外需要考虑的问题是，猪的饮水方式由地面饮水进化而来，每头母猪45s内可从水槽中饮水3L，但在仰头饮水时可能会减少饮水量。

购买了商业饮水器，但因持续堵塞问题而去掉过滤器和压力调节器，自行钻孔以增加并稳定水流量的做法并不可取，一定要从开始就购买合适的饮水器。

14. 饮水器设计

能够理解并维修猪场使用的饮水器是一项有用的技能（图10-18和图10-19）。

15. 水的深度

水槽内水的深度非常重要。例如，母猪需要4cm的水深，只有这样才不需要舔水喝。如果猪不能在水中吹气泡，则需要检查水的

图 10-16 水流速度太慢（视频 44A 和 44B）

图 10-17 水流速度太快（视频 44C）

视频 44A

视频 44B

视频 44C

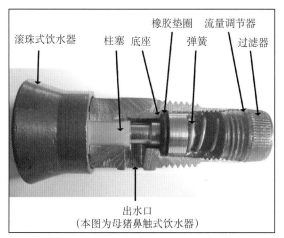

图 10-18 滚珠式饮水器内部构造

图 10-19 饮水器过滤器和水压调节器

深度。检查妊娠/干奶期（配种）母猪饲料区的水槽是否存在水位较浅区（图 10-20 和图 10-21）。在一些猪场，水槽的倾斜度太大，无法形成足够的饮水深度。

在室外养猪中，水槽可以用作打滚的泥坑并填满土壤，从而降低水深。理想情况下，应该有各自独立的供水系统和泥坑。

16. 液态饲料供水

很多育肥猪通过液态饲喂系统获得大部分的水，这是一种非常有效的能提供生长猪饮水的方法。但需要确保水和饲料的混合比例正确，建议稀释比例为 2.5：1（水：饲料）。当比例为（3～3.5）：1 时可以获得更好的料重比，应通过乳头式或鸭嘴式饮水器保障始终有额外供水，包括使用单孔干湿料槽或液态饲喂系统的猪场。不是每头猪每天都想吃东西，但它很可能需要喝水，在生病时表现得特别明显。如果猪感染了肺炎或腹泻，则对水的需求会大大增加。

图 10-20　用水槽供水时，水位深度非常重要

图 10-21　猪不能舔水喝，水位深度不足会造成喝水困难

在产房中，用湿拌料饲喂母猪可以大大增加干物质和水分的摄取量，进而提高泌乳量和断奶窝重，缩短从断奶到配种的间隔。

17.猪的饮水行为

兽医（和饲养员）应该观察猪如何应对各类环境变化，以便充分获得有价值的信息。

- 饮水时间。断奶仔猪每天喝水的时间不超过6min，而哺乳母猪则更愿意花更多的时间喝水。但是哺乳母猪每天应该花更多的时间照顾其所产仔猪，而不是花2～3h喝水。
- 猪在饮水器周围拥挤。当猪在饮水器周围拥挤时，尤其是当这种行为发生在非饲喂时间时，饲养员应予以关注。
- 攻击性增加。供水不足可能会增加猪的打斗和攻击次数。调查不良习性和渗出性表皮炎时，应当检查猪群供水情况。
- 怪异行为。那些表现出奇怪行为的母猪，比如一直玩耍饮水器，或者把水槽或食槽装满水，说明它们希望喝到干净的水。
- 只是一头猪的问题吗？缺水可能是猪个体差异的问题。例如，断奶后的部分仔猪找不到饮水器，从而会很快损

失体重并脱水。由于混在群体中，因此这类猪在早期阶段很难被识别。应该尽一切努力确保所有仔猪都学会如何使用饮水器。在仔猪进入保育舍之前的过渡期，让饮水器滴水48h、在饮水器下方洒水或在饮水器下方放置水泥盘可能有助于这一过渡期顺利进行。

- 食欲不振。断水24～36h会对猪的采食量产生显著影响，但这种简单的现象在生产中也经常被忽略。而在自由采食系统中，很难发现猪的采食不正常。

图 10-22　饮水器被转向墙壁大约6个月，供水问题造成猪的口鼻扭曲。注意，下颌尖与上唇中间不能对齐（箭头所示）

- 解剖结构的变化。饮水困难可能造成猪头部畸形（图10-22），这可能被判断成萎缩性鼻炎。

18. 饮水器位置

如果饮水器之间距离太近，强势母猪在饮水时会阻止其他猪饮水（表10-5）。要检查猪是否能正常使用饮水器。产房内的鼻触式饮水器（nose drinker）安装在料槽上（或水槽），这个空间对母猪头部来说太小（这一点尤其重要）。如果饮水器距离料槽或墙壁太近，则会造成猪只饮水困难。

表10-5　2个饮水器间的最小推荐距离（cm）	
猪生长阶段	距离
保育猪	26
育肥猪	60
成年猪	180

19. 杂散电流

在沙质土壤等电线接地可能很困难时，需要定期检查杂散电流并确保所有金属器件都良好接地。

20. 饮水给药

使用饮水给药时，确保饮水系统在添加药物前是干净的；如果不干净，则可用有机酸、次氯酸或专用产品清洗，以确保所有饮水器在饮水加药后都能自由出水。各种抗生素可以被高浓度钙或铁灭活。以糖作为载体的药物黏稠度高时易造成水管沉积，而柠檬酸盐酸可以将其清除，防止其堵塞饮水器。饮水给药是一种很好的给药方法，但是需要良好的管理方能维护供水系统正常。进行饮水给药时，需要定期检查饮水器的出水情况（每天2次），加药完成后确保饮水系统能完全恢复供水能力。确定治疗剂量后，如果供水充足，则建议每日饮水量为1L/10kg体重。

21. 水也可以用于降温

这将在通风系统管理部分进一步讨论。

22. 水的其他用途

猪场用水还包括人工授精精液稀释用水、冲洗地板和地沟冲洗用水等。

23. 供水系统管理不当的案例

见图10-23至图10-42。

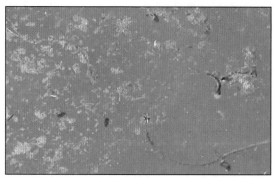

图10-23　水源需要清洁并定期检查被细菌污染情况

图10-24　水可以贮存在集水箱中，但必须确保安全

图10-25　如果供水系统容易结冰，请采取适当的保障措施

图10-26　确保猪舍内的水管不被堵塞及水质干净

图10-27　猪能从这样的饮水器中喝到水吗？饮水器的朝向导致其使用受限

图10-28　图中的饮水器转向墙壁，导致猪很难喝到水

图10-29　由猪栏设计问题导致图中的饮水器很难被正常使用

图10-30　不能让猪通过攀爬而饮水

图10-31　饮水器安装位置太低，造成水浪费

图10-32　饮水器数量不足

图10-33　水被排泄物污染

图10-34　水渗漏导致严重浪费

图10-35　检查水的流速。图中所示不能满足对应的日龄猪的饮水需求

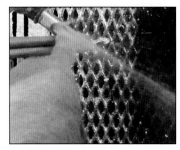

图10-36　水压过高

图10-37　饮水器出口不能出水，可能导致猪死亡

图10-38　通常从远处就可以看出水流量问题，需检查不同饮水器之间的差异

图10-39　水流过大导致浪费和猪休息区潮湿而脏乱

图10-40　观察猪的饮水行为，判断是否缺水

图10-41　病猪栏中的饮水器要干净并便于猪饮水

图10-42　了解饮水器的工作原理可帮助调查问题

二、空气管理

1. 用于监测猪舍空气质量的常用工具

见图10-43至图10-53。

图10-43 温湿度仪

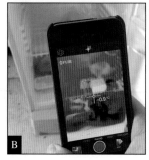

图10-44 红外线测温仪（A），
最好使用红外线成像仪（B）

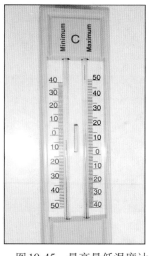

图10-45 最高最低温度计

图10-46 温度记录仪

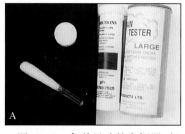

图10-47 各种尺寸的发烟器（A和B）（视频45）

视频45

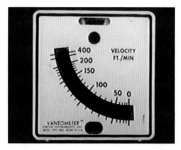

图10-48 风速仪

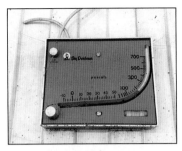

图10-49　气压计

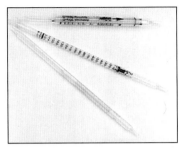

图10-50　气体浓度测定仪，用于检测CO、CO_2、NH_4和H_2S浓度

图10-51　风机转速表

图10-52　光度仪（使用智能手机APP）

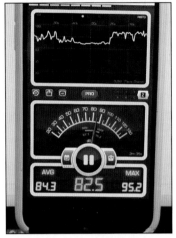

图10-53　声级计（使用智能手机APP）

注意：智能手机可以给畜牧专家提供越来越多的应用软件，如距离仪、测光仪和声级计。

2.通过观察猪群状况来监测空气质量

（1）急性空气模式　进入猪舍前先检查猪群状况。这就意味着所有猪舍都应该有一个窗口且必须干净，人员可以通过窗口看到猪群（见图1-1）。若能提前准备单元的平面布局图，就可以帮助快速定位猪的位置。

安静地进入猪舍并观察猪的状况，计录1min内猪咳嗽和打喷嚏的次数，要知道进入猪舍前、后猪的正常行为。如果猪群感染猪流感或者胸膜肺炎，则会表现得非常安静，这与健康时表现的安静行为是不同的。

注意并了解猪的多种躺卧方式。如果猪感觉很冷，它们会趴卧在地板上，把四肢压在身体下面，以减少与地板的接触，而且整个猪群会扎堆（图10-54至图10-57）。此时猪群会贴墙躺卧，除非这个墙面又湿又冷。猪也可能会颤抖，短时间内被毛会变得粗糙。体型较大的猪似乎无法长时间保持这种蜷卧姿势，会采用把腿折叠在身体下面的半卧式，以最大限度地保持体温。

猪群睡在一起是很正常的，所以有必要区分遇冷扎堆和正常扎堆情况。

①猪感觉舒适时　同一群猪中会有一系列不同的躺卧方式（图10-58和图10-59）。大部分的猪在睡觉时会扎堆，而其他的猪则散乱躺卧，但是会尽可能接触地板。扎堆睡觉的猪有较高的社会等级地位，而等级地位低的猪则躺卧在主要群体边缘。猪睡觉时腿会从身体下伸出来。

②猪太热时　如果猪感觉太热，则它们

图10-54 仔猪发冷。注意仔猪腿蜷缩在身体下面，并且胸部离开地面

图10-55 保育猪发冷

图10-56 潮湿的新猪舍中受冻的生长猪

图10-57 病猪栏中受冻的猪，不利于病猪康复

的身体一般会比较脏，并且满是粪便或污泥（图10-60）。个别猪会远离其他猪躺卧，如果条件允许的话，它们会靠着冰冷的墙壁躺卧（图10-61）。此时猪不会扎堆，而是会躺在任何有水或者较凉快的地方，最好是泥坑中。当猪感觉越来越热时，它们会开始挖土，尤其是在有垫料的地板上，这会对猪舍造成很大的破坏。受热的猪会在粪浆和泥浆中打滚，以帮助降温。虽然这是不可避免的，但是我们应尽量减少这类事件的发生。因为猪一旦变"脏"，即使在一个比较理想的环境条件下，它们也很难被重新训练得保持干净。

注意观察猪的呼吸情况，受热的猪可以通过呼吸散热，呼吸频率超过40次/min就视为喘。如果持续受热，猪就会开始死亡。

（2）慢性空气模式 猪天生喜爱干净，

一般会避免躺卧在粪污中。刚出生几天的猪就已经会定点排泄。栏内的排泄模式为热舒适度提供了一个良好的长期指标。即使猪离开了猪舍，猪场团队仍能区分定点排泄区。异常排泄模式意味着此前良好的环境正在被逐步变坏。可在每批猪转出时（通过图片或画图）监测猪的排泄模式。

猪的排泄区应该具备这些特点：

• 栏里最凉快的地方。
• 栏里有贼风处时猪会在冷空气下降处排泄。
• 栏里最潮湿的地方。
• 栏里最暗的地方。
• 栏里最隐私的地方。

休息区在排泄区的另一边，通常不会有排泄区的任何特点。生产中要检查排泄区和

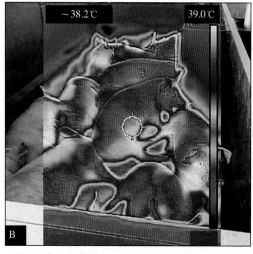

图 10-58　A 图为在舒适环境中睡眠良好的育肥猪，B 图为 A 图的红外线成像结果，图片左上角的温度表示指示器圆圈处的温度（在文章末尾可以找到相关说明）

图 10-59　舒适的母猪群

图 10-60　受热的育肥猪，注意它们身体非常脏

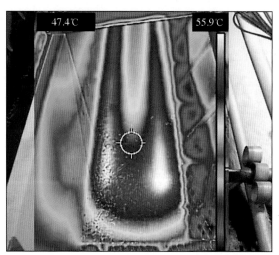

图 10-61　环境必须适合。图示产房中仔猪保温板的温度为 50℃，太热，导致仔猪不会睡在垫子上，而是睡在母猪身边，这增加了它们被母猪压死的风险

休息区是否与猪的正常行为相符，或者说猪是否在错误的地方休息和排泄。例如，猪在漏缝区（定点排泄区）睡觉，但在实体地板区（定点休息区）排泄。

3.温度控制：猪的热损失与保存

了解猪如何获得和损失热量是猪舍设计过程中需要考虑的一个重要因素。猪通过以下4种自然途径散热（图10-62）：

(1) 传导到地面。

(2) 与空气进行热交换。

(3) 辐射到其他表面。

(4) 呼吸等活动的潜热损失（或水分）。

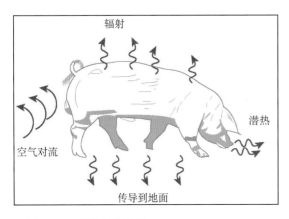

图10-62　猪的散热途径

4.热中性区

热中性区是指猪能够以最小的努力和能量控制其机体温度的外部温度区域。在热中性区内，猪能够通过移动身体位置和/或控制血液流动到体表以维持体内温度。如果外界温度低于热中性区温度（下临界温度），猪就需要利用能量（食物）来维持其体内温度，从而降低了饲料转化率，提高了生产成本。如果外界温度下降过大，则猪无法维持体温时就会导致低体温症。

如果外界温度高于热中性区温度（上临界温度），则猪就需要散热。猪会喘气并尝试通过蒸发散热。猪是无法通过出汗散热的。

因此，猪会通过减少采食量来减少代谢热的产生。这样会降低生长速度，延长屠宰日龄，从而增加生产成本。

保持猪处于热中性区是很重要的。但不幸的是，这个温度区域并不是一成不变的，而是随着猪的日龄和环境变化而变化（表10-6）。并且随着猪越长越大，这个温度区间范围也会越来越宽，而猪的热耐受性会越来越强。

表10-6　热中性区温度指南

生长阶段或体重（kg）	下临界温度（℃）	上临界温度（℃）
妊娠母猪	10	21
哺乳母猪	16	20
哺乳仔猪	30	34
4周龄仔猪	25	30
断奶仔猪	24	34
20kg	20	28
40kg	16	26
100kg	14	20

5.猪的温度需求

结合表10-6，各阶段猪的适宜温度要求如表10-7所示。

表10-7　各阶段猪的适宜温度要求

猪的生长阶段	体重范围（kg）	温度（℃）安全温度区+/- 进	出	最大波动
哺乳仔猪	1～7	30	30	0
第1阶段保育猪	7～15	30	24	1
第2阶段保育猪	15～25	24	21	1.5
生长猪	25～50	18	20	2

（续）

表10-7　各阶段猪的适宜温度要求

猪的生长阶段	体重范围（kg）	温度（℃）安全温度区 +/- 进	出	最大波动
育肥猪	50～110	14	18	2.5
哺乳母猪	180～250	16	20	1
定位栏母猪	180～250	14	18	2.5
大栏母猪	180～250	12	18	2.5

6.影响猪热中性区的因素

　　有很多管理和环境因素都会影响猪的下临界温度和上临界温度（表10-8）。通过管理可以调整这些因素，使猪处在舒适的环境中。

　　温度每高出上临界温度1℃，则日增重会降低10g。

表10-8　影响热中性温度的因素及温度变化

影响因素	温度变化（℃）	影响因素	温度变化（℃）
可允许降低环境温度的管理措施		可提高下临界温度的管理措施	
垫草	4	单独圈养	8
厚垫草	6	地板潮湿	4
栏内有保温盖板	2	垫料潮湿	4
可提高下临界温度的管理措施		全漏缝地板	2
轻微贼风（>0.2m/s）	5	喷淋	4
贼风（>4m/s）	10	躺卧区不理想	8
寒冷，强贼风	15	限饲	4

7.实时利用下临界温度

　　临床兽医可以实时利用下临界温度及相关管理因素为猪场提供合适的建议（图10-63）。

　　假设有一栏平均体重为40kg的猪，躺卧区（封闭）内有垫草，实行限制饲喂模式。猪舍内有少量贼风，因为对应配种批次的母猪数量少，所以该批猪数量也很少，栏内只有少数几头猪。这些条件决定了该批猪至少需要19℃的温度才能保持在下临界温度上。

　　注：如果为该群猪提供最低19℃的温度，则群内年龄最小的猪可能已然会感受到冷。

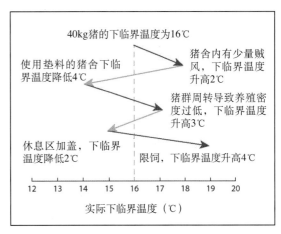

图10-63　如何正确设置下临界温度

8. 猪舍通风系统的基本设计

随着时间的推移，许多不同类型的猪舍被用于养猪生产。猪舍内通风系统按照大的分类可分为自然通风系统和机械通风系统。

除了考虑猪舍类型之外，猪场团队还必须了解猪场所在区域的气候，并知道气候会随季节变化而变化。因此，中部大陆地区的猪场需要应对干旱而寒冷的冬季，以及炎热而潮湿的夏季。若将一个气候区运行良好的猪场设计复制到另一个不同气候区，则结果可能是灾难性的。

9. 自然通风系统

自然通风受卷帘开口、风向、屋脊（建筑物长度）和烟囱效应（可能有多处）的影响（图 10-64 至图 10-66）。

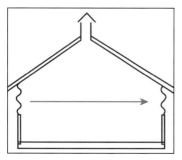
图 10-64　气流横跨猪舍：横向通风

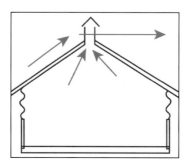
图 10-65　屋脊效应在猪舍内制造负压

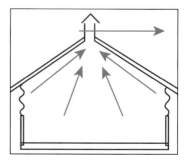
图 10-66　烟囱效应在猪舍内制造负压

10. 机械通风系统

机械通风系统主要有两种：一种是用风机把空气从猪舍中抽出来（负压通风），另外一种是用风机把空气吹进猪舍内（正压通风）。仅用于空气循环的风机对猪舍内的压力没有影响，因此对空气变化也没有影响。

为了检测机械通风效果，需要测量猪舍内的气压（图 10-67）。检测气压的一个简单方法是观察门：进入猪舍时，你身后的门是否会因猪舍内的正压力而关闭。

11. 检查通风系统

可以通过使用可视化的烟雾来检查气流模式。这种做法是非常有益的，可以据此与整个猪场团队进行关于通风系统的良好讨论。

12. 环境对猪舍通风系统影响的案例

风向对自然通风猪舍的影响能说明猪舍内的气流模式是可以快速变化的。图 10-68 至图 10-70 表明，即便单一因素也会对个别栏内猪的健康产生严重影响。图中给出了横向通风的预期空气流向，红色区域表示空气质量严重恶化。

图 10-67　通过检测气压来监测通风效果

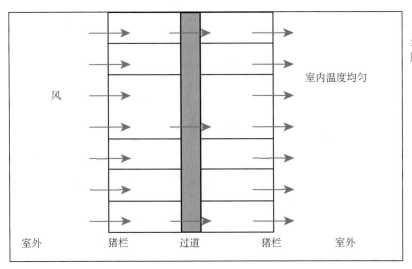

图10-68　自然通风模式下，当风以90°角吹入进风口时，所有栏位都是同样的通风效果

（图中标注：风、室内温度均匀、室外、猪栏、过道、猪栏、室外）

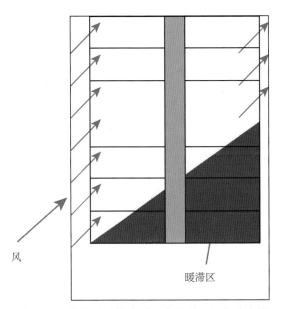

图10-69　自然通风模式下，当风以45°角吹入进风口时猪舍内出现通风不足的区域（红色）

（图中标注：风、暖滞区）

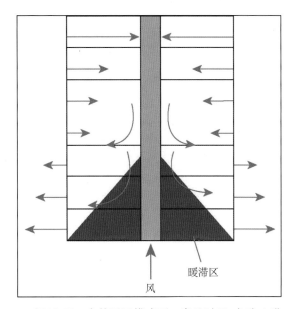

图10-70　自然通风模式下，当风以0°角吹入进风口时猪舍内出现通风不足的区域（红色）

（图中标注：风、暖滞区）

13. 使用烟雾可视化气流（视频45）

临床兽医必须意识到，对气流模式检查仅在检查的那一刻有效，包括检查的具体时间、风速、外部温度，以及猪的存栏数和体重等。任何一个因素的变化都会改变通风系统的容量、空气的物理特性，以及温度和湿度的变化。然

视频45

而，这对气流模式的检查仍然很有启发性。

烟雾可以让气流可视化，以检查气流是否合适、过量或不足，也可帮助发现并解释意想不到的气流干扰。

（1）理想通风　理想的通风模式下，气流循环具有以下特性：空气良好混合，冷空气变暖，风速降低且无贼风，以及有空气交换（图10-71）。不同体重猪对应的合理通风量及风速见表10-9。

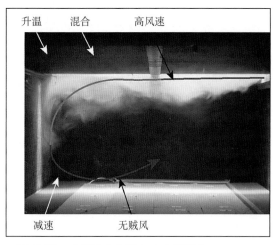

图 10-71　良好的空气进入小空间猪舍

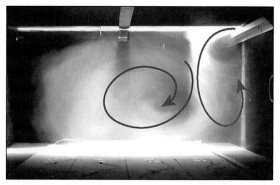

图 10-72　风速极低时的通风模式：新鲜空气从天花板上快速下沉，形成贼风

表 10-9　不同体重猪对应的合理通风量及风速			
体重（kg）	通风量（L/s）	最大风速（m/s）	
		夏季	其他季节
25	1.5 ~ 17	0.25	0.25
30	1.8 ~ 20	0.3	0.25
40	2.0 ~ 25	0.36	0.25
60	2.2 ~ 30	0.41	0.25
80	2.5 ~ 35	0.46	0.25
100	3.0 ~ 40	0.51	0.28
115	3.5 ~ 45	0.61	0.3

（2）过度通风：静压过高　如果静压过高，则猪群高处的风速可能会过大（特别是对幼龄猪）。这就导致进入室内的空气没有时间与室内已有空气充分混合，并升温、减速。

若风速过低，则空气也不能得到很好混合。冷空气（较重）会迅速下沉，导致进风口附近形成贼风（图 10-72），其特点是在进风口周围有凝水。空气混合不好导致舍内空气质量差，并且排泄区会向进风口处转移。

（3）由障碍物导致的意外气流模式　气流会沿着一个方向移动，当遇到障碍物时其方向会改变。如果气流遇到灯具或横梁，则其方向会发生改变，然后降落到猪背上，会带来应激性的冷贼风（图 10-73）。

14. 用红外设备评估猪舍内温度

兽医人员也可以使用红外摄像机，让单元内的热源可视化，并确保这些热源充分发挥作用（图 10-74）。需要注意，红外温度和空气温度是不同的。用红外摄像机观察加热器时给出的温度通常比周围空气中温度更高。相反，红外摄像机检查猪时给出的温度会比体中心温度更低。

猪舍内的热源可以分为以下 3 种：

（1）热源，如保温灯。

（2）冷却物，如漏缝地板。

（3）猪。

作为热源，猪本身往往被低估。通风系统只有在有适当大小的健康猪的猪舍内才能正常工作，这些健康猪就是热源。我们无法准确评估空舍的通风性能。

红外摄像机还可以显示单元内热源的正确工作方式（图 10-75）。一个最好的例子就是产房，产房内有两个明显的环境温度要求：

（1）仔猪　适宜的环境温度为 30℃ 左右。

（2）母猪　适宜的环境温度为 18℃ 左右。

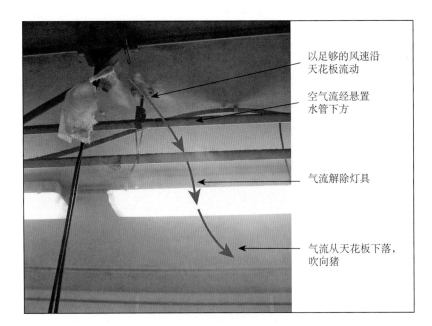

图 10-73 气流遇到横梁时的移动模式（红色箭头所示）

以足够的风速沿天花板流动

空气流经悬置水管下方

气流解除灯具

气流从天花板下落，吹向猪

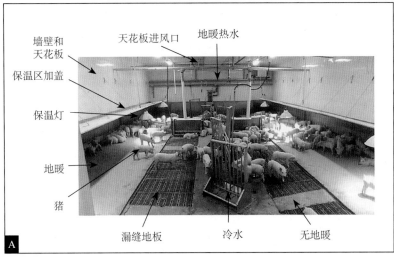

图 10-74 保育舍各种热源（A）及其红外线成像（B）

墙壁和天花板

天花板进风口　地暖热水

保温区加盖

保温灯

地暖

猪

漏缝地板　　冷水　　无地暖

A

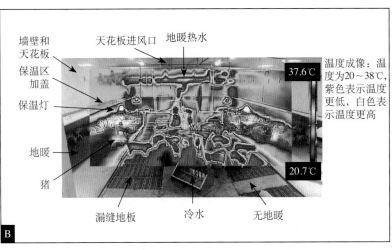

墙壁和天花板

天花板进风口　地暖热水

保温区加盖

保温灯

地暖

猪

37.6℃

温度成像：温度为20～38℃，紫色表示温度更低，白色表示温度更高

20.7℃

漏缝地板　　冷水　　无地暖

B

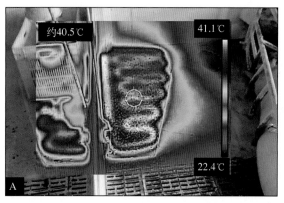 

图 10-75　产房仔猪保温板的电加热线圈（A）及应对的红外图片（B），猪场实施分批哺乳（详见第八章）

15.湿度

与人一样，猪能够不受影响地应对各种湿度变化。通常情况下，如果湿度为 50%～75%，则对猪的健康几乎没有什么影响。湿度低（小于 50%）导致空气悬浮颗粒变小，因此会有更多颗粒进入肺部，而这些微粒可能携带病原。干燥的空气可能会对呼吸黏膜器官造成伤害。相对湿度超过 75% 会导致环境潮湿，可能会破坏呼吸防御系统。只有在 100% 的湿度下，空气才会被空气中掉落的大液滴"清洗"（例如法律禁止的桑拿房通风模式）。

16.冷凝

冷凝往往是由保温不良造成的。天花板上保温效果不好的冷区会出现水滴（图 10-76）。这些水滴可能会变大，然后从天花板上滴落，打湿猪体。冷凝水会导致猪舍因生锈而老化，也会使猪舍内湿度升高到 75% 以上，损害猪的健康。

17.贼风

贼风可能是影响猪抗病能力的首要环境因素（图 10-77 至图 10-79），是影响猪正常睡眠的重要应激因素。因此，生产者应该为猪

图 10-76　墙壁上的冷凝水显示猪舍保温效果差

提供一个无贼风的休息区，这一点至关重要。休息区风速超过 0.2m/s 的任何空气运动都可以定义为贼风。用粉笔间隔 1m（约 1 个步幅）做 2 个标记，并测量烟雾能否在 5s 或更短的时间内通过这 2 个标记。如果是这样，那么风速就超过了 0.2m/s，也就是说已经形成了贼风。卷帘或墙壁上的洞会造成意想不到的贼风出现。

可以用发烟器使贼风可视化，并将精准的风速计用于低风速评估中。

18.风机维护

大多数猪场不能很好地执行风机维护计

划，而比较脏的风机其使用效率可能比干净的风机低40%（图10-80）。这会导致空气质量变差并导致猪舍内产生不同的空气循环模式。脏的风机运行成本也会更高，而仅通过清洁和喷涂后就可以节省25%的电费。

转速表可以用来测量风机运行速度。但需要注意，风机可能存在安全风险，检查时务必谨慎。

不同猪舍的通风建议如表10-10所示。

图10-77　用一个简单的挡板改变风向，让从湿帘进入的贼风远离仔猪

图10-78　可移动的保温盖板能保护产房内的仔猪免受贼风的影响

图10-79　门保持开合状态可能会引起贼风

图10-80　风机扇叶上的灰尘需要清洁

表10-10　不同猪舍的通风建议

生长阶段	体重 (kg)	冷[m³/(h·头)]	温和[m³/(h·头)]	炎热						
				无隧道通风		仅隧道通风		隧道通风+湿帘降温		
				[m³/(h·头)]	空气交换时间(s)	风速(m/s)	空气交换时间(s)	风速(m/s)	空气交换时间(s)	
哺乳母猪	181	34	136	1 100	30～40*					
保育猪	4～7	3～9	25	65	40～50					
生长育肥猪	27～100	9～17	60～85	200	30～40	1.5～2.0	30～40	1.5～2.0	30～40	
断奶育肥猪	4～100	3～17	60～85	200	30～40	1.5～2.0	30～40	1.5～2.0	30～40	
妊娠母猪	147	20	85	255	30～35	1.5～3.0	30～50	1.5～3.0	30～50	
公猪	200	24	85	510	30～35	1.5～3.0	30～50	1.5～3.0	30～50	

注：* 有湿帘降温系统的产房空气交换时间为45s。

19.进风口

（1）卷帘　如果卷帘使用得当，采取横向通风可获得良好的气流流型。然而，要确保使用卷帘时不会导致贼风很关键。应定期彻底拉开卷帘，并清除所有的鼠窝。鼠能咬穿卷帘，这样就会导致贼风直接吹到猪身上（图10-81）。卷帘的带宽设置要合理，以免其随着温度的小幅波动而不停地开合。通常带宽设为2℃。在夏季，卷帘上的积水可能滋生蚊虫，并给猪舍带来生物安全风险（图10-82）。

（2）机械进风口　机械进风口应该集中控制，并与出风口匹配，但通常猪场并不能做到这一点。进风口经常开口过大，造成风速太低，影响猪舍内的冷热空气混合效果。临床兽医可以识别的常见问题包括：

- 进风口破损（图10-83）。
- 进风口与其他进风口不同。
- 进风口设置错误，通常是由清洗时造成的（图10-84）。
- 进风口缺失。
- 进风口完全打开。

当进风口出现问题时，要引起关注。

图10-81　卷帘上的洞在冬季会导致贼风

图10-82　卷帘上的积水会成为蚊虫的重要繁殖条件

图10-83　进风口遭到损坏，风直接从进风口吹到猪身上

图10-84　进风口设置错误，右边的进风口导致贼风直接吹到猪身上

（3）湿帘降温　许多猪场利用湿帘来降低舍内温度。热空气穿过湿帘表面后蒸发冷却，可使舍内温度比外界温度降低5℃左右。

临床兽医需要确保湿帘处于最佳的工作状态，可以通过观察水分分布来衡量（如湿帘上是否存在干湿分区）。因维护不良而导致喷水口堵塞（图10-85）是湿帘出现故障的原因之一，密封性差也会导致空气不从湿帘进入（图10-86）。

（4）不固定进风口和出风口　对于自然通风的猪舍，进风口和出风口结构可能相同，并根据天气条件决定是进风口还是出风口。

例如，猪舍使用约克板（Yorkshire boarding）[①]或其他网状材料来降低风速（图10-87）。由于不受控制，因此很难通过调节气流来防止贼风。这种缺乏控制会导致下临界温度升高，但这可以通过使用垫料来弥补（图10-88）。

20.通风系统的物理障碍

猪舍周围的植被能为进入猪舍前的啮齿动物提供保护，因此会增加鼠患的风险。在许多猪场里，植被甚至生长在通风系统里，扰乱通风效果（图10-89）。猪舍周围弃置的垃圾/旧设备也会构成类似的风险并增加鼠患

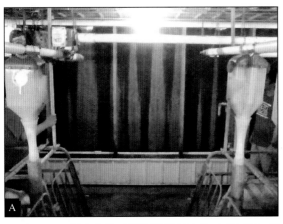

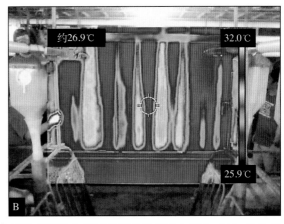

图10-85　湿帘上的干燥区域是无水流动的区域，这会导致外面的空气不经过冷却就进入猪舍（A），B为对应的红外摄像图片

注：[①]约克板（Yorkshire boarding）是一种双面围栏，可以自由通风。

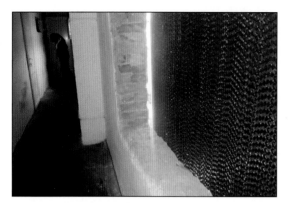

图10-86　湿帘四周密封效果不佳

图10-87　庭院养猪，通过约克板和垫草控制温度

图10-88　垫草在大棚养猪中的应用

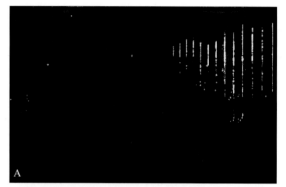

的危害。猪舍周围的树木会逐渐影响猪舍周围及进入猪舍的气流模式。

21. 保温隔热

　　饲养在破旧猪舍的猪群会因保温板数量不足或损坏而受到温度严重变化的影响。保温层对冬季保温和夏季降温都非常重要，但会被啮齿动物破坏。

　　红外摄像机可以用来查看温度不足的区域。温度不足可能表明该区域有啮齿动物出没，也可能是建筑商在建造猪舍时没有安装足够的保温材料（图10-90）。

图10-89　植物扰乱通风系统的通风效果

　　A.约克板通风系统被常春藤完全阻塞，猪会感染严重的肺炎　B.猪舍周围的树木会干扰通风系统正常工作

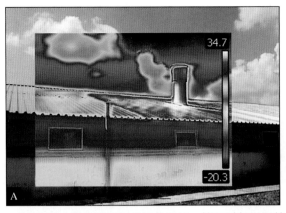

图10-90　猪舍屋顶红外图像显示，施工时保温层缺失的屋顶其温度与其他区域的温度存在显著差异（A），仔细检查会发现可见光区域屋面的金属板过早生锈（B）

22.降温

降温比供暖更重要（图10-91至图10-96）。户外养猪时，应该给猪提供一个泥坑，用于蒸发降温（图10-97）。

23.降温系统损坏或使用不当时出现的问题

- 产房：潮湿的产床会增加仔猪腹泻的发生率，母猪也可能会滑倒。
- 公猪/妊娠舍：如果猪身上潮湿，则地板会很滑。在配种过程中，如果猪在潮湿的地板上滑倒就会受伤。母猪可能会遭受冷应激和流产。

- 生长/育肥舍：湿度过大，猪可能会感到冷，特别是在通风量大的情况下。这可能增加应激和患病风险，并降低生长速度。
- 喷淋系统设置不正确：如果喷淋系统将水喷到料槽里，就将导致料槽堵塞。如果喷到墙上，就可能会破坏保温材料。如果将水滴入耳朵里，就可能导致定位栏的母猪出现精神问题。
- 喷淋系统损坏后没有维修：需要降温的猪会感觉过于炎热。产房的滴水降温系统维护不善会导致母猪采食量降低，哺乳期营养不良会导致断奶到配种间隔延长（分娩率和窝产仔数降

图10-91　猪舍整体降温，冷风机在配种区能促进空气循环

图10-92　纵向通风猪舍的湿帘降温

低），以及断奶重降低（增加上市天数、降低出栏率、提高死亡率）。

- 储水装置：需要注意，温/热水不能使猪舍充分降温，因此要确保储水装置处在阳光直射不到的地方。

- 湿度：湿度高会影响蒸发降温效果。

图 10-93　直接给母猪降温，如用滴水降温

图 10-94　鼻部降温

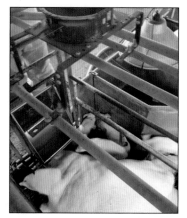

图 10-95　母猪头部上方使用冷风机降温

图 10-96　直接通风给母猪降温

图 10-97　户外养猪使用泥坑进行蒸发降温

24. 有害气体

氨气会刺激黏膜，从而减弱黏膜纤维的摆动速度，损害猪呼吸道的清洁能力（表10-11显示氨气对人的影响）。加强粪污系统管理会对室内的有害气体产生重大影响。许多通风系统因空气从排污道回流猪舍而失效。切记，猪的鼻子比饲养员更靠近地板。

表 10-11　氨气对人的影响

氨气含量（mg/L）	对人的影响
＜ 5	无影响
5 ~ 10	能闻到气味
10 ~ 15	轻度刺激眼睛
＞ 15	刺激眼睛和流泪

目标气体浓度如表10-12所示。

表10-12　目标气体浓度

有害气体	化学式	COSHH长时间影响限值 (mg/L) (8h)	COSHH短时间影响限值 (mg/L) (10min)	高暴露效应
氨气	NH_3	25	35	浓度为200mg/L时猪打喷嚏、流涎和食欲不振；30mg/L时，出现某些呼吸症状，黏膜纤维摆动速度降低
一氧化碳	CO	50	300	妊娠母猪流产
二氧化碳	CO_2	5 000	15 000	目标是猪舍内保持在1 500mg/L以下，屠宰场使用100 000mg/L麻醉
硫化氢	H_2S	10	15	浓度为20mg/L时猪食欲降低、恐光、应激，突然暴露在400mg/L下是致命的。低浓度时有臭鸡蛋味，高浓度时无味

注：COSHH，control of substances hazardous to health，危害健康物质控制。

兽医不需要使用昂贵的氨气浓度探测器，通过实践和观察即可对氨气浓度做出有依据的推测。

图10-98显示了二氧化碳浓度的昼夜变化。

这些气体是从哪里来的？

- 猪体排泄：氨气。
- 呼吸：二氧化碳。
- 粪污系统：氨气、硫化氢、二氧化碳、甲烷。
- 供暖系统：一氧化碳、二氧化碳。

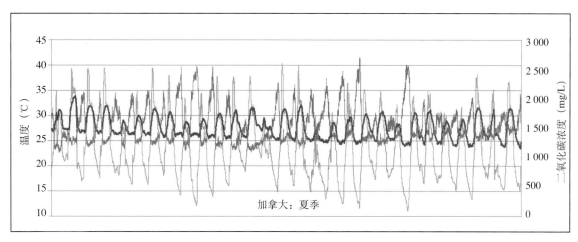

图10-98　二氧化碳浓度的昼夜变化。二氧化碳用蓝色表示，育肥舍内温度用红色表示，舍外温度用绿色表示。CO_2浓度在夜间最高，正常浓度为400mg/L（2016）（每年上升约2mg/L）。值得注意的是，当存在通风不良时无法将CO_2的浓度降低至1 000mg/L以下（大约是室外的2.5倍），而在夜间CO_2浓度通常高于2 000mg/L。一般情况下，建议CO_2浓度不要超过1 500mg/L。猪舍内的通风系统虽然能使舍内温度与室外温度平衡，但对于育肥猪来说还是太热。

25.粉尘

猪舍内的粉尘由30%的饲料粉尘、30%的皮屑和40%的粪便粉尘组成。空气中的可吸入粉尘含量不能高于10mg/m³。

大部分粉尘直径大于3.6μm。假设猪的呼吸道没有受损，则这些粉尘在进入肺泡前会被过滤掉。直径小于1.6μm的粉尘不会在肺泡内沉降，而会在呼吸道内循环进出。只有直径大小为1.6～3μm的粉尘才能进入肺泡，并留存在肺泡组织中。这一点值得注意，因为这些粉尘可以作为载体将病毒带进肺部（图10-99和图10-100）。

图10-99　猪舍内阳光下的可吸入粉尘

图10-100　借助闪光灯，灰尘可从照片中被识别出来

26.内毒素

革兰氏阴性菌死亡后，其细胞壁变成脂多糖毒素，也称为内毒素。当被释放到空气中时，会对呼吸道产生显著影响，导致猪和饲养员的支气管收缩及肺功能下降。

27.光照

猪对光照强度和光照时间的需求为最低40lx且每天至少8h。猪舍中对光照需求最大的区域是后备母猪配种区。为刺激后备母猪发情，此区域内每天至少要有300lx的光照强度且保持16h的光照时间和8h的黑暗时间（关灯）。充足的光照也有助于发情的准确检测。虽然猪场都有照明系统，但维护效果一般都很差。光照也可以作为猪舍设施卫生的日常评估指标。苍蝇粪便堆积是猪舍照明差的一个典型原因（图10-101）。智能手机上有很多可以检测光照的工具。

图10-101　灯具上堆积的苍蝇粪便导致照明效果差

28.噪声

有关猪场噪声的要求，各国或地区的法规或立法各不相同。欧盟立法规定最高不超过85dB（A级计权），这在猪舍内是难以实现的。因此，建议在给猪饲喂或采血时使用护耳措施。噪声级别可以在智能手机上测量。

29.通风系统维护计划

所有猪场都应该有一个书面的通风系统维护标准操作规程，以下是示例：

每日清单	每周清单
观察猪的状态：太热、太冷及整个猪舍内猪的不同表现	检查料槽内饲料覆盖情况
评估猪舍内的气味：是否存在有害气体	检查温度控制器：检查进风口、出风口和仔猪高处的情况
粉尘是否太多	检查鼠害控制措施
猪舍内是否有明显的冷凝迹象	确保在清洁通风系统下有效进行全进全出
空气是否太潮湿和沉重（相对湿度高于75%或低于50%）	**每月清单**
是否有迹象显示喷雾降温不足	确保风机百叶窗能无障碍地打开和关闭
修复漏水和滴水的饮水管道与饮水器	检查保温板（包括仔猪保温区）
修理任何有渗漏的地方（如排水沟）	检查循环风道是否有灰尘积聚
是否有贼风和通风死角（热区）	检查卷帘底部是否有啮齿动物
检查仔猪保温灯：是否太明亮？保温灯类型？仔猪躺卧模式？	检查是否使用记录维护良好的空气质量
通过光照是否能看到猪	**3—6月检查**
确保通风口和风机正常工作	确保风机按预期运行
每周清单	清洁风机马达和控制装置
清洁风机叶片和百叶窗	清理和修理风机与百叶窗上的破损区域
检查报警系统和故障安全装置	检查进风口是否有杂物，尤其是阁楼和檐口
清洁暖气散热片和过滤器	检查燃料费，以了解空气质量恶化情况
检查气体喷嘴和安全关闭阀	检查被动式通风系统
检查进风口挡板	查看季节性变化

30.通风系统管理不善的情况

以下所列情况几乎全部与通风系统管理或维护不善有关。

（1）猪舍外的阻碍物　许多猪场内，空气通过阁楼进入猪舍。若空气无法进入阁楼，就无法进入猪舍（图10-102至图10-104）。因此，要在白天光线好时检查进风口，而进风口必须能够按要求工作。

图10-102　檐口被灰尘和冰堵塞

图10-103　檐口进风口被保温层堵塞

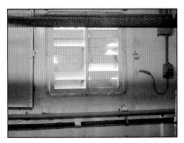

图10-104　风机百叶窗遭到损坏，布满灰尘

（2）猪舍内的阻碍物　使用烟雾试验检测猪舍内空气的流动模式（图10-105至图10-107）。

图10-105　光照改变了空气的流动模式（图10-74为空气模式流向）

图10-106　天花板上的障碍物迫使空气流动方向发生了偏离

图10-107　电源板阻碍了空气流通

（3）静压不足　见图10-108至图10-110。

图10-108　百叶窗遭到损坏

图10-109　门/窗破损或者敞开

图10-110　卷帘破损

（4）风速不足　见图10-111至图10-113。

图10-111　风机扇叶脏

图10-112　传动带脱落，风机停止运转

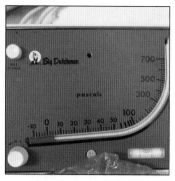

图10-113　静压不足

（5）猪的行为　猪的行为是检测通风系统是否运转良好的最好指示，但前提是猪不受干扰。当观察猪时，务必保持安静，最好是透过窗户观察（图10-114至图10-121）。

图10-114　舒适的、表现正常的保育猪，分布在休息区各处，有的聚在一起，有的侧躺，允许自身热量散失

图10-115　育肥猪扎堆，说明休息区有贼风。生长育肥猪在寒冷的环境中易出现咬尾、肺炎和结肠炎

图10-116　受冷的哺乳仔猪，极易感染病原（如大肠埃希氏菌），且很容易被母猪压到

图10-117　受冷的保育猪，易患格拉瑟氏病（由副猪嗜血杆菌引起）、脑膜炎和腹泻等

图10-118　仔猪太热。保温区温度为48℃，仔猪被迫睡在安全的保温区之外

图10-119　保育猪太热，呼吸急促，通过蒸发散热

图 10-120　当太热时猪群会在粪污中打滚，以保持凉爽，因此看起来很脏

图 10-121　母猪太热，如哺乳母猪太热时无法正常泌乳

（6）贼风　贼风是引发猪众多疾病的主要因素之一，因此，一定要避免休息区出现贼风（图 10-122 至图 10-129）。

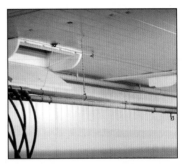

图 10-122　进风口损坏导致贼风

图 10-123　敞开或无法正常关闭的门导致贼风

图 10-124　通风口安装不正确导致贼风

图 10-125　猪舍设计不合理，约克板缝隙太宽导致贼风

图 10-126　卷帘不能正常闭合导致贼风

图 10-127　墙壁上的洞导致贼风

图10-129　猪棚维护不当导致贼风，也常见于户外养猪

图10-128　破损的门导致贼风

（7）粉尘和降温　见图10-130和图10-131。

图10-130　粉尘

A.猪舍里会产生很多粉尘　B.可吸入粉尘对猪和人的健康危害极大

图10-131　降温

A.防止猪过热非常重要。如果相对湿度太低，则猪会通过蒸发散热进行降温。注意：热是通过蒸发散失的，而不是因为潮湿。为了有效降温，母猪必须能由湿变干燥。喷雾周期应该设置为开启xmin/关闭ymin（具体时间设置需要咨询通风专家）　B.户外养殖时需要为猪提供凉棚

（8）**管理失误**　由于维护不当、没有维修和缺少操作规范，管理失误在猪场比较常见（图10-132至图10-149）。

图10-132　产房内仔猪保温盖板遭到损坏，导致大量热损失，仔猪受冷

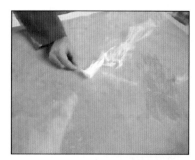

图10-133　有保温效果的仔猪保温盖板，几乎没有空气流动

图10-134　风机维护不当时（A和B）会导致通风不良和猪患肺炎。脏的风机工作效率比干净的风机低40%

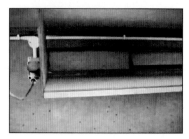

图10-135　内部通风口。一边完全关闭，限制通风；另一边却敞开，导致贼风

图10-136　部分百叶窗缺失导致回风，降低风机使用效率

图10-137　饲料垂直下料管阻碍进风口

图10-138　进风口被冻住

图10-139　液压装置遭损坏，自动控制自然通风（automatically controlled natural ventilation, ACNV）的通风口开口不一致，导致通风模式改变

图10-140　进风口防护罩需要维修

图10-141 猪舍每天都要应对各种各样的天气条件（图示为潮湿的多雾天气）

图10-142 出风口被鸟巢阻挡

图10-143 狗洞系统（Kennel system）冬季需要挡板，而在夏季可能需要拆除

图10-144 检测环境情况的温控器也需要清洁，以保持良好的工作状态

图10-145 猪场的电路维护情况通常不佳。图示配电箱因受潮导致一个风机短路，引起猪群的严重热应激

图10-146 安全气门和警报系统必须处于良好的工作状态，并定期（每周）检查

图10-147 光照情况也是空气质量检查的一部分。光照（>300lx）是猪繁殖生理的要求。观察猪群同样需要光照（50lx）

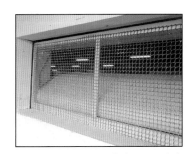

图10-148 使用防鸟网可以减少饲料浪费和降低猪患病（如由沙门氏菌引起）风险

图10-149 猪舍位置也会影响舍内的通风效果。树虽然可以防风，但也能扰乱气体流向

三、饲喂系统管理

1. 用于监测猪场饲料管理的常用工具

见图10-150至图10-154。

图10-150　测量料槽的尺寸

图10-151　测量饲料重量与体积的关系

图10-152　饲料粒度检测器，也可检测粉状饲料含量

图10-153　饲料外观，尤其是颗粒质量

图10-154　检查饲料外观、味道和气味

2. 可用的计算公式

料槽和料塔一般都是圆柱体，因此，确定料塔的容积非常重要（图10-155）。可以用一个方程式表示：圆柱体的表面积是πr^2，容积是$\pi r^2 h$，圆锥体的容积是$\frac{1}{3}\pi r^2 h$。

3. 猪的营养需求

临床兽医需要了解猪不同生长阶段的基本营养需求（表10-13）。

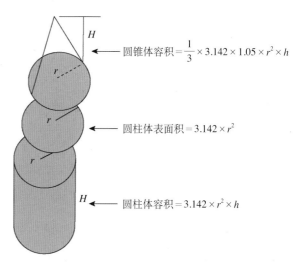

圆锥体容积 $=\frac{1}{3}\times 3.142 \times 1.05 \times r^2 \times h$

圆柱体表面积 $= 3.142 \times r^2$

圆柱体容积 $= 3.142 \times r^2 \times h$

图10-155 相关面积和容积计算

表10-13 猪的基本营养需求

日粮	体重 (kg)	净能 (MJ/kg)	粗蛋白质 (%)	总赖氨酸 (%)	粗纤维 (%)	日粮	体重 (kg)	净能 (MJ/kg)	粗蛋白质 (%)	总赖氨酸 (%)	粗纤维 (%)
教槽料1	7 ~ 12	11	22	1.8	1	育肥猪料2	90 ~ 120	9.2	17	0.9	3
教槽料2	12 ~ 18	11	22	1.8	1.5	后备母猪培育料	60 ~ 130	9.4	14	0.8	5
保育猪料	18 ~ 30	10	212	1.4	2	妊娠母猪料		9.2	16	0.7	7
生长猪料	30 ~ 65	9.9	19	1.3	3	泌乳母猪料		10	18	1.0	4.5
育肥猪料	65 ~ 90	9.4	19	1	4	公猪料		9.2	14	0.7	7
育肥猪料2	90 ~ 120	9.2	17	0.9	3						

（1）能量 净能（net energy，NE）（MJ/kg，以饲料计）是日粮中能量的测量单位。净能是猪可用的能量。小猪对能量的需求较高，但会随年龄的增长而降低。猪在育肥后期，对饲料中的能量摄入减少，以降低脂肪沉积。

在哺乳期，如果饲料摄入量有可能降低，则增加饲料能量的含量（如对初产母猪或者每年炎热的季节）。如果增加脂肪，也会减少

饲料的摄入量。高能量摄入也有助于减少断奶到配种的时间间隔。

（2）蛋白质 蛋白质水平是由赖氨酸的百分比来体现的，赖氨酸是猪日粮的第一限制性氨基酸，其他氨基酸的含量由该氨基酸与赖氨酸浓度的关系体现。幼龄猪的日粮中蛋白质浓度较高，并随年龄的增加而降低，日粮中的赖氨酸水平也相应降低。随着体成熟，猪体内的蛋白质沉积也减少。

在某些国家，饲料添加剂如盐酸莱克多巴胺可以添加到育肥后期猪的饲料中，用以提高生长速度，降低料重比，同时提高蛋白质沉积。这对猪群中个体较小的猪尤其有用。

哺乳母猪需要额外的蛋白质（或赖氨酸）来增加产奶量，从而增加断奶窝重。哺乳母猪日龄总赖氨酸水平需高于1%，以提高仔猪的生长性能。在妊娠中期，饲喂策略是只为成年母猪提供维持基本生存需要的能量。

（3）其他　给后备母猪提供培育料的目的是维持其生长，增强骨骼和腿部力量，并增加其在分娩前的脂肪储备。因此，后备母猪培育料中生物素、锌、钙和磷的浓度通常会较高。

可能有一些成分具有特殊的保健作用，临床兽医可能要求改善日粮组成以促进猪只健康。例如：

- 在保育阶段，钙的浓度可能使猪更容易腹泻。
- 氧化锌可以用来降低由大肠埃希氏菌导致的腹泻，但某些地区可能会禁止添加。因此，一定要遵守当地的要求。
- 注意维生素E的含量，保持健康与满足增长需求的水平可能不同。
- 可以调整盐（如氯化钠）的浓度以帮助控制咬尾的现象发生，确保料槽里有充足的水。
- 氧化镁可以作为一种泻药和行为调节剂使用。
- 乙二胺四乙酸（ethylenediamine tetra-acetic acid，EDTA）被认为能够控制猪由短螺旋体感染而导致的痢疾。
- 甜菜碱或碳酸氢盐可以保热，因此可以在日粮中使用，尤其是在哺乳期日粮中非常有用。

4.猪的采食量和生长潜力

知道猪在每个不同生长阶段的预期体重，就可以估计其体重，但需要通过大量的实践才能获得一定的精度（图10-156和表10-14）。图10-157为长×大二元育肥猪的生长曲线。

表10-14　长×大二元育肥猪的预期体重和生长速度

生长时间		日均增重（g）	体重（kg）
周龄	日龄		
4	28	215	7.0
6	42	395	12.5
8	56	630	21.3
10	70	660	30.5
12	84	715	40.5
14	98	800	51.5
16	112	965	65.5
18	126	1 000	80.0
20	140	1 100	95.0
22	154	1 100	110.0

图10-156　猪的体型会随着生长而发生变化，这可作为临床兽医判断猪大概体重的指示

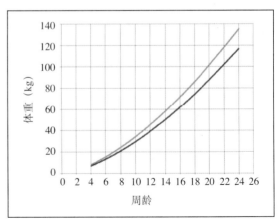

图10-157　育肥猪预期生长曲线。绿线代表最佳生长曲线，红线代表生长速度低于预期

不同的消费市场对猪有不同的出栏体重要求，如制作帕尔马火腿时要求猪的生长时间在12个月龄以上并且体重为170kg，所以不同的客户可能要求猪的不同生长曲线。被挑选的后备母猪应该有自己的生长曲线，而不能像育肥猪一样饲养。不同品系的种猪也可能有其基因型特定的营养需求和生长目标，种猪公司通常会给出最佳的营养指南。

5.在正确的时间使用适合的饲料

猪要逐步过渡到采食成本更低的日粮，但同时也要最大限度地发挥自身生长潜力。猪采食价格相对较高的前一段日粮的时间越长（超出合理时间范围时），则饲养成本就会越高。通常情况下，小猪采食昂贵的断奶料时间过长，也无法弥补断奶后第1周饲料摄入和生长不佳的问题。因此，要定期评估饲料预算，确保猪场保持适当水平的饲料摄入量（图10-158）。

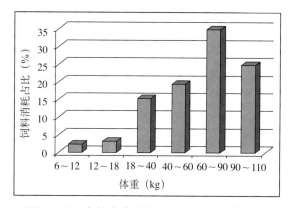

图10-158　自繁自养猪场（从分娩到出栏）各生长阶段消耗饲料占比（从断奶至110kg体重）

（1）使用适合的饲料　为猪提供适合的饲料至关重要。在饲料价格高的情况下，简化配方和使用廉价饲料极具诱惑力，但猪的生长和健康可能会受到影响。如果猪的生长受阻，就会影响猪群流通和全进全出体系。配方不良的饲料可能会导致猪腹泻，并导致猪拒食某些饲料，最终导致饲料浪费。

（2）饲料生产　没有合理制备的饲料（即全粒谷物，以及谷物粉碎或碾轧不当）不会被猪消化并导致饲料浪费增加（图10-159）。

（3）猪转入猪舍前必须提供饲料　猪转入舍后就必须能立即吃到适合的饲料，但不能采食上一批猪吃剩下的饲料（图10-160）。这些饲料中可能含有不适合的成分或药物（或缺少处方药），或可能放置几天后发霉，或被啮齿动物或鸟类粪便及尿液污染后变质。

图10-159　猪不能消化全粒谷物（箭头所示），因此没有粉碎的谷类被浪费

图10-160　育肥后期猪舍剩余的饲料给下一批体重为30kg的猪吃

6.饲喂程序

（1）产房内饲喂教槽料　如果猪场执行3周龄断奶措施，则大多数仔猪不可能采食足够的教槽料来提高断奶重和断奶后的饲料

摄入量（图10-161）。4周龄断奶时提供教槽料是很有帮助的。教槽料每天应至少饲喂3次（即少喂多餐），一定要确保不浪费和不被污染。

（2）成年猪饲喂　在分娩舍、配种和妊娠舍内饲喂可能会导致大量饲料浪费。

试图让哺乳母猪多采食会导致食欲减退，饲料吃不完又会造成发霉，甚至滋生苍蝇（图10-162）。饲料问题也会影响猪的饮水量，以及仔猪的奶水供应情况。

图10-161　产房内饲喂教槽料用的料槽。要保证教槽料不被浪费

图10-162　产房母猪料槽管理不当导致饲料浪费

在配种舍，发情母猪往往不采食，这导致饲料留在饲料槽里发酸，最终浪费（图10-163）。

在妊娠舍，员工操作时可能因粗心而导致大量的饲料被浪费在地板上，加之清洁程序不当，因此饲料很不干净。过度饲喂妊娠母猪是猪场常见的问题。这些额外饲喂的饲料其实是被浪费掉的，不但不能有利于胎儿生长，还可能导致后续在哺乳期间采食量减少。

（3）计算　断奶至育肥阶段日采食量占体重的4%，成年母猪妊娠期日采食量占体重的1%。

7.料槽设置

（1）充足的料槽空间　为了让所有的猪生长均匀，必须为其提供足够的饲喂空间（表10-15）。这在断奶后的前3d尤其重要。

图10-163　母猪发情但仍在被饲喂

表 10-15　用长料槽饲喂时各体重猪所需的饲喂空间

体重（kg）	料槽长度（mm）	
	限饲	自由采食
5	100	75
10	130	33
15	150	38
35	200	50
60	240	60
90	280	70
120	300	75
母猪	400	不适用

（2）计算　限饲时，猪所需的最小采食空间是其肩宽的1.1倍。不同品系的猪其肩宽可能会不同，因此对采食空间的要求也可能不同。

刚断奶仔猪的料槽空间需求是断奶1周后需求的3倍。这是因为刚断奶仔猪是集体采食的（限饲），不会自由采食（图10-164和图10-165）。

视频4

图10-164　采食空间不够会改变猪的行为，导致猪为了争抢采食空间而打架（A和B）（视频4）

图10-165　增配窄料槽，能够提高仔猪断奶后前3d的采食量，并且让猪群表现正常群体行为。

（3）饲料分布　确保料槽内饲料均匀分布，以最大限度地减少因争抢采食空间而引起的打架，否则会降低同一批猪的不均匀度。请不要把料槽放在倾斜的地板上。

（4）猪栏内的料槽位置不当　放置料槽时要考虑猪是否容易接近。放置在寒冷角落的料槽经常会被尿液和粪便污染，因为猪会把这个区域作为排泄区。料槽位置太接近两栏间的挡板或其他障碍物如饮水器时，则可能会导致部分采食空间无法接近。不能让猪必须跳起来才能接近料槽，这一问题常见于料槽太高，年龄较小的猪接触不到。

（5）料槽放置不当，不便检查　所有的料槽都应该放在能够被方便检查到的位置（图10-166）。这样饲养员就能轻易地检查料盘是否泄漏、饲料是否溢出或被污染等。

（6）料槽和饮水器位置　猪喜欢在采食后立刻饮水。如果饮水器距离料槽超过2m，则猪会含着饲料在料槽和饮水器之间来回走动，而这些饲料会掉落（并浪费）在地板上或垫草里。要确保猪的休息区不处于料槽和饮水器中间。相关图片见图10-167至图10-169。

图10-166　料槽背向过道，饲养员难以检查料槽

图10-167　饲料下料不均匀。要确保垂直下料管位置正确

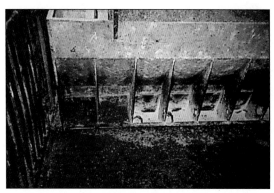

图10-168　猪栏内料槽位置设置不当，并被用作排泄区域

图10-169　料槽与饮水器的距离太远，导致饲料被撒落

（7）料槽遮盖　空气中30%的粉尘来自没有遮盖的料槽。未加盖时，饲料会暴露给鼠类甚至是鸟类，导致被吃掉或被污染。因此，所有的料槽都应该盖起来。如果饲养员需要检查料槽内的料量，则要确保料槽有一个易于靠近的透视区域。

（8）饲料量（视频15）
料槽应该每天调节，这是生
长育肥舍饲养员每天最重要
的工作之一。不允许让料槽
过度下料而确保猪有"足够"

视频15

的饲料量。当猪必须通过努力才能获取饲料
时，饲料转化率才可以最大化。降低垂直下
料管高度，使其更靠近料槽，可达到少出
料、少浪费和少粉尘的目的，即使料线绞龙
可能需要运行更多些。所有饲养员都应该知
道料槽的工作原理及调节方法（图10-170）。
过度下料的料槽也会使更多的饲料变成粉料
（图10-171至图10-174）。这会导致猪的采食
量减少，环境中的粉尘量和猪的呼吸道问题
增多。

图10-170 猪场内的所有料槽都应该有明确的使
用指导书，说明如何使用
A.下料量不足 B.理想下料量 C.下料量太多，饲料溢出

图10-171 3种不同的料槽设计（A、B、C）都因
饲料下料量太多而导致浪费

图10-172 饲料中的粉料太多

图10-173 槽内的粉料被浪费

图 10-174　检查料槽内的饲料，有大量粉末

必须让猪吃到所需类型的饲料。一般来说，猪场中会有以下4种不同类型的饲料：

- 营养配方师制定的饲料。
- 饲料厂生产的饲料。
- 通过料槽实际提供给猪的饲料。
- 猪实际吃下去的饲料。

不幸的是，这些并不总是相同的。

断料是对猪的极端刺激：要了解并管理饲料在料塔内的运行情况，以确保不会断料（图10-175和图10-176）。如果24h内猪没有吃到饲料，猪可能会出现胃溃疡（图10-177），导致饲料消化不佳和内出血。但是在猪

场里，猪断料6h相对常见，甚至每个生产批次都会这样断料一次。良好的饲喂管理需要保证配料器内至少要有可供满足猪24h采食的存料，这样，一旦出现从料塔到料槽的供料问题，就能在出现断料之前及时发现并补救。如果经历了长途运输，可以考虑在猪到达后第1周为其提供高纤维、大粒度的饲料，以增强胃部健康。

图 10-176　因管道破裂导致饲料在传送时撒落

图 10-175　从料塔撒落的饲料

图 10-177　断料。图中的猪正在吃雪，这会引起梭菌感染而导致胃肠道坏疽

（9）饲料被污染　导致饲料被污染的途径有很多：

- 料槽放置位置不正确：如前述，要确保料槽不会被猪当作排泄区使用。
- 天气和料槽的影响：饲料不应该被天气所影响，特别是在暴雨期间（图10-178），包括饲料推车和袋装料放置区。
- 地面饲喂/将饲料作为垫料：务必避免在地板上饲喂生长育肥猪（图10-179），将饲料作为垫料的成本太高。虽然仔猪刚断奶后在地板上饲喂是常有之事，但若能使用一个简易廉价的料槽不仅能减少饲料浪费，而且还能让饲养员知道每头仔猪的采食量，而不仅仅是估计整栏猪的总体饲料消耗量。有很多猪场仅仅为了引导猪到休息区域而在地面铺撒饲料，这很令人惊讶。要检查猪舍布局情况，为所有猪提供一个舒适而无贼风的休息区。
- 饲料发霉：料槽进水可能会弄湿饲料（如因管理不善而导致滴水降温系统漏水）（图10-180），这些潮湿的饲料会很快发霉并且吸引苍蝇。料塔进料后没有加盖，或者位于易出现冷凝水的位置，饲料都会因发霉而导致浪费。正对排风机的料塔就是这样一个例子。霉菌不仅仅会造成饲料浪费，而且会导致猪食用后出现健康风险。

- 分娩和哺乳母猪：母猪饲料特别容易因饲养员过量饲喂而变质。
- 啮齿动物和害虫控制：鸟类和鼠类都会消耗大量饲料，它们的粪便和尿液可能会导致更多饲料被污染。为了防止害虫，必须及时清理料塔外撒落的饲料（图10-181）。料槽应加盖，以减少与蝇虫的接触。猪舍须能防鸟，防止被沙门氏菌污染（图10-182）。有实践证明，盖住料槽能让料重比降低0.3（体重为30～100kg时料重比从3降低到2.7）。在露天的栏舍里，海鸥和其他鸟类一次可能会叼走几个饲料颗粒。一只成年鼠每天能吃掉15g饲料，若猪场里有1 000只鼠，则每年就要吃掉超过5t重的饲料！一只海鸥每天要吃掉100g饲料，若有100只海鸥，则每年将吃掉约3.7t重的饲料！

（10）饲料被浪费　饲料是养猪场最大的单项开支，占生产成本的60%～80%及以上。因此，最大限度地降低饲料浪费至关重要。据估计，猪场平均存在12%的饲料浪费。在一个每周分娩10头母猪的猪场里，12%的饲料浪费也就意味着每年可能有超过250t的饲料被浪费掉（全场平均按每头母猪从分娩到出栏每年消耗9t饲料计算）。

猪场的动保成本占总成本的3%。如果饲料成本占总生产成本的60%～80%，那么

图10-178　暴露在潮湿环境中的饲料

图10-179　在地板上饲喂后备母猪。注意图中的饲料被浪费掉了

图10-180　饲料被渗漏的水线打湿后受潮

图 10-181　饲料车周围有鸟

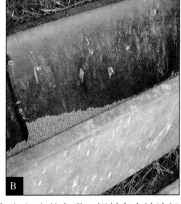

图 10-182　有盖（A）和无盖料槽（B）上的鸟粪，饲料存在被沙门氏菌污染的风险

被浪费的饲料将占整个生产成本的9%（即是猪场动保成本的3倍）。

（11）饲料与空气的互作　确保猪处于热舒适区内。如果猪所处的环境太冷，那么饲料消耗就会增加，用以帮助自身抵御寒冷。如果猪所处的环境太热，则采食量将下降，导致生长速度缓慢。此外，当过热时猪群会通过急喘来帮助散失热量。因此，仅在全天相对凉爽时饲喂产房内的猪。

（12）饲料与水的互作　如果猪饮水供应不足，则采食量就会降低，最终停止采食。

水与采食量有着非常密切的关系。料槽与饮水器的距离也会影响采食量。

（13）饲料与地板之间的互作　猪栏内料槽位置不合适会对猪群产生巨大影响，导致猪群的攻击性增加，从而影响猪可采食的机会，进而影响生长速度或者成年猪的繁殖性能。

8.饲料管理不善的情况

见图 10-183 至图 10-212。

图 10-183　未定期检查料塔（非常必要）

图 10-184　部分透明的料塔有助于发现发霉饲料

图 10-185　料塔的盖子没有盖上，雨水导致3 t饲料被浪费

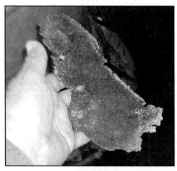

图10-186 料塔卫生检查不彻底（需要定期清理）

图10-187 料塔放置位置不合理，且安装完后没有清理

图10-188 饲料贮存不当，造成鼠患、浪费和猪患病风险。不要把袋装饲料露天放置，以免受潮

图10-189 教槽料只能放在货板上

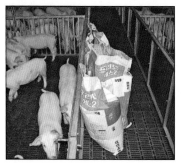

图10-190 教槽料贮存不当，所处环境温度太高。需知，教槽料中奶含量极高

图10-191 自配料混合车间的洞

图10-192 料塔/料线绞龙管道上的洞会导致饲料损失

图10-193 原料因粉碎不当导致生产出来的饲料不能被猪利用，猪不能消化全颗粒或粉碎不当的谷物

图10-194 饲料粉碎不当（图11-193），与饲料厂粉碎机的钝锤有关

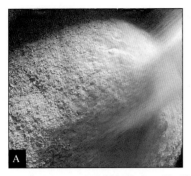 

图10-195　无需详细检查，即可知料斗中饲料粉尘的严重情况（A）。检查料槽上层的饲料质量，并与猪喜欢吃的饲料进行比较（B）

图10-196　料槽中的饲料分布不均匀，导致猪群打架

图10-197　料瓢管理不当，导致给料时浪费饲料

图10-198　饲料手推车卫生状况不佳。要合理维护所有料车和料斗

图10-199　全进全出模式中饲料管理不当，导致饲料浪费

图10-200　猪的采食空间不足。在此情况下，猪群均匀度差是不可避免的

图10-201　发情的母猪不吃料。确保将所有未被发情母猪采食的饲料给其他猪饲喂，不要浪费

图10-202　料槽上的洞无论大小都会导致饲料浪费（A和B）。维修不善的饲喂器是大多数养猪场出现的头号问题

图10-203　该设计使猪容易将饲料拱出料斗

图10-204 料槽管理不善，导致供料太多

图10-205 料槽调节不当，导致下料不均，甚至浪费

图10-206 料槽内充满水

图10-207 垫料堵塞料槽。垫草和记号喷漆等物会堵塞料槽

图10-208 水进入料槽，使饲料变质

图10-209 配料器开口没有被完全覆盖，鸟类和啮齿动物采食后会传播沙门氏菌

图10-210 配料器上有鸟

图10-211 水流入料槽，从而限制供料，导致浪费增加

图10-212 料槽下面的饲料浪费不仅增加了成本，而且增加了猪场鼠的数量，存在鼠患

四、地板管理

1. 用于检测猪场地板管理情况的常用工具

见图10-213至图10-217。

图10-213　计算饲养密度时，用卷尺、计算器和超声波；测量和计算面积、体积、饲养密度，也可使用实际距离测量的应用（A、B、C）。超声波在光线差的猪舍里很有用

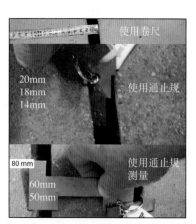

图10-214　测距仪测量实心和缝隙宽度及间距大小。可以使用简单的模板工具测量距离

图10-215　用手指感觉漏缝地板边缘的粗糙情况，也可以估计潮湿和干燥的区域

图10-216　用身体评估地板的整体舒适度

图10-217　地板坡度测定（图示坡度为20°），也可使用智能手机测定

所需计算：图10-218中的计算公式可以用来计算平面空间。

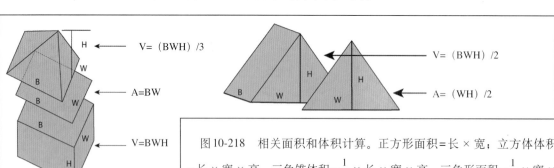

图10-218　相关面积和体积计算。正方形面积=长×宽；立方体体积=长×宽×高；三角锥体积=$\frac{1}{3}$×长×宽×高；三角形面积=$\frac{1}{2}$×宽×高）；等腰三棱锥体积=$\frac{1}{2}$×长×宽×高，这在计算屋顶空间时很有用

2.饲养密度（视频16）

（1）生长/育肥猪饲养密度　许多国家会根据猪的体重制定饲养密度法定要求或推荐养猪密度行业标准，猪场整个团队必须知道这些要求或标准。

视频16

另外，对饲养密度的要求是观察100kg体重猪所需要的地板空间，以确保其不接触其他猪。一头100kg体重的猪需要0.93m²的空间才能不接触其他的猪，这个空间是炎热季节所必须的。随着体重的增加，猪需求的空间也在增加。实际上，并不是栏内所有的地板都处于热中性区，许多猪会"挤"在一起，而把空间留给其他的猪。

在实际生产中，大多数猪场生长速度最快的猪一旦达到上市重量便被挑出出售，这样就会将空间释放给其他的猪。

欧盟法规要求示例见表10-16。

欧盟法规关于饲养密度改变最大的一点是要为体重超过110kg的育肥猪多提供30%的空间。这一改变很突然也很重大，因为养猪业育肥猪目标出栏重是115kg或更高，因此所有的猪都至少需要1.0m²的空间。

表10-16　欧盟法律规定的猪饲养密度标准（欧盟理事会第91/630/EEC号指令）

平均体重（kg）*	所需最小空间（m²）
≤10	0.15
≤20	0.20
≤30	0.30
≤50	0.40
≤85	0.55
≤110	0.65
>110	1.00

注：*在英国可用"≤"，而在欧盟只用"<"。每个国家可制定更严格的标准，但是不能低于欧盟指令。

道德标准（行业标准）要求示例见表10-17。

最低的饲养密度是不考虑地板类型的。在加拿大需要考虑气候状况等（表10-18），并考虑炎热天气。

表10-17　美国养猪行业推荐的猪饲养密度标准（Swine Care Handbook, National Pork Board, 2001）

体重		推荐空间	
Lb	kg	ft²	m²
12~30	5.4~13.6	1.7~2.5	0.16~0.23
30~60	13.6~27	3~4	0.28~0.27
60~100	27~45	5	0.46
100~150	45~68	6	0.56
150到出栏	68及以上	8	0.65

表10-18　加拿大行业和政府推荐的猪饲养密度标准

体重（kg）	最小空间需求量（m²）		
	全漏缝地面	半漏缝地面	垫料实心地面
10	0.16	0.18	0.21
20	0.26	0.29	0.33
50	0.48	0.53	0.61
75	0.62	0.7	0.8
90	0.7	0.78	0.91
100	0.76	0.85	0.97
110	0.81	0.9	1.03

注：在炎热的天气里空间可能要增加10%~15%。

基于数学运算的示例：澳大利亚使用数学模型的猪密度标准，其饲养密度是基于总体重计算而来的。

需求：空间（m²）= 0.3 × 体重（kg）$^{0.67}$。

因此，110kg的猪需要0.70m²的空间。

（2）饲养密度标准的应用 以上所述的饲养密度需要猪场团队良好遵守，饲养密度过低和过高都不利于猪的健康。饲养密度降低一般会提高生产性能，但必须避免寒冷。当饲养密度过高时，其他资源，如水、食物和空气也会受到影响。兽医必须对猪舍的各个方面进行审查，只有这样才能确认猪的健康是否受到危害。一般来说，在理想空间的基础上，每减少 $0.1m^2$ 空间，猪的采食量就会下降5%。然而，从生产的角度来看，虽然生产性能有所下降，但每平方米饲养的猪的数量越多，则成本就越低。从伦理角度来看，世界各地的差异造成了生产能力和生产成本的巨大差异。表10-19为全球各国在同等饲养面积下可以"合法"生产的猪的数量。

每个批次销售的猪越多，生产成本就越低。与其他国家相比，欧盟养猪业处于不利地位。

表10-19 当地饲养密度规定对育肥猪生产成本的影响（假设每个批次有 $100m^2$ 的育肥空间，出栏重为120kg）

国家或地区	体重（kg）
澳大利亚	16 080
加拿大（全漏缝地板）	15 720
欧盟	12 000
美国	18 360

（3）净栏舍面积 各种各样的要求限定了适合猪生长的空间，但是猪的生长环境复杂，饲喂器、饮水器、玩具和墙壁也会占据空间。净栏舍面积是去除所有其他结构后剩余的空间面积。在大多数栏舍里，饲喂器会占据部分空间，而圆形饲喂器会比矩形饲喂器节省空间。表10-15为不同体重猪所需要的饲喂空间。

例如：40头60kg的猪每头需要60mm的

饲喂空间。0.3m宽的矩形料槽要占用 $0.04m^2$ 的空间，而提供同样饲喂空间的圆形料槽只占用 $0.005m^2$。

（4）栏位布局 育肥猪栏的宽度不应小于2.5m。如果栏又长又窄，猪会在栏内横冲直撞，造成更多的跛行问题。每个栏内应至少饲养60头猪，以创造一个良好的社交结构。如果猪栏很长很窄，则可用局部的端墙设计（减速弯道）让猪的走路速度慢下来。

3.休息和排泄区

猪栏内2个主要不同区域是休息区和排泄区（表10-20），可以通过以下方式帮助猪确定它们的排泄区：

（1）根据上述注意事项设计猪栏（图10-219和图10-220）。

（2）标记排泄区。

表10-20 休息区和排泄区界定（请填写空格，答案见附录3）

休息区	排泄区

休息区空间必须充足。观察猪的休息情况：所有的猪都应该有一个合适的干燥区域休息。如果猪在排泄区休息，则表明休息区空间太小（图10-221）。

4.过道：大栏与小栏对比

过道会占据育肥舍大量的空间，通常会占据整个猪舍建筑面积的15%。如果通道也能被猪所用，那么就可以降低生产成本。每批断奶母猪数从10头提高到12头，就会将仔猪数量增加20%。而这增加的产出大部分可以通过猪场采用大栏饲养的方法来满足，同时仍然允许猪场遵守法律或行业标准（图10-222和图10-223）。表10-21列出了大栏饲养和小栏饲养的优缺点。

图10-219 该设计会让同批次的猪在一个区域内排泄

图10-220 良好使用的排泄区

图10-221 休息区空间不足，导致猪在排泄区休息

图10-222 大栏饲养

图10-223 小栏饲养

表10-21 大栏饲养和小栏饲养比较（红色表示负面影响）	
大栏	小栏
对猪的影响	
有选择	无选择
辨识度差	方便对个别猪进行检查
方便检查病猪的临床症状	不便检查病猪的临床症状
难以抓猪	易于对个体注射治疗
咬尾情况少	咬尾情况多
容易躲避攻击	难以躲避攻击
无个体栏，除非另行设置	可设置空栏，如病猪栏
后期混群少	后期混群多，导致打斗多、皮肤损伤多
难以将公、母猪分群饲养	易于将公、母猪分群饲养
同栏内体型差异大	同栏内体型差异小
运动量多，消耗能量多	运动量少，料重比更好
猪可以快速跑动，运动损伤多	猪无法快速跑动
有利于弱小猪	不利于弱小猪
对猪舍建筑的影响	
每头猪建筑成本低	每头猪建筑成本高
易于清洁，耗水量少	清洁时耗时、费水
易于全进全出	需要更多计划和规定进行全进全出
猪可以选择适合的环境	环境设置必须完全适合猪
有分区行为	无分区行为
排泄集中	排泄没有秩序
休息区分明	每个栏都要有休息区
每头猪有多个饮水器可用：饮水选择	每头猪要有2个饮水器
可以使用更短的水管	每个栏中都要有饮水管道
每头猪有多个饲喂器可用：采食选择	必须使用栏内的饲喂器：攻击问题
料线绞龙可以短些	每个栏中都要有料线绞龙
便于湿拌料饲喂	断奶后湿拌料饲喂会花费时间
每头猪有更多空间：空间选择	每头猪需要更多空间
过道不造成生产空间损失	过道占用生产空间
更少屋顶	更多屋顶
舍内不同区域可以有温差	舍内温度必须一致
湿度低	湿度高

（续）

表10-21 大栏饲养和小栏饲养比较（红色表示负面影响）	
大栏	小栏
更少贼风/受冷的猪可以逃开	某些栏内的猪可能会受冷
空间成本利用更佳	空间成本利用不佳
每立方米空间内饲养的猪数量多	每立方米空间内饲养的猪数量较少
过道通风不可行	过道通风可行
生物安全容易控制	生物安全无法控制
鼠害减少（隐藏处少）	防鼠困难
对饲养员的影响	
没有过道，不便观察猪	可以迅速观察猪
很难移动死猪	容易移动死猪
肢蹄问题更多	病猪容易移动
饲养员可以进入猪群：适合爱猪的人	对于不爱猪的人来说更容易
易于分群	群体不均衡或混杂
猪之间的差异很大	易于个体称重
自动分群效果更好	可以自动分群，但更困难
猪对饲养员有攻击性	猪不受饲养员的影响
减少生产成本	增加生产成本
猪可以自行选择	人为对猪进行选择
更有利于群体内健康的猪	更有利于个别病猪
对真正关心猪的饲养员更好	对不是那么关心猪的饲养员更好
对猪舍更好	需要更多的建筑空间
需要更少的时间和精力	需要更多的时间和精力

5.成年猪空间需求

（1）母猪

①配种区　为了便于发情检查，建议每头母猪有2.8m²的空间。

②群养　每头后备母猪配种后净空间需求至少为1.64m²。在后备母猪与经产母猪混养的大栏内，每头母猪至少需要2.25m²的空间。

如果每栏内母猪数量少于6头，那么空间需要增加10%。如果每栏内数量超过40头，那么空间需求可减少10%。

猪栏内部面积不应该小于母猪身体长度的平方（如果母猪体长2m，那么栏内部面积应该大于4m²）。栏内部边长应至少为2.8m，除非该栏母猪数量少于6头。如果少于6头，则栏内最小长度为2.4m。

如果自由进出栏的后方是一堵墙，那么从栏的后门到墙的距离应不小于母猪的体长（即2m）。对于中间有活动空间（大栏）的尾对尾式的自由进出栏，则两排定位栏头到头的距离应是母猪体长的3倍（即6m），尾到尾的距离应是母猪体长的1.5倍（即3m）。

③定位栏　一般情况下，母猪在妊娠检查前会饲养在定位栏里。在全球的多数国家，妊娠检查后（配种后4周）母猪会在大栏内群养。

母猪定位栏应至少有60cm宽，单体配种栏后部的设计需能让饲养员容易接近母猪后部。没有必要打开定位栏后门给母猪配种。

（2）分娩区

①室内分娩　环境可控的分娩区和仔猪保温区应该有0.5m×2.02m大的空间，并且有3.2m²的仔猪逃生区。仔猪逃生区至少要30cm宽。加热垫面积至少有0.6m²。8kg仔猪的体长为60cm。

如果使用产床，则产床最短边长应至少为1.8m，每个产床的总面积不小于5.6m²。户外产房的占地面积应至少为4.5m²。

②户外生产体系　主要指妊娠和分娩。分娩母猪和哺乳期母猪的饲养密度应为9～14头/hm²，妊娠母猪的饲养密度为15～25头/hm²（英国）或20～25头/hm²（澳大利亚）。

（3）公猪　一头成年公猪至少需要6m²的空间，采精栏面积要有10m²。欧盟国家不允许把公猪饲养在定位栏内，但是如果当地法规允许，则定位栏的尺寸应该为长2.4m、宽0.7m。

6.地板类型

猪舍地板是保持猪健康的重要部分，因此地板构造必须合理。制作混凝土地板可能会非常困难，而地板预期可能要经受数十年的磨损。若地板边缘锋利，则应该使用河石而非聚合石打磨。

（1）实心地板和漏缝地板　欧盟国家禁止猪场内使用全漏缝地板。后备母猪和经产母猪在实心地板上饲养的最低面积要求分别为0.95m²和1.3m²。排水口的面积不得超过实心地板面积的15%。

（2）漏缝地板尺寸　欧盟国家关于各阶

段猪的漏缝地板尺寸见表10-22。

产房和保育舍首选钢网、金属或塑料漏缝地板。漏缝地板边缘应该光滑，不能锋利或有缺口。如果漏缝地板损坏，应及时更换或修复。

表10-22　建议漏缝地板尺寸（mm）（基于2001/88/EC）

项目	缝隙宽度	板条宽度
母猪和仔猪	8～11	50
保育前	8～11	50
保育猪	8～14	50
生长育肥猪	10～18	80～100
妊娠母猪		
大栏	10～20	80～100
定位栏	10～20	80～100
公猪	20	100～130

（3）垫料　垫料越来越多地用于覆盖地板和保温。尽管有些垫料可以帮助较好地控制环境，但若使用被霉菌孢子污染的垫料，则可能会严重损害猪的健康。垫料使用不当和不规范的清洁程序会导致猪在潮湿的垫料上休息，这对呼吸道健康有严重影响。要确保对贮存的垫料进行啮齿动物的有效控制。所有垫料都应该贮存在9mm厚的沙土上，以减少啮齿动物繁衍和帮助垫料水分流失/干燥。

对于生长育肥猪，每头每周大约需要3kg垫料，而每头母猪每年约需1t垫料。

7.台阶

在必须修筑台阶的情况下，台阶高度应该越低越好。针对种猪群和育肥猪，建议台阶的最高高度是100mm，而对于保育猪则不得高于50mm。台阶边缘需打磨光滑。

8.斜坡

斜坡的坡度不应超过20°。这在装猪区

和接近卡车的地方很重要，尤其是在把猪装入卡车顶层时。

9. 墙和门

（1）公猪　公猪栏的高度不应小于1.5m，以减少公猪逃出的可能性。在设计公猪采精区时，应设置保护采精人员的安全立柱。立柱应宽12cm、高76cm，间隔30cm。

（2）栏门　对于保育猪来说，要确保栏门上栏条的空隙不能太大，否则猪会被卡住。栏门底部距离地面不超过5cm，栏条间隙不超过5cm。

10. 易使猪受伤的地方（视频16）

猪舍内的卫生状况往往严重不足。大家往往意识不到，地板质量和卫生条件

视频16

差会对呼吸系统有极大的影响。如果地板粗糙，则易造成肢蹄创伤，病原（尤其是链球菌）就有了进入猪体的通道（图10-224）。然后这些病原就会通过血液循环直接进入到肺实质，导致肺脓肿和心内膜炎，甚至多浆膜炎。

猪流量大的区域，如门口附近或饲喂器和饮水器周围，地板磨损会比较严重（图10-225）。从饮水器中渗漏的水也会增加地板磨损。如果猪场实行液体料喂养，那么液体料、猪的唾液和蹄部会很快磨损地板（图10-226）。

猪场栏门和金属设备会很快生锈、腐蚀（图10-227），很多猪会因为接触这些磨损的设备而严重受损。此外，铁锈也使得清洗变得非常困难。

图10-224　地板破裂导致猪肢蹄损伤

图10-225　漏缝地板的板条宽度和磨损不一

图10-226　液体料系统料槽周围的地板磨损情况

图10-227　腐蚀的门和墙上会出现易使猪受伤的东西

11. 装猪

猪场应该认识到对猪的护理责任要一直延续到屠宰场。装猪区、猪场周围的通道和通往猪场的车道都需要合理维护，以免对猪造成伤害。

装猪区的设计必须要易于装猪，以减少对猪的应激（图10-228）。不建议使用电动装置。

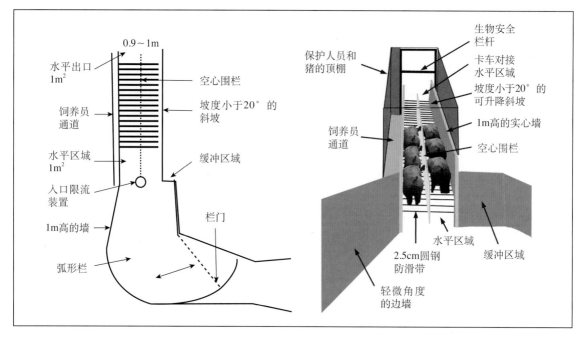

图10-228　装猪区设计

12. 生猪运输

许多国家都有关于生猪运输的法律规定。装猪时最好有升降装置。如果使用斜坡，则坡度应小于20°。在运输车上，100kg的猪所需的最小空间为235kg/m²。在夏季，应该增加10%~15%的空间。考虑到运输成本，猪场会制定猪流量模型，以确保每辆卡车都能装满。

13. 清洗程序

猪场团队必须理解猪场清洗程序，然而大多数猪场没有全面的清洗方案。批次化生产使猪场健康团队可以：

- 清洁整个猪栏，包括水、空气、饲料和地板。

- 修复猪舍环境和设备。

清洗猪舍要遵循严格的操作流程，主要包括以下步骤：

（1）把所有的饲料从猪舍里清理出来。

（2）把所有的猪从猪舍里转出来。

（3）把整个猪舍打湿。

（4）在猪舍内的所有表面上喷洒洗涤剂。

（5）高压清洗猪舍内所有表面，最好使用热水。

（6）消毒猪舍内所有表面，包括供水系统。

（7）放置24h，使猪舍充分干燥。

干净、干燥的表面是最好的消毒剂。

14. 母猪栏舍选择

关于母猪在妊娠期和哺乳期的栏舍类型

存在争议。在许多国家，母猪定位栏饲养已被法律禁止，尤其是妊娠检查后。因此，需要考虑其他栏舍类型。然而，所有这些选择，都有对母猪有利和不利的地方，所以猪场在确定选择前要考虑这些问题（图10-229至图10-240）。

在一些国家，由于母猪定位栏已完全被停止使用，因此相互之间不熟悉的母猪混合后不可避免地会相互攻击。为了把打架对母猪繁殖性能的影响降到最低，母猪断奶后应该按照体型大小分群，也即1胎和2胎母猪要与其他胎次母猪分开。

图10-229 母猪拴绳（在欧盟不允许使用）

图10-230 定位栏（在欧盟，母猪妊娠6周后不允许使用）

图10-231 可以转身的定位栏（在欧盟，母猪妊娠6周后不允许使用）

图10-232 缓慢落料

图10-233 母猪电子饲喂站

图10-234 母猪定位栏

图10-235 群养栏：撒料饲喂

图10-236 群养栏：湿料饲喂

图10-237 群养栏：短定位栏

图10-238　犬舍式（Kennels lots）

图10-239　大棚猪舍

图10-240　户外养猪

15.猪舍地板管理不良的情况

见图10-241至图10-266。

图10-241　做好内部生物安全对控制病原极为重要。检测消毒液的浓度

图10-242　用石灰喷洒栏面是个廉价的消毒方式

图10-243　用石灰喷洒栏面后没有干燥则会灼伤仔猪

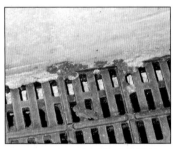

图10-244　死角的粪污使整个猪舍的清洁无效

图10-245　日常例行检查时确保猪场清洁

图10-246　确保分娩区对母猪体型来说足够大

图10-247　地板上没有填充的破损部位会损伤猪的肢蹄

图10-248　台阶过高会导致猪的肢蹄受伤

图10-249　漏缝地板质量差会导致猪的肢蹄损伤

图 10-250 确保漏缝地板间隙不能太大，否则会损伤猪的肢蹄

图 10-251 躺卧区需要清理，垫料不合理会导致猪感染疾病

图 10-252 确保饲养密度符合猪的体重要求

图 10-253 金属底部（通常是门）锋利的边缘

图 10-254 金属门底部被腐蚀

图 10-255 围网上突出的锋利尖头

图 10-256 金属地板破损处未及时修复（箭头所示），会给猪造成极大的受伤风险

图 10-257 劣质地板和粗糙的新地板是造成猪跛足的一大原因

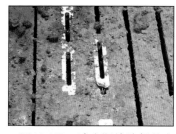

图 10-258 减小漏缝地板的空隙宽度会产生尖锐的边缘，从而使问题更严重

图 10-259 漏缝地板末端被腐蚀

图 10-260 漏缝地板持续被腐蚀，图示腐蚀区域足以造成猪的肢蹄损伤

图 10-261 图示漏缝地板会导致猪蹄甲脱落

图10-262　地板上的大洞

图10-263　漏缝地板维护不当产生坍塌，猪会掉进地板下面的粪坑里

图10-264　漏缝地板错位

图10-265　生锈和腐蚀的金属会对猪造成损伤

图10-266　磨损严重的旧漏缝地板。注意料槽下面为未磨损的区域

五、饲养员管理

见视频1至视频5和音频1至音频10。

1.饲养员的技术水平

训练有素、敬业、热情的饲养员是猪场高效运转的关键。优秀的饲养员必须有足够的时间来照顾猪，而不是把所有的时间都花在维护设备设施上（图10-267至图10-270）。由于缺乏组织管理，许多饲养员不能给猪提供充分的照顾（视频46和视频47）。

视频1

视频2

视频3

视频4

视频5

音频1

音频2

音频3

音频4

音频5

音频6

音频7

音频8

音频9

音频10

视频46

视频47

图10-267　饲养员必须喜欢猪

图10-268　鼓励饲养员与猪有更多的肢体接触，与猪打成一片（视频3和音频9）

视频3　　音频9

图10-269　未来的猪场饲养员将是非常珍贵的资源

2.对饲养员的最低要求

饲养员要随时能够发现猪有健康问题的信号，主要包括以下状况：

- 独处。
- 精神不振并且安静。
- 有快速或者不规律的呼吸。
- 持续咳嗽或者喘气。
- 扎堆并且发抖。
- 皮肤无血色或者起疱。
- 体况损失。
- 打喷嚏。
- 跛行。
- 共济失调。
- 肚脐、乳房或关节肿大。
- 便秘。
- 腹泻。
- 呕吐。
- 食欲差。
- 死亡。

图10-270　一个猪场成功的关键："在其他动物看来，猪和人并没有什么不同。"

3.对饲养员进行培训

培训饲养人员识别猪健康异常的信号（表10-23）。

培训饲养员具备良好的管理技能是猪场兽医主要的工作内容之一。希腊语中的"doctor"意思是"教师"，而非医者！兽医和猪场高层管理人员有必要开发一套针对整个团队的培训项目（表10-24）。

表10-25中列出了饲养员的典型职责和技术水平。

表 10-23　猪健康异常的信号

猪的行为	疾病阶段	采取的措施
不能快速起身	早期	警示
腹部（胃）瘪	早期	进一步观察
焦虑不安	早期	进一步观察
呼吸快速	相对早期	进一步观察
消瘦	相对早期	人为干预
不吃饲料	相对早期	人为干预
不合群	相对早期	人为干预
弓背	相对早期	人为干预
毛发竖立（炸毛）	相对早期	人为干预
苍白，毛长	相对晚期	人为干预
掉队	晚期	人为干预
体重损失	末期	改善饲养流程
生长缓慢	末期	改善饲养流程
体型很小	末期	改善饲养流程

表 10-24　饲养员分级

未培训员工	1 周
一级	0～3 个月
二级	3～6 个月
三级	6～12 个月
四级	参加过 1 年猪场内外的培训
五级	参加过 1～2 年猪场内和可认证的场外培训
六级	在猪场工作 2～3 年，并在猪场内接受过培训
七级（资深）	在猪场工作 3 年，并能胜任猪场内的各项工作

表 10-25　饲养员的典型职责和技术水平

饲养员的典型职责		技术水平（数字表示技术等级）						
		未培训员工	一级	二级	三级	四级	五级	六级	七级
生物安全	清除和处理粪污								
	清理栏舍、配件和设备								
	坚持穿防护服和防护靴子								
	能应用控制程序								
	处理死猪								
	清理设施与设备								
	维护机械和设备								
设施设备	安装或更换设备和配件								
	维护栏舍、固定装置及其周围设备与配件								
	拆除损坏的配件和设备								
对猪进行体况评分									
	有能力进行								
饲喂	混合和粉碎饲料								
	给所有的猪提供饲料和饮水								

（续）

表10-25　饲养员的典型职责和技术水平									
消防设备培训									
健康管理	识别猪群内的争斗								
	注射等用药操作								
	识别猪发病征兆								
	照顾生病和受伤的猪								
	识别热应激的猪								
	识别并正确处理肢蹄受伤（跛足）的猪								
	维护好适当的环境，为猪提供好的福利								
	识别亚健康的猪，并采取恢复措施								
	识别对猪舍/栏位条件不适应的母猪								
	根据猪的表现，识别环境问题								
	对药物的使用决策								
	把猪群健康维护在可接受的程度								
	剖检死猪								
生产流程操作	负责猪各生产阶段的所有日常工作								
身份识别	可以操作								
猪转群、牵引和称重									
采购	库存和设备								
记录	维护系统的记录并解释数据								
饮水	检查饮水器								
按要求进行其他职责									
部分岗位必备的特殊技能									
配种舍	人工授精								
	能和2头公猪一起工作								
	发情检查与配种								
	妊娠检查								
	挑选后备种猪								
分娩舍	剪牙								
	断尾								
	剪耳缺								
	阉割								

（续）

表10-25　饲养员的典型职责和技术水平										
	分娩协助（母猪和仔猪）									
健康	识别出生后24h内没有进食的仔猪									

正常		可进行，无需监督
辅助		可进行，但需监督
监督		需要直接监督
严禁		没进行专门培训不能进行的工作

4.监督

　　饲养员的技术水平决定了他们所需的监督程度。直接监督意味着一个员工要和一个二级或以上级别的饲养员在同一个单元/生产区域工作。监督意味着员工要和一个比自己级别高一级的饲养员在一起工作，两人要在同一个生产区域，并且要在彼此听力所及范围之内。

　　有了这种安排，饲养员就能胜任所需进行的工作。

六、红外图像解读

　　当我们用红外相机时，图像会用不同的颜色表示不同的温度范围。这就意味着红外相机可以用作临床诊断的工具（图10-271和图10-272）。

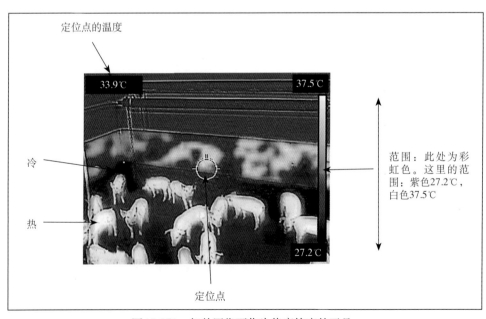

图 10-271　红外图像可作为临床检查的工具

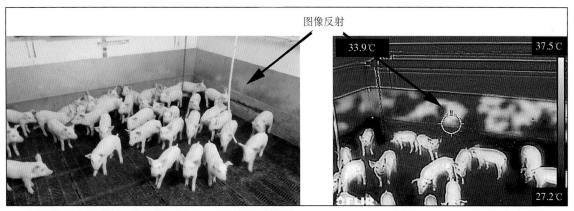

图像反射

33.9℃　　37.5℃

27.2℃

图10-272　红外图像下健康的保育猪。注意猪体反射到金属墙上的热映像（箭头所示）

临床小测验

1.请列举一些猪在供水不足时的行为表现。（见图10-14）

2.如何读取图10-45中的最高最低温度计？

3.图10-60中，中间那头猪出了什么问题？

4.猪的排泄区与休息区的特征分别是什么？请填入表10-20的空格中。
　相关答案见附录2。

（赵云翔　彭兴　曹俊新　杨磊　译；蔚飞　张佳　洪浩舟　校）

第十一章　猪群健康维护

猪场兽医的工作目标是维持或改善所管理猪群的健康并减少治疗。因此，健康维持包括使新的病原远离猪场（即外部生物安全）和控制病原在猪场内部传播（内部生物安全）。全球化使得新发病原对养猪生产者的挑战不断增加，生产者可以通过环境卫生、全进全出和缩短批次内日龄差异来降低猪场的病原载量。前面章节中，我们讨论了不同日龄阶段猪群所需的舍内适宜环境要求。也可以通过合理的免疫和恰当的抗生素治疗来降低病原载量。

在某些情况下，有些病原难以被控制，或者给猪场造成经济损失，从而限制了猪场中期的盈利能力。

在生产环境下，兽医的工作需兼顾改善猪群福利和提高猪场经济效益，生产出优质、安全且健康的猪肉。

一、降低新病原引入的风险

1.猪场生物安全原则

金字塔结构经典生产体系是将期望的基因从核心群传递到商品群，这种模式也同样提供了一种改善猪群健康状态的方式。如果金字塔顶端无病原，则这种高健康的状态有可能传递给扩繁群，并最终到达生产群，从而维持或提高整个金字结构生产体系猪的健康和福利。

为了维持猪场健康，必须要掌握特定病原的传播方式（图11-1）。

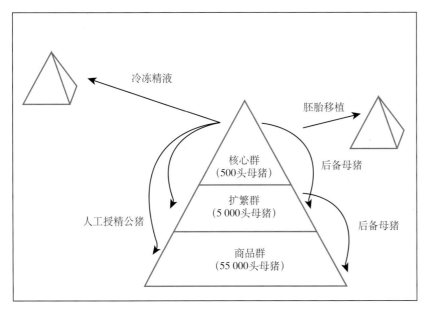

图11-1　育种体系的金字塔结构。基因沿着金字塔向下游传递，会促使下游优化生物安全标准操作程序

冷冻精液

胚胎移植

核心群
（500头母猪）

后备母猪

扩繁群
（5 000头母猪）

人工授精公猪

后备母猪

商品群
（55 000头母猪）

2.理念：疾病还是病原？

兽医应该理解疾病和病原的区别。

疾病是用来描述临床症状的术语，通常与经济损失有关，猪场不可能无"疾病"。当兽医实施控制和净化程序时，只能使用"病原"这个术语。微生物不断进化、漂移、重组和变异，促使无经济性影响的微生物成为猪场的主要致病原。例如，猪圆环病毒2型在1996年被确认为主要病原之前，在全球猪群中已存在很多年。查阅历史资料时，很难通过所描述的临床症状来鉴定现在的猪病。

3.可能或不可能在商品猪场净化的病原

见表11-1。

表11-1　当前可能或不可能在商品猪场净化的病原	
可能在猪场净化的病原	不可能在猪场净化的病原
胸膜肺炎放线杆菌	猪放线杆菌
非洲猪瘟病毒	肠道螺旋体
伪狂犬病病毒	红斑丹毒丝菌
猪痢疾短螺旋体	大肠埃希氏菌
猪布鲁氏菌	血凝性脑脊髓炎冠状病毒（呕吐和消耗性疾病病毒）
猪瘟病毒	副猪嗜血杆菌
口蹄疫病毒	胞内劳森氏菌
猪血虱	钩端螺旋体
波摩那型钩端螺旋体	禽分枝杆菌
牛结核分枝杆菌	猪鼻支原体
猪肺炎支原体	猪滑液支原体
猪流行性腹泻病毒	猪细小病毒 多杀性巴氏杆菌
猪丁型冠状病毒	猪圆环病毒2型/3型 轮状病毒
猪繁殖与呼吸综合征病毒	沙门氏菌
猪霍乱沙门氏菌	猪葡萄球菌
猪疥螨	猪链球菌
猪流感病毒*	链球菌属
产毒素多杀性巴氏杆菌	
猪传染性胃肠炎病毒	

注：*员工可将猪流感病毒带入猪场内，但也可以将该病毒再次净化。

4.理解病原进入猪场的方式

在撰写生物安全操作规程前，整个猪场

健康管理团队必须要理解病原进入猪场的方式（表11-2和图11-2）。

表11-2 猪场潜在的生物安全风险	
其他猪：后备母猪和后备公猪的引种	鸟、鼠、猫、犬、苍蝇
其他猪：人工授精或胚胎移植	饲料（原料）和水
猪肉产品：火腿、腊肠、香肠、披萨	减毒活疫苗
死猪处理：化制（死猪处理区域的位置）	垫料（注意用于施肥垫草的肥料来源）
运输系统	自家养猪的员工
邻近猪舍的位置	到过生猪交易市场、猪业展会和屠宰场的员工
临近主干道	兽医和其他访客
采购的二手设备	访客（如电工或供气公司人员）
其他猪场内的衣服	新的器具

注：根据不同的情况，风险点的相对重要性顺序可能会有所变化。

5.理解每种特定病原进入猪场的途径不同

通常来讲，病原通过活体动物、运输或气溶胶等途径进入猪场，了解病原的主要传播途径对于疾病预防来说至关重要（表11-3）。然而，猪场兽医的目标是阻止多种病原进入，所以所有的风险都应该降到最低。最显而易见的病原传播风险是通过猪的移动，这也包括野外或野生的猪科动物，包括但不限于野猪（*Sus scrofa*）。粪便传播是猪流行性腹泻病毒和短螺旋体等肠道病原的重要传播途径。

兽医应该意识到他们自身不能在猪场间传播粪便并成为病媒。兽医具有特殊的风险，必须认识到他们不仅可能散播粪便，也可以散播比粪便传染性更高的其他有机物，比如血液。

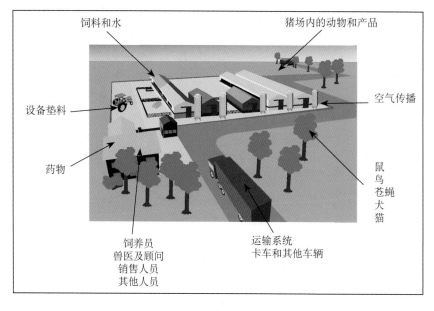

图11-2 图示为猪场潜在的风险点。注意隔离舍单元位于路的远端，应该有自己的生物安全操作规程

表11-3　猪场主要病原及其潜在的传播路径

项目	胸膜肺炎放线杆菌	伪狂犬病病毒	猪痢疾钩端螺旋体	布鲁氏菌	猪瘟病毒和非洲猪瘟病毒	大肠埃希氏菌	口蹄疫病毒	胞内劳森氏菌	钩端螺旋体	猪肺炎支原体	多杀性巴氏杆菌	猪繁殖与呼吸综合征病毒	沙门氏菌	猪疥螨	猪流感病毒	传染性胃肠炎病毒/流行性腹泻病毒
其他猪																
猪肉产品（火腿、腊肠、香肠、披萨）																
死猪处理区																
运输系统																
邻近猪场位置																
临近主干道																
采购二手设备																
其他猪场内的衣服																
鸟、鼠、苍蝇、犬、猫																
饲料和水																
垫料（注意垫草的肥料来源）																
自家养猪的员工																
到过生猪市场和屠宰场的员工																
兽医和其他访客																
访客（注意电工和燃气人员）																
新的器具																

注：带颜色的单元格表示可能的传播路径，红色标记的单元格表示高度怀疑的风险点，蓝色标记的单元格表示风险主要通过猪粪便/唾液传播。

6.兽医

兽医在提出生物安全标准之前，必须确保自身不是传播病原的媒介。通常来说，除特定的人兽共患病病原外，病原是具有种属特异性的，因此人类对于猪来说是低风险的。

图11-3展示了兽医是如何通过自身行为成为多种病原的污染者和/或携带者，使粪便从一个猪场传到另一个猪场的。

图11-3也展示了兽医在进入猪场前必须考虑的风险点。邀请兽医访问猪场的风险可能非常大，因为兽医在日常工作中会接触到

病猪和相关病原。

进行猪群健康管理的兽医必须学习如何处理和最大限度地降低这些风险。降低风险的最重要措施是进入猪场时尽量使用猪场提供的设备，不要将自己携带的设备进入猪场，因为兽医使用的大部分设备都很难清洁和消毒。所有猪场及其机构都没有理由不为来访的兽医提供靴子、工作服、直肠温度计、诊断用品和剖检设备。

猪场兽医的车辆后备箱可能成为主要的生物安全威胁（图11-4和图11-5）。不论任何时间，兽医都必须严肃对待生物安全。

当采购以及在猪场之间移动设备时，要确保设备能被清洁及消毒。例如，使用防水相机或防水手机并能在拜访不同猪场之间进行消毒（图11-6）。

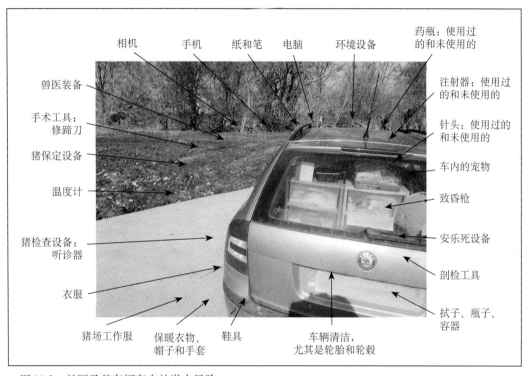

图 11-3　兽医及其车辆存在的潜在风险

图 11-4　在车辆的后备箱内使用过的和邻近的新药瓶上含有血液和猪的组织，如果一袋注射针头与这些装存血液和组织的瓶子直接接触时可被污染

图 11-5　脏的靴子在不同猪场间使用。塑料箱可以保持汽车后备箱清洁，但不能提高客户的生物安全意识

应将难以清洁的设备放在塑料袋内。然后只需要将仍然干净的设备放入新塑料袋中即可快速清洁，并处置污染的塑料袋（图11-7）。

兽医在打开车辆后备箱取药物时双手可能被污染，因为这些药物可能已经被其他猪场的有机物污染，如猪流行性腹泻病毒等可能通过被污染的塑料袋传播。

7. 访问间隔

如果每天访问一个猪场的话，可以在访问间期清洁设备。每天仅访问一个猪场或按生物安全等级访问虽然费用增加，但是一旦

客户认识到这样将有助于维护猪场的生物安全则会接受的。

8. 降低兽医传播人兽共患病的风险

兽医可能会无意中将新的流感病毒带入到猪场。为了降低这种风险，每年对所有从业人员接种当前人类流感病毒株疫苗可能会有所帮助。如果兽医生病，则不建议他们访问猪场。

9. 培养猪场内外分区的意识

保证猪场生物安全的基础是培养猪场内部和外部区域的理念（图11-8）。这需要清晰

图11-6　相机、电话、数据设备等只能在彻底消毒后才能带入猪场，但只有防水设备有可能做到

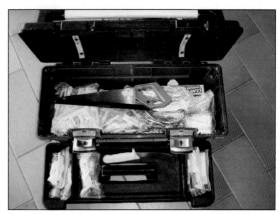

图11-7　剖检工具箱。所有工具用塑料袋包裹以提高生物安全，确保工具箱容易清洁（见第一章）

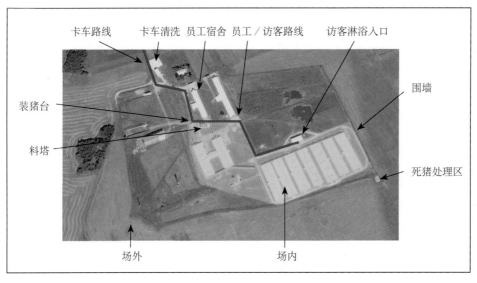

图11-8　绿色区域代表猪场内部区域，红色区域代表猪场外部区域

卡车路线　卡车清洗　员工宿舍　员工／访客路线　访客淋浴入口

围墙

装猪台

料塔

死猪处理区

场外　　场内

定义；至关重要的是，兽医不能对这些区域（分区）进行妥协。

猪场内部区域是指猪在隔离结束后可以到达的所有区域。对于无特定病原的区域，需要有明确的围墙进行指示。许多无特定病原的猪场，尤其是猪繁殖与呼吸综合征病毒阴性猪场，可建立中间缓冲区，用来换靴子和穿隔离服。

10. 制定生物安全标准操作程序

为了确保整个猪场团队都理解如何控制各种风险因素，建议对团队进行相关培训，将书面的生物安全规则作为猪场的标准操作程序。下面讨论制定标准操作程序需要注意的几个主要方面。

（1）生猪进场 猪及相关产品进场是病原传播的主要途径，必须引起最大关注。

所有猪场都必须有隔离设施。理想情况下，距离主要生产设施50m以上。如果猪场安装有效的病毒空气过滤系统以增强生物安全，病原传播的可能性将进一步降低。

引种计划的制订应针对所有的后备母猪和公猪，并严格执行（表11-4）。

表11-4 猪群引种标准操作程序
到场
前2周
1. 确保引入的种猪与本场内的猪分开饲养2周
2. 理想隔离距离是50m
3. 尽量使猪驯化以适应新的环境。前期尝试模仿供种场的环境，然后逐步改变
4. 尤其要注意的是： • 降温系统和供水系统 • 如果可能，使用供种场的袋装饲料或尝试匹配供种场的饲料 • 如果猪来源于有垫草体系的猪场，在转入漏缝地板前，使用垫草或在实心地面上饲养
5. 猪在引入后可能需要抗生素治疗或补免疫苗。将无特定病原的后备母/公猪引进到一个病原阳性猪场时，必须尝试将引进的后备母/公猪接触场内存在的病原，具体方法因病原不同而有所差异
引进后第2~4周
1. 通过返饲程序将猪场的病原感染给处于隔离状态的后备母/公猪群。一些猪场会用场内的猪驯化，但是成年猪的散毒量非常少
2. 调整环境，与引种场的环境相匹配
3. 根据对感染疾病后的反应，可能需要对猪进行治疗
4. 根据病原，如细小病毒和猪丹毒病毒，制定并执行免疫程序。如果可能，在隔离开始前针对病原进行免疫保护。例如，在亚洲，可在10周龄时免疫猪瘟和口蹄疫疫苗（在允许使用的情况下），后备母猪在转入隔离舍前已经接受过免疫
引进后第4~8周
如果转入了本场的生长/育肥猪舍，则将原有的生长/育肥猪转走，允许新引入的猪有时间从疾病中恢复过来
转群至猪场内
纪录此后8周内猪群所有的临床症状

（2）猪场选址　如果一个猪场靠近另一个猪场，则两个猪场很可能会感染许多相同的病原和疾病。然而，问题是"猪场相距多远才是安全的呢"？

这没有明确的答案，主要基于不同的病原。胸膜肺炎放线杆菌的传播距离很难超过几米，而口蹄疫病毒可能传播100km甚至更远。所有新猪场及其隔离设施的选址都必须以常识为准。即使是最好的选址，也可能因在原猪场附近建立一个新猪场而受到影响。表11-5展示了不同病原在猪场之间的可能传播距离。图11-9展示了一个来自着火猪场的烟雾可能的移动方向。

表11-5　病原可通过空气传播至猪场的可能距离

从急性发病猪场传播的可能距离	胸膜肺炎放线杆菌	伪狂犬病毒	猪痢疾短螺旋体	布鲁氏菌	猪瘟病毒与非洲猪瘟病毒	大肠埃希氏菌	口蹄疫病毒	胞内劳森氏菌	钩端螺旋体	猪肺炎支原体	多杀性巴氏杆菌	猪圆环病毒2型	猪繁殖与呼吸综合征病毒	沙门氏菌	猪疥螨	猪流感病毒	猪传染性胃肠炎病毒/猪流行性腹泻病毒
<10m	■	■	■	■	■		■	■	■	■	■	■	■	■	■	■	■
10~50m		■	■		■	■	■	■	■	■	■	■	■	■	■	■	■
50~1000m		■			■	■	■		■	■	■		■	■		■	■
1~10km		■					■			■			■			■	
>10km		■					■										

注：红色表明被急性发病猪场传播的距离。

图11-9　着火猪场烟雾的走向（A）和烟雾可能扩散到的区域（B）

通常很难评估病原的传播距离。大肠埃希氏菌和沙门氏菌等病原无处不在。胞内劳森氏菌和布鲁氏菌等病原存在于野生动物体内，可能会随着这些动物的活动而传播。所有病原都可以通过猪而传播，因此，病原通过野猪的传播范围要更大。另外，猪繁殖与呼吸综合征病毒等可随粪便传播且对环境耐受性强（可能具有季节性）的病原可传播更远的距离。当冬季气温下降到0℃以下时，病原可以在冰冻的粪便中存活，并通过靴子或车辆携带传播超过几百千米。胸膜肺炎放线杆菌离开猪体内后虽然不会传播到太远的距离，但几乎在所有的猪场内均存在。

猪场也可能受到非猪科类动物的影响，即使设计得最好的隔离公猪站也可能会受到路边放牧的口蹄疫阳性羊群的影响（图11-10）。

地图软件、智能手机搭配GPS定位系统可以更好地提供猪场，以及其邻近猪场的定位、风向及其他气候信息。美国猪兽医协会开发了一款实用的可用于评估疾病引入风险的软件，即生产动物疾病风险评估程序（production animal disease risk assessment Program，PADRAP），这款软件可对猪场外

图11-10　在隔离的核心猪场附近放羊可能会造成猪感染口蹄疫病毒的风险

部和内部的生物安全风险进行评估。

作为猪场内部与外部区域概念的一部分，猪场需要清晰界定其外围。外围的界定可根据猪场位置及进入猪场车辆的类型而调整。

11. 猪舍生物安全

需要制定一套猪和人进入猪场的制度流程。表11-6展示了高度健康猪场所需的生物安全制度，生产中可以根据自己猪场的情况对其进行调整。

表11-6　猪场的生物安全
猪场设计
1　猪场周围必须有完整的围栏
2　围栏须有2.5m高、0.5m深，以防止猪或其他哺乳动物进出猪场
3　私家车的停车区应该远离猪场，并标识清晰
4　围墙上的所有入口必须被锁上
5　所有的私人物品，如衣服、手表、打火机、手机等都必须放在猪场入口外区域
6　访客的眼镜、相机及其他物品必须是可水洗的或经过紫外灯消毒或是一次性的，在被允许带入猪场之前需要经过猪场内部人员的检查
7　所有仪表（电表、燃气表和水表）必须位于猪场外并放置在管制区域
8　猪场场长的办公室应靠近猪场入口
9　私家车的停车区应设置一个扩音器开关，以便引起场内员工对访客的注意

（续）

表11-6　猪场的生物安全	
10	所有员工均不得饲养或接触其他猪
11	所有员工均不得去动物交易市场、猪展会或屠宰场
12	未经允许，不得将猪、猪相关制品或猪粪便等带入场内
13	必须严格执行猪场关于上次接触猪的间隔期的规定
14	所有猪场的出入口都必须安装照明，最好有近距离传感器
下面的这些出入口是被允许的	
1	通过带锁的门到员工淋浴间的入口
2	通过带锁的门到访客淋浴间的入口
3	饲料车从场外打料到料塔的接口
4	猪的上行坡道出口
5	通过带锁的门进行死猪处理的出口
6	垫料仓库必须有场外的入口和场内的入口，并且均保持上锁状态。员工不得通过垫料仓库离开猪场
7	粪污通过地下管道输送到场外的粪污池

12. 卡车和运输制度

多种卡车会造访猪场，所以需要为每类卡车制定标准操作程序（图11-11和表11-7）。重要的运输卡车主要分为三类：转入或转出活猪的车辆（包括精液）、运输饲料的车辆和运输物资的车辆。

车辆清洁是重要的监控环节。对于某些病原的控制，需要对车辆加热或使用特定的消毒剂。使用表面细菌检测试纸可以用来检查车辆是否彻底清洁，但首先要确保所有肉眼可见的粪便被清除干净。在寒冷的季节里，有必要在清洗剂中添加防冻剂。

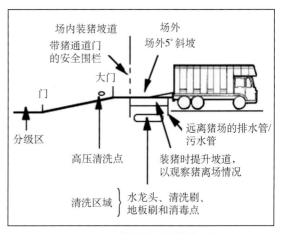

图11-11　猪场进出的装载流程

表11-7　装卸区转猪原则	
1	卡车上不能有猪，必须经清洗、消毒和干燥
2	在每一次装载前猪场员工（穿着场外的服装）必须将猪场外围的洗消区域准备好，然后才能返回猪场
3	卡车到达时，卡车司机必须告知猪场人员

（续）

表11-7　装卸区转猪原则	
4	卡车司机必须洗手和穿戴长筒靴子（也可能需要更换衣服），并将靴子浸泡在消毒液中
5	转猪记录本上应登记卡车司机姓名和车号
6	禁止猪场员工跨越安全警戒线或车辆和装载坡道之间的分界线
7	在每批次装猪后，必须彻底清洗装载台区域
8	禁止卡车司机进入猪场一侧的赶猪道协助装猪
9	所有出入口位置应该有良好照明，最好安装近距离传感器
10	猪到达或离开后，必须彻底清洗消毒分级区和猪场装载区

13.死猪处理

使用化制卡车收集病死猪对于猪场来说是严重的潜在风险（表11-8和图11-12），最好使用堆肥方式处理所有的病死猪。然而，堆肥在世界某些地区是不合法的。

表11-8　死猪处理的标准操作程序	
1	当猪被确认死亡后，应该记录在案
2	猪场场长应该决定是否需要对死猪进行剖检
3	应该尽快将死猪从猪舍内移走
4	应该将死猪转移到死猪处理区域围墙处
5	按图11-12进行死猪处理区的设计
6	一旦死猪被无害化处理公司运走，则应将死猪箱进行高压清洗和消毒
7	每周至少清空一次死猪箱，夏季应每周清空两次
8	当处理死猪时，要保护好个人防护
9	处理死猪后必须洗手
10	化制车到达猪场前不允许装载其他死猪。只允许与信誉良好的化制公司合作，并使用配置合理的车辆

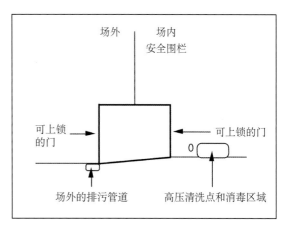

图11-12　死猪处理区的设计

14.衣服和设备

（1）来自其他猪场的衣服　其他猪场的衣服对于猪场来说是严重的传播病原的风险点，在进入猪场前脱鞋及所有来自猪场外部的衣服，并确保在进入淋浴间前将鞋子脱掉。淋浴间可以确保在进入猪场前脱掉所有猪场外部的衣服。提供一次性的内衣有助于访客执行这些制度。

（2）针头、注射器和药物　不得在不同的猪场之间共用设备、针头、注射器和药物。

（3）设备采购　所有需要进入猪场且接触猪的设备都必须采购全新的且之前没有接

触过其他猪。在设备到达猪场后要检查是否是新的、干净的，否则不允许进入。绝不允许在猪场之间使用共同的设备。

15. 其他动物

鸟、啮齿动物、猫、犬、苍蝇：制定书面的防控方案，以减少并避免其他动物进入猪场并存留（表11-9）。

建立标准操作程序本身并不会减少啮齿动物的数量。兽医需要不断地监督检查，确保整个猪场员工理解并严格执行这些操作流程（图11-14）。例如，每次访问时检查鼠诱饵点，确保确实有毒饵存在（图11-15）。

表11-9 鼠害防控方案	
1	鼠类不喜欢无遮挡的环境。清除猪舍外的所有垃圾和生长茂盛的植被、猪舍外周铺垫所有1m宽的混凝土或碎石子及清除所有的野草和杂草
2	确保所有的袋装饲料整齐地堆放在地面的托盘上，并且离墙至少0.35m
3	食物必须存放在封闭的容器中
4	必须清走料塔下方溢出来的所有饲料并且放在指定的区域
5	所有垃圾必须存放在防鼠的容器中
6	尽可能封堵所有区域的所有的洞口。窗户上安装的金属丝网必须为6mm，以防止鼠进入。使用金属挡板密封墙、地面和吊顶的连接处
7	密封水箱和蓄水池
8	不能使用猫、犬来防鼠，它们对于猪群健康也存在风险
9	准备一份猪场分布图和调查鼠存在的证据，检查时至少应涵盖猪场周围100m的范围
10	在猪场分布图上标记出放置永久性毒饵的位置和需要经常更换毒饵的位置（图11-13）。毒饵站应该在猪舍的外部和内部每间隔15m处放置1个
11	清除毒饵。每周检查毒饵，并在毒饵不再消耗后继续投饵1周
12	持久毒饵。需要每2周检查一次。如果有采食毒饵的现象可再补充，并重新调查栋舍鼠的分布情况。排水管内的毒饵下方垫上一些稻草
13	将所有死亡的鼠和不使用的清空的毒饵盒进行焚烧
14	防止儿童及其他动物接触到毒饵
15	当处理死鼠和毒饵时，要戴上耐磨防护手套
16	在处理完毒饵或死鼠后，要彻底洗手
17	操作人员必须熟知所使用的灭鼠药/毒饵的安全使用规定
18	空的灭鼠剂/毒饵容器不得重复用于其他目的
19	如果猪舍可以密闭，则熏蒸能有效地将严重的鼠害侵扰降低到可控水平

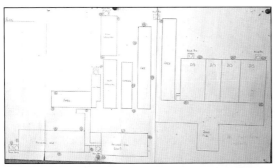

图11-13　猪场分布图上蓝色点标记出了多个控制鼠的毒饵站

图11-14　编好号码的鼠诱饵点，必须与猪场布局图上一一对应

图11-15　鼠诱饵点放置毒饵诱捕鼠

16.饲料和水

饲料和所有饲料原料的来源必须可知，并需要有效控制食品源传染性疾病，如沙门氏菌感染。饮水质量也是非常重要的，应该定期检查水源是否存在污染或者使用自来水。如果使用地表水，应该使用二氧化氯、过氧化氢或紫外线进行处理。做好常规分析，确保病原被灭活。

17.垫料

如果垫料来自潜在的污染区，则可能被动物粪便、野生动物、运输工具等污染，当消毒不彻底时就会成为猪场生物安全的关键风险点。猪场所用的所有垫料来源必须要经过核查。贮存垫草时应远离害虫并维持适当的外界温度。

18.员工和其他人员

人员经常被认为是最大的风险，但实际上很少的人兽共患病病原会从人传染给猪，因此，实际上人员对猪场的风险非常低。但是如果不能执行有效的清洁消毒，人员可能成为病原的载体。

人员不应该接触其他来源的猪、未经烹饪的猪肉制品（如披萨、火腿或腊肠三明治），也不能将猪肉制品带入猪场内。猪场需要给所有的访客提供衣服和靴子。淋浴是降低风险的有效手段，这个过程需要完全脱掉衣服、清洗身体和头发并穿上猪场内部的衣服。

19.淋浴和更衣

对于没有淋浴设备的猪场，至少应提供猪场专用的衣服。在指定区域内，人员脱去自己的衣服并穿上猪场提供的衣服和靴子。提供不同颜色的衣服和靴子，可以使此流程简化（图11-16至图11-19）。不管兽医的衣服有多么干净，当在不同的猪场访问时均需要更换衣服和靴子。

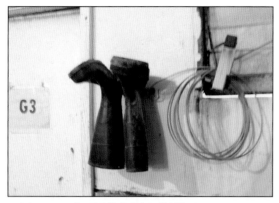

图 11-16　在不同批次之间更换靴子

图 11-17　在不同栋舍和批次之间洗手。处理病猪时请戴上手套，尤其是处理过患有腹泻的病猪

图 11-18　一些猪场使用不同颜色的档案卡，确保脏的档案卡不会在批次间移动

图 11-19　确保正确使用消毒液

二、建立猪场内部生物安全

猪场兽医对于改善猪场内部生物安全起着至关重要的角色，可以从下面3个方面对猪场团队进行培训和指导。

1.多点式生产体系：进行全进全出

现在多点式生产体系已经比较完善，该体系将各个生产环节切断，即后备阶段，从配种、妊娠、分娩到仔猪断奶阶段，从断奶到育肥阶段（有时分为从断奶到生长阶段、从生长到育肥阶段）。这种体系是由家庭农场发展而来（图11-20）。通过批次分娩达成全进全出，严格和精准控制每个批次猪的数量，确保猪群流转。

现在该模式演变分胎次饲养模式（图11-21），这提供了更好的生物安全方案。另外，由于头胎母猪分娩的仔猪免疫水平比经产母猪分娩的仔猪差，因此也可以将仔猪分开管理。

2.猪场内部的批次管理工具

猪场内部的批次管理可通过使用不同颜色编码而进一步区分（图11-22至图11-25），包括分娩区在内的每个区域都要使用专用的刷子和铲子，这样可以有效降低新生仔猪腹泻的流行。

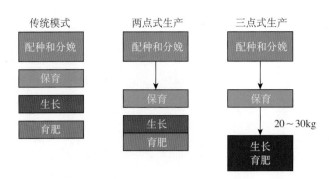

图11-20　传统猪场已经演变为分阶段多点式生产体系，有利于按批次进行全进全出。箭头所示猪群从一个点移动到下一个点

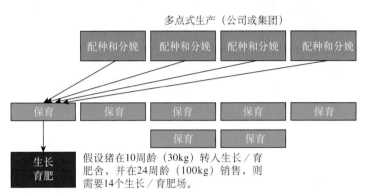

假设猪在10周龄（30kg）转入生长／育肥舍，并在24周龄（100kg）销售，则需要14个生长／育肥场。

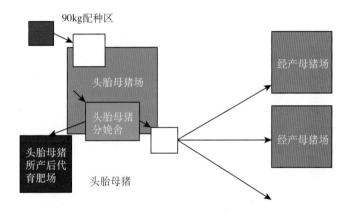

图11-21　分胎次饲养模式

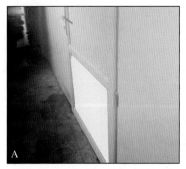

图11-22　不同颜色的设备被用来进一步区分批次和日龄组

图11-23　黄颜色的设备（A和B）仅在黄色的栋舍内使用，所有的设备都进行了编码

图11-24　药物和设备在该区域内移动，蓝色的托盘仅在分娩区域内使用

图11-25　红色托盘内的药物仅在保育区域内使用，其他颜色的托盘可在其他部门使用

在不同区域穿不同的靴子不仅可以降低病原通过靴子上的粪便传播的风险，而且也可以降低人为出错的可能性。靴子的管理非常重要，因为当饲养人员进入猪栏内时，猪做的第一件事情就是舔靴子和衣服，它们特别喜欢粪便等有机物（图11-26和图11-27）。

3.猪场生物安全问题示例

（1）猪场位置　见图11-28至图11-30。

图11-28　猪场之间距离太近，但也与需要防控的病原种类有关

图11-26　猪对靴子特别感兴趣

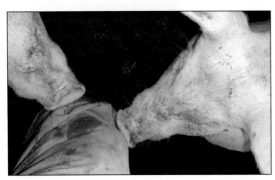

图11-27　猪喜欢舔工作服

图11-29　猪场临近主干道，可能会有病猪靠近猪场

图11-30　猪场附近有屠宰场，会有更多非本场的运猪车辆驶过本猪场

（2）猪场外围　见图11-31至图11-35。

图11-31　损坏的围栏，儿童可能从此处进入猪场

图11-32　围栏没有埋入在地下（箭头所示）。猪会挖洞，因此围栏需要埋入地下，否则野猪将会进入到猪场内

图11-33　门未上锁。将链条悬挂在门上是不会锁上门或限制进入的

图11-34　运输车辆上的雪，尤其是车轮轮毂位置。猪繁殖与呼吸综合征病毒和猪痢疾短螺旋体很容易通过冰雪运输/传播

图11-35　野猪被当作宠物养在家中，而1km范围内有商品猪场

（3）访客　见图11-36至图11-38。

图11-36　浴室内必须要有冷水、热水并配有香皂。如果浴室较冷，且脏、乱、差，则访客可能不愿彻底地淋浴

图11-37　没有猪场专用衣服。如果猪场不能提供猪场专用衣物，则可能将外套上的病原传入猪群

图11-38　不同样式和颜色的靴子可能有助于全进全出流程的控制

（4）设备　见图11-39。

图11-39　猪场设备借用（A和B）。这可能是常见的邻里友好，如借粪肥喷洒机就是典型的例子。如果发生了口蹄疫病毒等主要病原，则政府应将两个猪场视为一个整体

（5）内部生物安全　见图11-40至图11-53。

图11-40　没有饲料生物安全理念。料车必须靠近料塔补料，因为猪进入猪舍会使用相同的道路

图11-41　饲料存放在地面上。这会导致鼠患风险，同时饲料也会发潮并增加发霉的可能性。饲料袋本身也是高风险因素，因为需要通过机械方式从饲料袋中处理或转移饲料

图11-42　料塔管理问题。鸟类可以进入到塔盖敞开的料塔内，导致猪场暴发沙门氏菌病

图11-43　对有害动物控制缺乏理解的垫料贮存问题

图11-44　猪场员工个人卫生习惯不良，漠视猪场卫生的清洁和整洁

图11-45　应意识到所有进入猪场的动物所带来的生物安全风险，尤其是犬和猫

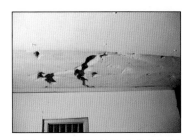

图11-46　明显地被啮齿动物损坏。保温层被鼠咬坏

图11-47　防控啮齿动物的效果不佳。垃圾管理不佳的猪场不可能做好啮齿动物的控制工作

图11-48　防控鸟类的效果不佳。鸟进入猪舍采食饲料，可能会带入病原

图11-49　批次之间的卫生清洁情况差。断奶后应该做好清洁并准备进下一批次的猪

图11-50　没有舍内生物安全概念。为了确保各舍之间的生物安全，就需要对刮粪板和刷子做好标记。这些设备在消毒前一定要清洁，因为不可能对粪便进行消毒

图11-51　无全进全出。保育舍没有执行全进全出且猪场存在空栏，造成严重的经济损失

图11-52　门的管理不善，尤其是所有与外界相通的门

图11-53　靴子清洁设施不佳。没有刷子，因此无法清洁靴子

（6）病死猪管理　见图11-54至图11-58。

图11-54　猪场周围的死猪。乱扔死猪是完全不能被接受的，这将会吸引犬、猫等动物进入猪场内，会造成猪伪狂犬病发生的风险

图11-55　车辆生物安全问题。车辆是主要的生物安全风险，需要制定专门的生物安全流程

图11-56　焚化炉管理问题。需要制定相关制度，以确保对焚化炉的所有使用和操作都是合理的，并严格执行

图 11-57　堆肥位置不理想。堆肥能有效地处理死猪，但堆肥位置不能太靠近猪舍，否则很难控制苍蝇

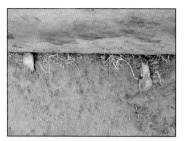

图 11-58　堆肥管理问题。如果不能正确管理堆肥并实现分解，则遗骸可能会吸引犬和猫，它们会将遗骸带离猪场

（7）猪场内的其他家畜　见图 11-59 至图 11-62。

图 11-59　其他动物的存在会带来特定的风险。口蹄疫是明显的风险之一，在猪舍周边散养的羊可能会吃掉猪舍外的草，但也可能会因吃了防鼠的毒饵而死亡

图 11-60　寻找其他动物进入猪内的证据。这些粪便是浣熊留下来的，浣熊可能携带狂犬病病毒

图 11-61　人吃的食物，尤其是猪肉制品不应该出现在猪场内，这会增加猪瘟、非洲猪瘟及口蹄疫等疾病传入的风险

图 11-62　评估药物回收/处理流程。照片中表明猪场员工缺乏对该流程的关注

（8）隔离舍　见图11-63至图11-65。

图11-63　精液箱被损坏、脏。如果精液箱到场时已被损坏，就会存在生物安全隐患，同时精液的贮存也可能存在问题

图11-64　隔离舍距离主要生产区太近，间隔至少50m。图中仅有10m远的距离，这种情况下，很难防控猪肺炎支原体和猪繁殖与呼吸综合征病毒

图11-65　没有合适的隔离设施。许多商品猪场没有隔离设施可用，只能寄希望于供种场的安全

（9）运输系统（也可以参考之前的图片）　见图11-66至图11-68。

图11-66　没有特定的出猪区域。图中所示区域太脏，不安全，进出区域必须清洁

图11-67　一些猪场没有出猪台，只能碰运气。注意：司机和饲养人员装猪，会导致屠宰场和猪场之间的直接接触污染

图11-68　应该避免装猪卡车靠近其他卡车。应注意咖啡馆和其他卡车停靠点，另外粪尿从卡车尾部流出来时，会污染后面车辆的轮子

（10）员工问题　见图11-69至图11-71。

图11-69　如果访问市场，就必须要遵守常规"访客"生物安全制度

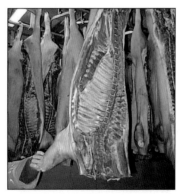

图11-70　参观屠宰场后返回猪场时，必须提高防控措施等级

图11-71　简陋的员工室。员工室应执行房间清洁管理制度，否则猪的人兽共患病可能会感染员工

三、降低猪场的病原载量

1.清洁房间

我们经常会忘记：降低猪舍内病原载量的关键点就是适当地清洁房间。表11-10显示的清洗标准操作程序可以用作培训材料，以确保猪场健康保障团队执行的清洁程序是合理的。清洁程序包括以下7个部分：

- 准备：转运猪和饲料。
- 浸泡。
- 去污剂（经常遗忘）。
- 高压清洗、热水清洗。
- 部分干燥。
- 消毒。
- 彻底干燥。

2.执行全进全出程序（视频46）

全进全出要求良好的猪群流转，批次间猪的数量必须均匀。全进全出涉及的内容不仅仅是猪和地面，也包括空气、饲料、水和物资。

视频46

执行全进全出程序对于现代养猪业至关重要。全进全出可以简单定义为"在猪舍内将猪完全清空、清洁和准备好前不能将猪转入猪舍"。

原理看似很简单，但是在实际操作中猪场可能达不到全进全出。首先需要了解猪群流转。猪场经常会通过增加母猪存栏量或提高产出而增长，不幸的是，这种增长通常是不协调的。如果生产中一个部门（如保育阶段）的产量增加，就会导致其超过下一个阶段（如育肥阶段）合理的容量。当猪群的生产量增加时，补偿炎热的夏季导致的生长速度下降就变得更加困难，进而导致没有足够的时间进行猪舍清洁和干燥。

当考虑全进全出时不仅要考虑猪群和妥善的猪舍清洁，而且要考虑整个区域的方方面面（如猪舍、设备和药物）（图11-72）。

全进全出必须从分娩舍开始执行，不可能只在猪场的部分区域执行。若没有建立良好的批次猪群流转，就不可能做到全进全出。正常的妊娠天数在112～120d，除非采取对即将分娩的母猪进行引产或饲养人员在不同猪舍之间移动即将分娩的母猪等干预措施，以便保持产房的紧凑利用，否则产房阶段是充满挑战的。

表11-10　猪舍清洗标准化操作流程建议
准备
1　将所有的猪从猪舍转走
2　理想情况下，所有饲料都应该被转栏前饲养的猪吃完。从猪舍清除所有剩余的饲料
3　尽可能拆除掉所有可移动的设备设施并移出猪舍
4　隔绝所有电器，最好将所有电器密封在一个盒子里。遵守现行的健康和安全建议
预清洗
1　关闭进入猪舍或蓄水罐的供水系统
2　拆除末端的饮水嘴和放干残留的水
3　清除供水系统尤其是蓄水罐（如果使用的话）中积累的污垢
4　重新安装末端饮水嘴。恢复猪舍的供水系统，并添加消毒剂

（续）

表11-10　猪舍清洗标准化操作流程建议

5	粪道需要排干和清空，应该包括所有的大型的粪污池、粪沟等
6	使用钢丝刷去除猪舍内所有老旧或起皮的油漆
7	去掉蜘蛛网和所有其他材料，将其冲到漏缝地板下或用铲子收集起来
8	修理损坏的设备/猪舍
9	安装喷水管并连接到外部的供水管道上，关门，浸泡整个房间至少1h或过夜。浸泡时需要注意电器等可能出现的问题。如果不能浸泡，则转移到下一个步骤

所有可移动物体的清洁

1	应该彻底清洁所有拆卸下来的水嘴和料槽，保证所有饲料和粪污残留被清理掉
2	所有移除的设备都应用水浸泡5min
3	使用低压清洗机（2mPa）或发泡枪喷洒2%浓度的去污剂
4	去污剂要接触30min，不能让表面干燥
5	清洗机压力设置为3.5mPA，使用热水彻底清洗
6	应该彻底清洁所有仔猪保温箱的灯具配件。注意如果灯泡过热且水喷溅到灯泡上，则灯可能会爆炸
7	可能的话将所有器具在消毒药中浸泡1h，否则，使用喷雾器或低压清洗机（设置在2mPa）进行消毒
8	彻底干燥所有的器具

猪舍的清洗

1	当猪舍准备好后，使用低压清洗机（2mPa）或发泡枪喷洒去污剂
2	去污剂应接触30min，不能让表面干燥
3	清洗机压力设定范围3.5～10.3mPa，与表面成45°角，使用热水高压水枪冲洗猪舍。洗栏是一个劳动密集型的工作，并且猪高度位置以下的所有表面都必须清洗到位，猪高度位置以上部分的表面也必须清洗。相比用冷水清洗，用热水或蒸汽清洗猪舍会节省操作时间
4	在高压清洗设备进场前，确保操作人员接受过良好的培训并佩戴好保护设备。根据健康与安全要求，穿戴防水外套、护目镜、手套及其他必须的保护设备。电动高压清洗机不能连接待清洗猪舍的电源
5	清洗过程从房间顶部开始，沿墙体向下到地面逐步进行，一定要注意角落和其他有残留物的区域。对于结块的污物，必要时可使用刷子将其清除
6	如果地板可以很容易被抬起的话，则可以清洁地板的下表面，确保粪污不会残留在猪的舌头可以接触到的地板背面位置
7	压力清洗机的贮存及设备的清洁，冬季要确保清洗机存放在不会受冻的地方

猪舍的准备工作

1	卸掉末端的饮水嘴和排干消毒剂/水
2	重新安装末端饮水嘴，恢复供水，并检查所有饮水嘴工作是否正常
3	使房间干燥2h，使用喷雾器或压力清洗机（设置压力为2mPa，枪头与地面成45°角）对房间进行消毒
4	消毒剂从屋顶向下，沿墙壁一直喷洒到地面

（续）

	表11-10　猪舍清洗标准化操作流程建议
5	打开所有的排风系统，保持最大的通风量至少2h，将房间内的空气完全更换掉
6	使房间彻底干燥，如有必要，在进猪之前可使用辅助加热设备干燥房间
7	在重新进猪前确保猪舍内没有残留的消毒剂
8	在进猪前确保房间内的环境符合猪的要求
9	在房间外放置脚踏盆并加入消毒剂。可以使用颜色管理确保批次间的舍内生物安全

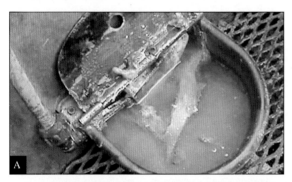
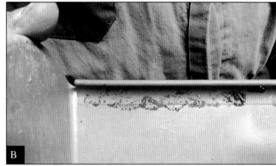

图11-72　全进全出制度执行不佳
A.水　B.饲料　C.地板　D.通风

3.正常妊娠天数

妊娠期记录的起始时间是人为干预时间（配种）而不是实际妊娠时间，即排卵时间。因此，每个猪场的妊娠天数都不一样（图11-73）。

全进全出的原理是当某一批次猪出现问题时，不会影响到下一批猪。然而，这也取决于病原种类。全进全出不是：

- 跨时间段。
- 转入前，剩余个别未转出。
- 全进，过后再补充一点。

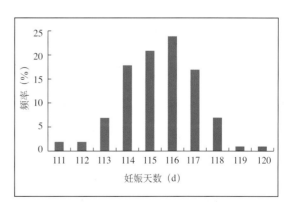

图11-73　猪正常妊娠天数（平均115d）

- 全进，但是各批次数量不同。
- 这周一些，下周一些，再下周一些，但最后是全进全出。
- 分娩舍连续生产，但保育舍全进全出，然后在育肥舍连续生产（或者已述的其他变化组合）。

4.设计和实施批次化猪群流转模型

猪场设计阶段是设计猪群流转模型的最佳时间。养猪的目的是尽可能地以最少成本达成最大产量。保持猪群健康有助于显著地降低生产成本，而解决健康问题和保持健康的唯一方法是实行全进全出制度。

养猪完美诠释了重复的艺术。不幸的是，养猪业总是（一次又一次）偷工减料地执行全进全出制度，并希望平安无事地"解脱"。然而，猪场最终会付出代价。偷工减料越多，清洗程序越不尽人意，猪舍空置不足，猪群饲养密度就会过大或不足，连续生产或仅在项目启动时象征性地执行全出操作。随之出现健康问题，导致猪生长发育不良和通风系统故障，猪场健康状况进入恶化的旋涡之中。

猪场通常需要花很长时间仔细研究并设计布局，该布局将：

- 允许猪舍在批次之间至少空栏24h，每年52周地重复。
- 猪肉的生产供应持续可重复（每年52周）。考虑到夏季可能出现的不孕问题，母猪群规模在一年中会有所调整，夏季群体较多，冬季则较少。因此，猪场评价使用"仔猪/母猪/年"指标在实际成本控制措施中没有意义。
- 预测后备母猪需求量，从而确定并轻松达到批量配种目标（每年52周），这要考虑到夏季不孕问题。
- 将生产成本降至最低。
- 建立制度，了解猪场饲养员的需求。
- 猪场饲养员的作息和休假制度被猪场文化认可。

- 猪场管理符合当地法规，并能满足屠宰场的要求。

猪场在发展，也许这个猪场是按理想的猪群流转模式建造的。但随着时间的推移，增加了新的建筑，又没有考虑到猪群流转问题。那么，混乱就开始了。

（1）全进全出：药箱中唯一的法宝　按全进全出原则运行的猪场能够：下一批猪在进入舍内前，前一批的病原载量已降低，且房间得到维护和修理。

（2）所有猪场的批次　许多生产者认为批次生产只适用于小猪场。然而，要实现全进全出制度，猪场必须进行批次化生产，只是批次时间间隔不同。虽然可能有许多批次间隔，但最常见的间隔是每周或2周、3周、4周、5周的批次间隔。

（3）如何确定断奶日龄？　在欧盟，除非能够为21日龄以上仔猪提供专门的饲养环境，否则28日龄以前断奶不合法。这几乎没有真正的选择余地。仔猪断奶日龄是法规、繁殖产量、断奶至育肥生产性能和养殖设施成本之间的平衡，其目的是维护一个使体系价值产出最大化的系统。研究表明，断奶重高0.5kg的仔猪断奶后在相同生长天数屠宰上市时体重可以多出2kg。断奶日龄取决于保育舍和可利用饲料的质量。尽管不同品系间存在差异，但通常泌乳期不足19d会降低头胎母猪的生产性能，而泌乳期不足17d会降低二胎母猪的生产性能。如果将头胎和二胎母猪相加，这将是正常胎次结构猪群中母猪的一半。三胎以上的母猪一般不会因泌乳期短而生产力下降。在欧盟之外，仔猪断奶日龄不受法律约束，但是兽医应该确认当地政府的要求。

评估周断奶的猪场是否采用全进全出制度，就要看仔猪的平均断奶日龄。许多教科书和文献中都讨论了仔猪断奶日龄增加1d或2d会对猪群的好处，但是周批次断奶体系的断奶日龄只能使整体增加或减少7d，除非改变

1周中的断奶日，但猪场一般不会这样做。

（4）猪群流转模型设计　应该从哪里开始呢？按100头母猪或1 000头母猪的猪场进行设计，然后就可以按规模大小进行放大或缩小？

屠宰重与育肥猪舍面积应该是设计的起点。但不幸的是，许多猪场采用各种不同尺寸和猪栏布局的育肥系统。此外，许多猪场不知道猪可利用的栏舍面积大小。因此，在实践中，分娩舍是一个不错的开始点，至少可以保证在断奶时做到全进全出。如果在仔猪断奶阶段都不能做到全进全出，那么就无

法在猪场其他生产单元实行全进全出。

（5）分娩舍需要考虑什么问题？　为了能够全进全出，猪场需要在假定的时间段（"批次"）内创建相同母猪数的批次。因此，猪场需要知道：

• 猪场现产床数量。
• 猪场目前的分娩舍数量
• 产床分布。

（6）1周断奶2次还是每5周断奶1次？这个问题的答案应该由猪流量确定，按最大的全进全出方案执行（表11-11）。

表11-11　满足全进全出生产所需的房间数量

批次时间	0.5周	1周	10d	2周	3周	4周	5周
断奶日龄（d）							
20	8（7）	4		2		1	
27	10（9）	5	2		3		1

注：有些模型与52个日历周或者组不匹配。例如，不能违背生物学需求，配种的母猪将在115d后分娩，并且需要一个可以产仔的地方。使用0.5周批次生产，如果母猪在产仔时转入房间，则可以节省一个房间。

使用0.5周批次的系统，有可能减少房间数量，但这会使母猪在临产前就受到影响。虽然房间的清洁时间缩短，但也降低了成本。

"房间"被定义为一个批次所需的空间。例如，一个批次可能在配备10张产床的两个地方分娩，也可以在配备20张产床的同一个

地方分娩。这可以通过图11-74进行展示。在之后的所有表中，应用下列颜色规则：

颜色规则

母猪转入	泌乳
断奶/清洁	可能有保育猪/否则空舍

平均20日龄断奶：房间布局设计

0.5周批次

时间	房间数量								
	1	2	3	4	5	6	7	8	1
周一									
周四									
周一									
周四									
周一									
周四									
周一									
周四									
周一									
周四									
周一									
周四									
周一									
周四									

1周批次

时间	房间数量				
	1	2	3	4	1

2周批次

房间		
1	2	1

4周批次

房间	
1	1

平均27日龄断奶：房间布局设计

0.5周批次

时间	猪舍数量										
	1	2	3	4	5	6	7	8	9	10	1
周一											
周四											
周一											
周四											
周一											
周四											
周一											
周四											
周一											
周四											
周一											
周四											
周一											
周四											

1周批次

时间						
	1	2	3	4	5	1

10d批次　　3周批次　　5周批次

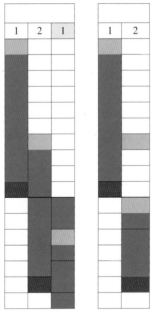

图11-74　不同批次模式下的不同断奶房间设计。平均断奶日龄20d在欧盟是非法的

　　这些设计中，0.5周批次生产在周一和周四断奶，而其他批次生产则在周四断奶。

　　（7）从批次分娩到整个猪场的猪群流转模型　猪场的其他生产区可以围绕分娩舍批次生产来设计，并对每组所需的空间进行估算。当猪场团队确定了每个生产区所需的组数，就可以很容易地计算出每组的猪数量（表11-12）。

表11-12 基于批次产床数的整个猪场最低生产目标（头）

猪群分组	计算
后备母猪需要数	=（批配种母猪数/10）×（每周入群数）/周批次数
每批次配种母猪数	=批分娩母猪数/分娩率（四舍五入取整数）
每批分娩母猪数	=产床数
每批断奶仔猪数	=批分娩母猪数×每个产床断奶仔猪数（四舍五入）
每批销售猪数	=每批断奶仔数/育成率* ×52/周批次数（四舍五入）

表11-13展示了基于分娩舍批次生产的整个猪场批次模型示例，计算基于以下假设：

- 每批次断奶12头母猪。
- 分娩率82%。
- 育成率95%*。
- 基于单周批次生产计划，每9周引进后备母猪。

表11-13 基于分娩舍批次生产的整个猪场批次生产计划（头）

猪群分组	每组猪的最少数量					
后备母猪群	6	11	20	30	40	49
每批配种母猪数	7	13	25	37	49	61
每批产仔母猪数	5	10	20	30	40	50
每批断奶仔猪数	60	120	240	360	480	600
每批销售肥猪数	57	114	228	342	456	570
每年销售肥猪数	2 964	5 928	11 856	17 784	23 712	29 640

（8）猪群流转日历 一旦猪场团队确定了一种生产模式，则猪场所有部门就可以创建本部门的日历表（表11-14和表11-15）。针对不同的批次生产系统，如3周批次生产，就可以使猪场每年在特定的日子（如圣诞节或结婚纪念日）休息。这样的批次使得猪场人员可以参与到社会生活中（表11-16）。

注：*育成率指具有销售价值的断奶仔猪所占百分率（周批次生产中，每周批有10个分娩床位，全场大约需要250头母猪）。

表11-14　种猪群的每日工作日历

2017		3周批次			27d断奶						
月	周	周一	周二		周三	周四		周五		周六	周日
事件		日	日	配种批	日	日	断奶批	日	分娩批	日	日
	1	2	3	批次1	4	5		6		7	8
	2	9	10		11				批次3	14	15
1月	3	16	17		18	19	批次2	20		21	22
	4	23	24	批次2	25	26		27		28	29
	5	30	31		1	2		3	批次4	4	5
	6	6	7		8	9	批次3	10		11	12
	7	13	14	批次3	15	16		17		18	19
2月	8	20	21		22	23		24	批次5	25	26
	9	27	28		1	2	批次4	3		4	5

注：案例猪群采用3周批次生产，27日龄断奶，批次号（数字）从配种开始，至育肥猪上市结束。

表11-15　与表11-14相同猪群的生长育肥猪群的周事件表

2017		3周批次			4周龄断奶	
月		10周	12周	15周	20周	24周
事件	周	30kg	45kg	60kg	95kg	110kg
	1	批次6				
	2				批次3	
1月	3		批次6	批次5		批次1
	4	批次7				
	5				批次4	
	6		批次7	批次6		批次2
2月	7	批次1				
	8				批次5	
	9		批次1	批次7		批次3

注：表中数字表示达到相应体重的批次，批次号始于经产母猪和后备母猪的配种。

表11-16　某种猪群流转模式下的饲养员日常工作日历

任务/周	1	2	3	4	5	6	7	8	9	10	11	12	13	14	15	16	17	18	19	20	21	22	23	24	25	26
断奶母猪转群			2			3			4			5			6			7			1			2		
配种	1			2			3			4			5			6			7			1			2	
发情检查1	7			1			2			3			4			5			6			7			1	
发情检查2			7			1			2			3			4			5			6			7		1
母猪体况评分			+			+			+			+			+			+			+			+		
免疫1（6周）	5			6			7			1			2			3			4			5			6	
免疫2（3周）			4			5			6			7			1			2			3			4		5
上产床	3			4			5			6			7			1			2			3			4	
公猪免疫		+																								
完成人																										

注：该表显示了每批次需要执行的特定任务，此表根据27日龄断奶、每3周断奶一次而设计，表中数字指母猪的批次，批次号从配种时开始编制。

（9）猪场生产模式的确定　为了解释猪群流转是如何在猪场运行的，可以设计一种可视化的猪场模型。在相关网站上可制作很好的猪场地图，用来演示猪群流转情况（图11-75）。

（10）调整断奶日　一些猪场已经将断奶日改为周一，以便最好地关注新近断奶仔猪的生长和合群情况，以适应每批分娩舍的断奶数量增加（表11-17）。同时，这个改变也可使母猪在工作周内自然分娩。

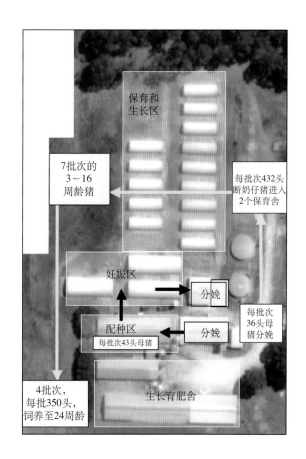

图11-75　向团队提供批次猪群流转的猪场地图

表 11-17　根据断奶日安排的生产任务

断奶日	主配种日（5d后）	分娩日（115d后）
周四	周二	周五
周三	周一	周四
周一	周六	周二

表 11-18　每批次 10 个产床的猪场成本分析（此案例阐述了成本的分解方法）

批次		1	1	2	3	4	周
总成本（£）		1 178 012	589 006	294 503	196 335	147 252	年度
饲料成本（%）	66	777 488	388 744	194 372	129 581	97 186	年度
人力成本（%）	14	164 922	82 461	41 230	27 487	20 615	年度
种猪成本（%）	6	70 681	35 340	17 670	11 780	8 835	年度
动保成本（%）	4	47 120	23 560	11 780	7 853	5 890	年度

假设：每千克胴体重成本为£1（£为价格单位，可以换算成当地货币）；每个产床断奶12头仔猪，育成率95%（断奶后有销售价值的猪），猪胴体重82kg（不同国家对胴体的定义不一样）。

（12）实现全进全出猪群流转的批次生产（示例）　下面用一个真实猪场案例来阐述（表11-19）。一个从分娩至育肥的猪场有3间分娩舍，分别有40个、40个、21个产床，共计101个产床。该猪场实行4周龄断奶，生产确实有些混乱，每年生产981t猪肉（85kg胴体重），没有做到全进全出。

表 11-19　猪群流转模型的真实案例

批次时间	每周
断奶日龄（d）	27
分娩舍布局	20　20　20　20　20
所需后备母猪数	22
每批最少配种母猪数	25
每批断奶母猪数	20
每批最少断奶仔猪数	240
每批上市猪数	228
每年上市猪数	11 856
每年上市猪重（t）	1 007

注：猪群流转模型提供了一种更加规范的方法。该猪场每年可以多生产出26t猪肉，降低了生产成本。

（11）猪群流转有助于现金流分析吗？　这可能是猪场运用猪群流转组织生产的最大优势之一。一旦猪场根据产量目标进行经营，就可以评估整个生产成本。

生产成本分析见表11-18。

解决方案：将有40个产床的2间分娩舍分隔成有20个产床的4间分娩舍，因此形成了有20个产床的房间5个，这样就不需要额外的分娩场所。隔断一个有40个产床的房间比较容易实现，也不影响通风系统。

（13）批次生产系统的监控　猪场团队可以使用一系列的生产看板（图11-76），这些看板实时记录着每批次生产事件。以下3个生产看板特别有用：

- 配种—断奶看板。
- 保育生产看板。
- 生长/育肥猪生产看板。

使用颜色来标记变化和未达成的目标，可以让人轻易地阅读和分析看板。已经证明，生产看板是团队管理中非常实用的工具。

批次数	配返备 12(13)	\<妊娠周\> 1(查情)	2	3	4	5	6	7	8	9	10	11	12	13	14	15	16	17	\<分娩舍周\> 1	2	3	4	窝	周批次	断奶数(头)
1	10+1+1	12	12	11	11	11	11	11	11	11	11	11	11	11	11	11	11	11	10	10	10	10	12	22	125
2	9+1+2	12	12	11	10	10	11	11	11	10	10	10	10	10	10	10	10	10	10	10	10	10	12	23	118
3	10+1+1	12	12	12	11	11	12	11	11	11	11	11	11	11	11	11	11	11	10	10	10	10	12	24	122
4	8+0+2	10	10	9	8	8	8	8	8	9	8	8	8	8	8	8	8	8	8	8	8	8	10	25	104
5	9+1+2	12	12	12	11	11	11	11	11	9	9	9	9	9	9	9	9	9	9	9	9	9	9	26	110
6	8+0+4	12	12	11	10	10	10	10		10	10	10	10	10	10	10	10	10	10	10	10			27	
7	10+1+2	13[1]	13	13	12	11	11	11	11	10	11	11	11	11	11	11	11	11	10	10				28	
8	9+1+2	12	12	12	12	11	12	11	11	10	11	11	11	11		11	11		10					29	
9	10+2+1	12	12	12	12	12	12	11	11	11	11	10	10	10	9	8	8							30	
10	9+2+1	12	12	11	11	11	11	11	11	10	9	10	8	8	8									31	
11	10+1+2	12	13	12	12	12	12	11	10	11	11	10	11	11	9	11								32	
12	10+1+1	12	12	12	12	12	12	10	11	10	9	9	9	9	9									33	
13	10+2+2	14[1]	14	14	13	12	11	10	9	10	10	10	10	10										34	
14	10+1+1	12	12	12	12	10	11	10	10	10	11													35	
15	9+1+2	12	12	11	11	11	11	11	11	11	11	10												36	
16	8+1+3	12	12	12	11	11	10	11	10	11	11													37	
17	9+1+1	12	12	11	11	11	12	12	11	11														38	
18	8+0+4	12	12	10	9	9	10	9	9															39	
19	10+1+1	12	12	11	10	9	11	11																40	
20	10+1+1	12	12	11	10	9	10																	41	
21	10+0+2	12	12	10	10	9	10	10																42	
22	10+1+1	12	12	11	11																			43	
23	9+2+1	12	12	10																				44	
24	9+1+2	12	12																					45	
25	10+0+2	12	12																					46	
26																								47	
27																								48	

妊娠周分组：12(13)查情｜3~6周｜11(淘汰周)｜10~14周预测需要的后备母猪数

图11-76　繁殖生产看板：从配种开始至下次再配种是一个完整周期。当产量发生变化时用红色标识，未达目标的用蓝色标识，认真确定淘汰计划以减少生产波动的用绿色标识。配返备指母猪(S)、返情(R)和后备母猪(G)，W指断奶仔猪数。

（14）基于猪群流转的记录　整个猪场的生产计划要围绕批次分娩来制订。根据一些假设，围绕以下数字确定行动方案。例如：

- 批次产床数：是指每批次分娩至少需要的母猪数量（如每批次有20头分娩母猪）。
- 据此计算，每批次需要的最少配种母猪数量是20/分娩率（例如，20/0.82=每批25头母猪，取整数）。
- 每批次最少断奶仔猪数 = 20 × 每批次每头母猪断奶仔猪数（例如，20 × 12=每批次240头断奶仔猪，取整数）。
- 每批次最小育肥猪数量 = 240 × 育成率（即减去在断奶至育肥期间死亡或淘汰猪的数量）（例如，240 × 0.95 = 每批次228头育肥猪，取整数）。
- 每批次付费猪的最低重量 = 228 × 胴体重量（例如，228 × 85kg = 19 380kg/批次付费）。

（15）生产记录　需要将猪场记录与设定的目标产量进行比较。目标产量设定为100%，其他与产量相关的每个指标都设定为100%。这些数据可以用图11-17来描述过去、当前和未来的生产趋势。

下面是生产图的分析

①生产随时间的变化　这个猪场生产可分为3个阶段（图11-78A）。

阶段1——第1年的第1 ~ 28批次：此阶段是猪场实行批次生产前的状况。在配种周内，只要有母猪发情就会配种。各生产单元之间互相不交流，也不关心对下一生产环节的影响。在正常的猪场，批次间生产波动在40%左右，而该猪场接近60%。注意：配种母猪数量的多少直接与分娩母猪数量有关，随后与断奶仔猪数量直接相关。猪场会不断出现保育舍仔猪饲养数超量或不足，这些问题导致仔猪在房间和批次之间移动，并且造成全进全出的失败。

阶段2——第1年的第28批次至第2年的第34批次：猪场同意按照批次生产、实行全进全出管理。配种小组需要通过改变淘汰计划、果断地引进后备母猪来稳定每批配种母猪数量。由于猪场生产在受控状态下进行，因此系统波动逐渐减少。

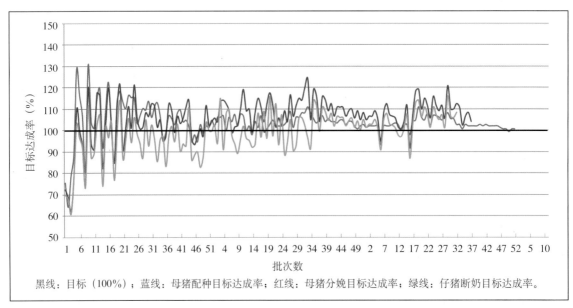

黑线：目标（100%）；蓝线：母猪配种目标达成率；红线：母猪分娩目标达成率；绿线：仔猪断奶目标达成率。

图11-77　从母猪配种至仔猪断奶生产记录变动图。例如，母猪配种17周后分娩，仔猪出生后4周断奶，需经过26周育肥上市（隐藏以使图形更清晰）。因此，该图能预测未来可能的生产趋势

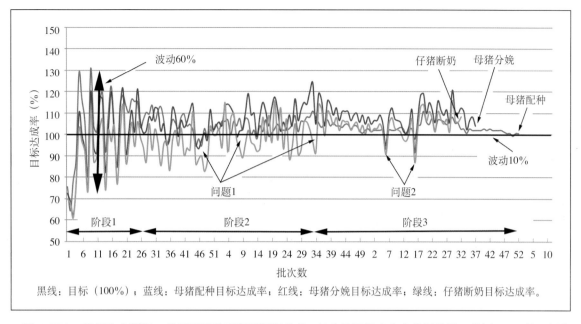

图11-78A　猪场生产概况：从母猪配种到仔猪断奶连续3年多的周批次生产猪场数据。使用100%的目标意味着与猪场实际规模不相关，只涉及预期目标

阶段3——第2年的第35批次到第3年的第52批次：猪场采用批次生产。增加大约5%的配种数量，在保证批次分娩的同时，又能充分利用产房。

②按批次检查生产成绩（图11-78B详细说明）　如何解释实际生产结果高于或低于目标一个点？

• 高于：超过目标。

• 低于：未达目标。

（16）猪场生产问题　生产记录变动图

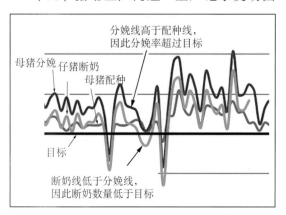

图11-78B　详细的批次分析：第2年的第49批次到第3年的第37批次

也能用于预测猪场中的问题（图11-77）。

问题1：有3个数据点，即第1年的第43批次至第50批次、第2年的第6～8批次、第2年的第33批次。每批断奶仔猪数量显著减少，这与后备母猪配种数量增加有关。后备母猪数量增加，导致分娩舍仔猪突然暴发腹泻，因此每批次产房断奶仔猪数量减少。猪场团队很快意识到出现该问题的原因是繁殖猪群中后备母猪数量过多，因此调整了分娩舍的管理策略，将影响降到了最低。

问题2：在第3年的2个数据点，繁殖小组未能达成批次配种目标。因为后备母猪不能及时发情，且经产母猪断配间隔延长。未能完成批次配种目标导致分娩母猪数量不足，随后断奶仔猪数量也不足，最终猪场不能生产足够的猪肉。

猪场生产数据图应用总结如下：

• 生产兽医师能够快速展示策略性建议的效果。

• 使用这种记录系统的优点是，与猪场规模和批次间隔没有相关性，可以容易地对不同猪场进行比较。

- 这些记录非常具有预测性，并且使整个团队能快速预见未来可能出现的问题。

- 该系统有利于减少生产波动。

- 该系统促进了员工的诚信，因为团队能迅速识别生产中的任何作弊行为。

上述所有的优点都有助于整个猪场协同工作。

关于猪群流转时存在的问题案例见图11-79至图11-89。

图11-79　空置的产床。如果配种目标没有达成，很可能导致产床空置，这是一个代价很大的错误

图11-80　空置的保育栏。空的产床通常导致断奶仔猪数量太少，从而出现空的保育栏

图11-81　空置的生长育肥栏。如果保育区仔猪数量不足，则会影响到整个猪场育肥区猪的数量

图11-82　屠宰场里空的挂钩

图11-83　可供销售的猪肉不足。这是猪群流转的最后环节，没有猪肉出售

图11-84　生产成本增加。如果整个生产系统中猪数量不足，则现有的猪必须承担过多的饲料成本，从而增加了生产成本

图11-85　猪栏饲养密度过大。如果实际配种数超过配种目标，则系统中会有更多的猪，从而导致饲养密度过大，出现更多的呼吸问题

图11-86　猪栏饲养密度过小。如果实际配种数没有达到配种目标，则系统中猪的数量将会不足，从而导致寒冷和肠道问题会增多

图11-87　生长发育不均匀。尤其是在饲养密度过大时，不仅饲养空间不足，而且饮水和饲喂空间也变得有限，因此增加了批次内的差异

图 11-88　全进全出流程失败。如果每批猪的数量不均，则猪场团队有一种倾向，即自欺欺人地将猪从一个批次转移到另一个批次（即全进全出流程失败）

图 11-89　健康水平降低：药物用量增加。随着猪群流转带来的波动不断增加，栏舍饲养密度过大或不足的累积效应可导致健康水平下降，从而增加了药物的使用

四、猪场药物管理

药物贮存和管理是任何预防性用药计划实施的基础。

1. 用于监控药物管理的设备

见图 11-90 和图 11-91。

2. 药物使用

对动物用药是为了确保供应的食物健康，这是几个世纪以来人类健康得到提高的主要原因之一。然而，兽医必须确保药物使用得当。关于药物使用有以下 5 个建议：

（1）只依照兽医的处方或在其指导下用药。

（2）即使猪有康复表现，也应遵循推荐剂量和治疗时间。

（3）仅从授权渠道获得药物。

（4）还要接种疫苗并制定良好的卫生和饲养措施，以防止感染。

（5）保留所有用药和实验室结果的详细书面记录。

3. 药物贮存

每一个猪场都应该有一个适合药物贮存的库房，且温度可控、能上锁并且安全，远离儿童和动物。所有药物都必须贮存在干净、无灰尘的环境中。车辆不适合用来存放药物，因季节原因，后备箱可能太热或太冷。

药物贮存可分为两个主要区域：冷藏区和常温区。

（1）冷藏贮存　仔细阅读药物说明书，药物一般需要贮存在 2 ~ 8℃ 的冰箱中。

大多数疫苗冷冻后会失效，并且导致整

图 11-90　红外线温度计可以及时查看冰箱的温度

图 11-91　使用温度记录仪能长期持续记录温度

个预防方案没有效果。因此，猪场必须避免使用具有冻融循环效果的冰箱，不要依赖冰箱温度控制表盘来监控温度。将最高最低温度计放入冰箱内，至少每周都要监测温度波动情况。猪场员工应该会使用并阅读最高最低温度计，这点很重要。最好在冰箱内放置温度记录仪，并且将温度记录数据打印到兽医季度报告中（图11-92和图11-93）。

检查冰箱门的密封性，以确保冰箱保持稳定温度。了解冰箱内的温度分布情况，确保药物放在冰箱中部。门和蔬菜盒处的温度一般都在8℃以上，因此不适合贮存药物。冰箱应该一直保持清洁。

图11-92　管理良好的冷藏药物（A）和对应的红外线温度图（B）。有关如何阅读红外线温度图的详细信息，请参阅第十章末尾

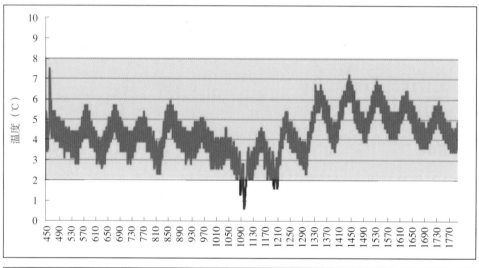

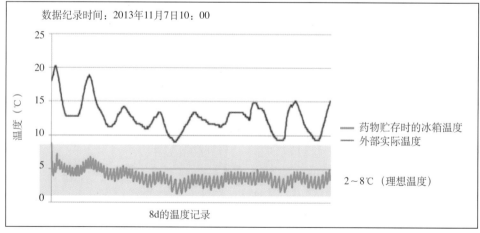

图11-93　上图中的温度记录仪数据记录了一个冰箱几乎冻结的情况，绿色带是可接受的温度范围。下图中的记录表明室外温度对冰箱内温度没有影响

在猪场中发现的较多问题是贮存药物的冰箱里有食品（包括软饮料）。除了在化学仓库中贮存食品明显存在健康和安全隐患外，在贮存药物的冰箱中存放食品也有传播猪源病原的潜在风险。口蹄疫病毒和猪瘟病毒就是这样的例子，摄入含有猪肉制品的人类食物，导致数百万头猪死亡，并使当地养猪业损失惨重。已经从新鲜猪肉中分离出猪繁殖与呼吸综合征病毒和猪圆环病毒2型。如果要将人吃的食物带到猪场，则不应包括任何猪肉产品，并将其存放在单独的区域。

（2）常温贮存 一些在猪场中使用的药物（如抗生素）应在不超过25℃下贮存，这包括加药饲料，最高最低温度计也应该放在常温药物贮存区。25℃虽然感觉像室温，但在世界许多地方的夏季室温很容易超过25℃。因此，在办公室不适合贮存药物（图11-94和图11-95）。

图11-94 这间常温药物库房的现状令人震惊，但从未引起当地兽医的关注

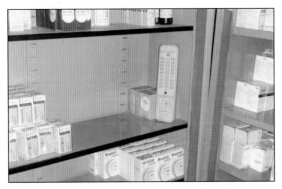

图11-95 管理规范的大型商品猪场常温药物库房

4.药瓶处理

猪场应制定一份正式的方案，详细说明如何正确处理用过的空药瓶（不正确的处理方式见图11-96），当地法规将指导您选择不同的处置方法。将用过的空药瓶倾倒在垃圾桶中是不合适的。空药瓶应退回给兽医诊所或药房，但要注意存在转移病原的风险。处方兽医师有责任处理用过的药物。

图11-96 不正确的空药瓶处理方式

5.针头和注射器（视频35）

猪场应有清洁和消毒注射器、注射针头、手术刀等的方案，且方案实施后必须确保注射后猪不会有脓肿风险。猪场应该有断针处置方案。

视频35

许多猪场现在都要求针头清点后分发并在使用后退回。任何有断针的猪都应做好标识，如果不能立即取出断针，则应该告知屠宰场。

使用过的注射针头和注射器应安全处理，最好使用锐器专用容器。处方兽医师有责任确保安全处理用过的注射针头和注射器（图11-97和图11-98）。

如果可能的话，可以尝试使用无针注射技术，但需要意识到无针注射技术在广泛应用前仍需进一步完善。无针注射技术可用于皮内或皮下给药。

图11-97　乱扔注射针头和注射器会导致严重的健康及安全问题

图11-98　使用脏的注射器和药瓶（应禁止这种行为）

6.注射部位及针头使用

目前，大多数抗菌药物和疫苗都是通过注射途径完成注射的（表11-20）。应在耳后颈部进行注射，以尽量减少胴体瑕疵问题。但在世界许多地方，这个部位仍然是重要分割部位。根据制造商及其产品的不同，最常见的注射方法是皮下注射或肌内注射。

表11-20　注射针头规格

猪的生长阶段	规格（肌内注射）	猪的体重（kg）	猪的生长阶段	规格（皮下注射）
哺乳仔猪	16mm×0.8mm	1～7	哺乳仔猪	16mm×0.8mm
断奶仔猪	25mm×1.1mm	8～25	断奶仔猪	16mm×0.8mm
生长猪	35mm×1.1mm	26～60	生长猪	16mm×1.1mm
育肥猪	35mm×1.3mm	61～100	育肥猪	16mm×1.1mm
成年猪	40mm×1.3mm		成年猪	25mm×1.1mm

注：成年猪需要40mm长的注射针头才能进入肌肉组织。免疫接种时注射到皮下脂肪会显著降低疫苗的效力。

7.猪场员工被针头意外刺伤或误食药物的处置方案

如果发生被针头意外刺伤或误食药物的情况，则应遵循以下处理原则：

（1）立即通知场长（或场长助理）。

（2）获取相关药物的说明书。

（3）咨询当地医疗中心。

（4）找人将自己送往医疗中心，不要自己驾车。同时，带上相关药物说明书、猪场兽医的名字、电话和电子邮件地址去当地医疗中心。

（5）填写事故登记簿、日期并签字。

8.饮水给药

饮水给药是治疗猪病的理想途径。要使药物发挥作用，必须确保所有的饮水器都在规定标准内使用，这应包括：

- 高度。
- 角度。
- 水流。
- 水压。
- 水线系统无泄漏。

当药物进入水线时，确保它们能充分混合，否则可能会出现药物残留。许多药物和疫苗在饮水给药前需要从供水系统中去除特定的化学物质，如氯。有些药物很难溶解，如阿莫西林很难溶解，除非改变水的酸碱度。一些添加到饮水中的药物可能含有糖分，这可能促进生物膜的形成，导致饮水器阻塞。

许多饮水器会浪费大量的水，这部分水可能占实际饮水量的20%～50%。因此，被浪费的抗菌药物可能会对环境造成相当大的污染。

通过饮水添加疫苗，是一种非常有用的免疫大量猪的方法，且猪无需保定，也无注射带来的应激。

9.饲料给药

在养猪生产中，通过饲料给药是一种常用的给药途径，但也存在以下问题：

- 时间。为了治疗临床患病猪，将加药

饲料送到猪场的时间较迟，猪群可能出现死亡并且不利于猪的福利。

- 食欲。有些疾病（如胸膜肺炎放线杆菌感染时），临床上猪已经发病，不吃饲料。因此，病猪不能通过采食获得药物。
- 料塔管理。良好的料塔管理至关重要，可以确保对需要的猪用药。将所有的料塔进行编号（图11-99）。了解饲料在料塔中是如何移动的。把加药饲料放在没有加药饲料的上面会导致药物不能达到所需浓度。新饲料将从旧饲料的中心位置穿过，从而降低了药物的剂量（图11-100）。
- 药物残留。一旦药物治疗期结束，就必须确保饲料系统包括猪栏中的料槽彻底清洁。否则，可能在无意间造成猪肉中有药物残留。

10.猪的标识与给药系统

正确的药物治疗方案依赖于对猪和猪栏的精准标识（图11-101和图11-102）。对给药记录进行审查是检查猪是否健康的一个重要组成部分。

图11-99　料塔必须编号

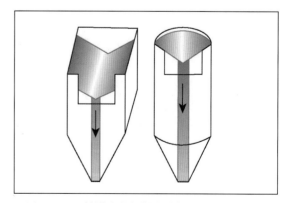

图11-100　料塔内的饲料穿过料塔的中心

图 11-101　通过耳标识别猪。请注意，耳标有缺痕，便于阅读

图 11-102　猪栏标识（贴在墙上醒目的标签）

11.药物管理不善的例子

（1）冰箱管理——疫苗冷冻后失效　这些案例中的猪场通常没有预防性用药计划（图 11-103 至图 11-114）。

图 11-103　确保冰箱内放置最高最低温度计，以用来记录极端温度情况

图 11-104　冰箱很脏。注意没有冰盒盖，库存药物过多

图 11-105　冰箱温度太低导致药物冻结，温度过高会使药物失效

图 11-106　冰箱需要除霜，药物面临严重的冻结风险

图 11-107　冰箱后部结冰，药物与背板接触

图 11-108　冷冻药物前冰箱需要解冻

图11-109 冰箱库存过多。这个猪场只有150头母猪。同样需要除霜

图11-110 冰箱没有管理，药物被随意堆砌

图11-111 疫苗靠近冰箱门，此处温度太高，且冰箱不太干净

图11-112 冰箱中贮存了食品，尤其是猪肉制品，存在严重的生物安全风险

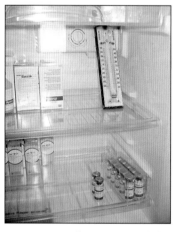

图11-113 管理良好的冰箱，尽可能存放少的药物和贮存时监控温度

图11-114 冰箱是否可上锁且安全？是否远离儿童？

（2）药瓶管理问题 见图11-115至图11-122。

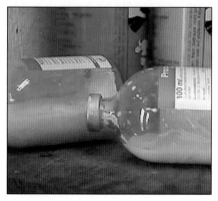

图11-115 同一种药有多瓶同时被打开

图11-116 药瓶存放后很脏，导致脓肿形成的风险高

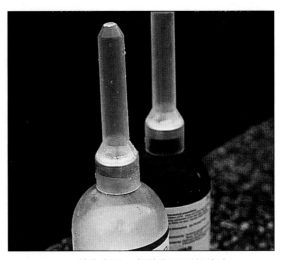

图11-117 盖住瓶子，保持瓶子顶部清洁

图11-118 药瓶的污染程度不可接受

图11-119 育肥场简单、可上锁的柜子

图11-120 不能将药物随意存放

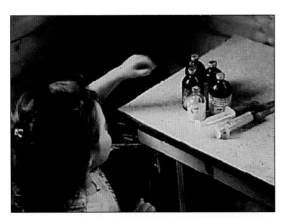

图11-121 将所有药物放在儿童接触不到的地方

图11-122 药物量过多（这个猪场只有200头母猪）

（3）注射器及针头管理　见图11-123至图11-130。

图11-123　始终进行颈部注射（回顾无针注射技术的使用）

图11-124　不要随意放置药瓶和注射器

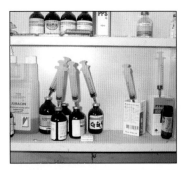

图11-125　不要将针头和注射器插在药瓶上保存

图11-126　不要将即将使用的注射器和针头放在台面上

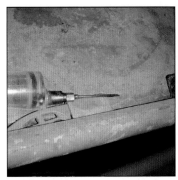

图11-127　这个注射器非常脏，无法使用

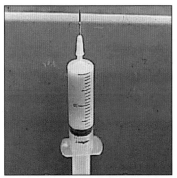

图11-128　不要将不同的药物混用，除非有特别建议

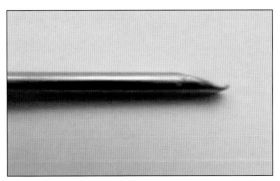

图11-129　钝性针头会造成严重的创伤

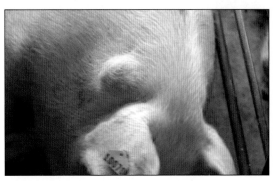

图11-130　因脏的注射器和针头导致肩/颈部脓肿

（4）处理用过的药物、针头和注射器：
参照当地法规要求　见图11-131至图11-134。

图11-131　使用锐器专用容器处理所有针头、刀片等

图11-132　不要随意丢弃注射器和针头

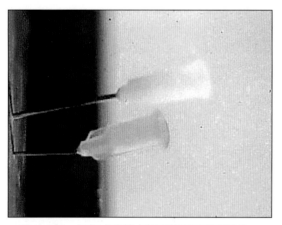

图11-133　门框或建筑支架不能用于处理针头

图11-134　药瓶处置不当

（5）记录和预防药物残留　见图 11-135
至图 11-138。

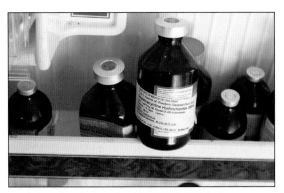

图 11-135　务必阅读并理解药瓶上的标签

图 11-136　尽快填写用药记录

图 11-137　对药物治疗过的猪或对应栏位做好标识

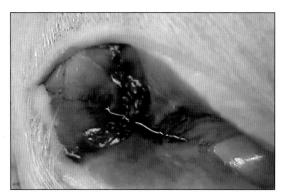

图 11-138　屠宰场不难找到尖锐的残留物

（6）其他给药方法　见图 11-139 至图
11-142。

图 11-139　通过饮水给药治疗。应确
保供水充足，同时检查饮水器有无漏水

图 11-140　通过料塔进行饲料加药

图 11-141　撒饲时应确保药物与饲料混匀。粗心会导致残留

图 11-142　确保给料系统适合猪，不会出现饲料浪费

五、治疗指南

以下内容将讨论猪场可以使用的各种化学药物和治疗方法（表 11-21）。在治疗宠物猪时，一定要记住特定产品和化学药物可能完全被禁止。因此，核查当地法规至关重要。

1. 止痛药

有些药物可以用来减轻猪的疼痛。如果采用适当的止痛方法，就会提高许多治疗方案的效果。止痛药可以通过注射给药，但最好是通过饮水给药。它也可以是片剂的形式，就像一粒葡萄或香蕉这样的"零食"，这些通常用于治疗宠物猪。许多国家要求在给猪实施阉割、打耳缺或断尾等手术时使用止痛药来减轻疼痛。母猪可能因乳腺胀满或分娩而出现疼痛。

推荐止痛药如下：

- 美洛昔康，剂量为 0.4mg/kg 体重，口服或肌内注射。
- 酮洛芬，剂量为 3mg/kg 体重，每天 1 次。
- 水杨酸钠，剂量为 35mg/kg 体重，通常通过饮水或饲料中给药。当猪群暴发猪繁殖与呼吸综合征或猪流感时，可全群加药。对弱猪可能也有效果。
- 保泰松，针对急性跛行、肌肉撕裂、腐蹄病或急性乳腺炎等非常有效，注射或口服给药。在许多国家，保泰松不能用于食用动物。

表 11-21　对各病原感染治疗可选用的抗生素

抗生素	氨基环醇类	氨基糖苷类		头孢菌素类	二萜类	氟喹诺酮类	林可酰胺类	大环内酯类				青霉素类		磺胺类		四环素类	
	壮观霉素	庆大霉素	新霉素	头孢噻呋	泰妙菌素	恩诺沙星	林可霉素	替米考星	泰拉菌素	酒石酸泰乐菌素	沃尼妙林	氨苄西林	青霉素	磺胺类	复方新诺明	氟苯尼考	四环素
猪放线棒菌	■	■	■	■	■	■	■	■	■	■	■	■	■	■	■	■	■
猪放线杆菌	■	■	■	■	■	■	■	■	■	■	■	■	■	■	■	■	■
猪胸膜肺炎放线杆菌	■	■	■	■	■	■	■	■	■	■	■	■	■	■	■	■	■
非洲猪瘟病毒																	
猪蛔虫																	
伪狂犬病病毒																	
支气管波氏杆菌	■	■	■	■	■	■	■	■	■	■	■	■	■	■	■	■	■
疏螺旋体	■	■	■	■	■	■	■	■	■	■	■	■	■	■	■	■	■
猪痢疾短螺旋体	■	■	■	■	■	■	■	■	■	■	■	■	■	■	■	■	■
多毛短螺旋体	■	■	■	■	■	■	■	■	■	■	■	■	■	■	■	■	■
猪布鲁氏菌	■	■	■	■	■	■	■	■	■	■	■	■	■	■	■	■	■
猪瘟病毒																	
猪圆环病毒1型和2型																	
艰难梭菌	■	■	■	■	■	■	■	■	■	■	■	■	■	■	■	■	■
产气荚膜梭菌	■	■	■	■	■	■	■	■	■	■	■	■	■	■	■	■	■
先天性震颤病毒																	
猪等孢球虫*	■	■	■	■	■	■	■	■	■	■	■	■	■	■	■	■	■
巨细胞病毒																	
大肠埃希氏菌	■	■	■	■	■	■	■	■	■	■	■	■	■	■	■	■	■
猪红斑丹毒丝菌	■	■	■	■	■	■	■	■	■	■	■	■	■	■	■	■	■
口蹄疫病毒和其他水疱病病毒																	
副猪嗜血杆菌	■	■	■	■	■	■	■	■	■	■	■	■	■	■	■	■	■
猪虱																	
红色猪圆线虫																	
胞内劳森氏菌	■	■	■	■	■	■	■	■	■	■	■	■	■	■	■	■	■
钩端螺旋体属	■	■	■	■	■	■	■	■	■	■	■	■	■	■	■	■	■
猪圆线虫																	
猪肺炎支原体	■	■	■	■	■	■	■	■	■	■	■	■	■	■	■	■	■
猪滑液支原体	■	■	■	■	■	■	■	■	■	■	■	■	■	■	■	■	■
猪支原体	■	■	■	■	■	■	■	■	■	■	■	■	■	■	■	■	■
有齿食道口线虫																	
细小病毒																	
多杀性巴氏杆菌	■	■	■	■	■	■	■	■	■	■	■	■	■	■	■	■	■
流行性腹泻病毒																	

（续）

表11-21　对各病原感染治疗可选用的抗生素

抗生素	氨基环醇	氨基糖苷类		头孢菌素类	二萜类	氟喹诺酮类	林可酰胺类	大环内酯类				青霉素类		磺胺类		四环素类	
	壮观霉素	庆大霉素	新霉素	头孢噻呋	泰妙菌素	恩诺沙星	林可霉素	替米考星	泰拉菌素	酒石酸泰乐菌素	沃尼妙林	氨苄西林	青霉素	磺胺类	复方新诺明	氟苯尼考	四环素
猪繁殖与呼吸综合征病毒																	
癣（须毛癣菌）																	
轮状病毒																	
沙门氏菌																	
猪疥螨																	
毛肠短壮螺旋体																	
表皮葡萄球菌																	
猪肾虫																	
链球菌属																	
兰氏类圆线虫																	
猪流感病毒																	
猪痘病毒																	
猪捷申病病毒																	
传染性胃肠炎病毒																	
刚地弓形虫																	
旋毛虫																	
猪鞭虫																	
化脓隐秘杆菌																	

注：绿色，70%以上的分离株敏感；红色，高达50%的分离株有抗药性；白色，抗生素一般不用于治疗，但它们仍然对控制继发性病原感染有帮助；泰妙菌素可能对猪繁殖与呼吸综合征病毒感染治疗有帮助，因为该药物具有调节巨噬细胞的功能（粉色）；抗生素一般不用于抗寄生虫病的治疗。*猪等孢球虫：使用妥曲珠利杀虫。

2.疫苗的使用

商业化的猪用疫苗见表11-22，疫苗选择的决策树如图11-143所示。

表11-22　养猪生产中可用的疫苗

病原/毒素	使用说明
猪胸膜肺炎放线杆菌	用于生长猪
伪狂犬病病毒	全群每年免疫2次及以上，使用基因缺失疫苗以便鉴别诊断

（续）

表11-22　养猪生产中可用的疫苗

病原/毒素	使用说明
猪瘟病毒	免疫10周龄以上猪，使用基因缺失疫苗以便鉴别诊断
梭菌 产气荚膜梭菌 诺维氏梭菌	对后备母猪与经产母猪进行产前免疫，通过初乳保护仔猪 种猪每年免疫2次
大肠埃希氏菌 F4和F5 F18	对后备母猪与经产母猪进行产前免疫，通过初乳保护仔猪；或断奶时免疫； 通过饮水免疫断奶仔猪
猪丹毒 后备母猪 经产母猪 公猪 生长猪	可通过注射或饮水途径免疫 后备母猪培育时免疫2次，间隔2～4周 经产母猪断奶前免疫，可以通过初乳保护下次分娩的仔猪 一年免疫2次 30kg体重后免疫
口蹄疫	10周龄以上的猪
副猪嗜血杆菌感染	哺乳仔猪或断奶仔猪 配种前免疫母猪，通过初乳保护仔猪
回肠炎（胞内劳森菌）	通过饮水或注射免疫断奶至生长阶段的猪
乙型脑炎	种猪群，一年免疫1次或2次
钩端螺旋体病	后备母猪驯化时 母猪产前免疫
猪肺炎支原体	哺乳仔猪或断奶仔猪
猪细小病毒	后备母猪驯化时
猪圆环病毒2型	母猪分娩前免疫，通过初乳保护断奶仔猪 仔猪断奶时
猪流行性腹泻	母猪产前免疫，通过初乳保护断奶仔猪
猪繁殖与呼吸综合征	断奶仔猪 后备母猪驯化时 母猪产前免疫，通过初乳保护断奶仔猪
轮状病毒	母猪产前免疫
沙门氏菌病	通过饮水免疫生长猪
猪流感	母猪群一年免疫2次
多杀性巴氏杆菌和支气管败血波氏 杆菌毒素	母猪产前免疫，通过初乳保护仔猪
传染性胃肠炎	后备母猪驯化时免疫 母猪产前免疫，通过初乳保护仔猪

注：并非所有国家都有这些疫苗，疫苗在不同国家的免疫时间和要求也会有所不同。因此，必须了解当地的法律法规。此外，还可能有许多针对特定病原的自家疫苗。

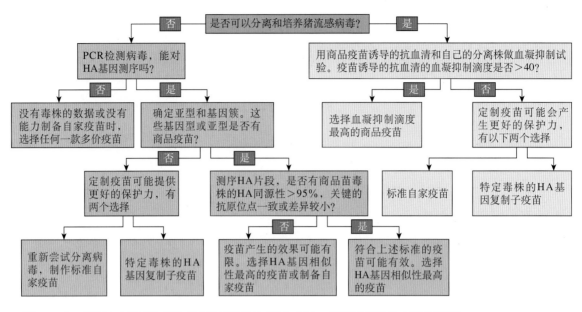

图 11-143　以猪流感病毒为例的疫苗选择策略决策树（HA，猪流感病毒的血凝素基因）

3. 病弱猪的护理（视频 18）

猪是会生病的，因此，必须制定一个治疗方案来照顾这些病弱猪。它们是否能在自己的猪栏内接受治疗，是否能够在有许多同栏猪的

视频 18

情况下进行管理，是否需要被移走并放置在通道或专门的区域内（表 11-23，图 11-144 至图 11-146）？

强壮的猪会欺负病猪，使病猪很难获得饲料和水。病猪一旦从猪群中被转走，康复后再放回猪群是非常困难的，因为整个猪群秩序已经变化。

表 11-23　病猪栏的设计

猪栏混凝土地板上覆盖干燥而厚实的垫草，防滑并保暖
通风良好，无贼风，并配有保温箱
有单独料槽，每天手动加料 2 次。料槽中不应该有太多的饲料，以便进行饲料给药
为 20kg 或以上的猪提供一个距离地面 30cm 高的碗式饮水器。这个饮水器应该由一个单独的水箱中供水，以便在必要时饮水给药
易于进出，无需将猪抬过台阶
每天至少检查病猪栏内的猪 2 次，并填写病猪栏记录表
所有病猪栏的猪都应有标识，方便进入后逐个治疗
病猪栏中的猪可能需要同伴
每个病猪栏应有足够的大小，以容纳 10 头猪

图 11-144　保育猪和生长猪的病猪栏

图 11-145　成年猪的病猪栏

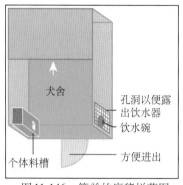

图 11-146　简单的病猪栏草图

病猪栏记录：以下是病猪栏记录表示例。

开始日期	猪的数量	疾病状态	治疗数天后的效果														
			×=仍在发病　　√=恢复														
			治疗	1	2	3	4	5	6	7	8	9	10	11	12	13	14

4.病弱猪的处理

病弱猪处理决策树有助于护理病弱猪和制订管理计划，如图 11-147 所示。

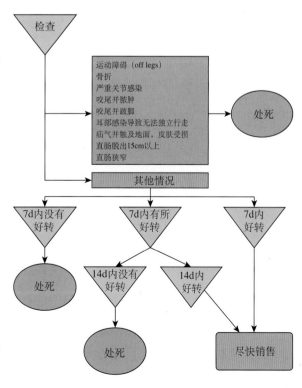

图 11-147　病弱猪处理决策树：帮助制订病弱猪护理和管理计划

（1）生长/育肥猪（表11-24）　所有生长/育肥猪体重必须超过60kg且体况评分为3分以上，才能被送进屠宰场。如果体况评分低于3分，则治疗或处死。

所有病猪栏里的猪必须用耳标编号，并严格遵守休药期规定。

病症	严重程度	当前措施	后续措施
跛行（图11-148至图11-150）	后腿不能运动	实行安乐死	
	关节感染，脓肿处发软	治疗或实行安乐死	如果治疗7d无效，则实行安乐死
	多个关节感染	实行安乐死	
	单个关节感染，无破溃脓肿，脓包小于高尔夫球，猪能独立行走	必要时治疗	尽快送至屠宰场
	四肢不能触地行走	治疗或在病猪栏内实行安乐死	如果治疗7d无效，则实行安乐死
	骨折	实行安乐死	
蹄部疮（图11-151）	小于3cm且行走时无跛行	病猪栏内加较厚的垫草	如果14d内治愈，则尽快送至屠宰场。如果治疗无效，则实行安乐死
腐蹄病但不跛行（图11-152）	只有一个关节。无分泌物，腿部无肿胀	必要时治疗	当送至屠宰场时放置在单独的圈里
咬尾（图11-153至图11-155）	脓肿	实行安乐死	
	脊柱基部露出	实行安乐死	
	咬尾且跛行	实行安乐死	
	感染无脓肿	在病猪栏内治疗	14d内治愈，继续单栏饲养至屠宰
	伤口新鲜无感染	在病猪栏内治疗	尽快送至屠宰场
开放性创伤（图11-156）	任何类型的切口（整个皮肤的损伤）	在病猪栏内治疗	一旦治愈，尽快送至屠宰场
	擦伤（仅皮肤表面损伤），伤口小于6cm	在必要时治疗	尽快送至屠宰场
腹侧咬伤（图11-157）	伤口大于6cm或被感染	在病猪栏内治疗	一旦治愈，尽快送至屠宰场
	伤口新鲜无感染，小于6cm，浅表	必要时治疗	尽快送至屠宰场
打斗伤（图11-158）	有多处打斗伤痕	在病猪栏内单独治疗	对持续3d以上的病弱猪实行安乐死

表11-24　对于各种病症应采取的措施（生长/育肥猪）

（续）

表11-24　对于各种病症应采取的措施（生长/育肥猪）

病症	严重程度	当前措施	后续措施
耳血肿（图11-159）	大，有感染和肿胀	在病猪栏内治疗	保留1周，必要时切开，痊愈后尽快送至屠宰场
皱缩耳（图11-160）	康复并没有感染	不需要治疗	和正常猪一起上市
中耳感染（图11-161）	病猪能独立行走	必要时治疗	尽快送至屠宰场
	病猪不能独立行走	实行安乐死	
疝（图11-162）	腹部疝、阴囊疝或腹股沟疝，离地9cm，无损伤或感染	无有效的治疗方案	尽快送至屠宰场
	脐疝，无损伤或感染	无有效的治疗方案	尽快送至屠宰场，运送时单独关在一个栏内
	疝气与地面接触，皮肤受损或感染	实行安乐死	
	任何疝气大小超过30cm的猪都应实行安乐死。与其将70kg体重的疝气猪送到分割肉市场，不如饲养至生产培根肉的体重		
直肠脱（图11-163）	新鲜，无气味，不大于15cm	尽快送至屠宰场	或缝合后尽快送至屠宰场
	大于15cm	实行安乐死	
直肠狭窄（图11-164）	任何类型	实行安乐死	
肺炎（图11-165）	病猪能正常行走，但不吃料	在病栏内治疗	如果治疗24h无效，则转至病猪栏。如果治疗7d仍无效，则实行安乐死
瘦弱猪（图11-166）	有或没有腹泻	在病猪栏内治疗	如果治疗7d无效或治疗14d无明显改善，则实行安乐死
猪圆环病毒2型相关性系统疾病		在病猪栏内治疗	如果治疗7d无效或治疗14d无明显改善，则实行安乐死
猪皮炎肾病综合征（图11-167）		在病猪栏内治疗	如果治疗7d无效，则实行安乐死
背部扭曲或其他异常（图11-168）	明显变形，影响肥猪性能	栏内标识	

注：所有出现不能屠宰供人类食用病症的猪都应立即实行安乐死。必须对每种病症进行适当的治疗，所有的猪要在休药期结束后才能被屠宰。

图 11-148　腿部骨折

图 11-149　关节肿大

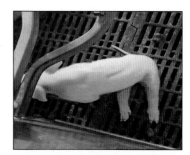

图 11-150　脊骨骨折

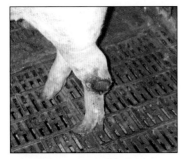

图 11-151　跗部疮

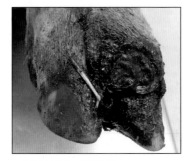

图 11-152　腐蹄病

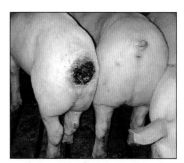

图 11-153　咬尾：严重

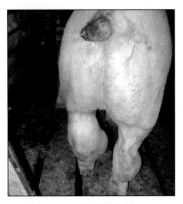

图 11-154　咬尾和跛行

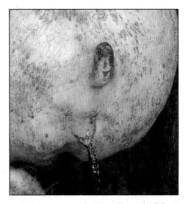

图 11-155　咬尾：伤口新鲜无感染

图 11-156　开放性创伤，这头猪被石灰烧伤

图 11-157　腹侧咬伤

图 11-158　打斗死亡

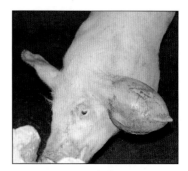

图 11-159　耳血肿

图 11-160　耳皱缩

图 11-161　中耳感染

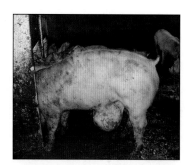

图 11-162　大疝气的猪

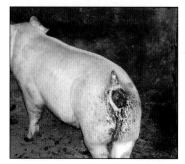

图 11-163　直肠脱

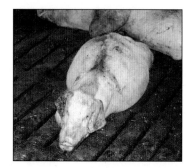

图 11-164　直肠狭窄

图 11-165　有肺炎的猪

图 11-166　瘦弱猪

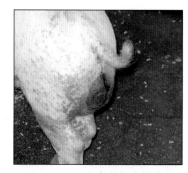

图 11-167　猪皮炎肾病综合征

图 11-168　背部扭曲

（2）成年猪（表11-25）

- 所有送至屠宰场的成年猪，体况评分必须为2分或更高。
- 如果体况评分少于2分，则治疗或实行安乐死。
- 所有来自病猪栏的成年猪必须有带编号的耳标。

表11-25 针对各种病症需采取的措施（成年猪）

病症	严重程度	处理措施	处置Xd后的处理措施
脱垂（图11-169和图11-170）	子宫	立即治疗或实行安乐死	
	阴道	立即急宰	
		如果刚发生，则治疗	尽快销售。如果再次发生脱垂，则实行安乐死
	直肠	如果猪的数量不多，则立即屠宰	
		治疗在刚发生且未损伤时	尽快销售。如果再次发生脱垂，则立即淘汰
开放性伤口（图11-171至图11-173）	外伤、切割伤和伤口	严重时实行安乐死	
		不严重时则治疗	治愈后销售
	肩膀疼痛，跗关节溃烂	移到垫料区并治疗	治愈后销售
跛行（图11-174至图11-176）	后腿瘫痪	实行安乐死	
	严重跛行	实行安乐死	
		不严重时治疗	7d后仍跛行，则实行安乐死
	原因不明的跛行	严重，实行安乐死或治疗	7d后仍跛行，则实行安乐死
		不严重，将猪移到垫料区治疗	7d后仍跛行，则实行安乐死
		四肢能承受体重，不用驱赶就能独立走行，立即屠宰	
消瘦（图11-177）	体况评分1分，肋骨显露	实行安乐死	
		治疗	治疗7d和14d后再次评估
难产（图11-178）		治疗	分娩完成后再次评估
		如果有活仔	使用多普勒妊娠检测仪查看是否有活仔，考虑实行安乐死和立即实施剖宫产
		实行安乐死	注意：不要把子宫中有胎儿的母猪送去屠宰

注：屠宰后所有不能供人类食用的猪，都应立即实行安乐死。必须对每种病症进行适当的治疗，所有的猪只能在休药期结束后才能被屠宰。

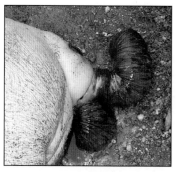

图 11-169　子宫脱垂

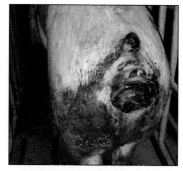

图 11-170　直肠脱垂

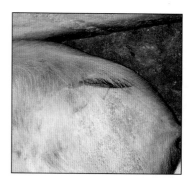

图 11-171　创伤

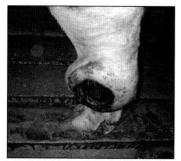

图 11-172　溃疡性肉芽肿

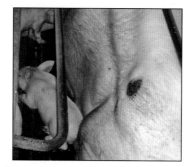

图 11-173　肩部褥疮

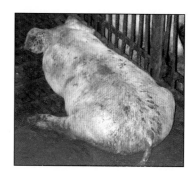

图 11-174　后腿瘫痪

图 11-175　急性跛行

图 11-176　母猪跛行

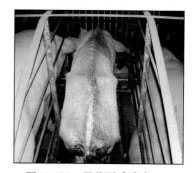

图 11-177　母猪严重消瘦

图 11-178　母猪难产

5.问题真的存在吗？使用统计学过程控制进行判断

临床兽医常面临的一个问题是需要判断猪场是否真的暴发疫情。死亡率上升可能是正常情况，也可能预示着要出现重大问题。

应用统计学过程控制的方法，兽医可以帮助猪场确定猪的正常死亡率或发病率预期，并做出治疗决定。然而，临床兽医必须了解猪群的正态分布概念。

6.什么是正态分布猪群？

正态分布猪群是指均值（平均值）±2个标准差的一群猪，这个群体包含了整个群体95%的猪（图11-179）。高于或低于2.5%的猪都不在正态分布猪群内。

如果以使用死亡率作为参数，随着时间的推移，则可以建立结果预测模型。为了对猪场事件进行评估，可以使用统计学过程控制。例如，统计学过程控制可应用于仔猪断奶后死亡率的分析，这种方法可以用于疫情暴发的识别、分析和疫病治疗，其结果是

针对问题而治疗，而不是浪费在"正常"波动上。

为了确定系统是否处于可控状态下，设置了最大控制线和最小控制线。这些通常设置为6σ，这意味着高于和低于均值3个标准差。如果结果在两个控制线范围内，则系统被称为"统计学上可控"。如果系统处于"统计学上可控"状态，那么可以预测该过程将以大致相同的平均值继续进行。

7.如何整理和分析数据？

（1）方法
①至少收集20个数据点以建立控制线。
②确定均值（中线）。
③确定控制限值，即偏离平均值3个标准差（上限和下限）。
④确定均值和控制上限之间的中线，即1.5个标准差。

（2）案例　在一个周批次生产的猪场，收集2年的仔猪断奶后死亡率的数据，绘制断奶仔猪的死亡图（图11-180），批与批之间的仔猪死亡率为1%～7%。

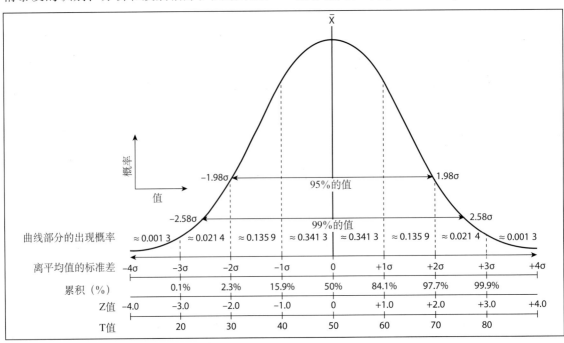

图11-179　正态分布猪群

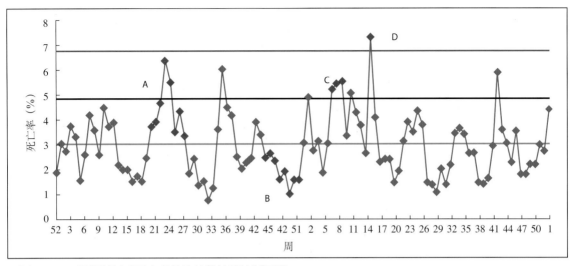

图11-180　仔猪断奶后死亡率的统计学过程控制回顾
绿线，平均值；红线，控制上限；黑线，中线。

（3）案例分析　经计算，平均值为3.0%，用绿线表示。

标准差为1.3%。

因此，控制上限为：3＋（3×1.3）=6.9，用红线表示。

控制下限为：3–（3×1.3）=–0.9。因为正在分析死亡率，故此数据无意义。

控制上限和平均值之间为中线：[（6.9–3）/2]＋3=4.95，用黑线表示。

（4）仔猪断奶后的生产表现何时"失控"？　确定系统进程是否失控有以下3条规则：

①单点超出控制范围。

②连续4个点，其中的3个点大于中线且接近控制限值。

③连续8个或更多点在中线的一侧。

因此，从兽医的角度来看，使用上面案例，系统在以下4个事件中失控：

A.第1年的第19～22批次中，仔猪的死亡率逐渐增加，需要加强药物治疗和管理，使系统处于控制状态，第23～26周死亡率处于受控状态。

B.第1年的第44～52批次中，仔猪断奶后的死亡率持续降低。对这种降低没有特别

的解释，这段时间后系统恢复到一个较高的正常值。猪场偶尔可以维持死亡率降低的情况（如采取新的疫苗免疫计划）并进入新的系统控制模式。

C.第2年的第5～7批次仔猪的死亡率缓慢上升，强化管理后系统恢复到控制范围内。

D.第2年的第14批次中仔猪的死亡率突然失控。这可能是一种机械性的事故，而不是病原侵入的结果，因此不需要进行群体加药治疗。

其他的批次波动在"正常"范围内，不需作任何健康维护计划的改变。

（5）模式解释　正常的波动与内在的随机波动有关，被称作"常见原因"。当波动超过控制范围时，则与"特殊原因"有关，这些"特殊原因"原因很少、不确定且不可预测（如电力故障或人员不足）。

8.采用早期断奶技术以提高猪群健康

早期断奶技术可以减少病原数量，甚至净化某些病原。这个技术利用了分娩后6～12h内从母体转移到其后代体内的母源抗体。然而，该技术也存在潜在风险：

• 新生仔猪可能无法摄入充足的初乳。

- 初乳内可能没有针对某些病原的足够抗体。
- 母源抗体可能下降到一定水平，不能保护仔猪。
- 母猪可能生病，不能产生充足的初乳。

如果仔猪确实从初乳中摄入了足够的抗体，表11-26提供了建议的断奶日龄以"确保"仔猪断奶时不受某种特定病原的感染。请注意，还需要严格的检测和隔离程序，以确保整个程序能成功实施。此外，仔猪需要在母源抗体下降过多之前断奶。

一般来讲，14日龄应该是对断奶仔猪执行隔离断奶程序的最大日龄。

表11-26 仔猪体内特异性初乳IgG抗体的持续期

大多数抗体消失时仔猪的周龄	病原
1	大肠埃希氏菌
2	传染性胃肠炎病毒 猪流行性腹泻病毒
3	猪胸膜肺炎放线杆菌 猪痢疾短螺旋体 副猪嗜血杆菌 猪繁殖与呼吸综合征病毒
4	多杀性巴氏杆菌 支气管败血波氏杆菌
6～9	伪狂犬病病毒 猪捷申病病毒 猪肺炎支原体 猪圆环病毒 猪呼吸道冠状病毒 呼吸道合胞病毒 猪流感病毒
10	猪瘟病毒 口蹄疫病毒
12	猪红斑丹毒丝菌
24	细小病毒

9.部分清群

有些疾病是毁灭性的。在某些情况下，部分清群、彻底清洁和翻修断奶后的栏舍，能有助于猪场重获健康，从而极大地提高猪的福利（表11-27）。降低饲料转化率和提高猪的生长速度，也可能恢复猪场的盈利能力。

表11-27 典型的部分清群方案

时间（d）	方案
开始前	安排备用的育肥猪舍
	购买或准备保温箱（nursery kennel）
	计算猪群流转需求
0	断奶日。将所有21日龄以上的仔猪断奶并转入场外保育舍
	在妊娠舍和分娩舍工作的员工不得进入育肥舍
	进入成年猪舍或分娩舍的所有员工必须穿着干净的工作服和靴子
0～4	清空生长/育肥猪舍
1	清洁冰箱和所有药瓶表面，处理所有使用过的针头和注射器
4～24	从保育区开始清洁猪舍
7	将断奶仔猪转入场外保育舍
	将下周即将分娩的母猪转入清洁的分娩舍
7～28	从保育猪舍开始维修猪舍
10	兽医检查清洁程序
	清洗人员使用的所有工作服和靴子
24	保育猪舍准备重新进猪
	正在清洁育肥猪舍的员工不允许进入分娩猪舍、妊娠猪舍或保育猪舍
28	所有猪舍都应设施完备，做好准备接猪工作

10.猪场特定病原的净化

病原微生物对猪场可造成毁灭性的损失，导致猪群福利严重受损，同时经济效益难以实现，这时就有必要彻底净化病原。但有些病原不可能被净化，如猪圆环病毒2型、支气管败血波氏杆菌、胞内劳森氏菌。这些病原存在于正常猪体内，当被净化后猪群很快又会重新感染。

然而，猪的某些最严重疾病的病原是可以从猪场净化的，如非洲猪瘟病毒、猪瘟病毒、口蹄疫病毒、传染性胃肠炎病毒或猪流行性腹泻病毒及猪伪狂犬病病毒。进行病原净化的关键是彻底掌握特定病原的流行病学特点、物理特性及诊断能力。另外，病原不一定能从猪场完全净化，原因是实验室可能无法对其进行有效检测。

此外，疾病是无法被净化的，只能净化特定病原，这就是为什么"高健康度"的提法没有实际意义的原因。所有净化计划都与阴性后备猪群密切结合，或从市场上购买阴性猪群或内部供应阴性后备猪（表11-28至表11-31）。

表11-28　病原净化方案

1	清群与重新组群
	必须将所有的猪、猪产品及粪污清除出场，然后进行熏蒸并空置栏舍，猪场再重新引进病原阴性猪群
2	子宫切除并将仔猪转移
	对临产母猪实行安乐死，剖腹取出子宫并放入消毒液中，运输到50m以外的地点。在此处将仔猪从子宫中取出后立即放入保温箱，并转出此区域。但这个方法无法净化繁殖障碍性疾病或全身系统性疾病病原。子宫切除术可以用于净化猪胸膜肺炎放线杆菌、猪肺炎支原体和猪疥螨等病原
3	直接接触病原
	将所有的易感猪暴露于病原后，感染猪能产生免疫力。如果猪不会处于长期带毒状态，则病原将会从猪场内逐渐消失。新生仔猪对病原是阴性的。肠道性病原（如猪传染性胃肠炎病毒、猪流行性腹泻病毒）是可用此方法进行控制的典型病原，猪繁殖与呼吸综合征病毒也可以利用该方法结合闭群而得到控制
4	疫苗免疫
	对所有易感猪进行疫苗免疫后，病原会从猪场逐渐消失。通常来讲，区分疫苗免疫猪和田间野毒感染猪非常重要。生产中可以通过疫苗免疫结合检测和淘汰的方案控制猪伪狂犬病病毒
5	早期隔离断奶
	早期隔离断奶利用初乳抗体并结合用药，已经被证明能有效净化猪肺炎支原体等多种病原。产毒多杀性巴氏杆菌也可被净化，但需要结合疫苗免疫和超早期断奶措施。用此方法猪胸膜肺炎放线杆菌也可以被净化，但是需要仔猪在8日龄前进行隔离断奶
6	部分清群
	部分清群是将易感猪转移，剩余成年猪群体内的病原逐步被净化，如猪肺炎支原体和猪繁殖与呼吸综合征病毒的净化
7	检测并淘汰
	所有感染猪在其将病原传播给其他易感猪之前被鉴别和淘汰，此方法非常难以实现。但此方法结合疫苗免疫，能成功净化猪伪狂犬病病毒
8	闭群
	闭群后，经过一定时间，病原可以从猪场逐渐消失。结合疫苗免疫和直接病原暴露感染，猪繁殖与呼吸综合征病毒、猪流感病毒可利用此方法被成功净化
9	加药方案
	病原必须对药物敏感。比如，病毒无法通过此方法被净化，猪疥螨和猪血虱可以通过添加阿维菌素净化；添加替米考星或泰拉霉素可以用于猪肺炎支原体的净化，尤其是结合早期隔离断奶和部分清群技术则更有效；当结合环境清洁和部分清群措施时，泰妙菌素可能对净化猪痢疾相关病原有效

表11-29　主要病原可能的净化方法（条纹格表示该方法仅在个别情况下有效）

病原	清群和重建群	子宫切除术及将仔猪转移到新场	直接暴露病原感染	疫苗免疫	早期隔离断奶	部分清群	检测和淘汰	闭群	加药方案
胸膜肺炎放线杆菌	■	■			■				
非洲猪瘟病毒	■								
猪蛔虫		■	■						
伪狂犬病病毒	■	▨		■			■		
猪痢疾短螺旋体	■								■
猪布鲁氏菌	■						■		
猪瘟病毒	■								
口蹄疫病毒	■								
猪血虱	■	■							■
猪圆线虫		■							
钩端螺旋体	■	■							
猪后圆线虫	■	■							
猪肺炎支原体	■	■			■				
有齿食道口线虫	■	■							
产毒多杀性巴氏杆菌	■	■			▨				
猪流行性腹泻病毒	■	■	■						
猪繁殖与呼吸障碍综合征病毒	■				■	■	■	■	
猪疥螨	■	■							▨
猪传染性胃肠炎病毒	■	■	■						

表11-30　病原净化方法——清群和重新组群

科学要点
市场上可购买到阴性猪群
病原不能自然存在于环境或本地的野生动物中
通过常规清洁措施可将病原从被污染的栏舍中清除
标准隔离时间
取决于需要净化的病原，如对猪痢疾相关病原的净化至少需要将病猪隔离8周
对应常规补栏，建议至少隔离6周
清群

（续）

表 11-30 病原净化方法——清群和重新组群
清群是指在隔离期内，从猪场中移除所有猪及其粪污等

清群步骤	
1	需要严格控制鼠类，将诱饵投放在水边，以增加摄入
2	在出售猪群、腾空猪舍后应进行清洁和维修
3	处理所有剩余的药物、饲料和其他废弃物
4	可能需要对人员的工作任务重新进行安排，确保受感染的员工不进入干净的猪舍内

清洗方法	
1	确保全程采用高压清洗
2	需要清除所有粪污。猪舍需要彻底刷洗，晾干后用小刀和刮刀对所有可见粪便进行处理，小的粪便块要清扫。这项工作必须亲自操作，以确保完全清除掉粪便
3	如果条件允许，则用吸尘器去除灰尘
4	需要特别注意，猪的舌头很长 栏柱、门下和门周围 猪栏背面的角落 栏舍各类配件周围（如产床） 饮水器与料槽下部 水泥地板和墙壁的裂缝及孔洞
5	对水泥地板和墙壁上的裂缝、孔洞进行维修。如果可能则清除其内部粪污，灌入消毒药水，干燥后用水泥进行维修刮平
6	所有木制隔板等需要淘汰，用新的且易于清洗的隔板替换，隔板需要放置阳光下暴晒干燥
7	清除粪沟内的所有粪污并清洗。有时虽然此工作不切实际，但必须清出粪污，使其液面距离漏缝地板至少30cm
8	最好用石灰喷洒所有表面，需要喷洒2m高。使用可背式喷雾机对猪舍的天花板和隔层进行喷雾消毒
9	确保饮水是完全消毒过的
10	维修所有设备
水	确保饮水器有足够的水流，或需要更换所有水管管线，保证供水系统里有足够的水压
空气	保证通风系统被彻底清洗。必须检查所有的风扇，确保其工作性能正常。对扇叶进行重新喷漆处理。用转速表和伏特表检查风扇转速
地板	所有的地板必须无磨损，所有的尖锐处需要去除或遮挡。注意门框及水线下或料槽周边混凝土的磨损情况，尤其是湿料系统。所有的孔洞和缝隙都需要维修，磨损的漏缝地板必须维修或更换
饲料	确保所有料槽正常工作，所有剩料已被清理，尖锐处已被磨平。任何孔洞都要修补。如果料槽漏料且无法维修，则必须进行拆除。饲料是养猪中主要的成本，任何浪费均要降低到最低限度

(续)

表 11-30　病原净化方法——清群和重新组群	
害虫	所有的猪舍都要安装防鸟设施
空栏清洗操作流程	
	确保猪场周边围栏封闭 完成所有猪舍的清洗 丢弃处理剩余的药物、针头和注射器 从栏舍里移除所有废弃物，包括所有的剩料。清空所有的料斗和料塔。所有饲料最好都被前批猪吃掉
表面	确保所有表面清洁，包括冰箱、化学药物贮存室、料库、更衣室和员工办公室等
堆肥区	清理所有的堆肥区、沼液池和粪污池 堆肥区周边的泥土含有上批猪的粪污，需要铲去该区域80cm深的土层，用适宜的消毒液对该区域泥土进行喷洒消毒后翻挖80cm土层
稻草及其他垫料	应在清洗时移除旧稻草垫料，否则会给其他未清理栏舍的鼠提供藏匿处
犬和猫	讨论犬和猫的处理方法，根据所需要净化疫病的种类决定处理方式
拖拉机	确保所有拖拉机及其设备，尤其是粪污喷头等配件被彻底清洗和消毒
	焚烧所有稻草和使用过的垫料 处理掉所有的刷子、铲子和刮刀 处理掉所有的工作服、靴子和防护服等 为刚清的清洗洁净单元配置新的工作服
猪场清洗方法	
1	高压清洗所有建筑
2	石灰粉刷所有建筑
3	熏蒸消毒所有建筑
4	给所有清洗消毒好的建筑贴封条
5	整个猪场清洗完毕后，处理掉所有的工作服、靴子，并采购新的
一旦整个猪场完成熏蒸消毒	
1	恢复供水，并检查所有饮水器是否正常工作。请注意：水线经过清洗后沉淀物可能堵塞饮水器
2	确保持续进行灭鼠，特别是猪场周围区域
新猪群的引入和生物安全措施	
1	新猪群需要隔离程序
2	注意生物安全要求，这根据新引进猪群的健康情况而所有变化

表11-31　清群和重新组群的工作任务安排：周批次（7d）

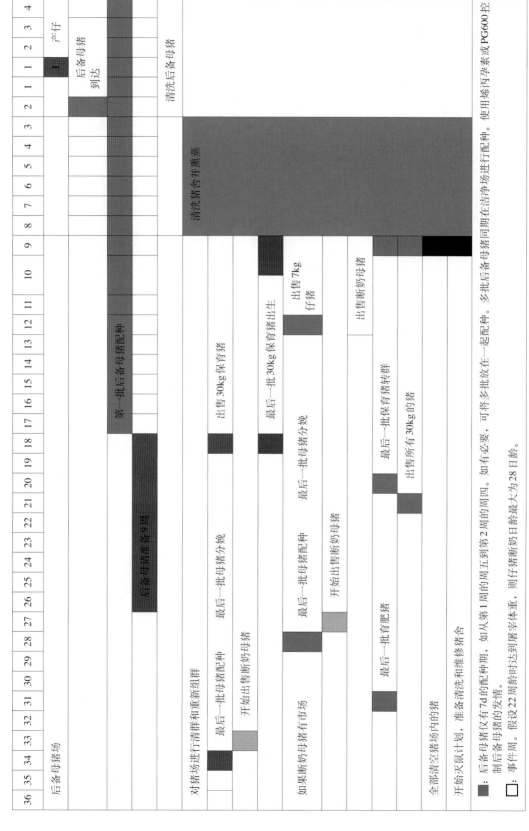

■：后备母猪仅有7d的配种期，如从第1周的周五到第2周的周四。如有必要，可将多批放在一起配种。多批后备母猪同期在洁净场进行配种。使用烯丙孕素或PG600控制后备母猪的发情。
事件同。假设22周龄时达到屠宰体重，则仔猪断奶日龄最大为28日龄。
□：开始灭鼠计划，准备清洗和维修猪舍

11.清群和重新组群碰到的问题

以下是清群后重新组群时所碰到的一些问题。

（1）计划不足　见图11-181至图11-186。

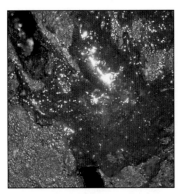

图11-181　某案例中未意识到猪群存在痢疾螺旋体感染，导致设置的隔离期过短

图11-182　同一个区域内其他距离很近的猪场也存在相同的病原，所以对这些病原净化是不现实的。注意隔离舍的位置

图11-183　在围栏质量不佳的情况下，附近出现野猪，尽管属于不同的种

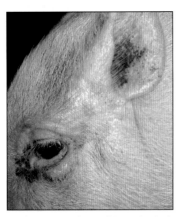

图11-184　新引进的后备猪感染了某些病原，如猪疥螨

图11-185　之前死亡的猪未被彻底清除

图11-186　对周围野生动物的评估不足

（2）准备不足　见图11-187至图11-192。

图11-187　管道及栏门内部残留粪便

图11-188　在清洁前应将大门修理好，尤其是大门下面

图11-189　猪舍缺乏维修，注意墙上的洞和大裂缝

图11-190　更换所有被损坏的设备

图11-191　电源盒未被清理

图11-192　在清洗中和清洗后猪场安全意识淡薄

（3）贪小便宜　见图11-193至图11-198。

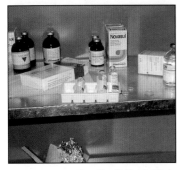

图11-193　"旧"药物遗留在场内，药物即便未开封也应该慎用

图11-194　猪场保留了仔猪处理工具等旧设备

图11-195　刺青工具常被遗留在场内

图 11-196　保留靴子（尤其是拖鞋）

图 11-197　清洗工作服以备重复使用，特别是高压冲洗的防护服

图 11-198　保留其他与前批次猪直接接触过的设备

（4）清洗不够彻底　见图 11-199 至图 11-207。

图 11-199　需要对清洗过的区域进行严格而彻底的检查

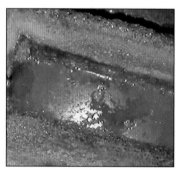

图 11-200　污水内含有上批猪的粪便

图 11-201　检查地板是否有粪污，兽医应对猪舍做检查

图 11-202　小块粪便也需要人工清除

图 11-203　漏缝地板下非常难以清洁

图 11-204　注意清洗所有可能藏污纳垢的区域（如湿帘内）

图11-205　应人工清除蜘蛛网，尤其是电源附近的

图11-206　需清除前一批次猪转出后遗留的物品，如实施人工授精瓶技术时用的盖子

图11-207　场内包装袋及料塔、料线内的剩余饲料未被完全清除干净

（5）猪舍内设备维修不足　见图11-208至图11-213。

图11-208　啮齿动物可能通过未固定的排水管进入猪场

图11-209　饮水器漏水

图11-210　料槽有漏洞

图11-211　地板磨损严重，尤其是饮水器和料槽下方的地板

图11-212　风机系统损坏（如进风口被堵塞）

图11-213　保温层需要更换

（6）重新组群后的问题　见图11-214至图11-228。

图11-214　害虫控制不彻底

图11-215　猪场工作人员不遵守生物安全规定（如访问屠宰场）

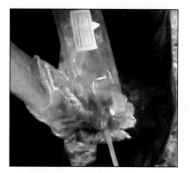

图11-216　病原的传入，记住猪群是最大的风险

图11-217　先天性震颤。对于新建猪群是一个特殊问题，有感染新引进后备母猪的风险

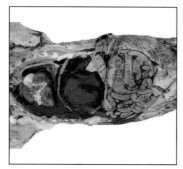

图11-218　桑葚心。随着生长速度的增加，需给保育猪补充维生素E。图中显示的是典型的肝脏破裂和腹腔充满血液

图11-219　地板清洗得非常干净但很滑，会导致后备母猪或断奶母猪臀部受伤

图11-220　后备母猪选留或供给不足，导致批次配种目标未能达成

图11-221　因为"销售"压力，后备母猪选留不当，特别要检查背部、肢蹄和乳头

图11-222　后备母猪饲养管理不当，导致配种时过肥或日龄太小

图11-223 对后备母猪的繁殖能力预估过于乐观，导致产房空置

图11-224 配种的后备母猪过多，导致猪群流转问题，断奶仔猪质量差

图11-225 初产母猪的免疫状态差，导致仔猪断奶前发生腹泻

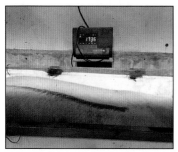

图11-226 育肥猪超重或过肥，使得生长速度未能达到预期水平

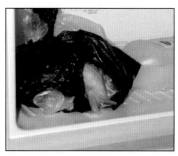

图11-227 违反生物安全规定，将猪肉制品带入猪场

图11-228 从长远来看，如果胎次控制不当，则死胎比例会升高

如果流程得到充分规划、管理和实施，则清群与重新组群后净化病原可取得巨大的成功。现在主要的问题是未能设定好标准。谨记，重新组群与后备母猪密切相关。后备母猪的生长、引种、流转及未来的护理都需要健康管理团队所有成员的共同协作。

最后记住，并非所有"病原"都可以被净化（如红斑丹毒丝菌）。一些病原会很快再次感染猪场（如支气管败血波氏杆菌），一些病原（如胞内劳森氏菌）会存在于其他动物体中。

在某些情况下，或许有些微生物不能被净化（如副猪嗜血杆菌），它们的缺失会让新的种群引进变得困难，同时使得猪场生产的种群流转变得困难。

12.病原净化方案示例

一些病原净化方案的示例见表11-32至表11-38。在这些案例中，讨论了一些特定的抗生素。然而，随着科学的进步，使用其他抗生素净化可能更合适。

表11-32　通过子宫切除术及将仔猪移至新猪场来协助净化胸膜肺炎放线杆菌的感染
科学假设
微生物通常不存在于皮肤上
微生物通常不存在于血液中
微生物不通过胎盘传播给胎儿
母猪准备方案
选择妊娠112 ～ 114 d的母猪
在不对母猪造成应激的前提下，在实施子宫切除术的前一天对母猪进行清洗
子宫切除术的前一天
1.除非有必要，否则不要轻易延迟母猪分娩时间。延迟分娩可以选用3种化学药物，但使用前需要确认使用这些化学药物是否合法：①黄体酮，前一天肌内注射300mg；②克伦特罗，每12h肌内注射10mL（300mg）；③烯丙孕素，可能有助于延迟分娩
2.确保新猪场有奶妈猪
准备方案
1.母猪不得正处于分娩中。如果有仔猪出生或有胎盘出现，则严禁将母猪移出栋舍
2.轻轻地将母猪驱赶到实施子宫切除术的地点
3.卡车、驾驶员和协助人员必须与做完子宫切除术的仔猪保持50m以上的距离
4.在实施子宫切除术当天，驾驶员和协助人员必须穿着干净的外套和靴子，并清洗双手
5.用于运母猪的车必须进行清洗、消毒，并且在清洗、消毒后的12h内不得用于运猪
6.育种公司必须确保相关人员知道子宫切除术将在第2天的早上进行
子宫切除术地点
1.手术地点必须安全
2.手术地点的仔猪区和母猪区至少相隔50m
3.除非需要移动子宫，否则所有人员于任何时间都不得在两个地点之间进行移动
4.手术完成之后，必须移走所有物料并对地点进行消毒
5.如果尸体仍然留在子宫切除地点，则必须将它们放在有盖子或者专用防犬的建筑中。母猪扑杀后24h内必须被移走，或必须在下一次子宫切除术进行前被移走
准备子宫切除术
实施子宫切除术的前一天
饲养员职责
1.准备好浴盆，以确保母猪被彻底清洁和消毒
2.确保手术台彻底清洁

（续）

表11-32　通过子宫切除术及将仔猪移至新猪场来协助净化胸膜肺炎放线杆菌的感染
子宫切除术开始后的15min内
1.向浴盆中注入30cm深的热水
2.在水中加入适量温和的消毒剂
3.将浴盆移至手术实施地点
4.额外准备一个装有温水的清洁桶，用于母猪扑杀后的清洁
5.如果浴盆注入温水后25min内还没有实施子宫切除术，则应重新注入所需温度的自来水
母猪扑杀程序
需要3个人：2个饲养员和1个兽医
1.准备好仔猪区域
2.饲养员1使用套索捕捉、保定母猪
3.兽医给饲养员2提供刺髓棒和刀
4.2名饲养员必须站在兽医身后，兽医使用致昏枪射击母猪
5.兽医迅速将无子弹的枪以手柄部位递给饲养员2，始终保持枪头对着地面
6.饲养员2将刺髓棒递给兽医
7.兽医努力将刺髓棒插入颅孔，完全穿透颅骨可能需要一定的力量
8.饲养员1必须始终站在兽医身后，并紧紧用套索保定住母猪
9.将刺髓棒缓慢、反复地穿刺母猪的脊髓，直至其没有任何运动
10.将刺髓棒留在原处，直至手术完成
子宫切除术程序
1.饲养员1握住母猪的后腿，将其翻转，腹部向上
2.饲养员2将刀递给兽医，随后把枪放回枪盒
3.饲养员2将热水浴盆移至母猪身旁
4.兽医从剑状软骨开始，切开皮肤和脂肪，一直延续到后腿之间。注意不要穿透腹部，仅切开皮肤与脂肪
5.从剑状软骨处穿透腹腔，制造一个足够大的孔，能够将手插入腹腔。用手提起腹壁，沿着白线逆向切割，注意不要穿透任何内脏
6.将刀刃插入前腿肌肉中
7.将热水浴盆移至母猪侧面
8.将子宫拉入浴盆内。撕拉卵巢末端，可能在某些情况下子宫颈可以直接被撕断，但绝大多数情况下需要用刀切断子宫颈
9.一旦子宫完全进入热水浴盆中，则2个饲养员必须迅速将浴盆转移至仔猪区域

（续）

表11-32　通过子宫切除术及将仔猪移至新猪场来协助净化胸膜肺炎放线杆菌的感染
在子宫切除手术中可能出现的问题
1.子宫内出现小孔但不足以让仔猪出来，可以忽略并继续进行后续步骤
2.子宫内出现大孔且足以让仔猪出来，继续将子宫移至水浴盆中，进行子宫切除术。流出的仔猪不能转移至仔猪处理区域，但是需要干燥，并尽可能返回母猪来源场
仔猪处理区
实施子宫切除术的前一天
1.处理手术台。务必确保手术台在进行子宫切除术前至少12h经过彻底清洁和消毒。手术台设计的时候安装有一个筛网，允许水通过，但子宫和仔猪不能通过
2.仔猪运输箱。务必确保运输箱在进行子宫切除术前至少12h经过彻底清洁和消毒。务必确保运输箱能够有效保温、数量足够并且空间足够容纳最多数量的仔猪
3.用于运输仔猪至新场的卡车。务必确保卡车在进行子宫切除术前至少12h经过彻底清洁和消毒
实施子宫切除术的当天
1.仔猪区域应该尽可能地远离母猪手术区
2.来自接收猪场的兽医、护士和饲养员必须穿着干净的外衣、靴子，还应当穿戴塑料防护服
3.在到达手术地点之前，所有人员需要使用消毒剂清洗、消毒手部。手术人员可以佩戴手套，但可能会增加从子宫中取出仔猪的难度，在一定程度上会延长手术时间
4.所需工具：24对脐带夹、无菌弯曲平头剪刀、干毛巾和苏醒液
仔猪处理
1.2名饲养员用水和消毒剂对手术台进行清洗、消毒
2.2名饲养员随后返回子宫切除术地点
3.3名手术人员（兽医、护士和饲养员各1人）打开子宫并取出仔猪，注意不能切到仔猪
4.兽医分别沿着脐带将脐带内血液挤压至每头仔猪体内，在距离脐部5cm左右的位置夹上脐带夹，然后从胎盘端剪断脐带
5.在手术期间，护士和饲养员始终使用干毛巾按摩、擦干仔猪，并且必须与仔猪交流，并促使它们呼吸
6.将仔猪放至运输箱之前，必须确保其能尖叫，并运动活跃
7.如果仔猪出现呼吸问题，应当尝试将苏醒液滴在其舌部对其进行复苏。不要进行口对口的人工呼吸，以防发生病原微生物的传播
8.一旦所有的仔猪都装进了运输箱，饲养员、运输箱和运输卡车必须即刻前往新猪场
9.任何可能影响生产的畸形仔猪都不得放入运输箱，如腿部变形或腭裂仔猪
10.将仔猪处理区域彻底清理干净，所有一次性器材（塑料外套、手套等）均进行卫生处理

（续）

表 11-32　通过子宫切除术及将仔猪移至新猪场来协助净化胸膜肺炎放线杆菌的感染
到达新猪场
新猪场没有生产母猪
猪场设施务必十分干净
谨记实施子宫切除术得到的仔猪没有吸吮初乳，这意味着它们没有先天性免疫力
提供人造初乳补充液，牛初乳是很好的替代品，通过胃管灌服的方式为每头仔猪提供50mL（10mL/剂量）
每头仔猪注射3mg头孢噻呋或5mg泰拉霉素
新生仔猪转到建好的猪场
母猪在子宫切除术当天进行诱导分娩
若母猪正在分娩，则对其所产仔猪进行寄养。如果母猪数量不足，则将自然分娩的仔猪装箱并提供人造初乳，仔猪全部出生后分配一头母猪进行喂奶
对实施子宫切除术得到的仔猪必须优先进行供奶。当仔猪到达老场时，在猪栏放置碎纸片，添加保温灯，同时确保寄养猪在最近1h没有被吸吮，然后就可以直接将实施子宫切除术获得的仔猪丢给寄养的猪喂养
每头仔猪注射3mg头孢噻呋或5mg泰拉霉素

表 11-33　利用隔离早期断奶仔猪净化猪肺炎支原体感染
科学假设
母猪终生感染
猪肺炎支原体初乳抗体能在体内维持14d
可以用替米考星、泰妙菌素、泰拉霉素或金霉素杀灭猪肺炎支原体
猪肺炎支原体可以通过清理场外保育舍进行净化
10周龄的猪体内没有猪肺炎支原体抗体，PCR是检测猪肺炎支原体的有效工具
存在猪肺炎支原体阴性的猪源
猪肺炎支原体仅在猪场3km的范围内传播
母猪准备方案
1.分娩前8周
给母猪接种疫苗。该方案的成功实施需要依靠初乳抗体，其关键是疫苗接种。务必确保疫苗贮存恰当并且使用40mm×1.3mm的针头进行免疫
对于由胸膜肺炎放线杆菌、梭状芽孢杆菌、大肠埃希氏菌、猪红斑丹毒丝菌、副猪嗜血杆菌、胞内劳森氏菌、猪肺炎支原体、猪繁殖与呼吸综合征病毒（灭活疫苗）、猪流感病毒和轮状病毒等感染的猪建议使用疫苗
使用保育猪舍及产房的腹泻粪便对母猪群进行返饲操作

（续）

表11-33　利用隔离早期断奶仔猪净化猪肺炎支原体感染

2.分娩前4周		
再次进行疫苗免疫及返饲操作		
3.分娩前2周		
母猪通过饲料添加替米考星（400g/t）和金霉素（800g/t），直至仔猪在10日龄断奶		
4.分娩前5～7d		
所有母猪必须健康，并被转移至产房		
一般细菌	长效四环素	使用40mm×1.3mm针头颈部肌内注射30mg/kg
断奶方案		
日龄		
1	补铁	使用16mm×0.8mm针头颈部肌内注射200mg
	初乳	
2	阿维菌素	使用16 mm×0.8mm针头颈部皮下注射300μg/kg
	托拉菌素	使用16mm×0.8mm针头颈部肌内注射2.5mg/kg
	恩诺沙星	口服给药：10mg（在有些国家不合法）
4	妥曲珠利	口服给药：7mg/kg，以控制球虫病
5	头孢噻呋	使用16mm×0.8mm针头颈部肌内注射5mg/kg
9	头孢噻呋	使用16mm×0.8mm针头颈部肌内注射5mg/kg
10	断奶，转移至场外的保育舍，注意卡车和场地的生物安全	
断奶后饲养在干净的场外保育舍		
	12.5%支原净溶液	断奶后前7d通过饮水给药180mg/L
	金霉素	每吨教槽料添加800g，断奶后加药饲喂21d
	替米考星	每吨教槽料添加400g，断奶后加药饲喂21d
	阿维菌素	使用16mm×0.8mm针头颈部皮下注射300μg/kg
	泰拉菌素	使用16mm×0.8mm针头颈部肌内注射2.5mg/kg
猪群检测		
死亡	所有死亡的猪都必须进行剖检	
腹泻	调查所有的腹泻病例	
咳嗽	调查所有的咳嗽和打喷嚏病例。请注意：仔猪断奶后可能会发生打喷嚏，这属于正常现象	
10周龄	对猪群进行检测并确保它们是阴性的。务必保证检测不受母源抗体（初乳抗体）的干扰	

（续）

表11-33　利用隔离早期断奶仔猪净化猪肺炎支原体感染	
哨兵猪	将阴性后备母猪放到育肥/育成猪群中进行密切接触，1个月后进行血液检测。注意后备母猪是否出现咳嗽
将猪群转移至清洁的生长/育肥场	
	假设所有猪都是阴性的，则将猪群转移至新的生长/育肥猪场；如果猪群存在任何健康状况，切勿将其转移至新场

表11-34　利用部分清群净化猪肺炎支原体感染
科学假设
母猪终生感染
猪肺炎支原体初乳抗体可维持14d
猪肺炎支原体可以被替米考星、泰妙菌素、泰拉霉素或金霉素杀灭
猪肺炎支原体在环境中仅能存活几天
12周龄的猪体内没有猪肺炎支原体抗体，PCR及免疫组化是检测猪肺炎支原体的有效工具
可获得的猪肺炎支原体阴性猪
猪肺炎支原体仅在猪场3km的范围内传播
准备工作
将所有10日龄以上、10月龄以下的猪从猪场转移出去
分娩至育肥猪场：再次复查部分清群方案，包括对10日龄以上仔猪护理的需求
检查猪群流转计划，以确保有足够的年轻母猪来满足3个月内后备母猪的短缺
在考虑维持猪群流转时，如果有必要，可以剔除所有公、母猪，以降低猪群规模
剔除所有健康度低的公、母猪
为了净化环境中的支原体，应考虑在夏季的几个月执行净化计划
猪舍清空后，务必确保启动全面的清洁、维修和翻新计划
方案启动前8周
为母猪群与公猪群接种猪肺炎支原体疫苗。必须保证产房内所有仔猪都摄入到初乳，且所有母猪在产房不会排出猪肺炎支原体。该方案成功实施需要依靠初乳抗体，其关键是疫苗接种。务必确保疫苗贮存恰当，并且使用40mm×1.3mm的针头进行免疫
使用保育舍与产房的腹泻粪便对公猪群和母猪群进行返饲操作，所有成年猪必须免疫猪肺炎支原体
方案启动前4周
再次进行疫苗免疫和返饲操作

（续）

表11-34　利用部分清群净化猪肺炎支原体感染

启动为期6周的净化方案		
务必确保所有公、母猪每天采食3kg的加药饲料，尤其注意需要根据公猪体重给予其足够量的药物或者与注射给药相结合		
公猪可选用注射给药方案：每隔7d注射泰拉霉素（2.5mg/kg），如果有必要，则预先称重		
连续6周以饲喂给药的方式给母猪提供替米考星（400g/t）和金霉素（800g/t）。替米考星味非常苦，可在饲料中加入糖来改善其适口性		
产房内母猪，早上提供3kg的加药饲料，晚上提供未加药饲料		
给任何生病或食欲不振的母猪（如发情期母猪）注射泰拉霉素（2.5mg/kg）。如果母猪生病3d以上，则应当实行安乐死。坚决杜绝任何体弱的成年猪体内存留猪肺炎支原体		
提升10日龄断奶仔猪存活率的产房管理		
1日龄	补铁	使用16mm×0.8mm针头颈部肌内注射200mg
	初乳	所有仔猪必须摄入初乳。当怀疑某些仔猪未获得足够量的初乳时，应当对它们实行安乐死
2日龄	头孢噻呋	使用16mm×0.8mm针头颈部肌内注射5mg/kg
	恩诺沙星或泰拉霉素	口服给药：10mg（在有些国家不合法）；泰拉菌素注射：2.5mg/kg
4日龄	妥曲珠利	口服给药：7mg/kg，以控制球虫病
5日龄	头孢噻呋	使用16mm×0.8mm针头颈部肌内注射5mg/kg
9日龄	头孢噻呋	使用16 mm×0.8 mm针头颈部肌内注射5 mg/kg
10日龄	断奶，转移至场外的保育舍，注意卡车和场地的生物安全	
提前断奶母猪的管理		
为了维持猪群流转，断奶前一天对即将断奶母猪使用烯丙孕素，直到正常预期的断奶日。可以在烯丙孕素给药方案前3d，通过烤面包或者使用苹果汁或菜籽油来提供烯丙孕素		
确认肺炎支原体被净化		
死亡	所有死亡的猪都必须进行剖检	
咳嗽	调查所有的咳嗽和打喷嚏病例。请注意：断奶后可能会发生打喷嚏，这属于正常现象	
12周龄	对猪群进行检测并确保它们是阴性的，需确保检测不受母源抗体（初乳抗体）的干扰	
哨兵猪	将阴性后备母猪转入到生长/育肥猪群中进行密切接触，1个月后进行血液检测，尤其注意后备母猪是否出现咳嗽	
时间	应该通过临床检查、血清学检查和屠宰时的病理检查对猪场连续检查1年以上时间，任何可疑病例都需要进行免疫组织化学检测	

表 11-35 疫苗接种、检测及淘汰（从低感染率猪场净化伪狂犬病病毒的方案）

科学假设	
	伪狂犬病病毒是一种稳定的DNA病毒
	目前具有有效的疫苗
	能通过诊断检测区分疫苗免疫猪和野毒感染猪

疫苗接种		
1	所有10周龄以上的猪群都应接种基因缺失疫苗，6个月后再次进行免疫。这样可以保证在清理猪群时病毒不对外散毒，同时必须严格采取生物安全措施	

检测和淘汰		
2	对所有公猪、母猪和后备母猪进行血清学检测，检测时选取以下3个群组中30～50头猪：30～45kg、45～70kg和70kg以上	
	如果只有不到10%的猪呈现野毒阳性，请即刻淘汰野毒阳性公猪、母猪和后备母猪，然后执行第3步 如果超过10%的猪呈现野毒阳性，要么清群，要么执行场外断奶方案，这需要猪场决策	
3	30d后再次对所有公猪、母猪和后备母猪进行血清学检测	
	任何检测野毒阳性的公猪、母猪或后备母猪都需要立刻淘汰。如果某些育肥猪是野毒阳性的，将经过耳标或剪耳标识的30kg的野毒阴性猪充当哨兵猪，放在生长舍周围，每6周重新检测这些猪	
	如果所有猪都是野毒阴性，执行第4步	
4	至少检测120头母猪，90d后再次检测	
	所有野毒阳性的公猪、母猪或后备母猪应立刻从猪群中淘汰，再次执行第3步	
	如果所有猪都是野毒阴性，执行第5步	
5	6个月后再次检测，所有野毒阳性的公猪、母猪或后备母猪需要立刻从猪群中淘汰，再次执行第3步	
6	如果所有猪都是野毒阴性，很可能现在猪群就是野毒阴性，在未来18个月内可以不接种疫苗	
7	宣布本猪场伪狂犬病阴性	

表 11-36 闭群和病原暴露驯化（案例：猪繁殖与呼吸障碍综合征病毒的净化）

科学假设	
	公猪和母猪不会长期携带猪繁殖与呼吸综合征病毒(经过一定的时间)
	猪感染后，猪繁殖与呼吸综合征病毒颗粒的排毒期小于100d（参阅后面的表注）
	14日龄以内的仔猪可以受到母源抗体的保护
	距离超过1 000m时，猪繁殖与呼吸综合征病毒的传播可能性很小
	猪繁殖与呼吸综合征病毒不能感染其他动物

难点	
	猪繁殖与呼吸综合征病毒不会在各种体液中持续排毒
	使用推荐的治疗措施，由猪繁殖与呼吸综合征病毒造成的繁殖障碍可能会加重

(续)

表 11-36　闭群和病原暴露驯化（案例：猪繁殖与呼吸障碍综合征病毒的净化）	
技术	
	为之后100 d的正常生产，购买/准备足够的后备母猪
	除了猪繁殖与呼吸综合征病毒阴性精液外，所有投入品禁止进入猪场
病原暴露：同时感染猪场中所有的猪	
	使用合适的疫苗对所有的母猪、公猪和后备母猪进行免疫，如果前期没有进行强毒暴露，则可以选用活疫苗
	用本场猪建立一个免疫模型。比如，从具有急性症状的猪上取扁桃体刮取物，对所有母猪、后备母猪、公猪和年轻的种猪群进行免疫接种
	执行返饲操作：使用发病保育猪咀嚼过的棉绳（上面含有大量的唾液、鼻腔液，这些液体中含有大量本场猪繁殖与呼吸综合征病毒），以及使用流产胎儿、具有猪繁殖与呼吸综合征典型症状的病弱仔猪，连续返饲14d
	在感染期结束前，处理掉所有使用过的针头、注射器等
2周后	用猪繁殖与呼吸综合征病毒灭活疫苗对所有母猪、后备母猪和公猪进行免疫，以减少排毒量
	在感染期结束前，处理掉所有使用过的针头、注射器等
闭群	
	猪场必须彻底封场（除了猪繁殖与呼吸综合征病毒阴性的精液）至少100d
	把所有达到14日龄的仔猪提前断奶并转移出母猪场，连续执行100d以上
	加强生物安全措施
猪场的清洗消毒	
	在感染后的90d内，对整个猪场进行消毒，包括墙壁、通风设施、水线。清洗所有的工作服和靴子，丢弃所有用过的针头和注射器。注意：此为带猪操作
检查净化的效果	
1	购买20头猪繁殖与呼吸综合征阴性后备母猪
2	将后备母猪引进猪场猪
3	21 d后对20头后备母猪采血
4	35 d后对20头后备母猪再次采血
5	如果所有后备母猪都是猪繁殖与呼吸综合征阴性，则确定猪场该病病毒净化成功，并可提高断奶日龄
6	如果任一头后备母猪出现猪繁殖与呼吸综合征阳性，则移除所有后备母猪，封场30d后再重复采血检测
净化后的维护	
	所有的后备母猪和公猪被引入前，需要足够的隔离期且检测病毒是否呈阴性
	最好本场供精
	不得对引进的后备猪群使用活疫苗
	持续加强生物安全措施

表11-37　猪繁殖与呼吸综合征病毒的净化（每周工作计划）

第1周	感染所有公猪和母猪：用猪繁殖与呼吸综合病毒活疫苗和本场病料 确保猪场所有员工具有很强的生物安全意识 隔离猪群：用猪繁殖与呼吸综合病毒灭活疫苗和本场病料免疫所有猪 移除隔离区物料? 采购未来100d需要的后备猪，且确保所有猪均进行了病原暴露 闭群
第2周	停止活疫苗免疫 继续返饲(棉绳和返饲)操作14d
第3周	弃去所有用过的针头和注射器 开始100d倒计时 将超过14日龄的仔猪断奶并转移出母猪场 限制或完全停止寄养
第4～14周	将超过14日龄的仔猪断奶并转移出母猪场 限制或完全停止寄养
第14周	对墙壁、地板、空气、水、车辆和器具进行消毒 弃去所有使用过的工作服、靴子、针头和注射器等物品 引进20头猪繁殖与呼吸综合征病毒阴性的后备母猪
第18周	引进20头阴性后备母猪到隔离舍
第21周	对后备母猪采血检测。如果呈病毒阴性，则进入下一周的工作流程。把另外的20头 阴性后备母猪转移入种猪群 如果后备母猪检测为病毒阳性，则立刻把其转移出隔离舍 封场30d，然后重启检测程序
第24周	对隔离舍和母猪场中的后备母猪进行采血检测，如果呈病毒阴性，则进入下一周的工 作流程 如果任一头后备母猪为病毒阳性，则立刻把其转移出隔离舍或猪场 封场30d，然后再次启动检测程序
第25周	开始仔猪断奶的正常操作
第27周	对40头后备母猪全部再次采血检测。如果呈病毒阴性，则重新启动后备母猪的引种 工作。宣布为猪繁殖与呼吸综合征病毒阴性猪场

注：该方案已成功净化了许多猪场的猪繁殖与呼吸综合征病毒。研究发现，猪繁殖与呼吸综合征病毒能够在组织中存留长达200d。因此，在进行闭群时健康管理团队必须考虑相关风险。在某些情况下，需要采用闭群200d的方案，而不是上述闭群100d的方案。

表 11-38	利用加药进行病原净化（案例：产房到保育舍的猪疥螨的净化）
	阿维菌素在体内的药效期可达7d
	猪疥螨虫卵对阿维菌素的耐药性
	猪疥螨虫卵孵化期为5d
	猪疥螨离开宿主后存活时间可长达21d，但夏季只有5d
	因为估计公猪体重较难，因此常导致用药量偏低，这是导致驱虫失败的主要原因
不同阶段猪群	驱虫方案
哺乳仔猪	颈部注射阿维菌素（300μg/kg体重），使用16mm×0.8mm针头，胰岛素注射器
后备母猪	饲料给药7d，添加阿维菌素(100μg/kg体重)，需要确保每头猪每天摄入饲料2.75kg
配种和妊娠母猪	饲料给药7d，添加阿维菌素(100μg/kg体重)。需要确保每头猪每天摄入饲料2.75kg。可忽略体况评分
哺乳母猪	每天早上饲喂2.7kg妊娠母猪料（含有阿维菌素100μg/kg体重），连续7d。晚上饲喂哺乳料
公猪	饲喂含阿维菌素的妊娠母猪料（100μg/kg体重）。对大体重的公猪需提高饲喂量。比如，200kg体重的公猪每天饲喂2.7kg，连续7d；250kg体重的公猪每天饲喂3.3kg，连续7d；300kg体重的公猪每天饲喂4kg或者注射阿维菌素（300μg/kg体重）
治疗栏	所有猪颈部注射阿维菌素（300μg/kg体重）
所有拒食超过24h的成年猪	颈部注射阿维菌素（300μg/kg体重）。注意处于发情期的母猪
猪舍处理	在7d疗程结束时，用背囊喷雾器对所有猪舍进行喷洒0.1%双甲脒溶液（40mL/10L水）
工作服管理	饲养员到生长育肥舍工作时，不能穿繁育区的工作服
	猪群7d用药期结束前，需要对所有工作服、靴子进行彻底清洗、消毒，并喷洒0.1%双甲脒溶液
第一次注射给药后第14天重新进行注射给药，前一次拌料给药后7d再次拌料给药	
料线管理	完成7d饲料给药后应该饲料对所有料线进行正常"清洗"，以去除管道中的药物残留

注：如果该方案结合部分清群或清洁的隔栏系统，则可以在自繁自养场消灭疥癣。

六、无抗养猪

不使用抗生素药物养猪（无抗养殖，raised without antibiotics，RWA）并不困难，但需要整个健康管理团队的决心才能实现。无抗养猪的主要目的是保持猪群健康，但是病猪仍然需要治疗。所以无抗养猪的目的是提高大多数猪群的健康，同时管理好病弱猪，使其康复。

注意：如果健康管理团队在整个饲养中遵从药物的休药期，当前所出售的所有肉品均不存在超标的抗生素残留，则此猪肉是无抗的。

在进行无抗养殖前，首先需要组建健康管理团队。该团队需要包括猪场主人、场长、饲养员和兽医。团队还需要有人了解猪群遗传和营养知识。必须保持一定程度的开放，因为许多猪场通常习惯于对其内部的事情保持一定程度的沉默。健康团队中的每个成员都有其特定的作用。兽医通过如实反馈猪群的生理情况，扮演着重要角色，同时也是可靠健康检查系统的经纪人。

无抗养猪需要正确管理如下几个方面：

- 病原管理。
- 猪群流转管理。
- 猪群免疫力管理。
- 环境管理。
- 病弱猪管理。
- 人员管理。

1.病原管理

（1）猪场选址　猪场与周围最近猪场的直线距离至少1km。必须有一个隔离区，每个隔离区严格遵守全进全出原则。每个隔离区距离猪场生产区的直线距离至少50m，距离相邻的其他猪场至少1km。猪场主要生产区应处于上风处，而隔离区处于下风向。但这在很多区域是不太可能实现的（图11-229）。

猪场兽医和种猪供应公司的兽医之间一定要保持良好的沟通。种猪供应公司应该提供一份健康报告，并优先重视无抗养猪场的健康信息。持续提供高质量的后备种猪是保证无抗猪场正常猪群流转的重要因素。

必须主动控制害虫，猪舍需要尽可能防鸟。

批次间对猪舍进行清洗。无抗养猪场需要尽量减少与病原的接触，可以通过清除所有粪便和干燥栏舍达到减少病原的目的。

减少猪场内部病原传播的途径：

- 断奶后到30kg的保育猪（约10周龄），管理不同批次猪的饲养员需要穿不同颜色的靴子加以区分。
- 在产房，每个批次需要使用专用的刷子、刮刀，最好用不同颜色和数字加以区分。
- 不同批次猪群不要共用口服药物、针头和注射器。
- 脚踏盆有助于提高饲养员的生物安全意识，也可以对干净的器具进行消毒。但在踩入脚踏消毒盆前，需要清洁靴子。

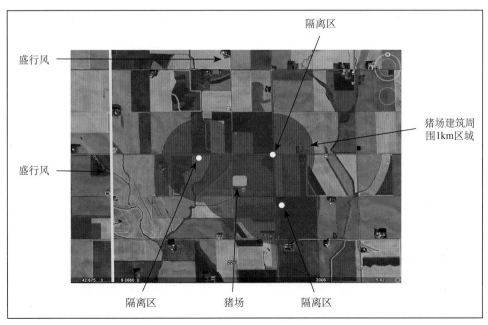

图11-229　根据潜在的病原传播，回顾性检查猪场位置

巡查猪场时总是遵循以下原则：从健康猪群到发病猪群，从低日龄猪群到高日龄猪群。

（2）病原检查　在开始实行无抗养猪管理措施前，将特定的病原净化可以增加公司取得无抗养猪成功的胜算。应该从商品猪场净化的主要病原有猪痢疾短螺旋体、猪疥螨、猪肺炎支原体（包括地方性流行猪肺炎支原体）、猪繁殖与呼吸综合征病毒、猪伪狂犬病病毒。但前提是，假定猪场没有OIE规定的病原，或准备了有效的疫苗免疫程序来控制这些病原。

有些病原可能非常难以净化，但是猪场不能存在由这些病原导致的疾病的急性临床症状。这些病原包括猪链球菌2型等（脑膜炎）、副猪嗜血杆菌（格拉泽氏病）、猪鼻支原体、猪链球菌属、猪放线杆菌（多发性浆膜炎）、猪大肠埃希氏菌F18（水肿病）、胸膜肺炎放线杆菌（猪胸膜肺炎）。

2.猪群流转管理

（1）采取批次生产理念　任何猪场想要做到全进全出，必须采用批次化生产系统。

（2）正确的饲养密度有助于猪群健康建议采用猪群流转模型的目的是为了避免产房、保育猪舍和育肥猪舍的饲养密度过大或不足。只有栏舍没有猪了才能进行清洗消毒，以及很重要的一点是保持清洁。猪场管理人员必须抵制这样的诱惑：通过提高饲养密度（超负荷生产）来弥补一些其他方面造成的损失。尤其是在夏季由热应激导致的分娩率下降和育肥猪生长缓慢的情况下。当执行无抗养猪管理模式时，必须保证猪的饲养密度不超过标准，并在生产中严格控制存栏量。

健康管理团队必须接受的第二个必然情况是，如果以母猪为单位来衡量，如1 000头母猪，那么夏季分娩率下降肯定会导致猪肉或培根产量的波动，全年的变化可达15%。为了保证猪场的产量不发生波动，则需要适时调整母猪饲养规模，如在初夏要大些，在初冬则小些。

3.猪群免疫力管理

（1）先天性免疫　最好的免疫是饲养那些无特定病原受体的猪。利用猪的选育和DNA图谱技术有助于我们了解猪对病原先天性抵抗的相关知识。现在能天然抵抗大肠埃希氏菌F18（水肿病）、F4（K88）（断奶前后腹泻）或猪繁殖与呼吸综合征病毒的种猪品系已经上市。多家种猪公司已经记录了在选择压力下猪对疾病/病原和机能失调的抵抗力。比如，不从所产仔猪出现断奶前腹泻的母猪后代中挑选后备母猪和后备公猪（图11-230）。

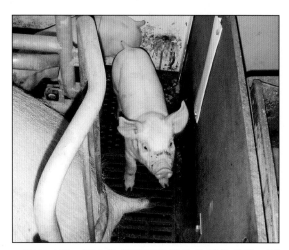

图11-230　图中的仔猪不能被选为后备种猪，因为它们在断奶前就表现出腹泻症状

（2）获得性免疫　即主要通过疫苗的有效免疫，或通过返饲或直接暴露的方式来接触存在于猪场的地方性病原，从而激发猪群的健康免疫系统。

（3）免疫抑制　应避免任何可能损害猪免疫系统的病原和因素，如霉菌毒素可以通过饲料或垫料传入猪群，健康管理团队需要仔细审查。或许将腐烂的稻草用作堆肥比用作垫料更安全，特别是用作垫料会导致异常流产或暴发猪繁殖与呼吸综合征，从而影响后备母猪的免疫系统。

病原微生物可以影响免疫系统，猪流感

就是一个明显的例子。如果猪群正在发生猪流感，这将影响后备母猪对疫苗的预防性免疫程序产生足够的免疫应答，可能导致隔离期和适应期延长，或需要重新进行疫苗免疫。这批猪仍然需要完成隔离驯化。

对于仔猪和断奶仔猪而言，缺铁性贫血可导致健康不佳，尤其是容易导致断奶后腹泻。因此，建议对出生后3～5日龄的仔猪通过注射进行适当的补铁。需要注意的是，不建议给正在腹泻的仔猪补铁，对于散养猪群不需要进行补铁。

（4）成年猪群

①健康成年猪群和新品种后备母猪的引进。后备母猪引进是猪场最主要的健康管理风险之一。猪场有两个主要途径获取新的后备种猪：繁育自己的后备种猪或从种猪公司购买。

如果猪场种群足够大，应该考虑分胎次饲养，以避免由引种造成的病原传入和在猪场传播的风险。

诱情公猪应该在本场繁育，通过人工授精站引入公猪基因。通常来讲，人工授精可以高效且安全地传递公猪基因。应考虑场内人工授精站。

②胎次结构。一个猪群的自然免疫状态可因为大量后备母猪的引入而受到扰乱。猪群流转模型可以预测后备母猪的需求量，从而帮助充分规划后备母猪的隔离。

③猪群免疫。要减少抗生素的使用，需要利用疫苗免疫来提高成年猪群的健康水平。但是如果疫苗贮存不当，其可能会失活。返饲程序可用于覆盖缺乏疫苗的病原。

（5）仔猪

①弱仔。出生时体重小于800g的仔猪，应该在没有摄入初乳时就实行安乐死。初乳非常宝贵，一定要精心利用，不要把初乳浪费在那些生长到115kg前有90%概率死亡的仔猪身上。

②头胎母猪的后代。所有头胎母猪所产

仔猪最好都应通过分批哺乳的方式从邻近的经产母猪获得一些初乳。

③受病原感染的压力。有效的清洗、消毒和干燥产房设施等方法，可降低仔猪感染病原的概率。母猪在进入产房前进行清洗，可以降低乳房被粪污污染的概率，同时也可减少寄生虫（如猪蛔虫）虫卵数量。对于非放牧饲养的母猪，在产前和产后3d每天清理其身后的粪便。

④猪球虫。猪等孢球虫是仔猪一个潜在的病原，可导致慢性的、亚临床感染，对小肠造成损伤。

⑤缺铁性贫血。母猪奶水中缺乏铁元素。自然条件下，仔猪可通过吃些泥土来获取必需的铁。

⑥血源性病原。避免在不同窝之间传播血源性病原（如猪支原体和猪繁殖与呼吸综合征病毒）。注意阉割时不同窝之间的手术刀不能混用。通常情况下，一个针头只能用于一窝仔猪。

⑦避免仔猪生长的限制性因素。应该尽量避免所有可能降低或干扰仔猪生长的措施，包括对大部分仔猪的处理措施：剪牙、断尾、阉割和打耳号/打耳缺。尽可能少地进行寄养，如果必要，也只用于均匀各窝的带仔数，且应只限于在出生后3d内进行。

⑧从出生到断奶。在分娩后的3d内对不同窝仔猪进行寄养可获得非常大的经济效益。但是必须努力提升仔猪对初乳的摄入量。分娩3d后应尽可能避免寄养。

（6）断奶仔猪

①仔猪断奶。断奶对仔猪来说是一个非常大的应激。刚断奶后的仔猪不知道到哪里吃料、饮水、睡觉和排便，尤其是在一个陌生的环境里。如果猪场已经彻底清洗干净，自然标记也消失了，这就很有必要重新创建一些环境信号。大栏环境有助于执行下列工作：

- 创建一个无贼风并配备饮水器的仔猪休息区。

- 划分一个排便区，这个区域应该是阴冷、潮湿、黑暗且有一定贼风的（风速大约为0.3m/s）。
- 调教刚断奶的仔猪吃料，包括吃料时间和如何吃料。在断奶当天，仔猪的妈妈每隔1h哺乳1次，母猪会告诉仔猪何时吃奶。这时仔猪吃奶并非是因饥饿感而驱动的。
- 提供充足的、而间断的而不是从低流速、无法触及（这些饮水器是针对30kg保育猪设计的）的奶头式饮水器中饮水。

②仔猪断奶时的疫苗免疫。在适宜的时间点给仔猪接种疫苗，免疫时机除了时间外还有其他要考虑的因素，如猪群状态。许多猪场都存在回肠炎（猪胞内劳森氏菌病）。若有商品化的疫苗，则可在断奶前或断奶当天进行免疫预防。

③猪群流转。在断奶时猪群中体重最小10%的仔猪应从大群中被挑出，并给予特殊护理，以使其适应新的环境。对于许多无抗猪场，这些弱仔猪通常需要从大群中移出，采取常规性预防用药的方法进行饲养管理。对于采取无抗养殖方式的那些掉队的仔猪，也可采取此方法进行人性化的护理。

（7）生长育肥猪　对猪而言，保持同群连续饲养很重要，不同批次的猪和物料均不要混养或混用。在批次化生产的无抗猪场，应该采取从断奶到育肥的饲养系统，这样有助于降低猪群暴露于新的病原的风险。

4.环境管理

设定环境参数，并把它们张贴于显著位置，如在门的入口。应向健康管理团队提供合适的设备，以测量和调整猪群的生长环境。猪舍环境必须在进猪前达到适宜状态。在整个饲养过程中，必须能保持猪群生活在舒适的环境中。猪舍应该在进猪前进行预热和保持干燥，不应该等猪进入后由猪通过自身散热去温暖和干燥栏舍。

5.病弱猪管理

病弱猪不仅是猪场健康的主要威胁，而且也造成了很多福利问题。猪场员工必须意识到安乐死是一种好的动物福利选择，而让发病严重的猪继续存活是残忍的。生产数据应该反映猪场的真实状态，而不仅仅是数字。不可以为了减少上个月的存栏数而在月初处死病弱猪。

6.人员管理

无抗养猪的成功与否取决于养猪场的饲养人员。在执行过程中的培训、鼓励和提供信任是必不可少的。抗生素在屠宰场和食品加工实验室很容易被发现。

7.生产目标只有在猪场盈利时才有意义

从传统猪场过渡为无抗猪场，依照如下步骤大约需要2年才能完成。

目前猪场状况	抗生素使用到70kg的育肥猪
第一阶段	成年猪群开始停用抗生素
	30kg以上的生长育肥猪群开始停用抗生素
第二阶段	18kg以上的保育猪开始停用抗生素
第三阶段	停止对所有健康猪群的预防性用药 仅对病弱猪进行注射或口服给药治疗
第四阶段	将所有用过药的病弱猪与猪场的主要猪群分开饲养

临床小测验

1. 图 11-183 所示的是什么物种?

2. 图 11-217 所示的是什么品种?

相关答案见附录。

（梁志刚 肖驰 龙进学 赵峰 译；曲向阳 周明明 张佳 洪浩舟 校）

附录1　注射器针头型号转换

针头型号转换

长度		针距	
毫米	英寸	毫米	针距
16	5/8	0.8	21
25	1	1.1	19
35	1 3/8	1.3	18
40	1 5/8		

（赵康宁　译；洪浩舟　周晓艳　校）

附录2　各章临床小测验对应答案

第一章

1.查看图1-21至图1-105所示临床症状。你能否识别出处于那种状态，可能的话请加以说明。注意临床症状只是鉴别诊断的一部分，这里的诊断结果是在这些案例中发现的，调查之后也可能会出现其他诊断结果。

图1-21	猪胸膜肺炎	图1-50	萎缩性鼻炎	图1-80	正常
图1-22	正常	图1-51	直肠狭窄	图1-81	结肠炎
图1-23	肺炎	图1-52	先天性水肿和双肌症	图1-82	回肠炎
图1-24	副猪嗜血杆菌感染	图1-53	先天性脚畸形	图1-83	供水引起的便秘
图1-25	猪白血病	图1-54	咬耳	图1-84	回肠炎
图1-26	肺炎	图1-55	咬外阴	图1-85	猪痢疾
图1-27	缺铁性贫血	图1-56	咬尾	图1-86	猪痢疾
图1-28	猪丹毒	图1-57	子宫脱垂	图1-87	肝衰竭
图1-29	剪牙不当造成的葡萄球菌感染	图1-58	直肠脱垂	图1-88	大肠埃希氏菌引起的断奶后腹泻
图1-30	跗关节创伤	图1-59	会阴脱垂	图1-89	正常
图1-31	疥螨病	图1-60	肺炎/副猪嗜血杆菌感染	图1-90	膀胱炎
图1-32	猪霍乱沙门氏菌感染	图1-61	猪胸膜肺炎	图1-91	肾盂肾炎
图1-33	肥胖影响视线	图1-62	链球菌性脑膜炎	图1-92	霉菌中毒
图1-34	油皮猪	图1-63	中风	图1-93	正常
图1-35	口蹄疫	图1-64	疥螨病	图1-94	正常
图1-36	腐蹄病	图1-65	臀劈叉	图1-95	单睾丸
图1-37	关节肿胀	图1-66	骨折	图1-96	正常。猪的左睾丸提起更接近体表，导致看起来似乎出现了睾丸萎缩
图1-38	溃疡性肉芽肿	图1-67	足部感染		
图1-39	肩膀脓肿	图1-68	正常		
图1-40	耳端血肿	图1-69	正常		
图1-41	皮肤肿瘤	图1-70	缺料	图1-97	链球菌性睾丸炎
图1-42	水肿病	图1-71	眼部化学灼伤	图1-98	T2毒素中毒
图1-43	脚趾过长	图1-72	进行性萎缩性鼻炎	图1-99	正常
图1-44	慢性乳腺炎	图1-73	疥螨病	图1-100	猪繁殖与呼吸综合征
图1-45	阴囊疝	图1-74	萎缩性鼻炎	图1-101	霉菌毒素中毒
图1-46	脐疝	图1-75	沙门氏菌病	图1-102	猪繁殖与呼吸综合征
图1-47	后天性疝	图1-76	阴道恶露	图1-103	正常
图1-48	独眼	图1-77	胃溃疡	图1-104	腿部脓肿
图1-49	驼背	图1-78	猪流行性腹泻	图1-105	猪圆环病毒2型相关性系统疾病
		图1-79	猪蛔虫		

2.图1-231 至图1-283 说明了在剖检时可能看到的症状，你能否识别出这些剖检症状所代表的不同疾病？

图1-231	猪胸膜肺炎	图1-248	卵巢囊肿	图1-267	化脓性皮炎
图1-232	猪丹毒	图1-249	肾梗死	图1-268	胚胎折叠肾
图1-233	直肠狭窄	图1-250	胸腔淋巴肉瘤	图1-269	皮肤肿瘤
图1-234	肾发育不全	图1-251	胃水肿	图1-270	心包炎
图1-235	油皮猪	图1-252	回肠炎	图1-271	地方流行性支原体肺炎
图1-236	皮肤黑色素瘤	图1-253	坏死性回肠炎	图1-272	野猪骨架，注意前伸的
图1-237	皮炎肾病综合征	图1-254	仔猪腕骨糜烂		牙齿
图1-238	背部疥螨	图1-255	螺旋体肉芽肿	图1-273	正常粪便
图1-239	咬腹	图1-256	终末期肾脏疾病	图1-274	患结肠炎时排出的粪便
图1-240	A1.正常；A2.正常；A3.红色，膀胱炎；B.尿血，肾盂肾炎	图1-257	慢性乳腺炎	图1-275	链球菌脓肿
		图1-258	子宫平滑肌瘤	图1-276	脓液性脓肿
		图1-259	桑葚心	图1-277	梭菌肝病
图1-241	心内膜炎	图1-260	胃溃疡	图1-278	尿结石
图1-242	癣菌病	图1-261	食道狭窄	图1-279	慢性疥螨
图1-243	玫瑰糠疹	图1-262	鼻肿瘤	图1-280	正常猪鼻
图1-244	输尿管膀胱连接处撕裂	图1-263	肺部霍乱沙门氏菌感染	图1-281	肺部猪繁殖与呼吸综合征病毒感染
图1-245	先天性猪痘	图1-264	胸腺肿瘤		
图1-246	皮肤肿瘤	图1-265	阴囊血管瘤	图1-282	乳房水肿
图1-247	肾盂肾炎	图1-266	慢性乳腺炎	图1-283	肩部脓肿

第二章

1.母猪发情期间静立持续多长时间？（E. 15min）

2.母猪发情期间，出现静立反射后，多长时间后会再次在公猪面前出现静立反射？（D. 45min）

3.有些繁殖疾病病毒被称为SMEDI病毒，这个缩写是什么意思？列举两种能够造成这些临床症状的猪病毒。SMEDI病毒指会导致死产、产木乃伊胎、胚胎死亡和不育等一系列临床症状的病毒。

例如：

- 猪圆环病毒2型
- 乙型脑炎病毒
- 猪细小病毒
- 猪捷申病病毒
- 猪繁殖与呼吸综合征病毒
- 奥耶斯基氏病病毒（伪狂犬病病毒）
- 猪瘟病毒

4.哪种霉菌毒素是植物雌激素？玉米赤霉烯酮是植物雌激素可模拟母性识别信号。

第三章

1.找出图3-58中与蛔虫移行无关的肺脏的其他病状。存在靠腹部的实质性病变——地方流行性支原体肺炎。注意远膈叶部位的损伤应该是单纯的支原体感染。

2.为什么头孢噻呋、青霉素和阿莫西林对猪鼻支原体无效？因为青霉素类药物能够破坏细菌的细胞壁，支原体没有细胞壁，所以此类抗生素对猪鼻支原体无效。

3.请解释猪的解剖结构对地方流行性支原体肺炎发病机制的影响。猪支原体肺炎是下沉式的感染。首先感染尖叶，因此是靠腹部的损伤而不是在膈叶。因为猪的气管支气管是在右侧（图3-7）导致右尖叶成为首先被地方流行性支原体肺炎感染的部位，因此尖叶的实质性病变也就会比其他部位更多。

第四章

1.查看图4-16A至图4-16J所示临床症状，不同颜色的粪便与哪些疾病相关？

图4-16A 大肠埃希氏菌感染、球虫病、"奶水腹泻"、沙门氏菌感染。

图4-16B 断奶后大肠埃希氏菌感染、结肠炎（痢疾）、回肠炎、猪流行性腹泻、营养性腹泻。

图4-16C 猪痢疾、回肠炎。

图4-16D 回肠炎、猪痢疾。

图4-16E 便秘引起的直肠出血。

图4-16F 胃溃疡、回肠炎（出血性）。

图4-16G 大肠埃希氏菌感染、轮状病毒感染、冠状病毒性腹泻（流行性腹泻/传染性胃肠炎）。

图4-16H 猪霍乱沙门氏菌。

图4-16I 可能存在肝脏问题或宿便。

图4-16J 猪蛔虫寄生。

2.查看图4-17至图4-26所示有哪些典型临床症状？不要只看图。

图4-17 直肠狭窄、大肠埃希氏菌感染、流行性腹泻、饥饿。

图4-18 球虫寄生、回肠炎、沙门氏菌感染、梭菌性肠炎、螺旋体结肠炎。

图4-19 回肠炎、猪痢疾、肠出血综合征、梭菌性肠炎、肠扭转、肠套叠。

图4-20 沙门氏菌感染、猪瘟、胃溃疡。

图4-21 结肠炎、猪痢疾。

图4-22 艰难梭菌感染、圆环病毒2型相关性系统疾病。

图4-23 局限性回肠炎。

图4-24 梭菌性肠炎、死后肺气肿。

图4-25 直肠狭窄、食道狭窄。

图4-26 肠系膜骨化：大体病变和X光片。

3.从图4-59中可以看出有哪些影响断奶前腹泻控制的措施？产房看起来很干净，管理不错。然而，产房内多个胎次的母猪所产7～12日龄仔猪均存在典型的断奶前腹泻。从此图中可看出，产房内有大量的空气流动，这从箭头所示母猪卡可观察到，在仔猪位置出现风速为0.4m/s的冷空气（贼风），这个问题解决后仔猪断奶前腹泻就会立即得到控制。

第五章

1.识别图5-4中的解剖结构。

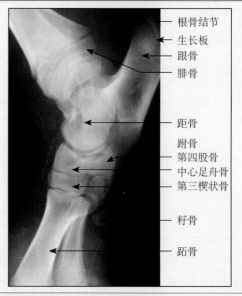

根骨结节
生长板
跟骨
腓骨
距骨
跗骨
第四跗骨
中心足舟骨
第三楔状骨
籽骨
跖骨

2.为什么在一侧轻敲骨头而在另一侧无法对骨骺分离进行听诊？因为股骨大转子和股骨外侧踝可以用于听诊和触诊。然而在骨骺分离时，这些部位依然连在一起。骨骺分离的损伤处位于股骨颈。

第六章

1.识别图6-1中的结构。

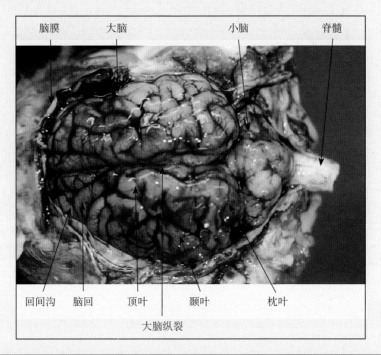

脑膜　大脑　小脑　脊髓

回间沟　脑回　顶叶　颞叶　枕叶

大脑纵裂

第七章

1.识别图7-18中所示主要器官和肿瘤。

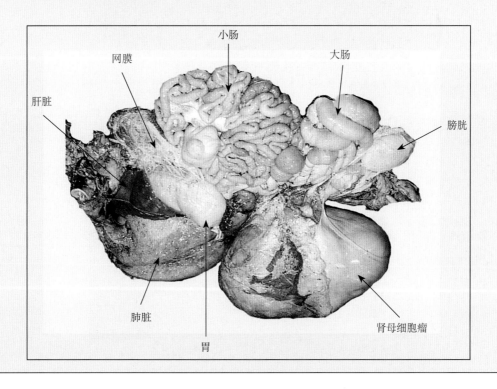

小肠

网膜　大肠

肝脏　膀胱

肺脏　肾母细胞瘤

胃

2. 识别图7-20中主要结构。

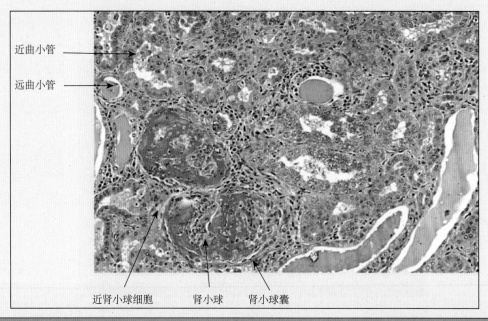

近曲小管

远曲小管

近肾小球细胞　　肾小球　　肾小球囊

第八章

1. 识别图8-1A和图8-1b所示的浅表淋巴结。

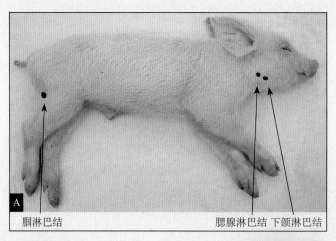

A

腘淋巴结　　　　　　　　　　　腮腺淋巴结 下颌淋巴结

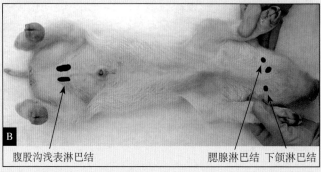

B

腹股沟浅表淋巴结　　　　　　腮腺淋巴结 下颌淋巴结

2.识别图8-3所示猪淋巴结组织切片对应的结构。

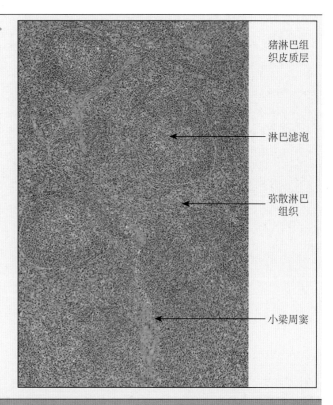

猪淋巴组织皮质层

淋巴滤泡

弥散淋巴组织

小梁周窦

第九章

1.标出图9-15所示其他结构。

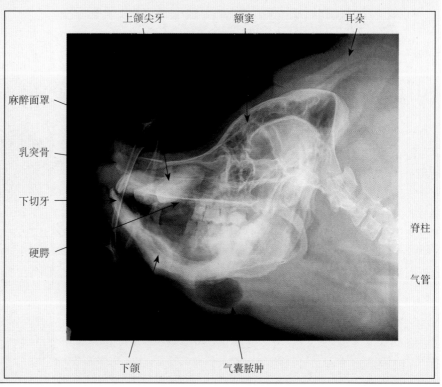

上颌尖牙

额窦

耳朵

麻醉面罩

乳突骨

下切牙

硬腭

脊柱

气管

下颌

气囊脓肿

第十章

1.列出一些可能反映猪供水不足的行为（图10-14）。
- 拥堵在饮水嘴周围。
- 饮水时间增加。
- 侵略性增加。
- 奇怪的行为模式。
- 拒食。
- 解剖学变化。
- 生长速度降低。
- 同一组生长不均。

2.怎么读最高最低温度计?

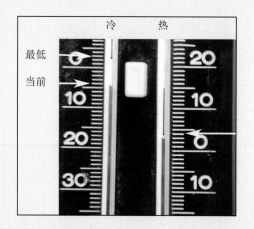

3.图10-60中间的猪有什么问题。整栏猪都很脏，通常表明整体环境温度太高了。中间的猪（箭头所示）有两个临床问题：
(1) 有一个很大的脐疝（箭头所示）。
(2) 这头猪与其两边的猪相比采食不佳造成体况较差。
然而，左边的这头猪非常"欢快"，看起来很开心!

4.睡眠区与排便区比较各有什么特点？请填写表10-20中的空白框。

睡眠区	排便区
干燥	潮湿
暖和/热	寒冷
无贼风	贼风
光亮	黑暗
开放	私密
舒服	不舒服

第十一章

1.图11-183所示的是什么物种？一头非洲野猪（非洲野猪属）。

2.图11-217所示的是什么品种？中间的黑白色仔猪是巴克夏猪，其他是大白猪。

（赵康宁　译；洪浩舟　周晓艳　杨春　校）

附录3 音频文件

临床兽医需要学会"与客户"交流,"客户"也包括他们所负责的猪群。临床兽医进行临床诊断时要学会调度所有的感官,这很重要。在此过程中,我们强调声音给人的感觉,它应该可以识别猪场内外的正常猪群声音,并区分痛苦声音和临床问题。

音频编号	提示的信息
1	哺乳母猪呼唤仔猪吮乳.
2	育肥猪的日常叫声
3	仔猪的日常叫声
4	猪群的日常互动
5	仔猪试图说服母猪躺下哺乳
6	育肥猪休息
7	育肥猪积极活动
8	刚转栏断奶仔猪痛苦的声音。
9	保育猪轻微打喷嚏
10	咳嗽,并伴有地方性肺炎(支原体)

(赵康宁 张佳 译;周晓艳 校)

非抗生素类广谱抗菌促长剂

（金霉素等AGPs高效替代物）

赛金素
Gutmyria

抗菌性能极强的中长链脂肪酸
（肉豆蔻酸30%）肠溶饲添制剂

- 广谱抗菌：高效替代金霉素等所有饲用抗生素
- 抗菌效力极高的中长链脂肪酸分子
- 独创肠溶靶向释放制剂：保证高后肠浓度，低血药浓度
- 对腹泻、水便、赤痢、回肠炎及坏死性肠炎等高效
- 安全性高：GRAS物质

广州英赛特生物技术有限公司
地址：中国广州市科学城广州国际企业孵化器D610

邮编：510663
电话：020-8211 1925
传真：020-3221 1129
电邮：pengist@hotmail.com
网址：www.insighterbt.com

Insighter® 英赛特
— 解决肠道问题
— Solutions of Gut Problems

微观肠道 宏观未来

可速必宁®
CALSPORIN®

活性枯草芽孢杆菌C-3102
全面调控畜禽肠道菌群健康

95%以上菌株是高活力的表现型 I 型枯草芽孢杆菌

平衡肠道菌群，保持肠道功能的通透性和完整性

耐高温制粒，耐酸，耐抗生素，产酶活力高

减少有害菌造成的细菌性腹泻问题

I 型枯草芽孢杆菌C-3102

全面调控畜禽肠道菌群健康

朝日可尔必思健康管理（上海）有限公司
地址：上海市徐汇区桂平路333号聚科生物园区4号楼202室
电话：021-33566995　　邮编：200233

书籍是人类进步的阶梯

工欲善其事，必先利其器。

当自己的能力与期望不太匹配时，不要放任自己"原地踏步"。

只有多学习、多思考、多实践，方能有所收获！

只有具备充分的专业知识和理论素养，方能将所学之长在生产实践中得到高效发挥。

从今天起，好好读书吧！

——本书责任编辑周晓艳与各位读者朋友共勉

欢迎微信扫一扫，
发现更多专业好书！

图书策划、出版等咨询
欢迎微信扫一扫，
添加周晓艳为微信好友

农牧知行者

农牧知行者®

——农牧专业图书撰写、翻译、出版、赞助、团购、宣传、推广。

——搭建专业技术人员与企业、用户之间沟通、合作、共赢平台。

欢迎微信扫一扫，
关注"农牧知行者"公众号

平评

平评™（平心而论）。

——农牧领域深度交流沙龙和TED式演讲会。

——让来自多学科、多领域，因志同道合而聚集的一群人，自由交流学术思想和分享行业观点。

——更直接、更深入的沟通交流，互相学习。

欢迎微信扫一扫，
添加"平评"发起人李平博士为微信好友。

图书在版编目（CIP）数据

猪群健康管理与生产实践 ／（澳）约翰·卡尔
(John Carr) 等主编；洪浩舟，闫之春，朱连德主译
. —北京：中国农业出版社，2023.2
（现代养猪前沿科技与实践应用丛书）
书名原文：pig health
ISBN 978−7−109−30079−8

Ⅰ．①猪… Ⅱ．①约… ②洪… ③闫… ④朱… Ⅲ．
①养猪学②猪病−防治 Ⅳ．① S828 ② S858.28

中国版本图书馆 CIP 数据核字 (2022) 第 176546 号

合同登记号：图字 01−2018−8288

ZHUQUN JIANKANG GUANLI YU SHENGCHAN SHIJIAN

中国农业出版社出版
地址：北京市朝阳区麦子店街18号楼
邮编：100125
责任编辑：周晓艳
版式设计：杜 然 责任校对：周丽芳
印刷：北京通州皇家印刷厂
版次：2023年2月第1版
印次：2023年2月北京第1次印刷
发行：新华书店北京发行所
开本：787mm×1092mm 1/16
印张：31
字数：810千字
定价：388.00元